U0934107

化工分离前沿

李　军　卢英华 / 主编

厦门大学出版社 XIAMEN UNIVERSITY PRESS
国家一级出版社
全国百佳图书出版单位

《南强丛书》(第五辑)编委会

总 序

厦门大学由著名华侨领袖陈嘉庚先生于 1921 年创办,有着厚重的文化底蕴和光荣的传统,是中国近代教育史上第一所由华侨出资创办的高等学府。陈嘉庚先生所处的年代,是中国社会最贫穷、最落后、饱受外侮和欺凌的年代。陈嘉庚先生非常想改变这种状况,他明确提出:中国要变化,关键要提高国人素质。要提高国人素质,关键是要办好教育。基于教育救国的理念,陈嘉庚先生毅然个人倾资创办厦门大学,并明确提出要把厦大建成"南方之强"。陈嘉庚先生以此作为厦大的奋斗目标,蕴涵着他对厦门大学的殷切期望,代表着厦门大学师生的志向。

在厦门大学建校 70 周年之际,厦门大学出版社出版了首辑《南强丛书》,共 15 部学术专著,影响极佳,广受赞誉,为校庆 70 周年献上了一份厚礼。此后,逢五逢十校庆,《南强丛书》又相继出版数辑,使得《南强丛书》成为厦大的一个学术品牌。值此建校 90 周年之际,再遴选一批优秀之作出版,是全校师生员工的一个愿望。入选这批厦门大学《南强丛书》的著作多为本校优势学科、特色学科的前沿研究成果。作者中有资深教授,有全国重点学科的学术带头人,有新近在学界崭露头角的新秀,他们都在各自的学术领域中受到瞩目。这批学术著作的出版,为厦门大学 90 周年校庆增添了喜悦和光彩。

至此,本《丛书》已出版了五辑。可以说,每一辑都从一个侧面反映了厦大奋斗的足迹和努力的成果,丛书的每一部著作都是厦大发展与进步的一个见证，都是厦大人探索未知、追求真理、为民谋利、为国争光精神的一种体现。我想这样的一种精神一定会一辑又一辑地往下传。

大学出版社对大学的教学科研可以起到推动作用，可以促进它所在大学的整个学术水平的提升。在 90 年前，厦门大学就把“研究高深学术，养成专门人才，阐扬世界文化”作为自己的三大任务。厦门大学出版社作为厦门大学的有机组成部分，它的目标与大学的发展目标是相一致的。学校一直把出版社作为教学科研的一个重要的支撑条件，在努力提高它的水平和影响力的过程中，真正使出版社成为厦门大学的一个窗口。厦门大学《南强丛书》的出版汇聚了著作者及厦门大学出版社所有同仁的心血与汗水，为厦门大学的建设与发展作出了一份特有的贡献，我要借此机会表示我由衷的感谢。我期望厦门大学《南强丛书》不仅在国内学术界产生反响，更希望其影响被及海外，在世界各地都能看到它的身影。这是我，也是全校师生的共同心愿。

厦门大学校长
《南强丛书》编委会主任　**朱崇实**

2011 年 2 月 26 日

目录

第1章　化工分离概述

1.1　化工分离

化工分离是指在化工生产过程中，利用物理、化学的手段将混合物分开得到其中的纯物质或组成不同的新的混合物的操作。欲被分离的混合物可以是均相，也可以是多相。欲被分离的混合物可以是原料，可以是排放物，也可以是中间产品或最终产品。分离的目的可以是对原料进行净化，可以是对中间产物或最终产品进行提纯，也可以是对提纯或净化时其他成分或排放物（包含有效成分、有毒成分）进行回收。显然，化工分离在化工生产过程中无处不在，化工分离的手段对于一个化工生产过程所生产的产品质量、生产的经济效益、过程的安全和可靠性具有决定的意义。因此，化工分离是化学工业中的主要研究和开发领域。

现以厦门大学化学工程与生物工程系的本科生实习基地（福建永安化纤有限公司的有机分厂）为例来说明化工分离在一个化工生产过程中的重要意义。图1-1是该厂电石乙炔法生产聚乙烯醇的工艺流程简图。该流程中有三个反应装置，它们分别是醋酸乙烯合成的沸腾床反应器、醋酸乙烯聚合的聚合釜、聚醋酸乙烯与醇及碱反应生产聚乙烯醇的醇解机。从图可以看出，围绕每一个反应装置的进、出料均安排了多种不同的分离操作。比如，对于醋酸与乙炔反应，需要先对粗乙炔进行纯化，用化学吸收去除对反应有副作用的硫化氢和磷化氢，然后将精制的乙炔送入反应器中与醋酸反应；反应的合成气中有目标产物醋酸乙烯、未完全反应的乙炔和醋酸、还有醛等副产物，因此合成气需要进行分离（吸收、解吸），实现回收乙炔、除醛等目的，而目标产物醋酸乙烯（与醋酸、醛等的混合物）则进入精馏工段，并以精馏为主要手段完成进一步分离操作，得到精制的醋酸乙烯（用于聚合反应）。总之，该厂的分离操作主要涉及：化学吸收、物理吸收和大量的精馏操作，其中精馏又用到了普通精馏（如甲醇水溶液分离的典型操作）和特殊精馏（如共沸精馏、萃取精馏、以及最新改装完成的醋酸甲酯回收的反应精馏）。

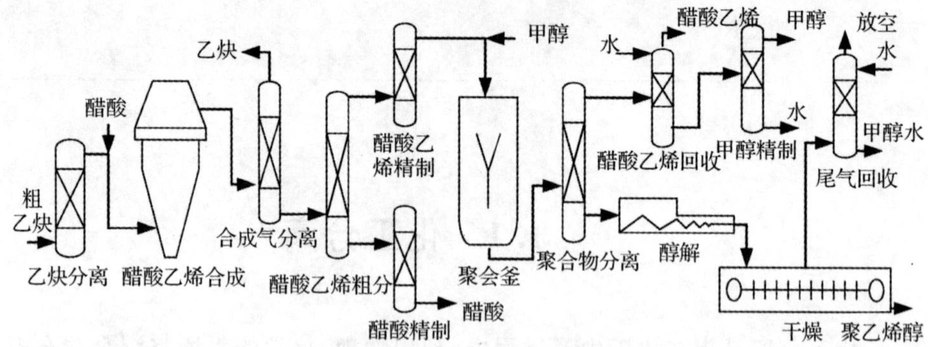

图 1-1 电石乙炔法生产聚乙烯醇的工艺流程简图

1.2 化工分离的方法

根据分离的原理，一般将化工分离的方法分为两类[1]：机械分离和传质分离，后者再细分为平衡分离和速率分离。其中机械分离是指利用机械方法对混合物（一般为两相混合物）进行分离的过程，它主要包括过滤、沉降、离心分离等；传质分离则依据质量传递现象，对混合物（更多情况是均相，也可以多相）进行分离的过程。传质分离中平衡分离是指待分离的混合物形成多相（特别是两相），并根据不同组分在相际间的相平衡为依据进行分离；速率分离则借助外力作用（力平衡）对混合物进行分离（各组分传质速率有差异，或组分的运动速率不同）。也有将化工分离的方法分为三类[2]：机械分离、传质分离和反应分离。其中反应分离是指利用化学反应将混合物中的某些组分进行转化，从而达到分离的目的。

上述的分类具有重要意义，其中的平衡分离是化工中的主要分离方法，如精馏、吸收、萃取、吸附等，它们在传统化工生产中占绝对统治地位。然而，随着新型分离方法的涌现，上述分类的方法的一些缺点也逐渐显现，比如传质分离中的超滤、微滤、纳滤(速率分离)和机械分离中的过滤,在原理上可以认为是相同的(即筛分原理),但隶属不同的分离方法。如前所述,速率分离可以理解为分离的物质的运动速率的不同而实现分离。然而如离心、沉降等机械分离方法也有类似的分离原理。比如,离心时不同密度的物质受到的离心力不同,从而相对的运动的速率不同,使得不同密度的物质得以分离(如,用离心分离的方法分离气态的同位素混合物)。因此,从分离的原理而言,编者更趋于将化工中的分离方法直接分为:平衡分离和速率分离,而无需再提机械分离。另一方面,各种传统分离方法的耦合分离技术是在传统分离方法的基础上逐渐发展起来的,这些技术是化工分离的前沿,它既包括平衡分离方法的耦合,速率分离方法的耦合,也包括这两类方法间的耦合,还可以将反应和分离进行耦合(如人们常说反应和精馏的耦合方法为反应精馏)。因此,化工分离技术可以更合理地分为三类:平衡分离、速率分离和耦合分离。按这样的分类,它们所包含的具体分离方法见表1-1。

表1-1　化工分离中的三类分离方法

分离方法类别	典型分离方法
平衡分离	精馏、吸收、萃取、吸附、结晶、干燥、气体膜分离、渗透汽化膜分离、液膜分离、泡沫分离、离子交换等
速率分离	离心、沉降、过滤、超滤、微滤、纳滤、反渗透、电泳等
耦合分离	反应精馏、化学吸收、膜萃取、膜精馏、膜吸收等

1.3　化工分离的进展

从近年的发展来看,国内外在化工分离的前沿研究和开发可以总结为:(1)新型分离技术的研究与应用,比如膜分离技术、超临界流体技术等;(2)传统或新型分离方法或与其他强化手段的耦合分离技术,比如特殊精馏、外场强化分离、膜精馏等;(3)分离方法先进设计(软件为工具)、先进控制和安全评估。

另一方面,生物技术是带动21世纪经济发展的关键技术之一,它在化工、医药卫生、农林牧渔、轻工产品、能源、食品工业和环境等领域发挥着越来越重要的作用,并为这些产业的发展提供了前所未有的动力。特别是随着分子生物学飞速发展而诞生的基因操作技术、细胞融合技术等赋予了生物技术新的生命力。其中生物工程,包括菌种构建与筛选、发酵工艺、过程检测与控制、反应模型建立、反应器设计和应用,以及包括产品分离纯化、包装在内的下游加工工艺等方面,是生物技术产业化的最后重要过程。在生物产品的生产过程中,分离过程往往决定整个生物技术产业化的成败,是生物技术实现产业化的关键,可以说现代生物技术没有下游加工过程就不可能有工业化的结果。从发酵液、酶反应液或动植物细胞培养液中分离、纯化生物产品的过程,称为生化分离工程,也称为生物技术下游加工过程(Downstream processing)。生物分离手段与传统或新型的化工分离手段不完全相同,但它是基于传统或新型化工分离方法发展起来的,因此它仍然可以看作是化工分离的前沿。

生物物质要在保持其生物活性和功能的前提下进行分离纯化操作。由于原料液是多组分的混合物,目标产物的浓度往往很低,常存在与目标分子在结构、构成等理化性质上极其相似的分子及异构体,生化产物的稳定性差,而对最终产品的质量要求很高,使得生物产品的分离纯化存在较大的难度,既要考虑使用高选择性的分离纯化手段,又要考虑不影响产品的生物活性。因此生化分离技术需将物理和传统或新型化工分离方法与生物技术产品特性相结合。20世纪80年代以来,开发了许多生物分离的新技术,新材料和新设备,尤其是色谱理论、色谱新材料和技术的发展,极大地推动了现代生物技术产业的发展,已成为现代生物分离过程的核心技术。

1.4 本书的安排

基于上述,厦门大学化学化工学院化学工程和生物工程系组织在科研一线工作的教师们撰写了《化工分离前沿》,以反映他们在相关研究领域(化工分离和生化分离)的多年积累,从而方便他们与在相关领域研究人员进行交流和学习,更好地促进和推动我国化工分离领域的发展。也以此书庆祝厦门大学化学化工学院化学学科创建90周年暨化工系20周年。

全书分十一章,它们分别为:第一章化工分离概述(李军、卢英华),第二章精馏技术(沙勇、郑艳梅),第三章吸附分离技术(王宏涛),第四章基于溶解扩散机理的膜分离过程(刘庆林、朱爱梅),第五章超临界流体分离技术(李军、王宏涛),第六章喷雾干燥技术(肖宗源、陈晓东),第七章生物吸附技术(李清彪、黄加乐、王远鹏、郑艳梅、何宁),第八章反胶团萃取技术(卢英华),第九章离子交换(方柏山、王世珍),第十章精馏过程的先进设计(沙勇、汤培平),第十一章化工分离过程模拟优化及控制(江青茵、周华)。相关化工或生化分离方法考虑了理论、技术、有关体系及其应用等方面的主要前沿研究。

各章节编写的内容中,包含了各位老师课题组的研究生们的辛勤工作的成果,也包括各位老师课题组同事们的共同研究成果,由于人数众多,这里不一一列举她/他们的名字。各位老师谨以此书表示衷心的感谢!

由于组织匆忙,且厦门大学化学化工学院化学工程和生物工程系尚处于起步和发展阶段,我们的科研水平有限,书中也难免有不够完整的地方,甚至存在一些问题,我们将虚心接受读者的指正和批评。

参考文献

[1]陈洪钫,刘家祺.化工分离过程,化学工业出版社,北京:1995

[2]陈欢林.新型分离技术,化学工业出版社,北京:2005

第2章 精馏技术

2.1 精馏概述

精馏是关键共性技术，已经被广泛应用了200多年，从技术和应用的成熟程度考虑，目前仍然是工厂的首选分离方法[1]。精馏市场的经济效益至今仍是令人刮目相看的。1992年9月举行的第五届国际精馏与吸收会议(Distillation and Absorption 1992)上，Darton[2]指出，在1991年，全世界精馏塔的产量情况为：

- 炼油：一次精馏能力每年大于37亿吨，约每天1千万吨，其中部分还要经过再次或多次精馏，炼油装置实际总精馏能力超过50亿吨。
- 化工及石油化工：乙烯、丙烯、丁烯等重要化工原料从催裂化或热裂化再经精馏分离获得，而苯、甲苯、二甲苯等则可从原油经精馏和萃取分离获得。这些基本化工原料年产量达1亿3千万吨。
- 天然气加工：到1992年的20年来，世界天然气产量几乎增长一倍，仅1991年天然气消耗量达14亿吨。
- 制约及农药：吨位虽不能与石化产品相比，可每年产值达3200亿美元。

每桶原油按70美元计，世界范围的精馏塔年产值至少为20380亿美元。若按目前的产量计算，这个数字将更为惊人。

在我国，精馏是目前应用最广、占总能耗最大的化工分离过程。由于我国精馏技术能耗高,大型化节能技术正面临挑战。近年来,随着相关学科的渗透、精馏学科本身的发展以及全球经济化的冲击,我国精馏技术正向新一代转变,以迎接所面临的挑战。其特征为:(1)精馏学科正由传统的依靠经验、半经验过渡到凭半理论以至理论;(2)精馏过程正由传统的单一分离过程过渡到耦合和复杂的优化分离过程,以提高分离效率和节能;(3)由对环境造成严重污染的一代向注重环保的一代转变;(4)由走加工的道路向技术集成创新型转变;(5)通过我国自己的技术进步解决装置大型化、长周期运行,通过创新解决精馏技术问题,以降低成本、提高国际竞争力[3]。

某些场合精馏也有其一定局限性[4],如对共沸物的分离,或对相对挥发度很小物系的分离,要花费高昂的代价。混合物组分之一的临界温度低于 50 °C 时,冷凝器要采用冷冻液,或采用深冷精馏。任何一种方法都将导致高额成本。产量不大的情况下,采用吸附或气体膜分离较佳。如空分装置,当每天产量在 200 吨以下时,宜采用变压吸附;深冷精馏适宜于每天 2000 吨以上。临界温度低于 50 °C 的物质(分子量小于 40)总共有 18 种。物系中含有这种物质,通常采用精馏以外的分离方法。减压精馏同样会增加成本。对于分子量较大物系,为避免物料热分解或热聚合,往往采用真空精馏可降低操作温度。操作压力取决于分子量,实际可行的最低操作压力为 20 mbar。在某些精细化工分离过程中,有时精馏塔操作绝压很低,如维生素 E 用常规精馏方法精制,塔顶绝压为 0.5 mbar[5]。当分子量大于 150 左右,通常宜采用其他分离方法。对某些生物合成制品能满足分离要求可不计成本,也会采用精馏技术。

精馏分离最经济的范围是分子量在 40～150 之间。超出此范围,精馏成本增加,更昂贵的分离方法将成为竞争对手,这将迫使精馏降低成本。精馏塔设计必须从目前依赖经验设计,走向依赖流体机理和分子科学的发展进行科学设计。表 2-1 介绍了各种分离方法的适宜范围。

表 2-1　各种分离方法的适宜范围

类别	方　法	附加物料	分子量范围	说　明
1	气相吸附 气相吸收 气膜分离	固　体 液　体 固　体	2 40	用于气体分离,临界温度一般小于 50 °C

续表

类别	方法	附加物料	分子量范围	说明
2	加压蒸馏 萃取蒸馏 常压蒸馏 共沸蒸馏 真空蒸馏	— 液体 — 液体 —	50 150	加压精馏用于较小分子量的物系，加压后可在冷凝器中用普通冷却水。 真空精馏用于较大分子量的物系，减压可降低再沸器温度，防止物料热分解或聚合。
3	液—液萃取 超临界萃取 液膜分离 液相吸附 色层分离 结晶	液体 流体 固体 固体 液体 —	大分子量	大分子量物系的分离，标准沸点一般大于 250 ℃。

2.2 常规及某些特殊精馏简介

精馏过程主要是利用混合物中各组分的挥发程度不同而进行分离。易挥发组分在气相中的相对含量比在液相中的高，难挥发组分在液相中的相对含量比气相中高，故借助于多次的部分汽化部分冷凝，达到轻重组分分离的目的。常规精馏包括简单精馏、分批精馏、连续精馏和多侧线精馏。在化工生产中对两种或者两种以上组分的混合物分离，若其各组分的沸点差小于 5 ℃并形成非理想溶液，如恒沸、近沸组分混合物，预分离组分之间的相对挥发度接近于 1，为达到理想分离效果需要大量相继的部分气化和冷凝，或者因为共沸混合物的形成，气相和液相中没有相同的组分，这时靠简单的精馏难以达到理想分离效果，便需要特殊精馏[6]。新型和特殊精馏主要有以下几个方面：添加物精馏（如萃取精馏或共沸精馏方法）；耦合精馏（如反应精馏、吸附精馏和膜精馏）和热敏物料精馏（分子精馏技术等）[7]。本节现就上述精馏过程予以说明。

2.2.1 分批精馏

分批精馏又称间歇精馏，通常用于产量小而附加值高或所处理物料需要分批进行,或是原料或产品纯度经常改变,或是一塔多用仅改变操作压力的场合。要从多组分混合物中分离出多个纯组分产品,采用连续精馏则需要多个分离塔,而采用分批精馏则在一个塔中进行即可。分批精馏过程是不稳态过程,塔内组成、温度都随时间而变化。其操作可以恒定压力改变回流比或恒定塔釜温度改变操作压力,控制釜温略低于物料热分解或聚合的温度。也可多参数最优化控制[8],即对回流比、操作压力和气相负荷进行优化控制。

表 2-2 持液量对分批精馏的影响(甲醇/水/二甲基甲酰胺系统)[9]

	计量单位	塔 板	规整填料
1#主馏分	kmol	45.6	47.1
1#中间馏分	kmol	7.8	5.6
2#主馏分	kmol	22.1	23.7
2#中间馏分	kmol	0.8	0.2
残 液	kmol	19.6	19.4
操作周期	小时	8.3	7.7
能 耗	kJ	7.9×10^6	6.7×10^6

分批精馏采用填料塔,其持液量为板式塔的1/3到1/4。这一特点可使各主馏分间切割清晰,过渡中间馏分减少,使主馏分有较高的回收率。中间馏分往往还要返回塔内再次分离,较少中间馏分,使得单位产品输入的总能量降低。表2-2列出了甲醇/水/二甲基甲酰胺混合物分离时,持液量影响的模拟结果。

2.2.2 连续精馏

连续精馏是化工分离过程中最常见的精馏方法。根据其物系挥发难易程度及对产品回收率要求等因数,又可以有下列各种流程:

(1)只有精馏段的精馏塔

如图2-1a所示,产品为易挥发组分,回收率也无需特别提高。如空气分离中的粗氩塔,在空分主精馏塔的上塔靠下部位,从氩含量约10%处抽出一股气相物料进入粗氩塔底部,粗氩塔回流的液相从底部流出,仍返回空分上塔。因此,这是一个只有精馏段的精馏塔。

粗氩塔塔顶气相是与来自空分主精馏塔下塔底部的富氧液空换热,从而粗氩塔塔顶温度也即塔顶压力是确定的。这样,粗氩塔的压差也是固定不变的。在此压差下，对于筛板塔只能是40到70块理论塔板，塔顶粗氩中含氧量为2%～5%。大多数使用氩气的场合都要求几乎无氧和氮的高纯度氩。因此，从粗氩塔顶得到的粗氩，还需要进行催化加氢除氧，生成的水再用分子筛吸附干燥，然后再经入精氩塔精馏，以去除其中杂质氮和过量的氧，在精氩塔底部获得氧含量小于2 ppm的高纯氩气产品。在粗氩塔的压差下，若采用低压降的高效规整填料，则有可能安装相当于180多块理论塔板的填料，粗氩塔顶气体再经精氩塔，即可获得氧含量低于2 ppm的高纯氩。这就可以取消传统制氩时的下游加氢脱氧工艺，既省投资，又消灭了加氢工艺存在的危险性，从而实现无氢制氩。

(2)只有提馏段的精馏塔

如图2-1b所示，适用于产品为难挥发组分，且回收率要求不高。例如通过水的精馏获得重水的塔。重水在普通水中是难挥发组分，且原料水的价格低廉，无需特别提高回收率以节省原料。

(3)具有精馏段和提馏段的精馏塔

如图2-1c所示，在塔中某一位置，其液相组分与进料组分大致相同连续进料。塔顶、塔底同时连续引出合格产品。进料口以上称精馏段，进料口以下称提馏段。精馏段使易挥发组分得以提纯，提馏段使易挥发组分从液相中提馏出来，增加易挥发组分的回收率。对于难挥发组分正好相反，在提馏段中提高其纯度，在精馏段中提高其回收率。

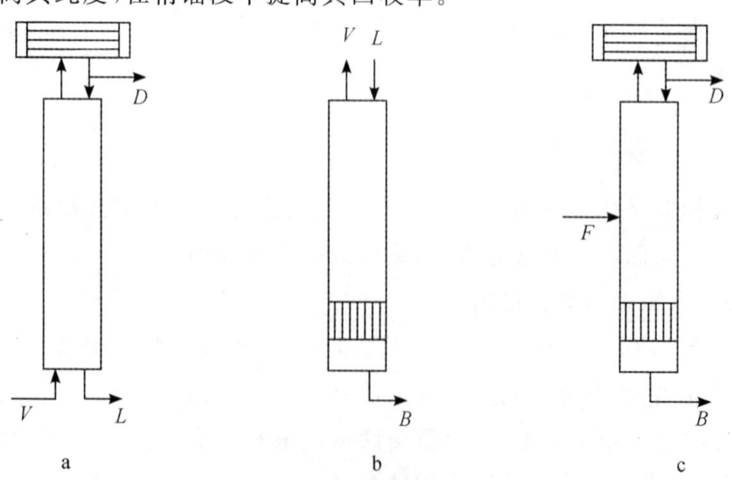

a. 只有精馏段的精馏塔　b. 只有提馏段的精馏塔　c. 具有精馏段和提馏段的精馏塔

图2-1　连续精馏流程

(4)精馏塔级联装置

对于进料浓度低以及相对挥发度接近于1的物系,当要获得高纯度产品时,需要相当多理论塔板数。这时采用单塔会相当高且实际上不可能实现,这种情况可以采用一系列的塔系或称为级联装置,如图2-2所示。或者采用单塔,压降会太大,采用级联装置,例如获得重水的水精馏,或其他同位素或同分异构体的精馏。级联装置的特点是各塔的直径可依次缩小,即进料的塔最大,到最后出产品的塔最小。级联装置的总体积要比单塔的体积小,但理论板数要比单塔所需理论板数多。

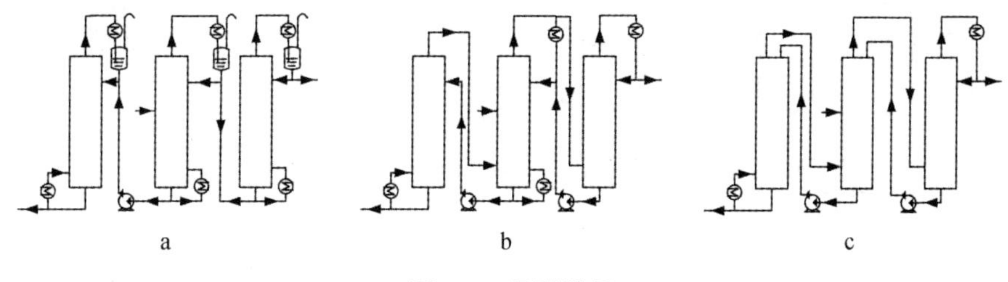

图2-2 级联装置

级联装置各塔间连接方式可以有不同方案,设计时应根据具体情况加以选择。图2-3列出了三种方案,即塔底液体作为下塔进料(图a和b);塔釜蒸气作为下塔进料(图c和d);塔釜液体作为下塔进料(图e和f)。这些不同的级间连接方式,严格说来,在X-Y图上能显示出区别,但实际上对于相对挥发度接近1的物系,其差别极小。

2.2.3 多侧线精馏

在实际过程中,精馏塔可能有多个进料或者多个侧线产品,或者有中间冷凝、中间再沸、侧线汽提,或者中间泵循环等。炼油厂的常减压精馏最为典型。其分离精度往往并不高,但在同一个塔内可以有多个侧线产品,侧线产品常设有水蒸气汽提塔,使侧线产品中含有的轻组分返回精馏塔中。进料中带入的大量热量一般不会全部由塔顶冷凝器取出,而是依靠中间泵循环冷却取热,以使全塔气液相负荷分布均匀,也使能源得以经济合理的利用。

2.2.4 恒沸精馏

对于具有恒沸点的非理想溶液,通过加入质量分离剂即挟带剂与原溶液其中一个或几个组分形成更低沸点的恒沸物,从而使原溶液易于采用精

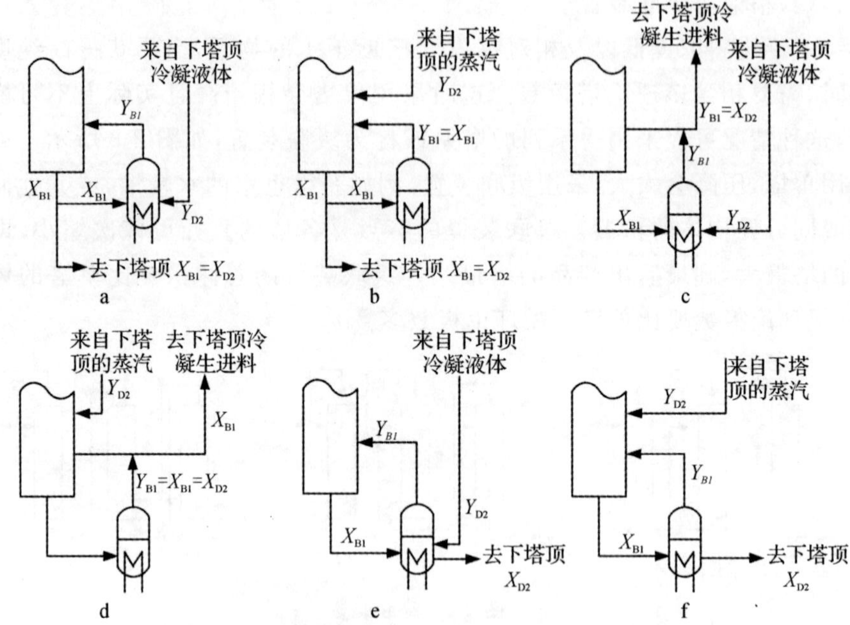

a. 塔底液体作为下塔进料，下塔蒸气冷凝后回前塔塔釜；b. 塔底液体作为下塔进料，下塔蒸气直接回前塔塔底；c. 塔釜蒸气冷凝后作为下塔进料，下塔蒸气冷凝后回前塔塔釜；d. 塔釜蒸气冷凝后作为下塔进料，下塔蒸气直接回前塔塔底；e. 塔釜液体作为下塔进料，下塔蒸气冷凝后回前塔塔釜；f. 塔釜液体作为下塔进料，下塔蒸气直接回前塔塔底；

图 2-3 级联装置各塔间的连接方式

馏进行分离的方法，称为恒沸精馏。

恒沸精馏的流程一般可分为两类，一类为形成均相的恒沸物，这类物系的流程与普通精馏流程相仿，只是所得的恒沸物要用减压精馏或萃取精馏方法进行处理。另一类为形成非均相恒沸物，则可以用冷凝后分层时，其各层组分的差异进行分离。

选择适宜的挟带剂或质量分离剂是能否采用恒沸精馏方法分离以及是否经济合理的重要条件。对挟带剂的基本要求是：

(1)能与被分离组分形成最低恒沸物，且该恒沸物易于和塔底组分分离；

(2)形成恒沸物中挟带剂的组成要小，这样挟带剂的用量可较少，从而可降低操作费用；

(3)形成的恒沸物本身应易于分离，以回收其中的挟带剂；

(4)其他如经济、安全等要求。

恒沸精馏也用于分离相对挥发度较小的物系,如以丙酮为挟带剂分离苯和环己烷,以异丙醚为挟带剂分离水和醋酸等。

2.2.5 萃取精馏

组分的相对挥发度非常接近1,但不形成共沸物的混合物,不宜采用常规精馏方法进行分离。而通过加入质量分离剂(或称萃取剂),其本身挥发性很小,不与混合物形成共沸物,却能显著地增大原混合物组分间的相对挥发度,以便采用精馏方法加以分离,称此精馏为萃取精馏。

萃取精馏以消耗显热为主,需要的能量较少,故适宜于分离相对含量较大的混合物,而且需要连续操作,对溶剂允许有一定的选择范围。典型的萃取精馏流程包括一个萃取精馏塔和一个溶剂回收塔。例如,两组分混合物(A和B)进入萃取塔,在塔内加入溶剂,溶剂的沸点比分离组分高。为了使塔内维持较高的溶剂浓度,溶剂的加入口一定要位于进料板以上,但需要与塔顶保持有若干塔板,起回收溶剂的作用,一般称为溶剂回收段,由塔顶得到产品A。组分B与溶剂由塔釜流出,进入溶剂回收塔,将组分B从溶剂中蒸出。在塔顶得到产品B,塔釜得到溶剂。溶剂循环使用,返回萃取塔。

萃取精馏塔的设计中要考虑其与一般精馏塔不同的特点:(1)塔内的气液相流量在顶底之间的一定变化,应逐板或分段校正汽-液两相流量,并应根据全塔热平衡,由塔底的输入热量算出塔釜上升的气相流量,以便确定适宜的塔径;(2)考虑塔径时除了按照蒸气量计算外,还应注意液流中有较大量的溶剂,在决定塔径及设计塔板结构时应予以注意;(3)塔的控制问题,由于塔内液体的显热在全塔的热负荷中占较大比例,所以溶剂加入塔中后微小的温度变化往往引起较大的回流比变化,因此一般精馏系统中由塔顶温度控制回流量的方式在此不适用,应当将恒定浓度与溶剂温度作为主要的被调参数,以保持系统的稳定操作;(4)如果进料量及溶剂量一定,增加回流比反而容易降低分离效果;(5)一般萃取精馏塔的板效率较低,设计时应注意塔板结构及流体力学计算,以免效率过低。

2.2.6 反应精馏

反应精馏的特点是将反应过程和分离过程在塔内同时进行,这种过程反应与精馏相互作用,既可以提高反应的转化率又可以提高塔的分离效率，可以达到节省投资、提高产率的目的[10]。早在20世纪30年代已有一些工业装置，近年来用在酯化、皂化、酯交换及解聚反应较多。在反应精馏过程中，同样存在着物料平衡及相平衡，而且还要考虑化学平衡的问题。当反应速率较大时，主要考虑汽液平衡关系，其平衡服从于一般汽液平衡关系。在反应精馏过程中，汽液相平衡和反应平衡相互作用、相互耦合，极大地增加了反应精馏过程设计开发的难度。鉴于此，其初始的可行性分析和概念设计方法尤为重要，成功的概念设计可极大地提高反应精馏过程设计效率。

化工过程强化是国内外化工界长期奋斗的目标，近年来更加引起了人们的重视。所谓的化工过程强化就是在实现既定生产目标的前提下，通过大幅度减小生产设备的尺寸、减少装置的数目等方法来使工厂布局更加紧凑合理，单位能耗更低，废料、副产品更少。反应和分离的耦合(如反应精馏、膜反应、反应萃取等)即属于生产过程的强化，近年来成功地应用于生产，具有综合两种分离技术的优点、简化流程、提高收率和降低单耗的特点。

反应精馏的建立需事先详细考察反应精馏过程涉及的汽液及液液热力学相平衡，在此基础上，利用反应精馏概念设计方法，对过程的可行性予以考察。目前，较有代表性的反应精馏概念设计方法有残余曲线方法、逐板计算方法和串级闪蒸、汽提方法。通过组分变量转换的方法，可将适用于普通精馏概念设计的残留曲线模型扩展到受平衡控制的反应精馏过程；而对于受反应速率控制的反应精馏过程，尽管可通过在普通残留曲线方程中引入反应项来研究，但因冷凝对过程的影响未被考虑，无法预测塔顶组成。串级闪蒸、汽提方法采用多级串联的闪蒸和冷凝操作模拟反应精馏操作，可预测在一定进料组成和反应强度下，反应精馏过程能获取的塔顶和塔釜组成数据，但此方法的预测结果依赖于设定的各级闪蒸的闪蒸率。而逐板计算法，则通过在普通精馏过程的逐板计算方程中引入反应项，进而建立、求解反应精馏过程，可获取在确定进料组成、出料方式、回流比和反应强度下的出料组成和塔内浓度分布，但此方法计算量大，事实上已接近严格的过程模拟计算。

由于反应精馏过程分离与反应的耦合作用，反应精馏的开发过程难度远远高于普通精馏过程，而且值得注意的是反应精馏过程强烈的依赖于采用的塔设备形式，包括催化剂填充方式、塔配置，此外反应和精馏过程耦合可能造成的多稳态也会对反应精馏过程的建立和控制产生极大的影响。

2.2.7 分子精馏

分子精馏又叫短程精馏(short path distillation),属一种新兴的液-液分离技术。在高真空条件下,蒸发面和冷凝面的间距小于或等于被分离物料的蒸气分子平均自由程,由蒸发面逸出的分子,既不与残余空气的分子碰撞,自身也不相互碰撞,毫无阻碍地飞射并聚集在冷凝面上。无阻行程精馏和分子精馏的基本原理没有差别,其区分仅在于设备的尺寸和操作状态,在同一精馏设备中,一部分可以是分子精馏,而另一部分则可以是无阻行程精馏。

通常,分子精馏在 $10^{-3}\sim10^{-4}$ mmHg(1 mmHg=133.322 Pa)的压力下操作。在实验室中,10^{-3} mmHg 的压力是容易获得的,而在工业生产中,操作压力为 $10^{-2}\sim10^{-3}$ mmHg 则是经济合理的。分子精馏过程可分为四步:(1)分子从液相主体向蒸发表面扩散,通常,液相中的扩散速度是控制分子精馏速度的主要因素,在设备设计时,应尽量减薄液层厚度及强化液层的流动;(2)分子在液层表面上的自由蒸发,蒸发速度随着温度的升高而上升,但分离因数有时却随着温度的升高而降低,所以应以被加工物质的热稳定性为前提,选择经济合理的精馏温度;(3)分子从蒸发表面向冷凝面飞射;(4)分子在冷凝面上冷凝,只要保证冷热面有足够的温度差(一般为 70~100 ℃),冷凝表面的形状合理且光滑,则认为冷凝步骤可以在瞬间完成。

分子精馏技术自 20 世纪 30 年代问世以来得到人们的广泛重视。20 世纪 60 年代,此项技术已成功地用于从浓缩鱼肝油中提炼维生素 A 的工业化中。近年来一些工业强国如美国、日本、德国、瑞典及前苏联等相继利用分子精馏技术解决了许多分离领域中的难题,已在 150 余种产品的分离上成功地实现了工业化。分子精馏技术属于高新的工业技术,尚处于起步阶段,人们对该技术了解不多,加之进口设备价格昂贵,非一般企业和科研机构所能承受的,但是由于它与常规蒸(精)馏技术相比具有明显的节能、不损伤热敏性物料等优点,被越来越多的科研单位及企业所接受。分子精馏技术的应用领域有石油化工、食品工业、医药工业、农药工业、香精和香料工业及塑料工业等[11]。

2.3 精馏节能技术

精馏的广泛应用,促使其技术的成熟,但技术的成熟并不意味着停滞不前,成熟技术的发展往往要花费更大的力气,但由于其应用的广泛,每一个微小的进步都会带来巨大的经济效益。因此,精馏过程降耗技术受到广泛的重视,并不断取得新进展。

2.3.1 热泵精馏

热泵是将低品位的蒸气压缩到较高品位,使其能在过程中再利用。热泵精馏是将精馏塔顶蒸气压缩后再作为塔底再沸器的热源。这样回收了塔顶低压蒸气潜在的热能,起到显著节能的效果。

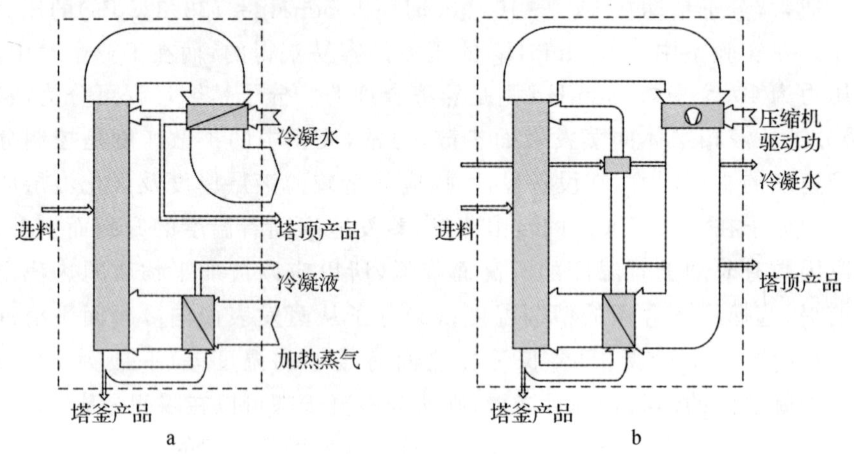

图 2-4 精馏塔能流图

a. 常规精馏塔能流图 b. 热泵精馏塔能流图

图 2-4a 为常规精馏塔能流图,塔底再沸器需要输入大量加热蒸汽,而塔顶冷凝器的冷却介质要带走大量热能,故其热效率很低。图 2-4b 为采用热泵后,精馏装置的能流图,塔顶蒸气的热能被继续利用,整个系统只需补充少量的能量即可[12]。此外,热泵还是减少 CO_2 排放和热污染的有效环保方法之一[13]。

热泵精馏有直接蒸气压缩和间接蒸气压缩两种,如图 2-5 所示,图中 a 为直接蒸气压缩,塔顶物料蒸气经压缩后直接送入本塔塔釜作为热源。此法节能效果明显,但对热泵的密封性能要求较高,以免塔内物系受污染。图 b 为间接蒸气压缩,它采用中间循环介质,不会污染塔内物系,但降低节能效果,且增加一套塔顶冷凝器。

热泵精馏最适宜于难分离物系,这类物系在常规精馏时,操作回流比大

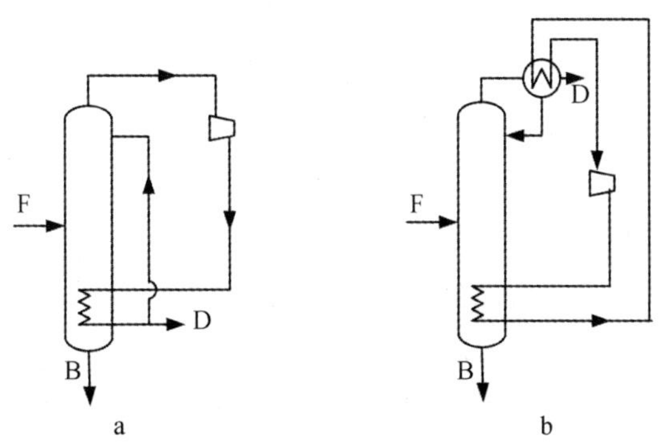

图 2-5　热泵精馏

a. 直接蒸气压缩热泵　　b. 间接蒸气压缩热泵

能耗很高。采用热泵精馏再配以高效低压降填料，其塔顶和塔底的温差不大，塔顶蒸气稍加压缩即可用于塔釜加热，节能效果可达 80%以上[10]。图 2-6 为异丁醛（IBAD）与正丁醛（NBAD）的分离[9]，图 a 为常规精馏，b 为板式塔热泵精馏，c 为规整填料塔的热泵精馏。由图可见，常规精馏能耗 9600 kW，板式塔热泵精馏能耗 1560 kW，规整填料塔热泵精馏能耗仅 920 kW。

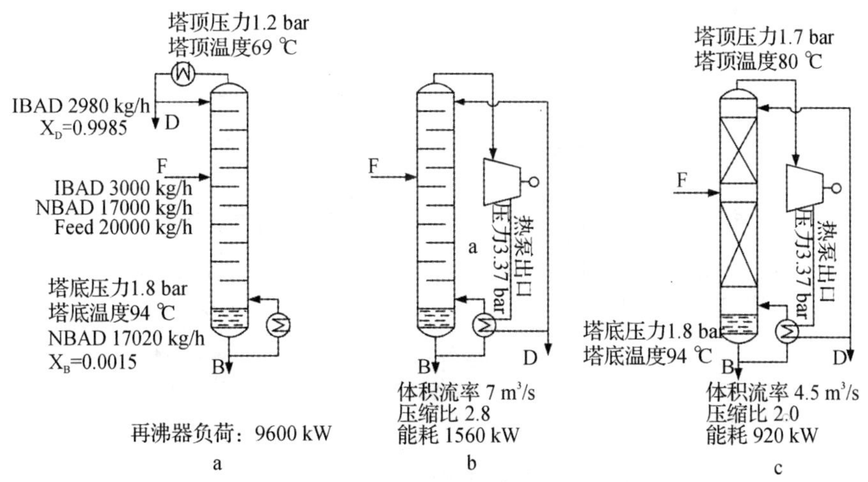

图 2-6　热泵精馏与常规精馏的比较

a. 常规精馏　b. 板式塔热泵精馏　c. 规整填料塔热泵精馏

2.3.2　多效精馏

图 2-7 为多效精馏的原理及简单流程，其原理与多效蒸发相似，即将前

级塔塔顶蒸气作为下级塔塔釜的加热蒸气。各塔操作于不同压力，只有第一效需要外部加热，末效需要塔顶冷凝。多效精馏的关键是选择适宜的各塔操作压力。它一般受到第一效加热蒸气压力和末效冷却介质温度的限制。通常采用双效精馏。

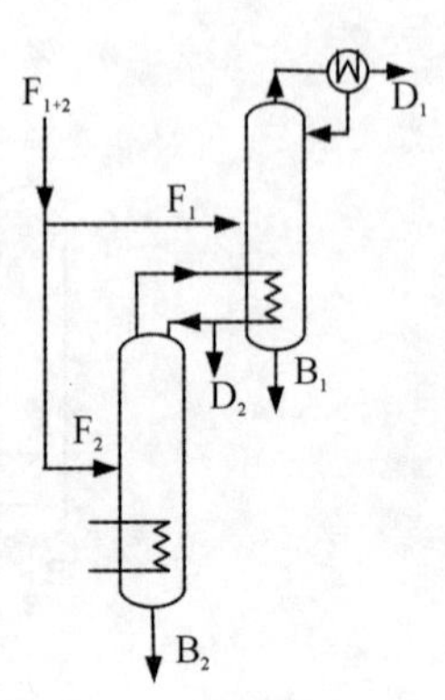

图 2-7 多效精馏原理图

低温空气分离的主精馏塔是典型的双效精馏，下塔操作压力为 600 kPa 左右，上塔接近常压。两塔连接部分的冷凝蒸发器，将下塔顶部的氮气冷凝，同时将上塔底部的液氧蒸发。

另一实例如图 2-8 所示的填料塔双效精馏。该流程是环己酮和环己醇的分离，流程中第一塔主要在塔顶脱除原料中较轻杂质，第二塔将环己酮和环己醇分离。图 a 为板式塔情况，两塔总能耗为 23.2 MW；b 为采用规整填料后的情况，第一塔分离效率提高，回流比减小，能耗降低，重组分收率提高，塔顶温度降低。第二塔全塔压降降低，塔釜温度减小，分离效率提高，使塔顶温度降低。两塔之间就有可能利用第一塔塔顶物料蒸气作为第二塔塔釜热源，从而两塔总能耗只需 5.2 MW。与板式塔情况相比，节能达 78%。

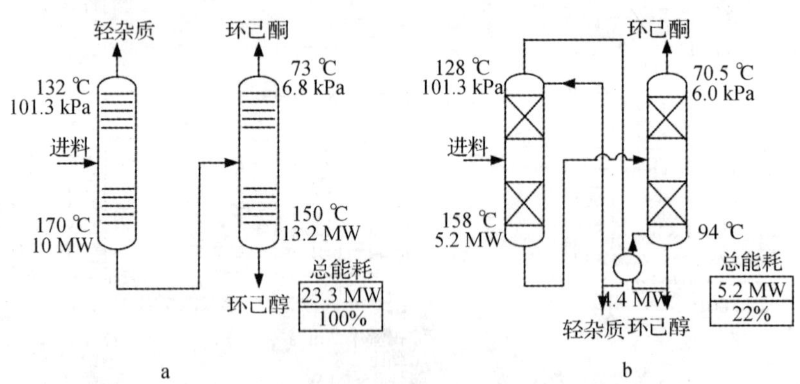

图 2-8 采用填料塔实现双效精馏

a. 板式塔情况　　b. 采用规整填料塔实现双效精馏

2.3.3 增设中间再沸器和冷凝器精馏

2.3.3.1 中间再沸器和冷凝器原理

温度是热能品质的度量，即使热负荷在数量上没有变化，如果温度分布发生了变化，就有可能减少不可逆损失。常规精馏过程内部热力学效率很低的原因之一，就是塔内热传递的推动力分布不合理。

在精馏塔中增设中间再沸器和中间冷凝器最简单的流程是如图 2-9(a)所示，即在提馏段设置中间再沸器，在精馏段设置中间冷凝器，则精馏段和提馏段各有两条操作线，如图 2-9(b)所示。此时，靠近进料点的精馏操作线斜率大于更高的精馏操作线，靠近进料点的提馏操作线小于更低的提馏操作线，与没有中间再沸器和中间冷凝器的精馏塔（如图 2-9(b)中的虚线所示）相比，操作线靠近平衡线，所以使精馏过程的损失减少。

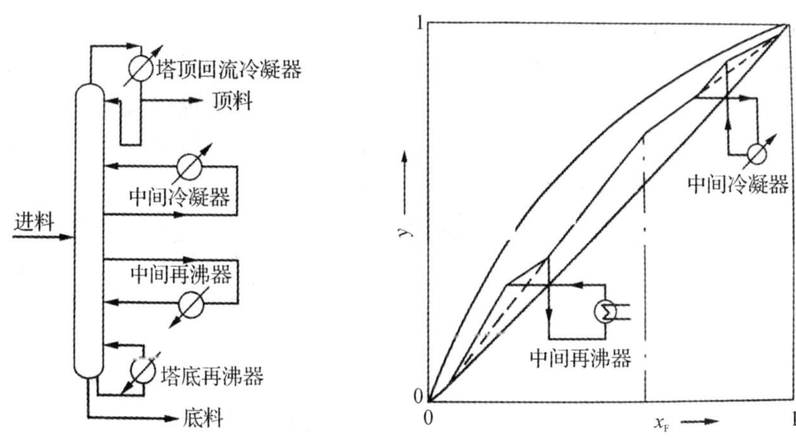

图 2-9 中间再沸器和中间冷凝器精馏

(a)中间再沸器和冷凝器流程 (b)中间再沸器和冷凝器 y-x

这种流程，既然在进料点处两条操作线的斜率保持不变，则说明总冷凝量和总加热量就没有变，即两个精馏釜的热负荷之和与原来一个精馏釜相同，两个冷凝器的热负荷之和与原来一个冷凝器相同。但是，与原精馏釜相比，第二精馏釜可使用较低温度的热源；与原冷凝器相比，第二冷凝器可以在较高温度下排出热量，从而降低了能量的降级损失。

2.3.3.2 中间再沸器和冷凝器应用准则

一般的精馏只在精馏塔的顶底两端对塔内物料进行冷却和加热，被称为绝热精馏。而像中间再沸器和中间冷凝器的精馏是在塔的中间对塔内物料进行冷却和加热的，被称为非绝热精馏。利用非绝热精馏来降低分离过程的有效能损失，不是靠降低总热能消耗量来达到的，而是借助所用热能的品位不同而实现的。因此，增设中间再沸的条件是要有不同温度的热源供用。增设中间冷凝器的条件是中间回收的热能要有适当的用户，或者是可以用冷却水冷却，以减少塔顶所需制冷量负荷。如果中间再沸器与塔底再沸器使用同样热源。中间冷凝器与塔顶冷凝器使用同样冷源，则这种流程就毫无实际意义，只不过是把一部分 损失从塔内移到中间再沸器和中间冷凝器，没有任何节能效果而且还浪费了设备投资。因此，在生产过程中必须要有适当温位的加热剂和冷却剂与其相配，并需有足够大的热负荷值得利用，再加上塔顶和塔底的温度差相当大，以及进料浓度低时，才能获得大的经济效益。

2.3.3.3 中间再沸器和冷凝器的工业应用[14]

(1)脱甲烷塔增设中间冷凝器

脱甲烷塔增设中间冷凝器多股进料与中间回流相结合的逐级分凝流程见图 2-10 所示。进料经一级冷凝，−29 ℃的凝液作脱甲烷塔的第一股进料。气体经二级冷凝，−62 ℃的凝液作第二股进料。气体经第二个进料冷凝器(−101 ℃乙烯冷剂)冷凝，−96 ℃气液混合物作第三股进料。同时从塔中间引出一股气体入中间冷凝器，与进料气体汇合冷凝后，气液混合物回流入塔。此种情况，中间回流与第三股进料结合起来，而第二个进料冷凝器与中间冷凝器结合为一个设备。

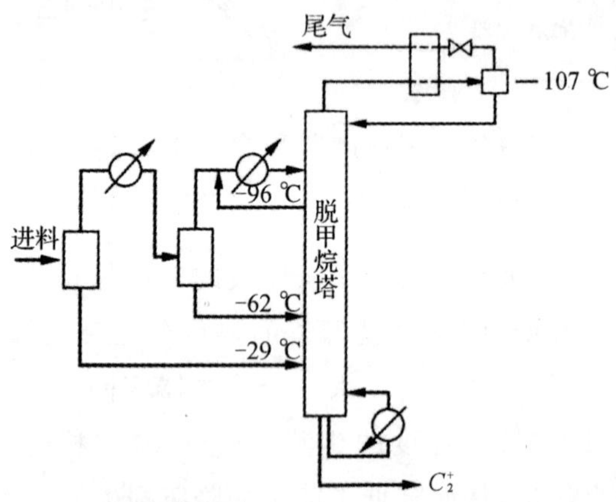

图 2-10 中间冷凝器产生中间回流的脱甲烷流程

从塔顶气来看，经节流膨胀、自身制冷而降温到−107 ℃。因为采取了中间回流，减少了塔顶回流量，塔顶可省去外来冷剂制冷的冷凝器，只需设自身制冷换热器已能满足负荷要求。由于节流膨胀、自身制冷温度低，所以从塔顶气中还可以回收一部分乙烯，故降低乙烯损失，收到了明显的节能效果。

(2)脱甲烷塔增设中间再沸器

由于脱甲烷塔提馏段的温度比压缩后经初步预冷的裂解气温度低，所以可用此裂解气来作为中间再沸器的热剂，而裂解气回收了脱甲烷塔的冷量，降温到进料所需温度而进入塔内，见图2-11所示。这样可一举两得，收到节约能量之效果。

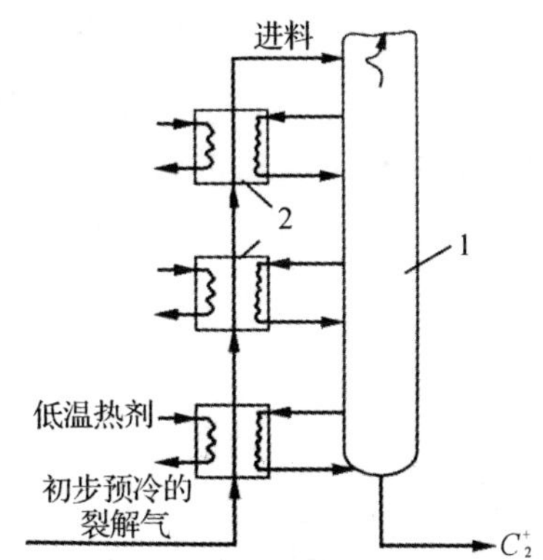

图2-11　脱甲烷塔中间再沸器流程简图

1-脱甲烷塔提馏段；　2-中间再沸器

表2-3为脱甲烷塔设置中间再沸器的经济比较，从表2-3中的数据可以看出，从减少精馏系统有效能损失的角度来看，带有中间换热器的非绝热精馏更适合于塔的顶、底温差大的精馏塔，由于这时热量的降级较大，因此采用中间再沸器和中间冷凝器就比较有价值。据报道乙烯精馏塔采用中间再沸器和中间冷凝器后，可以降低该塔17%的能耗，这相当于节约了制冷总能耗的6%。

表2-3　脱甲烷塔设置中间再沸器的经济比较

	设中间再沸器	无中间再沸器		设中间再沸器	无中间再沸器
精馏段板数	90	90	塔径(精馏段/提馏段)/m	5.5/4.9	5.5/5.5
提馏段板数	45	28	塔造价/元	5.1×10^6	4.8×10^6
冷凝器负荷/(GJ/h)	142.4	142.4	换热器造价/元	3.8×10^6	3.7×10^6
中间再沸器负荷/(GJ/h)	52.8	0	冷冻系统造价/元	-0.1×10^6	0
塔釜再沸器负荷/(GJ/h)	52.8	105.5	总造价/元	8.8×10^6	8.5×10^6
塔高/m	74.4	66.8	操作费用/元	4.15×10^6	4.77×10^6

2.3.4 采用多级冷凝工艺

多级冷凝在工程中十分常用，主要是采用二级冷凝。在一些情况下，用于工艺的改进和优化，可以达到很好的节能效果。下面是二级冷凝在催化裂化(FCCU)吸收稳定系统工艺改进中的一个应用实例[17]。

吸收稳定系统中，传统的吸收—解吸有单塔和双塔两种流程。双塔流程解吸塔主要有冷进料、热进料和冷热两股进料三种进料方式。双股进料结合了单股冷进料解吸气量少和单股热进料可有效利用稳定汽油热量的优点，并克服了各自的缺点，使吸收塔和解吸塔的负荷均比较小，不仅有利于改善吸收塔的吸收效果，而且可以减小解吸塔底再沸器的负荷，传统双股进料流程如图 2.12。

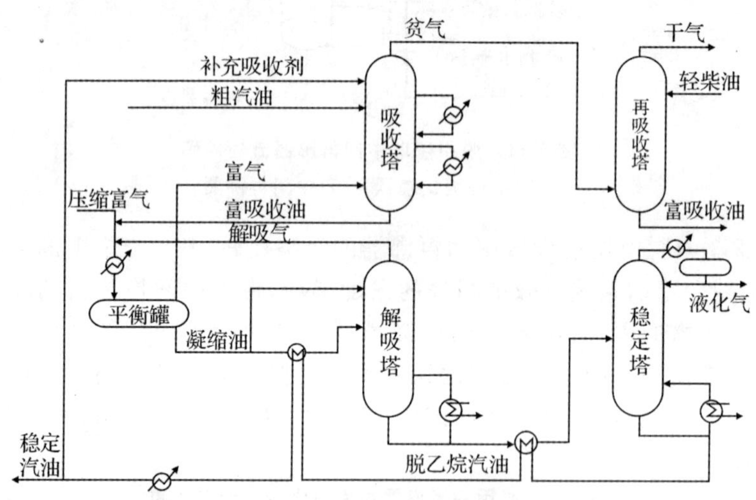

图 2-12 传统的双塔流程双股进料

但是，在常规双股进料工艺中，同样组成但温度不同的物料分两股进入塔的不同部位，扰乱了塔内汽液相组成剖面，冷、热进料之间的部分存在轴向返混，使得推动力下降，塔板效率严重恶化。另一方面，大量气液混合进料会先冷却到 40 ℃左右以后，冷凝汽油的一部分再经稳定汽油加热，然后作为热进料进入解吸塔。这个“先冷却后加热”的过程从本质上讲是一种能量损耗。因此在改进新工艺加入二级冷凝。另外在解析塔的中部增设了中间再沸器，不仅可充分利用稳定汽油的余热，而且可以使解吸塔底部再沸器的负荷大幅度降低。新工艺如图 2-13。

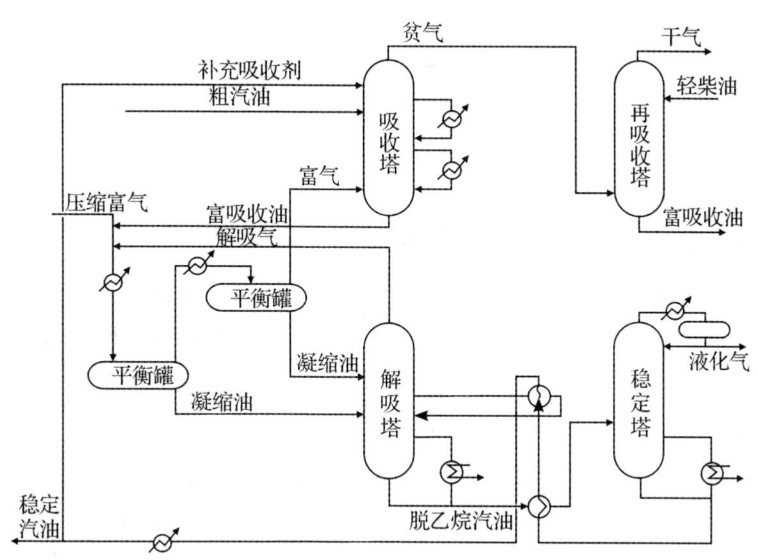

图 2-13　新工艺流程图

以催化加工量为180万吨/年的某炼油厂为例，并以干气中C3+组分含量为1.5%(mol)作为比较基准，对两种流程进行了模拟分析，能耗比较如表2 4所示。

表 2-4　两种流程的解吸塔冷负荷、热负荷及能耗比较

序号	项目	双塔流程	新流程	节能
1	平衡罐前冷却负荷/GJ·h^{-1}	−20.985	−12.177	41.97%
2	吸收塔一段中间取热量/GJ·h^{-1}	−0.9	−2.52	
3	吸收塔二段中间取热量/GJ·h^{-1}	−0.36	−1.08	
4	冷负荷总计/GJ·h^{-1}	−22.245	−15.777	29.08%
5	解吸塔进料预热器热负荷/GJ·h^{-1}	8.502	0	
6	解吸塔底再沸器热负荷 GJ·h^{-1}	23.61	14.01	40.66%
7	解吸塔中间再沸器热负荷/GJ·h^{-1}	0	11.409	
8	解吸塔底再沸器蒸气消耗/t·h^{-1}	11.691	6.936	1.585

由表2-4比较可以看出，通过采用两级冷凝工艺，大幅度降低了平衡罐前的冷却负荷，而且避免了原流程中先冷却后加热的耗能过程，显著减少了不必要的能耗；二级冷凝可以使凝缩油中C2含量明显减少，从而解吸塔内负荷降低，解吸效果增强。二级冷凝具备了冷热两股进料的优点，但其冷、热两股进料的组成不同，有效地避免了返混。

另外，采用解吸塔中部加设再沸器的工艺，不仅可充分利用稳定汽油的余热，而且可以使解吸塔底部再沸器的负荷大幅度降低。新流程与传统双塔流程相比，平衡罐前冷却负荷约减少了 41.97%，总冷负荷亦占有很大的优势。热负荷按蒸气耗量计算，新流程可节约 40.66%左右。

2.3.5 采用附加回流及蒸发精馏节能技术[15]

具有附加回流及蒸发的精馏过程简称 SRV。它综合了热泵精馏技术及设置中间再沸器和中间冷凝器精馏技术，而开发出来的一种新技术。它的基本原理与设计计算十分类似于具有中间换热器的精馏过程。

2.3.5.1 SRV 原理与流程

图 2-14(a)表示的方案是从精馏段某一需要中间冷却的位置抽出一定数量的饱和蒸气，经压缩后送人提馏段某一需要中间加热的位置，这时蒸气冷凝，凝液经节流后返回精馏段。这样的方案，一方面达到了在精馏段某一需要中间冷却的位置上设置中间冷凝器的要求。另一方面又达到了在提馏段某一需要中间加热的位置上设置中间再沸器的要求，一举两得。该方案中的换热器，从精馏段来看是中间冷凝器，从提馏段来看是中间再沸器。利用热泵技术，将较低温度下要在中间冷凝器中所放出的热量输送给较高温度下的中间再沸器。相类似，图 2-14(b)表示的方案是从提馏段某一需要中间加热的位置抽出一定数量的液体，经节流后送入精馏段某一需要中间冷却的位置。这时，节流后的液体蒸发为蒸气，经压缩后返回提馏段。这样的方案，一方面达到了在提馏段某一需要中间加热的位置上设置中间再沸器的要求，另一方面又通过节流后液体的蒸发、吸收热量，达到了在精馏段某一需要中间冷却的位置上设置中间冷凝器的要求。将以上方案推广到整个精馏塔，就是 SRV 精馏。

从上述讨论可知，对于没有内、外极点的系统，精馏段全段均为中间冷却区，需移出热量；而提馏段全段均为中间加热区，需加入热量。这些需移出和需加入的热量都具有多个温度级别的特性，这时可采用图 2-15 或图 2-16 所表示的方案。精馏段与提馏段处于不同压力下操作，精馏段压力较高，而提馏段压力较低，合理控制两段的压力，使精馏段相应位置的温度均高于提馏段相应位置的温度。这样，精馏段就可以作为多温度级热源而向提馏段供热；同时，提馏段也成为精馏段所需要的多温级冷源，因而实现了能量节约。

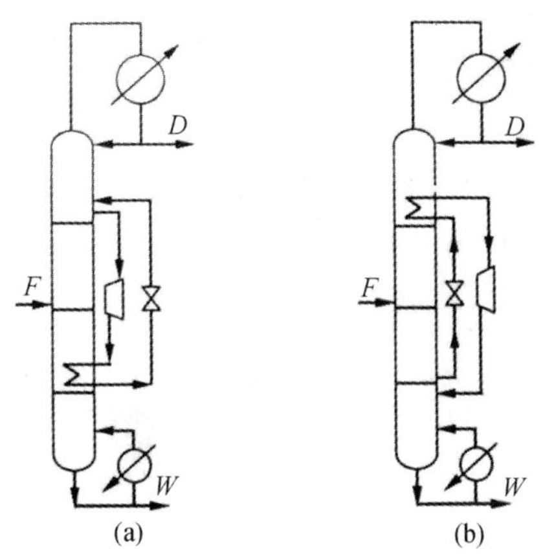

图 2-14　热泵与中间再沸器和冷凝器相结合方案

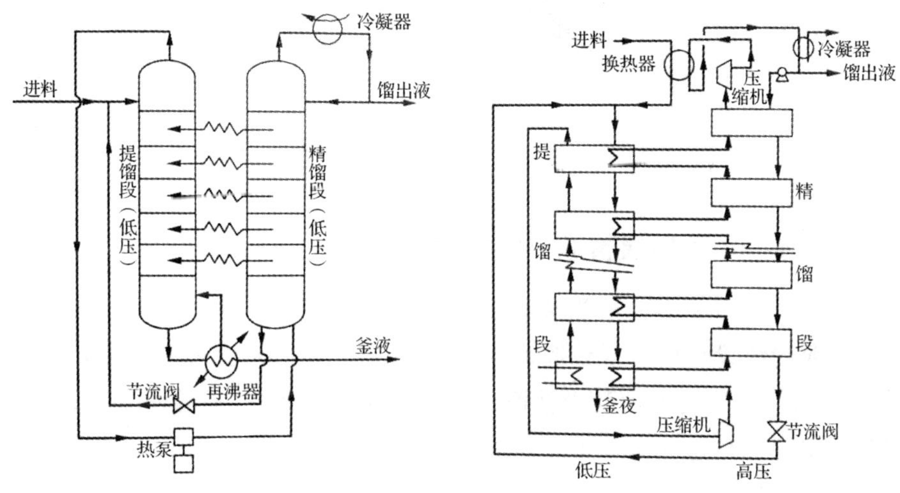

图 2-15　SRV 精馏原理示意图

图 2-16　SRV 精馏原理示意图

2.3.5.2　SRV 精馏的应用

由于 SRV 精馏中附有多级中间回流和蒸发，所以塔的精馏段中的回流量自上而下逐步增加，提馏段中上升蒸气量则自下而上逐步增加，这时的操作线如图 2-17 所示。这对于沸点相近混合物的低温精馏很有吸引力，因为所需的低温冷却剂可以显著减少。SRV 精馏由于采用热泵系统，就更适合于塔的顶底温差较小的低温精馏系统。例如，乙烯精馏塔采用 SRV 精馏后，一般能耗可降低 50%～70%。因此低温精馏领域中采用 SRV 精馏是值得关注的一个发展方向。

SRV 精馏与常规精馏相比，其操作线和平衡线间距离更大，使达到相同分离程度所需理论板数大为减少（见图 2-17）。故用于难分离物系较为优越，节能效果也很明显。但设备投资增加较多，操作更加复杂，需配备较高级的控制系统，推广应用有一定的难度，是否采用应结合具体情况，通过经济核算确定。

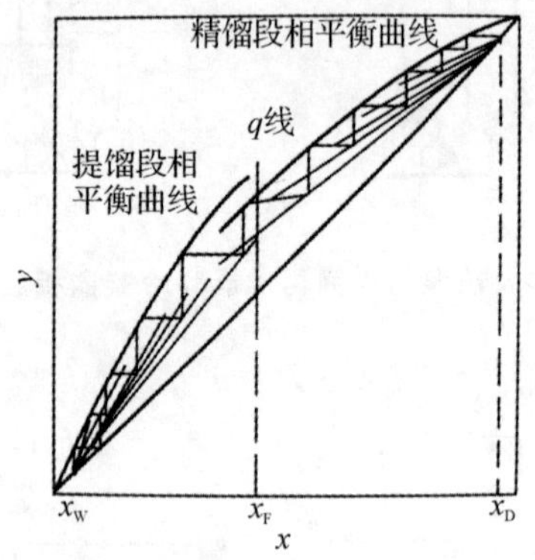

图 2-17 SRV 精馏的操作线及理论板计算

2.3.6 采用热耦精馏节能技术

2.3.6.1 热耦精馏的基本概念

按照传统设计的常规精馏系统，各塔分别配备再沸器和冷凝器，如图 2-18 示出的三组分的两种常规精馏流程。此流程由于冷、热流体通过换热器管壁的实际传热过程是不可逆的，为保证过程的进行，需要有足够的温差，温差越大，有效能损失越多，则热力学效率就越低。热耦精馏塔就是基于此而研究出的一种新型的节能精馏。

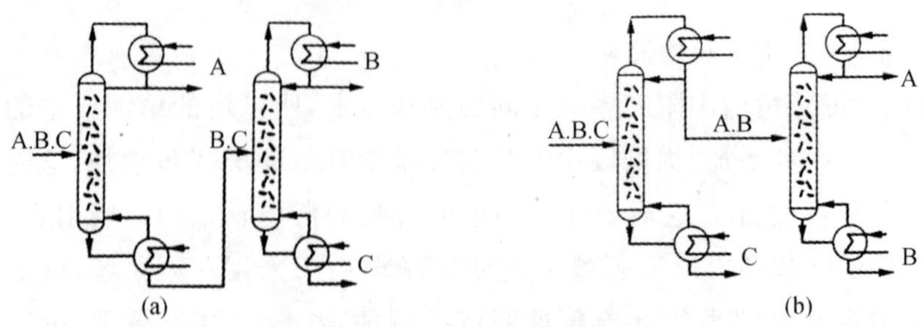

图 2-18 三组分常规精馏流程

如图2-19所示。从主塔内引出一股液相物流直接作为副塔塔底的气相回流,使副塔避免使用冷凝器和再沸器,实现了热量的耦合,故称为热耦精馏。

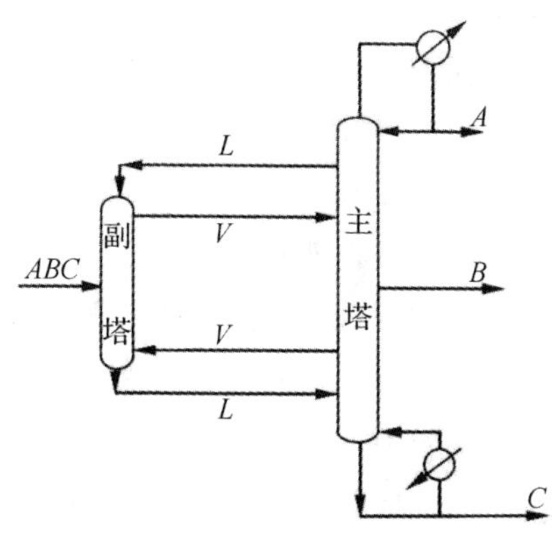

图2-19　热耦精馏流程

2.3.6.2　热耦精馏的应用

在图2-19中,假定组分A、B和B、C间的相对挥发度均为3,设计回流比为1-3,以泡点进料,产品的纯度均定为90%,则在相同或稍多一些塔板数情况下,热耦精馏可节能20%[16]。由于取消了前级塔的再沸器和冷凝器,则可以减少换热设备的投资和冷却水的消耗,故其经济效益是很高的,可推广用于多组分系统的分离。

热耦精馏在热力学上是最理想的系统结构,既可节省能耗,又可节省设备投资。经计算表明,热耦精馏比两个常规塔精馏可节能20%～40%[14]。所以,这种新型节能精馏技术在20世纪70年代能源危机时受到西方国家的广泛注意,进行了许多研究。但是,由于主、副塔之间气液分配难以在操作中保持设计值,且分离难度越大,其对气液分配偏离的灵敏度越大,操作就越难以稳定,而且由于控制问题和缺少设计方法,20多年来热耦精馏并未在工业中获得广泛应用。只有沸点接近的易分离物系才推荐采用热耦精馏,但也要注意精心设计,以保证主、副塔中的气液流量达到要求。

2.3.7　差压热耦合精馏技术[17]

近年来,针对各种形式的热耦精馏开展了大量的设计、优化和应用研究。现有的热耦精馏技术无论从流程还是设备来说,仍摆脱不了精馏过程中所需要的塔顶冷凝液体回流和塔釜再沸蒸气上升操作的限制。无论是采用预分塔设计、中间侧线换热、侧线精馏流程还是侧线提馏流程，对于主精馏塔来说，由于塔顶温度要低于塔底温度，即塔顶物料冷凝后的温度要低于塔底物料再沸所要达到的温度，因而塔顶冷凝器和塔底再沸器之间不能简单地进行匹配换热，也就不能实现完全的热耦合。通过对各种热耦合热集成精馏过程深入研究，开发了一种新型的差压热耦合低能耗精馏过程。

2.3.7.1 差压热耦合精馏技术基本原理

差压热耦合低能耗精馏过程将普通精馏塔分割为常规分馏和降压分馏两个塔；常规分馏塔的操作压力与常规单塔时相同，而降压分馏塔采用降压操作以降低塔底温度；降压分馏塔塔顶蒸气经过压缩进入常规分馏塔；降压分馏塔降压操作可以使塔釜物料的温度低于常规分馏塔塔顶物料的温度，这样就可以利用常规分馏塔塔顶蒸气的潜热来加热降压分馏塔塔底的再沸器，进行两塔的完全热耦合，实现精馏过程的大幅度节能。

差压热耦合低能耗精馏流程如图 2-20 所示。1 为常规分馏塔，2 为降压分馏塔。经过常规分馏塔分离后的塔底液相物料在压差推动下进入降压分馏塔顶部；降压分馏塔顶部出来的蒸气通过压缩机加压后进入常规分馏塔底部作为上升蒸气；降压分馏塔塔底出来的液相一部分可作为产品采出，另一部分与常规分馏塔塔顶出来的蒸气在主换热器中进行换热并部分汽化，形成降压分馏塔塔底所需的再沸蒸气，若冷凝负荷小于主再沸器负荷时，需要同时开启辅助再沸器；常规分馏塔塔顶蒸气经过换热后得到部分或全部

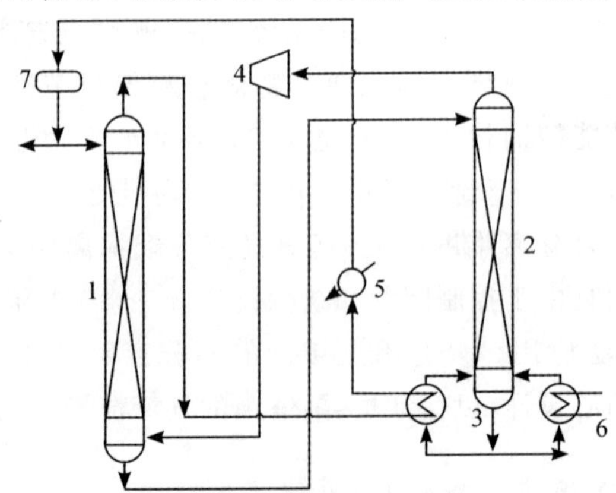

图 2-20 差压热耦合低能耗精馏流程

1-常规分馏塔；2-降压分馏塔；3-主换热器；4-压缩机；5-辅助冷凝器；6-辅助再沸器；7-回流罐

冷凝液，当冷凝负荷大于主再沸器负荷时，需开启该部分冷凝液流经的辅助冷凝器，从而得到常规分馏塔塔顶所需要的回流和采出的冷凝液进入回流储罐，从回流储罐中流出的冷凝液一部分作为产品采出，另一部分作为常规分馏塔的塔顶回流液体。

在操作过程中若降压分馏塔塔底物料再沸所需热量大于常规分馏塔塔顶冷凝所能提供的热量时，则需要同时开启辅助再沸器，使得降压分馏塔塔底出来的液相的一部分与外部换热来满足降压分馏塔塔底上升蒸气所需要的全部热量；而若在操作过程中降压分馏塔上升蒸气所需热量小于常规分馏塔塔顶冷凝所能提供的热量，则需要同时开启辅助冷凝器，使得常规分馏塔顶蒸气经过主再沸器冷却后的物料与外部换热来降低该股物料的温度，以降低至常规分馏塔塔顶所需回流液体的温度；因而，在实际操作达到稳定运行后，辅助冷凝器和辅助再沸器一般不会同时开启，根据热量匹配可选择其一作为辅助能源设备，若流程设计中常规分馏塔塔顶冷凝和降压分馏塔塔底再沸蒸气可以完全匹配的话，则两个辅助设备均无需开启。

差压热耦合低能耗精馏与现有热耦精馏技术相比，具有以下几方面优点。

(1)差压热耦合精馏过程的常规分馏塔塔顶冷凝的负荷可以与降压分馏塔底再沸器的负荷相匹配，实现热耦精馏，匹配换热。

(2)与常规的单塔精馏过程不同，差压热耦合精馏过程的常规分馏塔顶上升蒸气能够用于加热降压分馏塔塔底物料，满足塔底再沸的要求。

(3)热消耗是精馏操作中的主要能耗所在，用差压降温手段可以实现最小的热消耗，甚至实现冷热负荷完全匹配，热消耗为零。而实现该目的的手段仅仅是在设备中增加一台压缩机，该动力消耗相对于原有的热消耗小很多。

2.3.7.2 差压热耦合精馏技术节能实例

混合C3分离烯烃的提纯在石化工业中可以称得上为精馏中耗能最大户，其中丙烷-丙烯的分离尤为突出。由于丙烯和丙烷的沸点相接近，组分间相对挥发度较小，采用常规精馏方法时，设计的塔可高达90 m，塔板数可在200块以上，回流比大于10，还要进行加压或者制冷等操作，所以能耗很高。由于能源价格上涨和新技术的不断开发利用，人们对这个问题越来越重视，相应出现了一系列新方法。

丙烯—丙烷的分离方法有高压法、低压法和低压热泵法。采用高压法时塔顶温度高于45 ℃，可以直接用冷却水进行冷凝，但是高压法分离需要的塔板数多，且回流比很大；采用低压法，丙烯和丙烷的相对挥发度增加，可以减少回流比和理论板数，但是塔顶温度太低，不能采用冷凝水直接进行冷凝，需要其他冷剂，这样无疑要增加投资及能耗；如果采用热泵法，节能最高可达88%，但是需要增加20%左右的投资，而且热泵精馏存在流程复杂、操作困难的缺点。

以一个工业规模的丙烯-丙烷气体分离系统为典型的计算例，主要条件如下：进料量为16832 kg/h(约15万吨/a)，进料温度为40 ℃，进料质量组成为丙烷25.8%，丙烯74%，乙烷等组分0.2%，分离要求实现塔顶产品丙烯质量分数大于99%。

现有常规流程精馏塔共需要200块理论板，进料位置在第146块。若要实现产品质量要求，模拟得到该精馏塔操作条件为：塔顶温度为43.4 ℃，压力为1800 kPa，塔底温度为58.7 ℃，压力为2100 kPa。

利用差压热耦合低能耗精馏技术，对丙烯-丙烷分离过程进行模拟。将精馏分离分割为常规分馏和降压分馏两个塔，常规分馏塔的理论板为145，塔顶压力为1800 kPa，塔底压力为2000 kPa，塔顶温度为43.4 ℃；降压分馏塔的理论塔板数是55，塔顶压力为1100 kPa，塔底压力为1200 kPa，塔底温度为33.7 ℃；进料位置在降压分馏塔的适当部位。本模拟条件下常规分馏塔顶冷凝提供的热量要大于降压分馏塔底上升再沸蒸气所需要的热量，开启辅助冷凝器使得通过主再沸器的冷凝流股再一次冷凝达到常规分馏塔顶液相回流要求。

常规精馏过程塔顶压力低、塔底压力高，塔顶富含轻组分、塔底富集重组分，因此塔顶温度总是低于塔底温度，塔顶蒸气的潜热无法被塔底再沸器利用，也就不能进行能量的匹配。差压热耦合精馏则通过将常规精馏塔分割为常规分馏和降压分馏两个精馏塔，再沸器在降压分馏塔塔底。由于常规分馏塔塔顶蒸气的温度要高于降压分馏塔塔底再沸器的温度，这样降压分馏塔的再沸器就可以用常规分馏塔塔顶的蒸气来加热，实现了完全的热耦合。降压分馏塔顶的气相通过压缩机回到常规精馏塔的底部，与精馏过程再沸器的加热量相比，能耗很低。

2.4 塔设备的选型

设备早已广泛应用于精馏、吸收、解吸、萃取、洗涤、冷却等过程。塔设备大致可分为板式塔和填料塔两大类。当然也可在塔板间距内放置填料构成复合型塔，或精细化工某些场合采用转盘塔。填料塔又有规整填料塔和散装填料塔之别。有时采用混合型填料塔，即在同一座填料塔中，有散装填料层，也有规整填料层。易产生聚合物处采用散装填料层，便于清理维修。物料干净、要求高效率时往往选择规整填料层。有时在以散装填料为主的填料层中，中间主体是散装填料，而上端和下端是规整填料，此时，规整填料是用来改善液体和气体的分布，减小端效应影响。同时也起传质或传热作用。因此，塔设备在设计时，首先遇到选择塔型问题。普通板式塔属于逐级接触逆流操作，气相为分散相，液相为连续相。其传质是通过上升气体穿过塔板，与塔板上液体接触来实现。一般填料塔属于连续接触逆流操作，填料充满塔内有效空间，气相为连续相，液相为分散相。液体沿填料表面流下，与上升气体接触，在填料表面实现传质。由于板式塔和填料塔的传质机理不同，故两者的性能有较大的差别。塔性能比较，最主要是考虑效率、通量和压降三个因素。塔板的开孔率一般为塔截面积的8%～15%，设计时要考虑塔板有效面积和降液管面积的权衡，一味增加开孔率并不能提高处理能力。填料塔的开孔面积大于50%塔截面积，空隙率都在90%以上，其液泛点都较高，故填料塔的生产能力较大。通常塔板的等板高度都大于500 mm，即每米理论板数不超过两块，而工业填料塔的当量理论板数可达10块以上，因而填料塔效率较高。一般情况下，塔的每块理论板压降，板式塔为0.4～1.07 kPa，散堆填料为0.13～0.27 kPa，规整填料为0.0013～0.107 kPa[18]。压降小有利于节能。

2.4.1　选型的一般原则

选型的一般原则如下：

(1)易起泡沫的物系，以选用填料塔为宜，因为填料能使泡沫破裂。在板式塔中泡沫易引起塔的液泛。

(2)热敏性物料的分离，如乙苯/苯乙烯的分离，应尽可能降低塔釜温度，避免由于过热导致物料的聚合或分解。目前这个物系已普遍采用高效、低压降的规整填料。其压降小、持液量低，在减压下操作，比板式塔有较大优越性。

(3)对难分离物系，采用热泵技术可节能80%以上，此时，宜采用填料塔。难分离物系的塔顶、塔底温度较接近，采用低压降填料，会有更好的节能效果。

(4)现有塔器的增产、节能、降耗，一般可采用高效填料改造原有塔板，达到预期目标。

(5)厂房高度受制约的场合，或精密分离需要很多理论分离级时，应优先考虑采用高效填料塔。

(6)对腐蚀性介质，宜采用填料塔。因为填料容易实现用各种防腐材料来制作。

(7)黏性较大物系，可选用水力直径较大的填料。处理这类物料，板式塔的传质效率较差。

(8)含固体颗粒或污浊的物料，不宜采用填料塔。因为容易将填料通道堵塞。若有可能在物料进塔前去除固体颗粒或污浊物，则视情况仍可考虑采用填料塔。

(9)在塔内易产生聚合物，经常需要清洗的塔，如合成橡胶生产中某些塔设备，以选用板式塔为宜。

(10)新建项目，一般板式塔造价低于填料塔。只有在高压操作情况下，采用大通量填料，可减小塔径，从而使塔壁厚度减小。这时填料塔塔体投资可大幅度下降。权衡投资比较，填料塔的造价有可能低于板式塔。

(11)一般而言，板式塔的操作弹性要大于填料塔。规整填料自身的操作弹性较大，但其弹性受制于液体分布器的操作弹性。要求填料塔操作弹性大，分布器则要作特殊设计。其结构的复杂程度，将导致投资增加。

(12)具有多侧线进料或出料的塔器，板式塔较易实现。填料塔则在每个侧线口都必须分段，各填料层之间，都应设置液体收集和再分布装置。

2.4.2 塔设备性能评估

H. Z. Kister 等人[19]在大量工业数据和试验基础上，对塔板、散装填料和规整填料作了评估。评估以流动参数 FP 为基准，比较了流动参数在不同范围时的情况。流动参数用式(2-1)表示。

$$FP=\frac{L}{G}\sqrt{\frac{\rho_G}{\rho_L}} \tag{2-1}$$

式中：L、G——分别为塔内液相气相流率，kg/h；

ρ_L、ρ_G——分别为塔内液相气相密度，kg/m^3。

流动参数的物理意义是液相与气相动能之比的根号，常被用作液量或压力影响的参数。当 $FP<0.03$ 时，是处于真空或低液量操作；而当 $FP>0.3$ 时，是处于高压或高液量操作。

Kister 等人对塔板、散装填料和规整填料三者的比较均在最佳设计条件下进行实测。被比较塔板的板间距是 610 mm，散装填料的公称尺寸是 50 mm 和 65 mm，规整填料的比表面积是 200 m^2/m^3。对分离效率和处理能力的比较结果可归纳为表 2-5 所示。

表 2-5　塔性能的评估

流动参数	分离效率%			处理能力%		
FP	散装填料	规整填料	塔　板	散装填料	规整填料	塔　板
0.02～0.1	A	1.5A	A	C	1.3C～1.0C	C
0.1～0.3	B	1.5B～1.2B	B	D	D	D
0.3～0.5	下降慢 ↓	下降快 ↓ ↓	下降慢 ↓	下降慢 ↓	下降快 ↓ ↓	下降慢 ↓

表 2-6　塔型选择参考表[20]

对比条件 \ 塔型	板式塔		散堆填料塔	规整填料塔
	浮阀、筛板、泡罩	MD 塔板		
腐蚀性介质	B	B	A	C
易发泡物料	D	D	B	A
热敏性物料	D	D	B	A
高黏性物料	C	C	A	B
含有固体颗粒的物料	A	A	C	B
难分离或高纯度物料	C	C	B	A
气膜控制的吸收	C	D	B	A
液膜控制的吸收	C	B	A	D
真空精馏	C	D	B	A
常压精馏	A	D	C	B
高压精馏	B	A	C	D
高液相负荷	B	A	C	D
低液相负荷	B	D	C	A
液气比波动人	A	B	C	D
小塔径	C	D	A	B
大塔径	A	A	B	A

续表

对比条件 \ 塔型	板式塔		散堆填料塔	规整填料塔
	浮阀、筛板、泡罩	MD塔板		
塔内换热多	A	B	C	D
间歇精馏	C	D	B	A
节能操作	D	D	B	A
老塔改造	D	B	C	A
多侧线塔	A	B	C	C

注：表中符号 A—优，B—良，C—中，D—差。

● 当 *FP* 为 0.02～0.1 时，

(1)塔板和散装填料具有基本相同的分离效率和处理能力；

(2)规整填料分离效率高出前两者约 50%；

(3)当 *FP* 从 0.02 到 0.1 增长时，规整填料与塔板和散装填料相比，处理能力的优越性从高出 30%～40%下降到相同程度。

● 当 *FP* 从 0.1～0.3 时，

(1)塔板和散装填料具有基本相同的分离效率和处理能力；

(2)规整填料的处理能力与塔板和散装填料相同；

(3)当 *FP* 从 0.1 到 0.3 增长时，规整填料与塔板和散装填料相比，分离效率从高出 50%下降到高出 20%；

● 当 *FP* 从 0.3～0.5 时，

(1)塔板、散装填料、规整填料的分离效率和处理能力均随 *FP* 增加而降低；

(2)规整填料的处理能力和分离效率下降速度最快，而散装填料则最缓慢；

(3)当 *FP* 为 0.5 及压力为绝压 2.76 MPa 时，散装填料的分离效率和处理能力最高，而规整填料则最低。

可见当 *FP*<0.03 时，无论是分离能力还是处理能力，填料特别是规整填料有很大优势。当 *FP*>0.3 时，板式塔的优势会逐渐显现出来。当 *FP* 为 0.5 及绝压为 2.76 MPa 时，散堆填料的分离效率和处理能力最高，而规整填料则最低。但大多数的分离操作还是处于真空或常压下，况且以 *FP* 的大小作为判据并不是绝对。如果按高压操作的特殊性设计填料塔亦可获得较高的分离效率，在这方面有不少成功的例子。

20世纪70年代以前，在大型塔器中板式塔占有绝对优势，出现过许多新型塔板。当时的填料往往存在明显的放大效应，即随塔径增大而填料塔效率下降的趋势。实验室小塔中取得的实验数据，很难推广到工业规模填料塔的设计中。70年代初能源危机出现后，迫使填料塔技术在后来有了长足进步。各种高效填料和新型塔内件不断涌现，并在工业应用中取得了很大成功。

还应指出，现有的各种板式塔包括最常用的筛板塔及浮阀塔，每米理论级数一般不超过2级，而工业填料塔每米最多可达10级以上，因而对于需要很多理论级数的分离操作而言，填料塔无疑是最佳的选择。

工业生产中塔型的比较和选择是较为复杂问题，它直接影响分离任务的完成、设备投资和操作费用。设计者需要对板式塔和填料塔的性能有一个全面的认识。为方便对这个问题的考虑，表2.6列出了塔型选用表，由于选型的影响因数很多，故此表仅供参考。

参考文献

[1] Kister H Z. Distillation operation. New York: McGraw Hill, 1990

[2] 袁孝竞. 石油化工设备设计选用手册—塔器. 北京: 化学工业出版社, 2010

[3] 丁辉, 徐世民, 姜斌等. 天津大学精馏技术与传质理论研究. 化工进展, 2004, **23**(4): 358～363

[4] Porter K E. Why research is needed in destillation. Trans I Chem E, Part A, 1995, **73**(5): 357～362

[5] 袁孝竞. 维生素E精制装置. 医药工程设计, 1985, (3): 6～9

[6] Perry R H. 佩里. 化学工程师手册. 北京: 科学出版社, 2001年

[7] 徐世民, 王军武, 许松林. 新型精馏技术及应用. 化工机械, 2004, **31**(3): 183～187

[8] Yu K T. Some progress of distillation research and industrial application in china. I Chem E Symp Series, 1992, 128, A139～A166

[9] Spiegel L. 化学工程. 1987, **15**(3): 64～71

[10] «化学工程手册»编辑委员会. 化学工程手册: 第11篇蒸馏. 北京: 化学工业出版社, 1989

[11] 矫彩山, 李凯峰. 分子蒸馏技术及其在工业上的应用. 应用科技, 2002, **29**(10): 56～58

[12] 王抚华. 塔器的工程设计及应用. 西安: 陕西人民出版社处, 2009

[13] Fonyo Z, Benko N. Enhancement of process integration by heat pumping, Chem Eng Res Des, 1998, **76**(A3): 384～360

[14]冯霄,李勤凌.化工节能原理与技术.北京:化学工业出版社,1998

[15]邹仁鋆.石油化工分离与技术.北京:化学工业出版社,1996

[16]兰州石油机械研究所.现代塔器技术.北京:中国石化出版社,2005

[17]李鑫钢.现代蒸馏技术.北京:化学工业出版社,2009

[18]Ludwig E E. Applied Process Design for Chemical and Petrochemical Plants(Third Edition). Houston:Gulf professional publishing,1999

[19]Kister H Z,Larson K F,Yanagi T. How do trays and packings stackup,Chem Eng Prog,1994,**90**(2):23～32

[20]王树楹.现代填料塔技术指南.北京:中国石化出版社,1998

第3章　吸附分离技术

利用多孔固体颗粒选择性地吸附流体中的一个或几个组分，从而使流体混合物得以分离的方法称为吸附(Adsorption)，它是分离流体混合物的重要单元操作之一。虽然吸附分离在生产生活上的应用有悠久的历史，但长期以来研究和开发进展缓慢，近几十年才逐步得到较大发展。主要原因在于：(1)未开发出性能优良的新型吸附剂。传统吸附剂吸附选择性差，吸附容量小，大量耗用吸附剂致使工业装置设备庞大，吸附剂再生处理困难。(2)未开发出精致的连续吸附与脱附循环过程。传统吸附分离装置分离效率低，能耗高，设备及操作复杂，难于实现生产过程的自动化和连续化。近几十年来对这些问题做了大量研究开发工作，取得了较大突破，如新型吸附剂分子筛的开发、变压吸附循环的发明，并在工业上成功地应用，从而使吸附分离技术在化工、炼油、轻工、食品、制药、环保及能源等诸多领域得到更为广泛的应用。

本章的目的是对吸附分离进行简单的介绍，并着重介绍变压吸附、超临界吸附(包括变压吸附和超临界技术的耦合)前沿吸附技术的应用。有关超临界吸附的基础研究部分见第五章。利用生物质作为吸附剂的生物吸附也是传统吸附的前沿，这部分的介绍见第七章。另外，离子交换是一种特殊的吸附，对其的介绍见第九章。

3.1　概述

吸附分离技术的应用到现在已有漫长的2000多年历史，早期人们在生活中就会应用木炭等天然吸附材料一次性地进行气体和液体的除湿、脱臭、净化等简单吸附。18世纪末在生产上开始应用骨炭脱除糖水溶液中的色素,20 世纪 20 年代初开发出分离气体混合物中的乙醇及回收天然气中的乙烷等烃类的工业化吸附装置。但直到 20 世纪中叶,吸附分离工业过程的开发和应用也只是局限在空气和工业排气的净化等有限几个领域,且相关基础理论研究进展较为缓慢。但从过去的半个世纪以来,随着新型吸附剂(合成沸石和分子筛碳)的研究开发和新型吸附循环过程(变压吸附过程)的发明,吸附分离技术获得了惊人的发展。在基础理论研究方面,先后研究确立了理想吸附溶液理论,混合气体吸附热力学平衡理论,混合气体吸附动力学平衡理论,并在变压吸附循环过程的数学模拟和过程优化方面取得重要研究进展;在工业过程开发方面,开发的新型吸附剂在工业上应用于多种新的混合物分离体系,各种完善的变压吸附循环过程相继被开发出来,而且相应配套设备的开发也日趋成熟,提高了吸附分离的效率,降低了过程的能耗。这些重要发展使吸附分离成为许多工业分离领域的关键过程。

吸附是某些物质从流体混合物中凝聚到多孔固体表面的一种物理化学现象,为非均相过程,起凝聚(吸附)作用的多孔固体称为吸附剂(Adsorbent),在固体表面上被凝聚的物质为吸附质(Adsorbate)。气体或液体分子从流体相吸附于固体表面,其分子自由能和熵均降低。按热力学原理,在等温过程中自由能变(ΔG)、焓变(ΔH)、熵变(ΔS)的关系有:

$$\Delta G=\Delta H-T\Delta S$$

由于 ΔG 和 ΔS 均为负值,显然,ΔH 应为负值,即物质分子吸附于固体表面通常为放热过程,此过程所放出的热量即为该物质在固体表面上的吸附热。但在有些液相吸附情况下如焦化废水中芳烃在活性炭上的吸附,由于溶质的吸附与溶剂的脱附同时在活性炭吸附剂表面进行,而溶剂脱附是熵增加过程,即 ΔS 为正值。因此,此吸附过程表现为吸热过程。

在吸附剂上的吸附是由于吸附质单个分子、离子或原子与吸附剂表面之间存在相互作用力,根据其作用力性质可分为物理吸附和化学吸附。物理吸附是吸附质与吸附剂间基于分子间力(范德华力)产生的吸附,其吸附机理类似于气体的液化和蒸汽的冷凝。物理吸附的吸附热较低,通常低于 10.0 kJ/mol,接近液体的汽化热或其气体的冷凝热。物理吸附的吸附质分子与吸附剂分子间的结合力较弱,吸附质在吸附剂表面形成单层或多层分子吸附,使吸附质较易解吸,而吸附剂得以再生,因此,物理吸附是可逆过程。由于物理吸附为非活化过程(或活化能很小),因此吸附和解吸速度均很快。工业上通常利用改变气体混合物吸附—解吸过程的操作条件(温度或压力等)实现各组分的浓缩和吸附剂的再生,从而达到分离的目的。化学吸附是吸附质与吸附剂间基于化学键力产生的吸附,通常吸附质与吸附剂分子间发生化学反应而生成表面络合物,且吸附质在吸附剂表面仅为单层吸附。化学吸附的吸附热接近于化学反应的反应热,通常高于100.0 kJ/mol,远高于物理吸附。化学吸附的化学结合力比物理吸附的分子间力要大很多。化学吸附通常是不可逆的,即使能够解吸所得解吸物质也不同于原吸附质。化学吸附比同类物质实现物理吸附所需温度要高,需要一定的活化能,在相同条件下,吸附和解吸速度比物理吸附慢。事实上,化学吸附与物理吸附并没有严格的界限,在低温条件下,同一吸附质在吸附剂上发生物理吸附,吸附速度非常快,几秒钟内即可达到吸附平衡;随着温度升高到一定值,即开始化学吸附,吸附速度却逐渐减慢,在有些情况下两种吸附可能同时发生。化学吸附在分离过程中很少应用,但其在催化反应过程中起到重要作用。

吸附分离过程是利用混合物中各组分在固体吸附剂与流体相间分配不同的性质,使混合物中难吸附与易吸附组分得到分离的技术。其特点为利用吸附剂巨大的比表面积能吸附分离低浓度或微量的溶质成分,且适合的高性能吸附剂对性质相近的溶质成分有很高的吸附选择性。因此,吸附分离非常适用于采用传统分离方法(蒸馏等)难于分离的混合物体系。待分离体系适合吸附分离的主要条件概括有:

(1)混合物中目标组分化学稳定性差;

(2)混合物中待分离关键组分相对挥发度接近于1;

(3)混合物中多为易挥发组分,目标组分含量较低;

(4)混合物中待分离各组分沸点范围重合;

(5)气体混合物分离需在低温和高压下液化;

(6)进料气体混合物为高压状态。

此外,吸附分离过程的操作条件较为温和,适合生化产物的分离。

20世纪之前没有严格意义上的吸附分离过程,因为通常吸附剂吸附了吸附质后,没有通过解吸再生而循环使用,且吸附剂的吸附容量较小,不利于吸附分离的大规模工业化。随着新型高效吸附剂的开发,弥补了吸附剂吸附容量低、机械强度低等缺点,为开发各种吸附分离循环方法和工艺过程奠定了基础。近几十年来开发了多种吸附分离循环过程,实现了吸附分离的连续化、规模化工业生产,提高了分离效率和处理能力。吸附分离过程通常包括吸附和解吸与再生两部分。吸附是吸附质分子碰撞到吸附剂表面被浓缩而与其他组分分离的过程，此过程可分离得到吸附质以外的其他组分产物；解吸与再生是吸附剂上吸附浓缩的吸附质脱离吸附剂的过程，此过程可分离回收吸附质产物，同时吸附剂被冲洗再生，恢复原状而重新循环使用。目前已开发的吸附分离循环过程有：

(1)变温吸附(TSA)

变温吸附是最早实现工业化的循环吸附分离过程。在体系的压力保持不变的情况下，在较低温度时，吸附剂对吸附质的吸附容量增加；反之，在较高温度时，吸附容量减少。低温下吸附剂先吸附吸附质，再提高温度使被吸附的吸附质解吸放出，从而使吸附剂得到再生的过程称为变温吸附(Temperature Swing Adsorption)。在固定床变温吸附分离过程中，通常吸附剂再生是借助预热清洗气体加热来实现的，一个吸附和解吸再生循环通常耗时数小时甚至一天以上。因此，变温吸附几乎专门用于净化待处理的吸附气体含量很少的场合。

(2)变压吸附(PSA)

变压吸附是近几十年来发展最快、实现工业化最广泛的循环吸附分离过程。在恒定的体系温度下，在较高的压力下吸附剂对吸附质的吸附容量增加；反之，在较低的压力下吸附容量减少。高压下吸附剂先吸附吸附质，再降低压力使被吸附的吸附质解吸放出，从而使吸附剂得到再生的过程称为变压吸附(Pressure Swing Adsorption)。变压吸附分离过程中吸附剂的再生是通过降低压力来实现的，吸附和解吸再生循环可快速完成，通常仅需数分钟甚至数秒钟。因此，变压吸附是一种高效的气体分离方法，目前已经开发成功的循环过程广泛应用于合成氨驰放气回收氢气、从富含一氧化碳混合气中提纯一氧化碳、合成氨变换气脱除二氧化碳、天然气的净化、空气分离制备氧气、空气分离制备氮气、从煤矿瓦斯气中分离浓缩甲烷、从富含乙烯的混合气中分离浓缩乙烯、从二氧化碳混合气中提纯二氧化碳等领域。

(3)溶剂置换

在某些特定的情况下，如吸附质为热敏性组分或液相吸附，通常在恒温恒压条件下采用溶剂置换的方法，将吸附质从吸附剂上冲洗出来，使吸附剂解吸再生并循环使用。选择置换溶剂要考虑其与吸附质的溶解度、沸点、气化潜热等物理化学性质的差异，以利于解吸后溶剂与吸附质的分离，降低分离能耗。通常溶剂置换过程采用饱和水蒸气作为溶剂,同时起到加热和冲洗置换的作用,吸附剂冲洗置换后再升温干燥,冷却后重复使用。

(4)色谱分离

色谱分离在近几十年发展非常迅速,主要应用集中在实验室作为分析色谱和实验室规模分离的制备色谱。直到20世纪80年代初开始才逐步实现有限几个分离体系的工业规模生产,如Elf-SRTI法100 t/a规模的香料原料分离及100 kt/a的正构烷烃和异构烷烃的分离,Asahi公司的液相二甲苯和乙苯的色谱分离,以及氪和氙的大型色谱分离和氪氙混合物的直接制备。色谱分离按流动相状态可分为气相色谱、液相色谱及超临界色谱,依据操作方法可分为迎头分离操作法、冲洗分离操作法和置换分离操作法。通常色谱分离法与其他吸附分离法相比有更高的分离效率,主要原因在于流动相与吸附剂固相之间的不断接触与不断平衡,每个平衡相当于一块理论板,从而在色谱柱中能达到几百至几千个理论板数,非常利于传统分离方法难于实行的分离情况。

(5)其他吸附分离

除上述吸附分离循环过程之外,近几十年也相继开发出了流化床吸附分离,如从热电厂烟道气中回收二氧化碳采用流化床吸附及纯氧曝气活性污泥流化床处理甲醇废水;移动床吸附分离,如从含氢气和甲烷的裂解气中回收乙烯采用移动床吸附;模拟移动床吸附分离,如采用Molex法从异构烷烃和环烷烃分离正构烷烃,采用Olex法从烯烃和烷烃混合物中分离烯烃,采用Parex法从C_8芳烃中分离对二甲苯,采用P-DED法从二乙基苯异构体混合物中分离对二乙基苯,采用Ebex法从C_8芳烃混合物中分离对二乙基苯,以及采用Sarex法从玉米糖浆中分离果糖等。另外,目前参数泵及循环带吸附分离的研究和工业开发也受到广泛的关注。

吸附分离过程已经广泛地应用于化工、炼油、轻工、食品、制药、环保及能源等各行业中。对于液相混合物体系的吸附分离,其应用领域主要有:食品工业中油类的脱色、脱臭,制糖工业中糖液的脱色及精制,从印染、炼油、冶金等工业废水中回收脱除有机酚类、染料及有机物等有害物质,有机异构体如烷烃或芳烃等性质相近组分的分离,无水乙醇生产中的脱水,石油馏分(溶剂、燃料油、润滑油、蜡)的脱色、干燥,以及水源保护和污水处理等。对于气体混合物体系的分离,吸附分离技术应用最为广泛,工业化程度最高,其应用领域主要有:石油裂解气、烯烃、空气等气体的脱湿和深度干燥,空气的净化及其常温下的氧氮分离制备氧气和氮气，从各种工业排放气中回收H_2、CO_2、CO、CH_4、C_2H_4等，电子工业中高纯气体的制备，工业气体(油漆或轻纺)中少量溶剂蒸汽(苯、丙酮、二硫化碳等)的回收，工业废气的净化如废气中SO_2、NO_x、氟利昂、挥发性有机气体(VOC)和焚烧烟气中二噁英的脱除，以及核废气的处理等。表3-1列出了一些吸附分离在工业上应用的具体实例。

表3-1 吸附分离的工业应用实例[1]

分离类型	分离物系[a]	所用吸附剂	分离类型	分离物系[a]	所用吸附剂
气体混合物的分离	正烷烃/异烷烃、芳烃 N_2/O_2 O_2/N_2 CO、CH_4、CO_2、N_2、Ar、NH_3/H_2 丙烷/排放气 C_2H_4/排放气 H_2O/乙醇	分子筛 分子筛 分子筛炭 分子筛、活性炭 活性炭 活性炭 分子筛	液体混合物的分离	正烷烃/异烷烃、芳烃 对二甲苯/间二甲苯、邻二甲苯 洗涤剂用烯烃/烷烃 对二乙基苯/同分异构混合物	分子筛 分子筛 分子筛 分子筛
气体的净化	H_2O/裂解气、天然气、空气、合成气等 CO_2/C_2H_4、天然气等 有机物/排放气 硫化物/天然气、H2、液化石油气(LPG)等 溶剂/空气 有味气体/空气 NO_x/排放气 Hg/氯碱电解槽排放气	硅胶、活性氧化铝、分子筛 分子筛 活性炭及其他 分子筛 活性炭 活性炭 分子筛 分子筛	液体的净化	H_2O/有机物、含氧有机物、含氯有机物等 有机物、含氧有机物、含氯有机物等/H_2O 有臭气味和有味物质/饮用水 各种发酵产物/发酵罐流出液 石油馏分、糖浆、植物油等的脱色 硫化物/有机物	硅胶、活性氧化铝、分子筛 活性炭 活性炭 活性炭 活性炭 分子筛及其他

a：分离体系中"/"前的物质为吸附质。

3.2　吸附剂

吸附剂是实现吸附分离的基础。原则上，所有微孔材料都可以用作气体或液体混合物分离的吸附剂。吸附剂的种类很多，目前工业上常用的吸附剂可分为活性炭、硅胶、活性氧化铝、合成沸石分子筛和分子筛炭等五大类。针对不同的混合物系及不同的净化度要采用不同的吸附剂。如何正确选择、评价和使用吸附剂是应用吸附分离技术首先要解决的问题。吸附剂的选择首先取决于吸附剂的吸附性能，如吸附量和吸附选择性等。另外，各种吸附剂在工业过程中使用之前要测试评价吸附剂的各种性能，如密度、孔容、孔径和孔径分布、比表面积、吸附量等。通常吸附剂的使用根据所应用过程的要求，将吸附剂制成颗粒状、柱状、片状及粉状等。

3.2.1　常用工业吸附剂

3.2.1.1　活性炭

活性炭是最常用的工业吸附剂，它的制造和利用开始于19世纪。通常活性炭的原料是木材、泥炭、煤、石油焦炭、骨、坚果核、椰子壳等含炭物质。现代制造方法基本包括下述步骤：(1)原料制备：先将原料除杂质并粉碎，加黏结剂制成所需颗粒形状，最后干燥或氧化制成初始原料。(2)炭化：在隔绝空气条件下，初始原料在400～500 ℃炭化以除去挥发物得到足够强度的中间产品。(3)活化：在800～1000 ℃下用水蒸气、烟道气或CO_2氧化中间产品，适当控制水蒸气、烟道气或CO_2的含量，以得到更大孔隙率和表面积的活性炭产品。活化过程可以在固定床或流化床中进行。

活性炭是非极性或弱极性的吸附剂，对非极性或弱极性的有机分子有更强的吸附能力。在净化分离过程中不需要预先除去湿汽。活性炭以具有大的表面积为其特征，用BET法测定，其值在300 m^2/g～2500 m^2/g之间，是目前所有吸附剂中最高的，因而具有强大的吸附容量。活性炭的孔径分布较宽，且具有较大的孔体积，能吸附各种不同大小的分子，图3-1是一种活性炭和其他吸附剂孔径分布的比较。活性炭的吸附热和键的强度比其他吸附剂低，因而吸附质的解吸较为容易，且再生时能耗也比较低。另外，活性炭机械强度高，化学稳定性好，能抵抗各种物质的腐蚀。

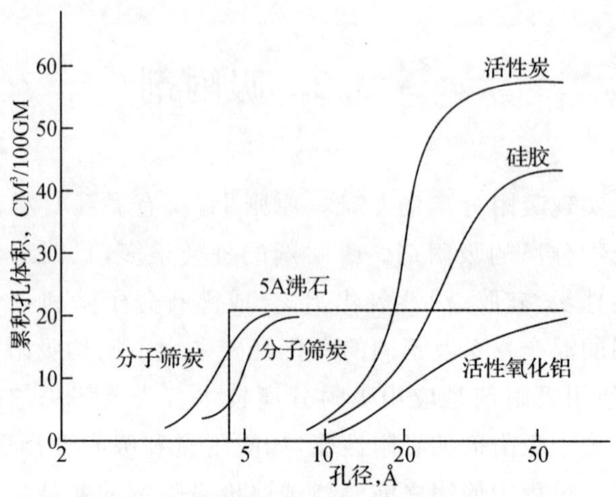

图 3-1　几种吸附剂孔径分布的比较[2]

目前，活性炭根据其用途可分为气相用和液相用活性炭。气相用活性炭主要用于溶剂回收，如从工业排放气中回收醇、醚、酮、碳氢化合物和氯化碳氢化合物等。此外，还应用于各种气体物料的纯化和净化，如氢气的纯化、空气的净化等。液相用活性炭主要用于水体净化和各种工业有机物回收，如饮用水中有臭气味和有味物质的脱除，以及工业排水中有机物、含氧有机物、含氯有机物的回收。此外，还应用于石油馏分、糖浆、植物油等的脱色及从发酵罐流出液中分离各种发酵产物等。

3.2.1.2　硅胶

硅胶有天然的多孔 SiO_2 硅藻土，也有用水玻璃制取的人工合成的无定形 SiO_2。工业上硅胶是将硅酸钠溶液与无机酸如硫酸或盐酸反应制备的：

$$Na_2SiO_3 + H_2SO_4 + nH_2O \longrightarrow Na_2SO_4 + SiO_2 \cdot nH_2O + H_2O$$

硅胶的制造方法主要包括以下步骤：(1)反应：控制温度为常温和 pH 为 6 左右，硅酸钠溶液与含量 25%的硫酸溶液反应生成硅水溶胶，静止沉淀得硅胶凝胶。(2)老化：在 80～90 ℃的温度下老化 2～4 小时。(3)成型：通常采用油滴法或喷射法成型。(4)洗涤：通过洗涤使 Na_2SO_4 含量低于 20 mg/L。(5)干燥：通常控制温度在 100 左右，采用水蒸气干燥。(6)活化：在 540 ℃的温度下焙烧 4 小时即可得到硅胶产品。在制备硅胶过程中，通过改变 SiO_2 的浓度、老化与活化温度、pH 值可制备出如表面积、孔体积及强度等性质范围很宽的各种硅胶产品[3]。

硅胶是极性吸附剂，对水分有很强的吸附能力。硅胶有常规密度硅胶和低密度硅胶两种类型。一般常规密度硅胶的表面积为750～850 m^2/g，平均孔径为22～26Å；低密度硅胶的表面积为300～350 m^2/g，平均孔径为100～150Å。硅胶的吸附热远大于活性炭，因而吸附水分后温度可升高达100 ℃，且再生温度要达到150 ℃。硅胶易于吸附水和甲醇等极性物质，是用于气体或液体干燥的理想吸附剂。在工业气体干燥上主要应用于裂解气、天然气、空气、合成气等，液体干燥方面主要应用于有机物、含氧有机物、含氯有机物等。此外，硅胶还是重要的催化剂载体。

3.2.1.3 活性氧化铝

活性氧化铝通常由三水铝石($Al(OH)_3$)或水软铝石和水硬铝石($AlO(OH)$)人工合成而得，为无定性的多孔结构。工业上通过原料的加热、脱水和活化等步骤制备活性氧化铝，原料在空气中迅速加热到400～800 ℃，经脱水活化形成具有较高表面积的低温氧化铝颗粒，如加热温度达到900～1000 ℃，可形成高温氧化铝。在形成的氧化铝产品中还含有少量杂质水及Na_2O，大多数颗粒的孔径范围在20～50Å，典型的比表面积约为200～500 m^2/g。活性氧化铝具有很强的亲水性，重要的工业应用是气体和液体的干燥。能够采用活性氧化铝干燥的工业气体主要包括空气、Ar、He、H_2、Cl_2、HCl、SO_2、NH_3、低级烷烃和碳氢化合物、氟利昂和氟氯烷等，以及汽油、煤油、芳烃和氯化碳氢化合物等的脱水。另外，活性氧化铝在色谱分离和催化剂载体方面也有较好的应用。

3.2.1.4 合成沸石分子筛

合成沸石分子筛(简称分子筛)是碱或碱土元素(钠、钾、钙)的结晶态铝硅酸盐，其化学计算式是：

$$M_{x/n}[(AlO_2)_x(SiO_2)_y]\cdot mH_2O$$

式中n是阳离子M的价数，晶胞中含有m个水分子，它们易通过加热或抽空脱出，从而形成恒定空隙率范围为0.2～0.5的铝硅酸盐骨架笼式结构，如图3-2所示。这些合成沸石分子筛笼式结构的窗孔的尺寸可通过固定阳离子的种类和数量得到控制，使其尺寸范围均在3～10Å之间。因此，合成沸石分子筛具有极强的吸附选择性。

合成沸石分子筛的工业制备是采用碱金属氢氧化物和含有二氧化硅和氧化铝的原料，在低温下合成的。涉及合成A型、X型和Y型的具体步骤包括：(1)合成：原料氢氧化钠、硅酸钠和铝酸钠在室温的水溶液中反应生成凝胶，生成的反应物组成按$Na_2O/SiO_2/H_2O$表示每摩尔Al_2O_3的摩尔比为：

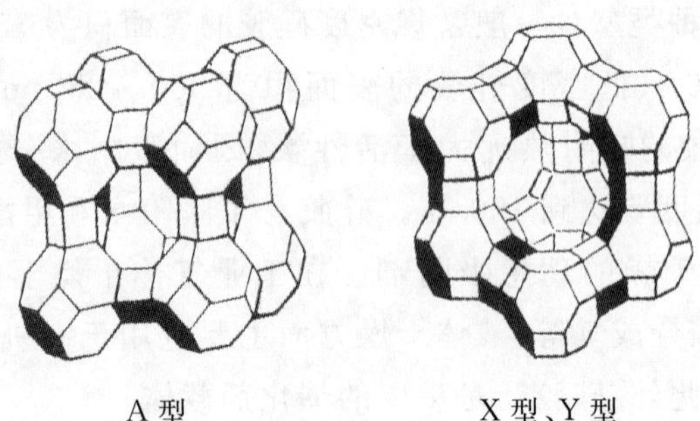

图 3-2 合成沸石分子筛的结构示意图

4A 型:2/2/35;X 型:3.6/3/144;Y 型:8/20/320。(2)结晶造粒:在最高达 300 ℃的温度下,合成的凝胶在封闭水热情况下结晶造粒。(3)煅烧:此晶体在 600 ℃左右温度下煅烧,或采用加入 20%以下黏结剂的方法煅烧结块而得到合成沸石分子筛。制备成型的 A 型分子筛的化学组成为:$3Na_2O \cdot Al_2O_3 \cdot 2SiO_2 \cdot 185H_2O$;X 型分子筛为:$Na_2O \cdot Al_2O_3 \cdot 2SiO_2 \cdot 6H_2O$;Y 型分子筛为:$Na_2O \cdot Al_2O_3 \cdot (3\text{-}6)SiO_2 \cdot 9H_2O$。

合成沸石分子筛是极性吸附剂,每种型号的合成沸石分子筛具有特定的均匀孔径,所以其具有很好的筛分作用。合成沸石分子筛的吸附筛分作用是基于物质分子大小、形状和极性等性质的不同,可以分离性质相近而分子直径和形状不同的物质。目前常用的合成沸石分子筛的型号有:3A 钾型、4A 钠型、5A 钙型、10X 钙型、13X 钠型和 Y 钠型。图 3-3 表示各种合成沸石分子筛、活性炭及分子筛炭的孔径分布。表 3-1 给出了能够进入合成沸石分子筛的某些物质分子。

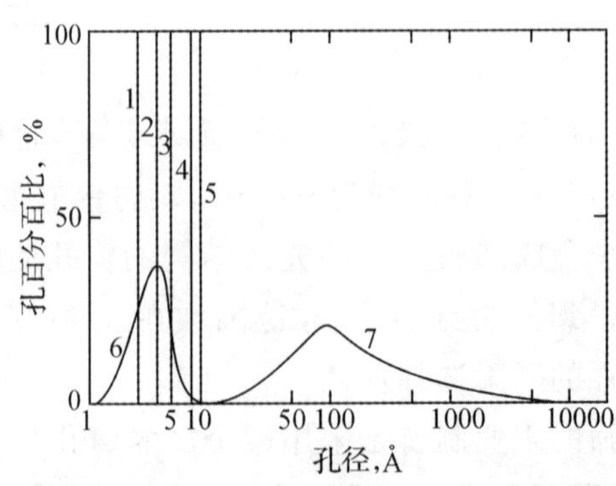

图 3-3 合成沸石分子筛、活性炭及分子筛炭的孔径分布[2]

1-3A;2-4A;3-5A;4-10X;5-13X;6-分子筛炭;7-活性炭

表 3-1　能够进入合成沸石分子筛的某些物质分子

He,Ne,Ar,	Kr,Xe,	C_2H_8	CH_3I	SF_6	$(CH_3)_3N$	呋喃	1,3,5-三	$(n\text{-}C_4H_9)_3N$
CO,H_2,O_2	CH_4,C_2H_6,	$n\text{-}C_4H_{10}$	B_2H_6	$i\text{-}C_9H_{10}$	$(C_2H_5)_3N$	吡啶	己基苯	
N_2,NH_3,	CH_3OH,	$n\text{-}C_7H_{16}$	CF_4	$i\text{-}C_5H_{12}$	$C(CH_3)_4$	二氧己烷		
H_2O	CH_3CN,	$n\text{-}C_{14}H_{30}$等	C_2F_6	$i\text{-}C_8H_{18}$等	$C(CH_3)_3Cl$	$B_{10}H_{14}$	1,2,3,4,	
直径大小限	CH_3NH_2	C_2H_5Cl	CF_2Cl_2	$CHCl_3$	$C(CH_3)_3Br$	萘	5,6,7,8,	
制在钙和钡	CH_3Cl	C_2H_5Br	CF_3Cl	$CHBr_3$	$C(CH_3)_3OH$	喹啉	13,14,15,	
丝光沸石,约	CH_3Br_2		CHF_2Cl		CCl_4	6-癸基	16-十二氢	
0.38 nm							萘	
CO_2,C_2H_2,CS_2 等直径大		C_2H_5OH	$CHFCl_2$	CHI_3	CBr_4	1,2,3,4-		
小限制在钠丝光沸石和林		CH_2Cl_2	$C_2H_5NH_2$	$(CH_3)_2CHOH$	$C_2F_2Cl_4$	四氢萘		
德 0.4 nm 分子筛,约 0.49		CH_2Br_2		$(CH_3)_2CHCl$	C_6H_6			
nm		$(CH_3)_2NH$		$n\text{-}C_3H_8$	$C_6H_5CH_3$	2-丁基-1-		
						己基-茚满		
直径大小限制在富钙菱沸石,林德 5A-软沸石和钠				$n\text{-}C_4H_{10}$	C_6H_4			
菱沸石,约 0.49 nm				$n\text{-}C_7H_{16}$	$(CH_3)_2$			
				B_5H_9				
					环己烷噻吩	$C_6H_{11}CF_3$		
			直径大小限制在林德 10X 分子筛,约 0.8 nm					
					直径大小限制在 13X 分子筛,约 1 nm			

由于合成沸石分子筛优异的吸附性能,使其在吸附分离工业中有着十分广泛的应用。主要应用领域有:气体和液体的干燥,如:深冷分离的天然气和裂解气的干燥;气体中杂质的脱除,如:从空气和天然气中去除 CO_2,天然气的 H_2S 和其他硫化物的脱除,氢气的净化;从 C_8 芳烃馏分中分离对二甲苯;从石油馏分中分离正构烷烃,从工业排放气中分离各种含氮气体,以及从空气中分离氧气等。

3.2.1.5　分子筛炭

分子筛炭是最新被开发和在工业上应用的新型吸附剂,由于其具有一些有前途的特性,受到人们的广泛关注。分子筛炭是同时具有活性炭与分子筛某些特性的碳基吸附剂,目前它的工业制备方法主要有三种:(1)聚偏二氯乙烯(PVDC),萨冉树脂(90%聚偏二氯乙烯/10%聚氯乙烯)之类的聚合物、纤维素、糖和椰子壳的炭化;(2)轻度炭化煤,特别是无烟煤,此方法目前被广泛采用;(3)用炭化的或焦化的热固性聚合物包覆工业活性炭的孔口。当前已有几家公司能够工业化生产分子筛炭,其中德国的 Bergbau-Forschung 公司采用如图 3-4 的制备工艺生产出两种类型的分子筛炭,具体生产工艺过程请参阅有关文献。

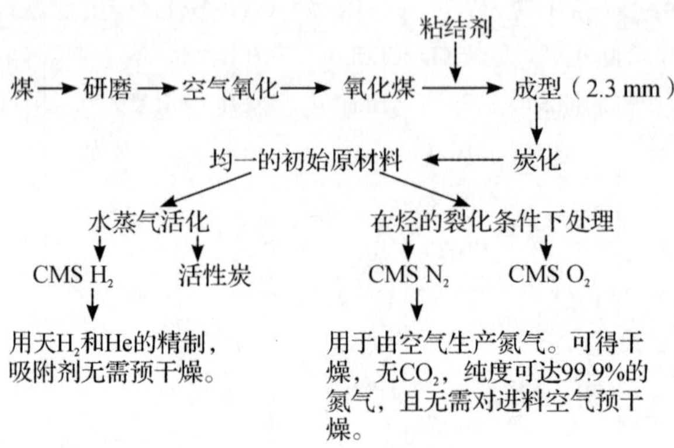

图 3-4 分子筛炭的制备工艺

分子筛炭的分子筛分特性表现为:(1)孔形态:在 700 ℃下炭化的 PVDC 能吸附扁平分子苯和奈,不能吸附球型分子新戊烷,直到炭化温度达到 1200 ℃,才对新戊烷表现出分子筛效应;(2)孔径尺寸:炭化萨冉树脂微孔孔径为 6Å,可成功筛分异丁烷(动力学直径 5Å)与新戊烷(动力学直径 6.2Å);(3)炭沉积孔:在 855 ℃下裂化甲烷把炭沉积到褐煤焦炭孔中,炭沉积量为 3% 的样品对 CO_2(吸附)和 N_2(阻止)表现出显著的分子筛分作用。

分子筛炭具有很小的微孔,孔径分布为 0.3 nm~1.0 nm,主要应用于空气分离制纯氮,能够生产出不含 CO_2 的纯度达 99.9% 的干燥高纯氮气,已在变压吸附工业生产装置中大规模使用。

3.2.2 吸附剂的性能评价与选择

3.2.2.1 吸附剂的性能评价

虽然各种吸附剂应用于各种不同的吸附分离体系,但无论体系如何多种多样,吸附剂都有一个共同的特点:在吸附分离过程中利用它有利于吸附分离的优良性能,把气体或液体混合物中的某些物质分开。吸附剂所具有的优良性能主要表现在下述几个方面。

3.2.2.1.1 比表面积

比表面积是单位质量吸附剂所具有的表面积,是吸附剂的重要性能之一。吸附剂的比表面积大将增大吸附容量,从而提高其对吸附质的吸附能力。表3-2给出了几种常用工业吸附剂的比表面积。

表3-2 几种常用工业吸附剂的比表面积

吸附剂种类	硅 胶	活性氧化铝	活性炭	分子筛
比表面积/(m^2/g)	300～800	100～400	500～1500	40～750

吸附剂比表面积的评价通常采用下述两种方法进行测定:1. 容量法:包括BET测定方法,采用液态N_2在77 K温度下的单层分子吸附数据,运用BET方程以N_2分子面积16.2$\mathring{A}^2$为基础,而得到单层覆盖厚度的面积为比表面积;还包括Point B测定方法,也采用液态N_2在77 K温度下的吸附数据,取非单层吸附的第Ⅱ类吸附等温线单分子吸附层的完成点为饱和吸附量,乘以分子面积得比表面积。2. 动态法(色谱法):通常采用N_2为吸附质与载气氦或H_2一同流过液态N_2温度下的吸附剂,气体流过热导池检测,并通过记录仪记录吸附峰。移去冷却吸附剂的液态N_2,使吸附剂温度升到室温,吸附质N_2从吸附剂中解吸流过热导池检测,并通过记录仪记录脱附峰,用脱附峰面积代表吸附剂的吸附量。在不同N_2与氦或H_2的比例条件下实验,可得到不同分压下N_2的吸附量,再测得液氮的饱和蒸汽压,即可得出吸附剂的比表面积。

3.2.2.1.2 吸附量

吸附量(又称吸附容量)是吸附剂的重要基础数据,是吸附剂选择的重要参考依据。吸附剂对某种吸附质的吸附量测定一般分为静态法和动态法两种。

静态法主要有定容法、定压法和重量法等几种。定容法是使含有某一吸附质的气体和吸附剂在一定温度下维持容积一定,测定吸附前后压力的变化,进而计算出吸附量。定压法是在压力维持恒定的情况下,测定吸附前后吸附质体积的变化来计算吸附剂的吸附量。以上两种方法是测定吸附量的经典方法。另外,还有重量法也较为常用,它是在一定温度和压力条件下,通过观测石英弹簧秤弹簧长度的变化,测定吸附剂吸附前后重量的增加量而得出吸附量的。此法简单准确,测定速度较快,同时避免了定容法和定压法由于难于准确测定装置死体积而产生的误差,近些年来得到广泛采用。

动态法是在一定的温度下,用载气如N_2携带一定分压的吸附质以一定的流速通过填充吸附剂的柱子,待达到吸附平衡后称量吸附剂增加的重量,即可得出吸附量。此外，吸附量的测定还有重力天平或热天平法，可参阅有关参考资料。

3.2.2.1.3　孔径分布和孔体积

吸附剂的孔径大小和孔径分布直接关系到混合物中各组分的选择性吸附。孔径通常以平均孔径表示，可分为大孔（孔半径在2000～100000Å）、中孔（孔半径在100～2000Å）、微孔（孔半径小于100Å）。孔径分布是指各种孔径大小的孔体积占总的孔体积的比例，或者各种孔径大小的孔壁面积占所有孔壁总面积的比例。为表示吸附剂的孔体积需要测定总的孔体积和孔径分布。总的孔体积常用氦和汞的密度法或排代法测定，利用氦的原子尺寸小吸附作用可忽略的特点，测出吸附剂颗粒群总的孔隙量，再利用常压下汞难于渗入孔内给出吸附剂颗粒间的空隙量，则总的孔体积等于这两个值之差。孔径分布的测定主要有压汞法、分子筛分法和N_2脱附法等。压汞法的实质是测定进入已抽空吸附剂中的汞量与所施加的静压力之间的函数关系，通常常压下可测量大孔的孔径分布，低压（1～100 MPa）可测量中孔，高压（400 MPa时）可测量达到17Å微孔。因此，压汞法最适宜测定大孔的孔径分布。对于更小的孔则采用分子筛分法测定，以是否可进入孔内的气体分子尺寸来区分，对容许进孔的饱和气体量，利用Gurvitsch规则确定孔的体积[4]。N_2脱附法是由N_2在77 K温度下的吸附或脱附曲线，应用Kelvin方程计算孔径分布[5]。

3.2.2.1.4　密度

吸附剂颗粒的填充密度、吸附剂的颗粒密度及真实密度也是吸附剂的重要性能参数。

(1)填充密度(ρ_b)

填充密度也称为堆密度，是指在一定的容积内填充并摇实干的吸附剂至体积恒定，此时吸附剂颗粒的重量与颗粒所占体积的比值。填充密度的大小与吸附剂颗粒的形状、物化性质和填充容器的尺寸有关。另外，填充了吸附剂颗粒容器的空隙率(ε_b)是指颗粒与颗粒之间的空隙体积与颗粒所占体积之比。均匀球形颗粒的空隙率可由几何方法算出，不规则颗粒的空隙率则采用汞置换法，通过实验测得空隙体积，进而算出空隙率。

(2)颗粒密度(ρ_p)

颗粒密度是指单个颗粒包括其孔体积在内的密度。颗粒密度与颗粒的孔隙率有关，孔隙率越大颗粒密度越小。颗粒密度的测定常采用汞置换法，常压下利用汞只能进入颗粒之间的空隙，而不能进入颗粒的孔道内部来测定算出颗粒密度。吸附剂床层的填充密度与颗粒密度之间有如下关系：

$$\rho_p(1-\varepsilon_b)=\rho_b$$

(3)真实密度(ρ_t)

真实密度是指单个颗粒不包括孔体积的单位体积颗粒的质量。孔隙率是吸附剂颗粒的孔体积占颗粒体积的比率。真实密度的测定通常可采用苯置换法和氦置换法，但由于苯难于进入极小的微孔，因此苯置换法测出的密度只能近似真实密度。

另外，吸附剂的优良性能还表现在：防止颗粒破损和粉化的强度和耐磨性，抵抗高温的耐热性，避免各种腐蚀的耐蚀性，以及为减小吸附床压力降而提高的颗粒均匀程度等几个方面，这些性能的评价因吸附剂种类和吸附体系的不同，测定方法也不尽相同，但上述吸附剂各种性能的评价为吸附剂的选择提供了决策。

3.2.2.2　吸附剂的选择

对于给定的吸附分离体系，选择合适的吸附剂是要综合考虑各种因素的复杂问题。在吸附剂的工业应用中，由于分离的混合物体系不同以及分离程度要求不同等，通常需要采用不同的吸附剂，选择吸附剂一般需要考虑如下主要的因素。

(1)吸附等温线，它是吸附剂选择的主要科学基础，在操作温度和压力范围内，必须考虑混合物中主要吸附质组分的吸附等温线(平衡吸附量)。

(2)吸附剂的比表面积，工业吸附剂必须具有高的微孔比例才能有足够的比表面积，吸附剂的比表面积大将增大吸附容量，从而提高其对吸附质的吸附能力。

(3)吸附剂对不同的吸附质要具有吸附选择性，吸附剂的选择性是基于组分分子的大小和吸附剂的孔径或者分子间的相互排斥作用实现的。

(4)吸附剂颗粒要形状规则，大小均匀，这样才能保证流过吸附床层的流体分布均匀，避免涡流以提高分离效率。颗粒形状规则，大小均匀，也可以使床层的空隙率较低，从而提高产品的回收率。另外，颗粒的形状和大小将影响吸附床层的压力降，进而影响分离效果。

(5)吸附剂的再生方式，吸附剂的再生方式直接影响吸附再生的程度。通常采用变温或变压过程再生吸附剂，因此要考虑所需的温度和压力变化范围对吸附剂的影响。

(6)吸附剂床层中未利用的床层高度,通常吸附质在吸附剂床层有尖锐的浓度峰面或者较短的未利用床层高度,对于提高吸附产率和产品纯度有利。

(7)吸附剂要有较高的强度以防止颗粒破损和较好的耐磨性以防止颗粒粉末化,还要有较好的耐热性和耐腐蚀性,以保证在吸附过程中的性能稳定。

3.3 吸附热力学

在吸附分离过程中,影响吸附操作的主要因素为:吸附过程达到的程度,即吸附量,和吸附过程进行的速度,即吸附速度或解吸速度。前者属于吸附热力学研究的主要问题,而后者则为吸附动力学研究的主要问题。吸附热力学主要通过各种条件下吸附质在吸附剂上的吸附量研究,获得各种吸附热力学数据。在一定的温度和压力下,流体相与固体相两相充分接触,最后吸附质在两相之间达到的平衡被称为吸附平衡,此时吸附质在吸附剂上的吸附量称为平衡吸附量。对于确定的吸附剂和吸附质体系,吸附量是温度和压力的函数。

吸附平衡是吸附分离科学技术的重要基础之一,表述了吸附剂对吸附质分子的最大吸附容量及其吸附选择性。吸附等温线是吸附平衡的具体描述,是吸附分离装置设计所必需的主要参数。

3.3.1 单一吸附组分的吸附平衡

单一吸附组分的气体和吸附剂充分接触达到吸附平衡,吸附质在气体和固体两相中的浓度分配平衡关系,由吸附质在气相中的分压力 p、吸附质在吸附剂上的吸附量 q 以及系统的温度 T 决定:

$$q=f(p,T)$$

在恒定的压力条件下,表示吸附量与温度的关系曲线称为吸附等压线;在恒定温度下,单位质量吸附剂的吸附量与吸附质在气相中分压力的关系曲线则称为吸附等温线。由于多数气体吸附过程的吸附热都较小,通常视为处于等温状态,所以吸附等温线使用最为方便,它是描述吸附过程最常用的基础数据,一般将吸附等温线分为如图 3-5 所示的五种基本类型。通常氧气及多数有机物在活性炭上的吸附等温线属于图中Ⅰ型曲线，即 Langmuir 型吸附等温线。其他代表性的吸附质在相应吸附剂上的吸附等温线类型在图中已表明，类型Ⅰ和Ⅱ曲线是吸附分离过程中最常遇到的。吸附等温线形状的差异是由于吸附质分子与吸附剂之间作用力大小的不同造成的。

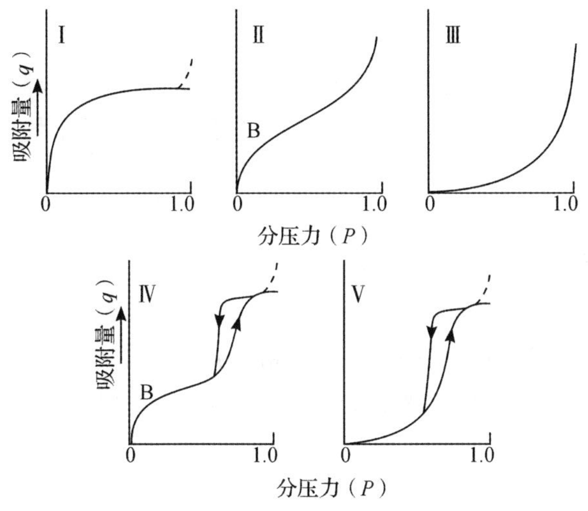

图 3-5　五种基本类型吸附等温线

（Ⅰ）活性炭吸附氧气、有机物；（Ⅱ）硅胶吸附氮气；（Ⅲ）硅胶吸附溴、碘；

（Ⅳ）活性氧化铝吸附水蒸气；（Ⅴ）硅胶吸附水蒸气

很多学者提出了许多理论和模型来描述和解释这些不同类型的吸附等温线，结合前述的纯物质吸附量测定实验所得数据，便可推导出各种吸附等温方程，进而预测吸附量。目前得到的基本方程主要有：Langmuir、Freundlich、Temkin、BET、Gibbs 和 Polanyi 等方程，这些方程各有其应用范围，目前还没有哪个方程可以完全符合上述五种基本类型的吸附等温线。

（1）Langmuir 吸附等温线

目前，最简单也是最为常用的吸附等温线是 Langmuir 等温线，它的通用形式有以下 4 个主要的假设：

（a）单层分子吸附，吸附剂表面每个吸附位置只能容纳一个吸附质分子，形成单层吸附层。

（b）分子、原子位置确定，被吸附的分子或原子保持在吸附剂表面某些确定的位置。

（c）形成均匀理想的吸附层，在所有吸附位置上的吸附能相等，且吸附位置分布均匀。

(d)分子间无引力,在相邻的吸附位置上被吸附的分子之间没有相互作用力。

在吸附与解吸的速率相等时,可推导出 Langmuir 等温线方程为:

$$\theta=(\frac{q}{q_m})=\frac{Bp}{1+Bp}$$

式中 θ 是吸附剂表面上吸附质分子的单层覆盖率;q_m 是吸附剂的最大吸附量;B 是 Langmuir 吸附常数。Langmuir 等温线方程符合类型Ⅰ吸附等温线和类型Ⅱ等温线的最初部分。当分压很小时,吸附量随压力的增加而接近线性地显著增大;但当分压较大时,θ 趋近于 1,此时,吸附量与压力的变化无关,相当于吸附剂表面已全部被吸附质吸附饱和。

Langmuir 等温线模型的假设是理想状态的假设,采用更加实际的被吸附分子之间存在横向相互作用以及其相互作用能为恒定的假设等,已经对 Langmuir 等温线做了许多改进,使 Langmuir 等温线更加接近实际的吸附情况。

(2)Freundlich 吸附等温线

Freundlich 提出了半经验的等温线方程,它比 Langmuir 等温方程的实用范围更宽。Freundlich 在 Langmuir 等温方程假设基础上进一步假设:在所有吸附位置上的吸附能不相等,从而推导出 Freundlich 等温线方程

$$q=kp^{1/n}$$

式中 k 是 Freundlich 常数;n 是常数,大于等于 1,是温度的函数。Freundlich 等温线方程表明在等温条件下,吸附量随压力升高而增大,当压力升高到一定程度,吸附量达到饱和。当吸附剂表面被吸附质分子中等程度覆盖时,Freundlich 等温线方程接近 Langmuir 等温方程。Freundlich 等温线方程适用于低浓度气体和液体的吸附情况。

(3)Langmuir-Freundlich 等温线方程

Langmuir 等温线模型假设的进一步改进考虑了每个吸附质分子占据两个及更多吸附位置的情况,在此情况下,吸附速率和脱附速率分别正比于 $(1-\theta)^2$ 和 θ^2,得到了 Langmuir-Freundlich 等温线方程

$$\theta=\frac{q}{q_m}=\frac{(Bp)1/n}{1+(Bp)1/n}$$

对于物理吸附通常 n 的值大于 1。Langmuir-Freundlich 等温线方程在很宽的温度和压力范围内具有数据相关的优越性。

(4)Temkin 等温线方程

Temkin 等温线方程模型建立在对非均匀表面、吸附剂中等覆盖率条件下的化学吸附的假设基础上，且将吸附剂表面分为许多均匀单元，每个单元的吸附热为常数，且假设都遵守 Langmuir 等温方程，则得到 Temkin 等温线方程：

$$q=k_t\ln bp$$

式中 k_t 是 Temkin 常数，是吸附热的函数；b 是温度及吸附热的常数。对于均匀吸附剂表面也能得出相同的方程，覆盖率范围在 0.2～0.8 之间能较好地符合试验结果。

(5)BET 等温线方程

低于气体临界温度以下的吸附，在五种基本类型吸附等温线中较为符合第 II 类型，这说明在单层吸附尚未完全结束之前已开始出现多层吸附。为描述和解释此吸附情况，在 Langmuir 的吸附模型和假设的基础上进行拓展，BET 等温线方程的模型假设了理想均匀表面的多层吸附，各层间存在分子作用力，各层之间存在着吸附质分子的动态平衡，且不必等上一层吸附饱和就可以开始进行下一层的吸附。在上述假设的基础上，提出了两参数的 BET 等温线方程

$$\frac{p}{q(p_0-p)}=\frac{1}{k_bq_m}+\frac{k_b-1}{k_bq_m}\cdot\frac{p}{p_0}$$

式中 q_m 是第一层单层的最大吸附量；k_b 是 B. E. T 常数，是温度、吸附热和冷凝热的函数；p_0 是吸附温度下吸附质的饱和蒸气压。BET 方程普遍用作测量颗粒表面积的主要手段，在许多有关吸附和表面科学的专业论著中都有 BET 方程的详细推导。BET 方程是广义方程，Langmuir 方程是它的一个特例。BET 方程的数学表达式较为复杂，且不能应用于超临界条件下的吸附情况。

(6)Gibbs 吸附等温线方程

如果将吸附质气体处理成二维微观实体，假设一个关联 π-A-T 的吸附膜二维状态方程，就可以在恒定的温度条件下，使用经典热力学的 Gibbs-Duhem 方程得到 Gibbs 吸附等温线方程

$$-A\mathrm{d}\pi+n\mathrm{d}\mu=0$$

式中 A 是吸附剂表面积；π 是铺展压力；n 是单位质量吸附剂所吸附的气体摩尔数；μ 是化学位，在吸附平衡状态下，吸附相的化学位等于气相的化学

位。将 Gibbs 吸附等温线方程积分即可转换成相应的二维方程,即可得到所求的吸附等温线,或从假设的状态方程得到相应的吸附等温线。吸附等温线的数量和状态方程数量相同,状态方程包括理想气体状态方程、范德华状态方程和维里状态方程,都对应有吸附等温线,在此不赘述。

(7)Polanyi 吸附位势理论

Polanyi 吸附位势理论对极不均匀表面的多层吸附作了定量的描述,得到了普遍的应用。Polanyi 吸附位势理论的概念是吸附剂表面力场可以用其表面上方的等电位线表示,且不同的等电位线表面间的空间对应确定的吸附体积,如图 3-6 所示。吸附空间的累积体积 W 是电位 ε 的函数:

$$W=f(\varepsilon)$$

虽然此函数不能给出吸附等温线的解释式,但它表示了气固吸附体系的特征。应用 Polanyi 吸附位势理论发展得到的吸附等温线方程主要有 Dubinin-Radushkevich 方程和 Polanyi-Dubinin 方程。

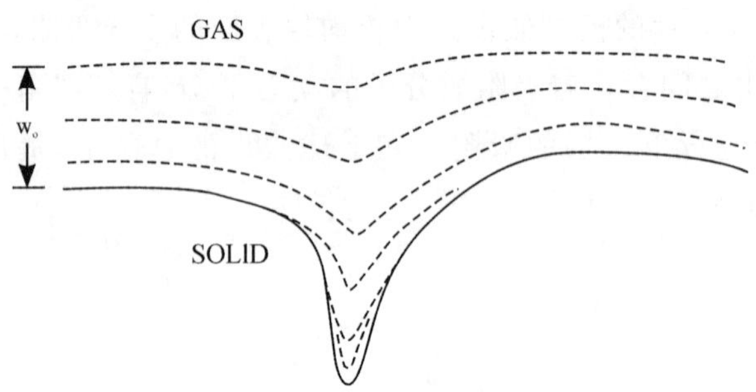

图 3-6 Polanyi 位势理论示意图

Dubinin-Radushkevich 方程(D-R 方程)的理论依据是 Polanyi 位势理论、管壁重叠力场控制和毛细管冷凝的解释,它的常用表达式为:

$$W=W_0\exp(-k\frac{\varepsilon^2}{\beta^2})$$

式中 W_0 是吸附空间的极限体积;β 是表征吸附质气体极化能力的亲和能系数。D-R 方程对于临界温度以下的许多非极性或弱极性吸附气体的实验数据能够很好地吻合,如四氟乙烯在活性炭上的吸附。另外,D-R 方程已被应用于许多在合成沸石分子筛上的吸附,尤其应用于气体极限体积的确定。

对于超临界条件下的吸附,因为吸附相无法定义,所以无法采用位势理论加以处理。但超临界条件下的吸附有很广泛的应用,因此提出了 Polanyi-Dubinin 方程(P-D 方程)。P-D 方程是在临界温度以上条件下,吻合特定吸附体系实验结果的许多经验或半经验关联式。如 Reich 等和 Ritter 对 CH_4、C_2H_4、C_2H_6、CO_2 和 CO 在超临界条件下在活性炭上的吸附数据，采用经验关联式进行相关计算。

近些年，随着很多吸附体系工业应用要求的发展，许多新的单一组分吸附等温线理论和模型相继被提出，得到了一些拓展的理论和经验的吸附等温线方程，如：非均匀表面吸附等温方程、极性理论、多分子层化学吸附经验方程、单分子层化学吸附理论方程，以及液体吸附理论经验方程等。

3.3.2 多组分混合物的吸附平衡

3.3.2.1 等温线方程

对于实际的吸附分离过程而言，分离体系为多组分混合物，如：从裂解气中回收氢气，其中还含有许多其他烃类组分；从 C_8 芳烃中分离对二甲苯，其中还含有间二甲苯、邻二甲苯和乙基苯等。因此，无法直接使用单一组分的吸附等温模型理论或关联式设计多组分混合物的吸附分离过程。近几十年来，在多组分混合物吸附平衡的理论研究取得了显著进展，能够从单一组分的吸附等温线预测出给定温度和压力范围内混合物中每个组分的平衡吸附量。

实际的多组分混合物吸附过程中存在着各组分的吸附干扰，致使从单一组分的吸附等温线预测的各组分吸附平衡与实际吸附情况存在较大偏差。出现这种情况的主要原因在于吸附剂与各组分之间的亲和力不同，以及各组分分子间的吸附竞争力不同，具体表现为各组分的动力学吸附速度不同、各组分在气固相间的分配系数不同，以及活化性质不同等方面。因此，实际多组分混合物的吸附平衡研究必须将模型理论预测与实验技术相结合，而且多组分混合物吸附的实验测定技术与单一组分的实验方法是基本一致的。

多组分混合物吸附等温线方程大多为单一组分等温方程的拓展，目前主要应用的包括如下方程。

(1)扩展 Langmuir 等温方程

在同样的假设条件下，单一吸附组分的 Langmuir 等温方程可容易地扩展到多组分的混合物，从而得到多组分混合物的 Langmuir 等温方程：

$$\theta_i = \frac{q_i}{q_{mi}} = \frac{(B_i/\eta_i)p_i}{1 + \sum_{j=1}^{n}(B_j/\eta_j)p_j}$$

式中 θ_i 是第 i 种组分的分覆盖率；η_i 是混合物中组分横向相互作用能参数。

多组分混合物的扩展 Langmuir 等温方程可方便地进行数学处理，在吸附器动力学计算中是所使用的主要模型。

(2)负载比关联式(LRC)

扩展 Langmuir-Freundlich 等温线方程到多组分混合物体系，便可得到负载比关联式：

$$\theta_i = \frac{q_i}{q_{mi}} = \frac{(B_i/\eta_i)p_i\ 1/n_i}{1+\sum_{j=1}^{n}(B_j/\eta_j)p_j\ 1/n_j}$$

式中 q_i/q_{mi} 被称为负载比。由于缺乏严格的理论基础，负载比关联式通常只在设计过程中作为经验关联式使用。但由于它和扩展 Langmuir 等温方程的表达式较为简单，因此在吸附器设计模型化以及高浓混合气体的循环分离过程中的使用仍占优势。

(3)扩展 D-R 方程及 Lewis 关系式

将 Dubinin-Radushkevich 方程扩展到多组分混合物的吸附，即可得到扩展 D-R 方程：

$$q_t = \sum q_i = \frac{W_0}{\sum X_i V_{mi}}\exp\left[-\frac{kT^2}{\left(\sum X_i\beta_i\right)^2}\left(\sum X_i \ln\frac{p_{0i}}{p_i}\right)^2\right]$$

式中 q_t 是多组分混合物的总吸附量；V_m 是吸附相的摩尔体积或偏摩尔体积；X_i 是吸附相中 i 组分的摩尔分数。

另外，对于多组分混合物体系有经验的 Lewis 关系式：

$$\sum(q_i/q_i^0) = 1$$

式中 q_{i0} 表示在相同总压下组分 i 纯气体的吸附量。Lewis 关系式给出了一个组分纯气体吸附和多组分混合物吸附之间的简单关系。它适用于活性炭、合成沸石分子筛、硅胶及无较强相互作用的气体。

扩展 D-R 方程与 Lewis 关系式结合使用，在临界温度以下对 $C_1 \sim C_4$ 的烷烃和烯烃的混合物在活性炭及硅胶上的吸附，能够较好地吻合计算结果与实验数据。

(4)Grant-Manes 模型

Grant-Manes 模型用多组分混合物中组分 i 的特征曲线表示：

$$F_i(q_t V_m) = \left[\frac{\varepsilon}{V_{nbp}}\right]_i = \left[\frac{RT}{V_{nbp}}\ln\frac{Xf_0}{f}\right]_i$$

式中 V_{nbp} 是在正常沸点下的液体摩尔体积；f_0 是在吸附温度 T 下纯组分 i 在它的饱和蒸气下的逸度；f 是气相混合物中在温度、压力和气相的摩尔分数条件下的逸度。

Grant-Manes 模型适用于吸附器和气体吸附分离过程的模拟。对于在活性炭上甲烷、乙烷、乙烯和二氧化碳的二元或三元混合物体系，分别在临界温度以上及以下的吸附实验数据，Grant-Manes 模型给予了较好的拟合。

(5)理想吸附溶液理论(IAS 理论)

IAS 理论是把被吸附混合物气体看作与气相平衡的溶液来处理的一种特殊情况，它有如下方程组成：

$$\frac{\pi A}{RT}=\int_0^p \frac{q}{p}\,\mathrm{d}p\quad,\quad q_i=q_tX_i\ ,\quad \frac{1}{q_t}=\sum\frac{X_i}{q_i^0}$$

利用此方程组可由单一气体组分的吸附等温线预测混合物的吸附量。需要指出的是 IAS 理论的方程组需要从零压开始积分，且已推广到相对高压下发生的多层吸附。IAS 理论模型计算的甲烷和乙烷混合物体系在活性炭上的吸附结果与实验数据得到较好的吻合。

目前，涉及多组分混合物的吸附理论和热力学模型还有很多，如：混合气吸附的简化 BET 模型、空位溶液理论(VSM)、非理想吸附溶液模型、二维气体模型、统计热力学模型(SSTM)、点阵溶液模型及质量作用定律模型等，其中有些还有待于得到更多实验数据的广泛验证。表 3-3 给出了几种混合物吸附模型应用的比较。

表 3-3　几种混合物吸附模型的应用比较

理论	吸附剂	体系	效果
扩展 D-R 方程 Lewis 关系式 Grant-Manes 模型	沸石	纯气体 混合气	不成功
SSTM	沸石	同尺小分子 大分子	成功
VSM	活性炭 沸石	纯气体 混合气	成功
TAS	活性炭	混合气	成功
Langmuir LRC	适合吸附器，气体循环分离过程的模型化		

3.3.2.2　等温线的实验测定

目前，已经提出的多组分混合物的吸附理论和模型远多于相应的实验数据，致使大多数理论和模型仅能用极少的实验数据验证，极大地阻碍了理论研究和模型开发的进展。因此，对于多组分混合物的吸附研究实验数据的获得显得尤为重要。前已述及纯组分吸附量的实验测定非常简单，通常采用体积法和重量法。对于多组分混合物等温线的测定还必须测定气相和吸附相的组成。通常测定多组分混合物吸附有如下几种方法。

(1)恒容法

恒容法是测量吸附发生前后混合物气体的组成和量，计算其差值从而得到吸附相的组成和吸附量。混合物气体的总量则利用气体状态方程通过压力和体积确定，混合物的气相组成通常采用气相色谱(GC)分析测定得到。恒容法被广泛应用，但其缺点是达到吸附平衡较慢，通常需要采用气体循环系统来增强传质。

(2)动态法

动态法是在混合物气体穿透吸附剂床层达到平衡后，采用加热或抽空使被吸附混合气体定量脱附，收集脱附的混合气体采用气相色谱(GC)进行分析测量，即可测定出吸附混合气的组成和总量。动态法被广泛应用在活性炭、合成沸石分子筛和部分高压吸附情况下。

(3)重量法

采用实验测量被吸附混合气体的总量非常简便，前已述及。而被吸附混合气体的组成则要使用 Gibbs 吸附等温线方程计算求得。

$$\frac{\pi}{RT}=\int_0^p \frac{q_t}{Ap}\mathrm{d}p(y\text{ 恒定})$$

应用此方程计算被吸附混合气体的组成时，需要用到重量法实验测得的总压改变但组成恒定的被吸附总量 q_t。重量法可节省实验设备和时间，并可应用于高温和高压情况下，

(4)色谱法

色谱被用于纯气体以及混合气吸附等温线的测量，获得数据容易、快速，混合气的吸附可通过吸附床层的穿透曲线或前沿色谱和洗脱色谱计算，但是难以得到精确分析结果。主要原因在于色谱实验及分析条件要求苛刻，如：操作温度需恒定、色谱无压力降、流动相为活塞流、原料混合物要稀释以及流动相和固定相间浓度和温度能达瞬间平衡等。一个被开发的非常有发展前途的改进色谱技术是微扰色谱法，它通过在进料中注入少量混合气引起扰动，所测量的保留时间计算保留体积便可得到气相与吸附相的分

配系数。目前扰动色谱有两种:浓度脉冲法是测量纯组分的浓度波前的传播速度;示踪脉冲法是测量注入的不破坏吸附平衡的示踪物的移动,它的测定结果与动态法和静态法较为接近。

3.4 吸附动力学

在吸附分离过程中,影响吸附操作的主要因素中吸附过程进行的速度,即吸附速度或解吸速度,是属于吸附动力学研究的主要问题。吸附质在吸附剂及其床层上的吸附过程非常复杂,主要影响吸附传递过程的因素有流体相的流动形态、吸附热、吸附剂颗粒的粒度和形状、床层结构及床层的压力降等。在吸附剂颗粒上或吸附剂床层的传递过程均是非稳定状态,因此,为研究吸附剂和吸附剂床层的吸附动力学通常需要建立数学模型和实验技术相结合,从而控制和预测吸附分离的进程。

3.4.1 吸附剂上的吸附动力学

当含有吸附质的流体相与吸附剂相接触时,通常吸附质被吸附剂颗粒吸附的传递过程可分为如下步骤:

(1)外扩散过程:吸附质从流体相主体通过分子扩散或对流扩散传递到吸附剂颗粒的外表面,扩散阻力主要来自颗粒表面的流体滞流层膜。

(2)内扩散过程:吸附质从吸附剂颗粒的外表面通过颗粒上的微孔扩散进入颗粒内表面,扩散阻力的影响因素较为复杂,通常认为与颗粒的孔结构和吸附质分子的性质有关。

(3)表面吸附:吸附质在颗粒的内外表面上被吸附,通常对于物理吸附,表面吸附过程极快,阻力很小。

对于脱附过程,吸附质的传递步骤则按上述逆向进行。一般吸附或脱附过程的总速率由最慢扩散过程的传递速率决定。

吸附质在吸附剂颗粒上的传递过程是非稳定状态,也就是说在颗粒内外吸附质的浓度和温度是连续变化的,图3-7表示吸附剂颗粒在吸附和脱附阶段吸附质的温度和浓度分布。从图中可知吸附质温度和浓度的变化是受颗粒内外扩散阻力控制的,分别讨论如下:

(1)颗粒外传递过程

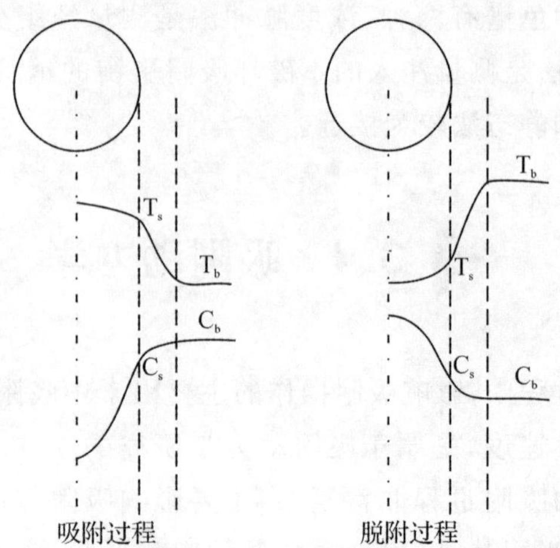

图 3-7 吸附剂颗粒在吸附和脱附阶段吸附质的温度和浓度分布图

颗粒表面和流体相间的传热和传质速率受到滞流层膜控制，此传递过程的传质速率为：

$$传质速率 = k(C_s - C_b)$$

传热速率为：

$$传热速率 = ha(T_s - T_b)$$

式中 k 和 h 分别是滞流层膜的传质和传热系数；a 是每单位体积中颗粒的表面积。对于单个吸附剂颗粒和整个床层来说，传质和传热系数都是不同的，吸附过程实际应用中采用适当经验关联式计算得到平均系数。

(2)颗粒内传递过程

吸附剂颗粒有发达的微孔结构，颗粒内部的表面积巨大，因此伴随着温度升高和降低的吸附质的吸附和脱附主要发生在颗粒内部。通常颗粒内的温度变化将影响吸附平衡等温线和传质速率，由于吸附剂良好的导热性，因此颗粒内的温度梯度常可忽略。但对于颗粒内的传质过程，传质扩散系数的确定要综合考虑颗粒微孔的结构和流体相的特性。

对于单一圆筒形孔，传质扩散系数采用如下方程计算：

$$D \approx \frac{1}{(1/D_m) + (1/D_k)}$$

式中 D_m 为分子扩散系数，由在大孔中吸附质分子之间的碰撞控制；D_k 为努森扩散系数，由在小孔中吸附质分子与孔壁之间的碰撞控制。分子扩散系数 D_m 采用如下方程计算：

$$D_m = 0.00186\frac{T^{3/2}(1/M_A + 1/M_B)^{1/2}}{p\sigma_{AB}^2\Omega_{AB}}$$

式中 σ_{AB} 是分子 AB 的碰撞直径；Ω_{AB} 是碰撞积分；M 是分子量。努森扩散系数 D_k 采用如下方程计算：

$$D_k = \frac{2r_P}{3}(\frac{8RT}{\pi M})1/2 = 9.7\times10^3 r_P(\frac{T}{M})^{1/2}$$

式中 r_p 是孔半径；π 是铺展压力。

对于多孔吸附剂颗粒，由于孔的结构极为复杂，只能采用统计学方法来描述。因此，计算多孔吸附剂颗粒的有效扩散系数需采用数学经验模型，常用的模型有：

简单经验模型：$D_e = \frac{aD}{\tau}$，式中 a 是孔隙率；τ 是曲折因子。

平行孔模型：$D_e = \frac{1}{\tau}\int_0^\infty D(r)f(r)\mathrm{d}r$，$r$ 是孔半径。

和无规孔模型：$D_e = D_a a_\alpha^2 + \frac{a_i^2(1+3a_\alpha)}{1-a_\alpha}D_i$，$a_\alpha$ 是颗粒间的空隙率；D_i 和 D_a 分别是微孔和大孔的扩散系数。这些模型在实际应用中只能用来估算有效扩散系数，精确的有效扩散系数还是要采用实验方法确定。

对于吸附剂颗粒表面扩散过程，实际上是和孔壁表面浓度梯度有关的，其表面扩散系数与表面浓度或表面覆盖率 θ 的依赖关系为：

$$\frac{D_{s,\theta}}{D_{s,\theta=0}} = \frac{1}{1-\theta}$$

而表面扩散系数与温度的依赖关系为：

$$D_s = D_0 e^{-E/RT}$$

式中 E 是表面扩散的活化能。

扩散过程由于分子热运动在浓度梯度为推动力下进行，按照费克定律及吸附动力学原理，则吸附速度可用下式表示：

$$\frac{\mathrm{d}q}{\mathrm{d}t} = k(C - C^*) = -D\cdot A\cdot\frac{\mathrm{d}C}{\mathrm{d}n}$$

式中 $\mathrm{d}q/\mathrm{d}t$ 为吸附速度；C 是流体中吸附质的浓度；C^* 是吸附剂外表面流体中吸附质的浓度；$\mathrm{d}C/\mathrm{d}n$ 吸附质浓度梯度（单位扩散路程长度上的浓度变化）。由于物理吸附的表面扩散过程速度极快，对吸附速度来说为非控制过程，因此，吸附传递过程的动力学由颗粒内外扩散共同决定。则总的传质系数可由内、外扩散过程的传质系数表示：

$$\frac{1}{k}=\frac{1}{k_1}+\frac{1}{k_2}$$

式中 $k_{1,2}$ 为内、外扩散过程的传质系数；k 为总的传质系数。传质系数与吸附剂种类、吸附质流体的组成及吸附操作过程的条件等因素有关，因此，通常针对不同的吸附过程采用实验方法获得。

3.4.2 吸附床层的吸附动力学

3.4.2.1 吸附床层的模型

流体混合物的吸附分离过程是采用填装吸附剂颗粒的吸附床来进行的。对于吸附床的动力学研究需借助包含许多过程参数关系的数学模型，从而得出吸附分离过程结果。吸附床分离过程模型的要素包括：平衡等温线、吸附剂颗粒内的质量和热量平衡，以及颗粒间流体相内的质量平衡和热量平衡。

平衡等温线的各种模型方程在上节中已讨论，不再赘述。吸附剂颗粒内的质量平衡方程为：

$$D_e\left(\frac{\partial^2 C^P}{\partial r^2}+\frac{r}{2}\frac{\partial C^P}{\partial r}\right)=\frac{\partial q}{\partial t}$$

式中 C^P 是孔内的气相浓度；$2/r$ 中的因子 2 对于球形颗粒用 2，圆柱颗粒用 1，对于片状颗粒用 0。

颗粒间流体相内的质量平衡方程为：

$$-D_z\frac{\partial^2 C}{\partial z^2}+\frac{\partial uC}{\partial z}+\frac{\partial C}{\partial t}+\frac{1-\varepsilon}{\varepsilon}ka(C-C_R^P)=0$$

式中 D_Z 是轴向分散系数；z 是床层高度；u 是颗粒空隙流体流速；a 是单位体积床层颗粒的表面积；C_{RP} 是颗粒表面的吸附质浓度。因此，耦合以上两个方程，得总的质量平衡方程为：

$$D_e\left(\frac{\partial C^P}{\partial r}\right)_{R_p}=k(C-C_R^P)$$

吸附剂颗粒内的热量平衡方程是：

$$h_e\left(\frac{\partial^2 T_P}{\partial r^2}+\frac{2}{r}\frac{\partial T_P}{\partial r}\right)=\rho_s C_{Ps}\frac{\partial T_P}{\partial t}+H\frac{\partial q}{\partial t}$$

式中 T_P 是颗粒内的温度；h_e 是颗粒的传热系数；ρ_s 是颗粒的密度；C_{Ps} 是颗粒的热容；H 是吸附热或脱附热。颗粒间流体相的热量平衡方程是：

$$\frac{\partial uT}{\partial z}+\frac{\partial T}{\partial t}+\frac{1-\varepsilon}{\varepsilon}\frac{ah}{\rho C_P}(T-T_{PR})=0$$

式中 ρ 是流体的密度；C_P 是流体的热容。因此，耦合以上两个方程，得总的热量平衡方程为：

$$k_e\left(\frac{\partial T_P}{\partial r}\right)_{R_p}=h(T-T_{PR})$$

从以上方程可以看出，质量方程与热量方程以及吸附等温线可通过温度、颗粒间吸附相的浓度、孔内部吸附相的浓度以及吸附量等参数的依赖关系相耦合。

3.4.2.2 吸附床层分布及穿透曲线

通常在恒定流速下，流体混合物流过填充了吸附剂颗粒的固定床层，由于颗粒阻力、颗粒移动、吸附热及床层温度变化等因素的影响，流动相的速度分布及传质机理将有所不同。为简化固定床的吸附计算，通常假设：(1)吸附床保持恒温，床层内的固定相和流动相密度保持恒定，床层内流动相容积分率保持恒定。(2)流动相的流速分布在整个床层的横截面保持一致，吸附质浓度分布曲线为连续曲线。再结合上节的质量平衡方程，便可得到床层内流动相的流速分布。

研究固定床的吸附动力学，更重要的是得到床层内吸附质的浓度分布。在流动相流过床层时，床层内任意位置上吸附质的浓度都是时间的函数，是床层内浓度锋面的移动造成的。由于床层内吸附剂中吸附质的浓度难于直接测量，常采用检测床层出口吸附质流出浓度的变化，而得到穿透曲线来了解床层的吸附或解吸情况和吸附剂的性能。在恒温和恒流速下床层出口吸附质浓度恒定时，床层内的吸附和解吸即达到动态平衡。穿透曲线的形状和宽度在吸附床和吸附分离循环过程的设计中是极端重要的。单一吸附质的穿透曲线可以借助于吸附床层的各种模型，通过求解床层和颗粒的质量和热量方程及平衡等温线而得到；多组分吸附质的吸附及脱附特征曲线(床层分布和穿透曲线)的计算非常复杂，但近几十年来相继提出了许多模型理论如：等温平衡理论、绝热平衡理论等，以使问题得到较好的解决。但由于在固定床吸附中，吸附质在固定相与流动相中的分布受到多种因素的影响，如：温度、浓度、流动状态及吸附剂性质等，因此，固定床穿透曲线的获得通常采用实验测定的方法。本节重点介绍采用实验测定的吸附特征曲线，如图 3-8 所示。

吸附质浓度为 C_0 的流体自下而上连续流过高度为 z 的吸附剂床层。最初流体中的吸附质很快被床层底部吸附剂吸附，浓度很快下降，流体中吸附

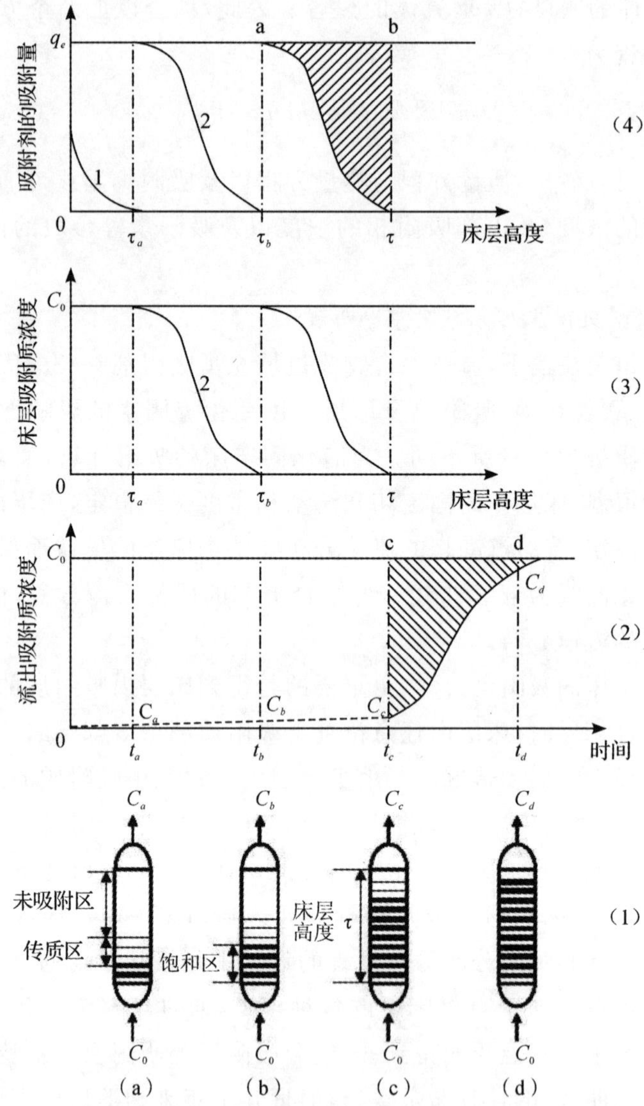

图 3-8　固定床的吸附特征曲线图

(1)床层吸附状况分区图;(2)床层的穿透曲线;

(3)床层的浓度分布图;(4)床层的吸附负荷曲线

质浓度可以降为零。经过一定时间 t_a 后,床内吸附的情况如图 3-8(1)中(a)所示。床层自下而上建立起一定的浓度分布,吸附剂上吸附质的吸附量从下部向上逐渐降低,在高度 τ_a 以上的区域均为零,此区域为未吸附区。此时出口流体中吸附质浓度 C_a 接近于零,床层内吸附剂的吸附量分布如图 3-8

(4)的 1 号曲线所示。在图 3-8(1)中用粗细实线表示出了吸附剂上吸附质吸附量 q 由大到小的分布。当吸附时间达到 t_b时，床层底部有一段吸附剂区域的吸附量已达到饱和，此区域为吸附饱和区。从饱和区向上形成一段吸附量从大到小的 S 形分布的区域，如图 3-8(4)中的 2 线所示，这一区域为吸附传质区，其所占床层高度被称为吸附传质区高度，此区以上还是未吸附区。所以此时床层分为饱和区、吸附传质区和未吸附区三个区。在饱和区，吸附质的吸附与解吸达到动态平衡，吸附量恒定。在吸附传质区，吸附质被吸附并在流体中的浓度逐渐降低，至高度 τ_b处的吸附锋前沿接近于零，如图 3-8(3)中的 2 线所示。因此，吸附传质只在吸附传质区内进行。在未吸附区，吸附剂为新鲜吸附剂。随着过程的进行，吸附柱下部的饱和区不断扩大，吸附传质区向上移动，但吸附传质区的移动速度比流体的流速慢得多。当时间达到 t_c时，吸附传质区的前方达到床层出口，如图 3-8(1)中(c)所示，流出的吸附质浓度迅速升高到 C_c，此时吸附过程即达到了“穿透点”。此后，随着过程的进行，吸附传质区将逐渐减小，饱和区增大，流出吸附质浓度将迅速上升，直至吸附传质区全部成为吸附饱和区，如图 3-8(1)中(d)所示，此时，流出吸附质浓度接近流体初始浓度 C_0。图 3-8(2)中流出吸附质浓度对时间的关系曲线被称为床层的穿透曲线。实际上吸附操作只能进行到穿透点为止，从过程开始到穿透点为止的时间称为穿透时间。

对于床层中的吸附剂来说，沿床层高度各位置吸附剂的吸附量不同即形成了如图 3-8(4)所示的床层的吸附负荷曲线。根据以上说明和对比图 3-8 中吸附负荷曲线与穿透曲线可知，吸附负荷曲线与穿透曲线之间存在密切的关系。图 3-8(4)中矩形 $ab\tau\tau_b$ 的面积代表吸附传质区内吸附剂的总吸附量，其中阴影面积为到穿透点时吸附床还具有的吸附容量。而在图 3-8(2)中矩形 cdt_dt_c 的面积代表吸附传质区内吸附剂的总吸附量，其中阴影面积为到穿透点时吸附床还具有的吸附容量。所以吸附负荷曲线与穿透曲线成镜面对称，从穿透曲线的形状可以推知吸附负荷曲线。吸附传质区越小，传质阻力越小，即传质系数大，吸附速度将越快，吸附负荷曲线与穿透曲线斜率越大。事实上，影响吸附穿透曲线和负荷曲线形状的因素较多，如吸附剂的影响：不同吸附剂对于同一吸附质的穿透曲线斜率不同，斜率越大吸附速率越快，颗粒越小斜率越大，使用周期越长则斜率越小(如图 3-9)，吸附速率越慢；进料中吸附质浓度的影响：浓度越高，斜率越大。此外，影响因素还有热力学参数，如温度、压力、pH 值、流动相的流速和状态、床层的尺寸以及吸附剂的填装方法等。

吸附负荷曲线、穿透曲线、吸附传质区高度和穿透时间互相密切相关，它们与吸附平衡性质、吸附速率、流体速度、进料中吸附质的浓度以及床层高度等因素有关。如：穿透时间随床层高度的降低、吸附剂颗粒增大、流体速度增大，以及流体中吸附质浓度的增大而缩短。

固定床的吸附特性曲线是固定床吸附器设计的基本数据。一般在设计固定床吸附器时，需用实验确定穿透点与穿透曲线，实验条件应尽可能与实际操作情况相同。

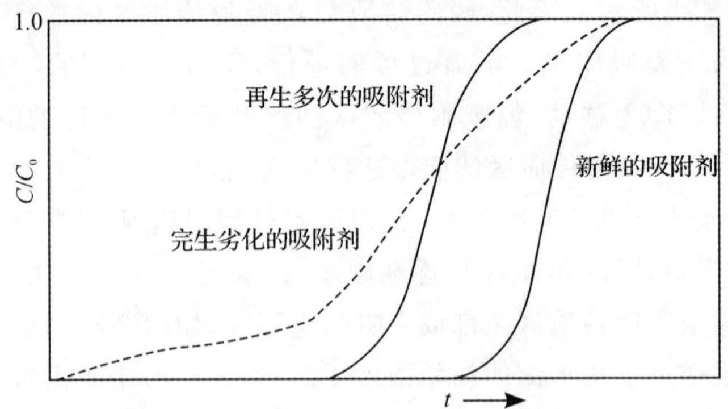

图 3-9　吸附剂使用周期对穿透曲线形状的影响

3.5　吸附分离的循环过程及应用

对于不同的吸附分离体系要采用不同的吸附循环过程，通常吸附分离体系的类型可分为两类：一类为大吸附量分离，即原料中被吸附的吸附质含量为10%以上的吸附分离，其工业分离过程包括：从空气中分离生产纯氧和纯氮；从异构烷烃和芳烃中分离正构烷烃；以及从部分工业气体中分离氢气等。另一类为纯化，即原料中含量小于10%的杂质吸附质的去除分离，其工业分离过程包括：空气、天然气、合成气、裂解气及大多数工业气体的干燥或脱水；天然气和工业循环气的脱硫；空气的纯化；氢气的纯化；以及溶剂的脱除等。

固定床吸附器是工业吸附分离过程中最常采用的设备，通常应用多床的吸附和脱附(再生)循环实现过程的连续化操作。目前已开发应用的吸附分离的循环过程主要有变温吸附、变压吸附、溶剂置换、色谱分离、流化床吸附、移动床和模拟移动床吸附、参数泵和循环带吸附。变温吸附过程的工业应用最早，但由于其自身的弊端，应用范围不广，本节将简单予以讨论。变压吸附过程的研究和开发最为深入，且在工业上的应用最为广泛，本节将重点探讨。另外，由于近年来超临界色谱技术的快速发展，本节也将予以简要讨论。对于其他吸附分离循环过程的介绍，请参考有关资料，在此从略。

3.5.1　变温吸附过程及应用

变温吸附(TSA)是最早的循环吸附分离过程。通常采用两个吸附床的系统，一个床层在低温条件下吸附吸附质，另一个床层在高温下将被吸附的吸附质解吸出来，同时床层吸附剂得到再生，并降温用于下个循环的吸附步骤。由吸附等温线可知，变温吸附过程是在两条不同温度下的吸附等温线间进行吸附和解吸操作的，如图3-10所示。在同一吸附质分压下，吸附质在吸附剂上的吸附量随吸附温度上升而减少，随吸附温度的降低而增大。变温吸附每个床层的循环要经历三个步骤：低温吸附，加热再生，冷却吹扫。

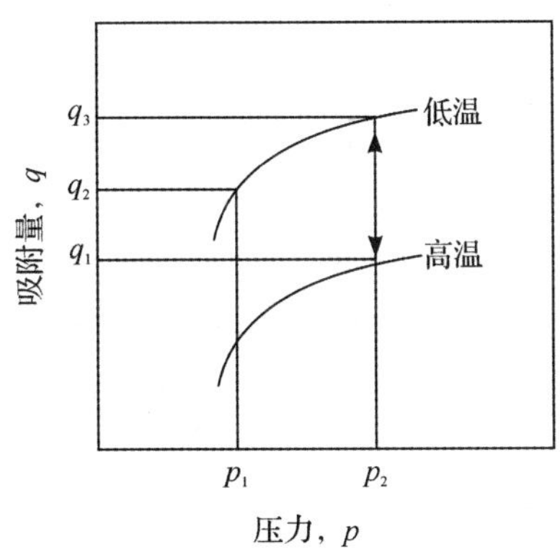

图3-10　变温吸附、变压吸附的吸附等温线原理图

变温吸附循环中的加热再生和冷却吹扫步骤通常耗时较长，是整个循环的时间控制步骤，也是理论计算最复杂的步骤。目前针对此步骤的埋论描述主要有：平衡理论计算、非平衡模型、经验的再生传热模型及惰性气体吹扫的等温循环等。在实际循环过程中，预热气体吹扫床层是最有效的方法，包括原料气、吸附床层流出气、空气、水蒸气等许多气体可用于吹扫床层。

变温吸附循环过程的影响因素主要有：

(1)吸附剂和吸附质的吸附性能,根据原料混合物组分的吸附等温线,选择最合适的吸附剂。

(2)吸附周期,吸附周期长,吸附剂用量大,利用率低,投资大;周期短,则吸附剂用量小,但再生频繁,能耗高,吸附剂寿命短。

(3)吸附剂的劣化,吸附剂长时间使用将使其吸附容量下降,发生劣化现象,当吸附量降低到初始吸附量的70%~90%时,通常需要更换吸附剂。

(4)残留吸附量,是再生后残留在吸附剂中的吸附质含量。在允许的条件范围内,通过提高再生温度和减少再生气中吸附质含量,可减少残留吸附量,有利于变温吸附。

(5)再生温度,在吸附剂允许的温度范围内,提高再生温度能使吸附质解吸更加完全,从而提高吸附剂的利用率。

(6)吸附床的结构,依据操作条件和工艺要求,通常设计吸附床的高径比为4~1之间。

(7)气流的流向,通常加热再生与吸附步骤的气流方向为逆向,而冷却与吸附气流方向相同。

由上述影响因素可知,变温吸附过程的缺点主要为:循环周期较长,能耗较大,吸附剂有效吸附量小,使用寿命短。因此,变温吸附过程只适用于流体杂质含量低产品回收率要求高的分离过程。目前,工业上主要用于气体干燥,如天然气、油田气和空气的干燥;工业废气的处理,如废气中二氧化硫、硫化氢、氮氧化合物及氯气等的去除;废液的处理,如污水中染料、油脂、磷、氮及酚类等有机物的脱除;溶剂回收;各种有机溶剂的脱水等。

3.5.2 变压吸附过程及应用

3.5.2.1 变压吸附的原理和基本步骤

变压吸附的概念是由 Skarstrom 在 1958 年的专利中提出来的[6]。最初被直接应用于工业规模的空气干燥,获得了较高的分离效率。随着 Barrer 发现氮比氧在沸石上优先被吸附,以及合成沸石的开发成功,在 20 世纪 60 年代,PSA 被广泛应用于空气分离以及氢的纯化,正构烷烃的分离等领域。

变压吸附的基本原理可由如图 3-11 所示的吸附等温线表示,由于吸附剂的导热系数较小,变压吸附操作中的吸附热和解吸热使床层的温度变化很小,可近似作为等温过程。因此,变压吸附操作是沿着吸附等温线进行的,在较高的压力 p_1 下吸附,吸附剂上的平衡吸附量达 q_1,经减压再生,在低压 p_0 下解吸脱附,此时的平衡吸附量降为 q_0,床层吸附量的差值 $\Delta q=q_1-q_0$ 即为有效吸附量(也称为净吸附量)。按变压吸附操作过程中高低压力的变化,可以分为三种操作方式:(a)高压吸附,常压解吸;(b)常压吸附,真空解吸;(c)高压吸附,真空解吸。

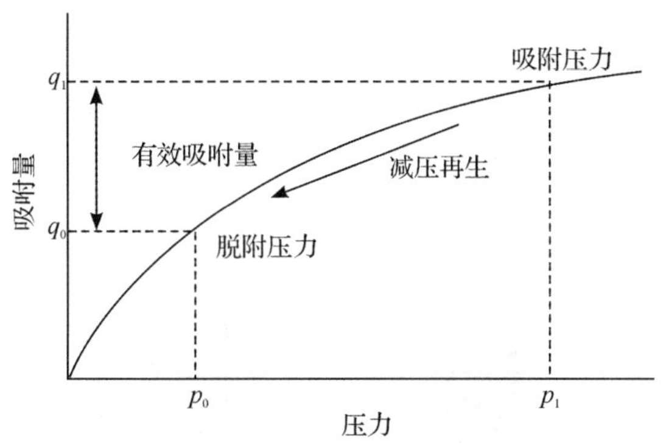

图 3-11　变压吸附的原理

变压吸附过程中吸附剂的解吸方式决定着产品的纯度,以及影响吸附剂的吸附能力,并且吸附剂的再生时间决定过程循环周期的长短,也决定着吸附剂的用量。吸附剂再生方法主要有:常压(接近大气压)、抽真空、弱吸附组分冲洗、强吸附组分置换,方法的选择要根据被分离混合物各组分的性质、产品的要求、吸附剂特性及操作条件而定。

图 3-12 为典型的两床 Skarstrom 变压吸附循环流程,此过程虽没有被直接用于工业上的空气分离,但其经一定的改进即可实现工业规模的许多纯化过程,如:氢气的纯化、正构烷烃的分离、空气分离等。图 3-12 以分离空气制富氧为例,由于 5A 合成沸石分子筛优先吸附空气中的氮气通常是氧气的三倍,因此采用其作为吸附剂填装于两吸附床内。另外,由于氧和氮的分离系数随压力提高而迅速减小,因此空分制氧过程通常吸附压力在几个大气压下进行。每个床在每个循环中依次经历 4 个步骤:吸附、均压降压(短时间)、解吸、均压升压(短时间)。通常在室温条件下,恒定压力的空气以一定的流速进入吸附床 1,氮气被吸附,氧气产品持续从床层流出,当床层仍剩余少部分未被氮气饱和时,即结束吸附步骤。紧接着吸附床 1 沿着原料空气的流向进行均压降压步骤,一部分流出的高压氧气产品流入正处于解吸步骤结束的吸附床 2,进行顺向均压升压步骤。当吸附床 1 的压力与吸附床 2 的压力达到均衡时,吸附床 1 转为逆着原料空气的流向降低压力到解吸步骤开始,进行解吸步骤并从床层连续流出解吸的氮气。在此同时,吸附床 2

的压力与吸附床 1 均衡时，吸附床 2 转为由原料空气进入开始的逆向继续升压，直到吸附所需压力时开始吸附步骤，并从床层连续流出氧气产品。至此，每个床层都经历了两个一半循环，循环的时间和步骤顺序如表 3-4 所示。由于变压吸附只适用于气相混合物的分离，过程升降压力极快，通常以分或秒计量，因此，吸附和解吸床层的切换时间远远小于变温吸附的数小时。

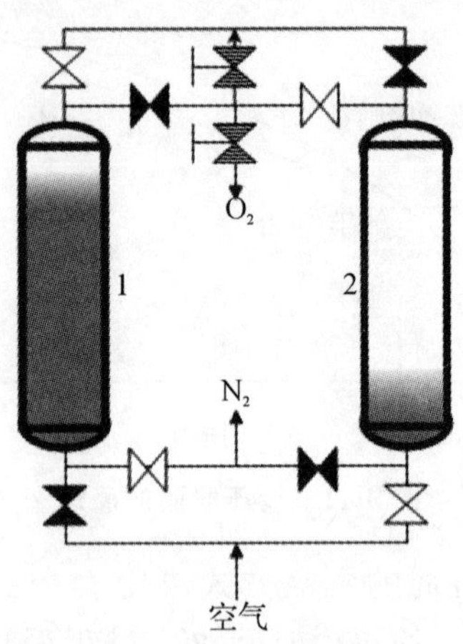

图 3-12 Skarstrom 变压吸附循环流程图

表 3-4 两床变压吸附循环的时间和步骤顺序

床层	半循环时间		半循环时间	
床 1	吸附	均压降压	解吸	均压升压
床 2	解吸	均压升压	吸附	均压降压

需要指出的是，这种简单的两床 Skarstrom 变压吸附循环过程只能分离得到中等纯度的富氧。主要原因是由于此简单循环的缺点：吸附床连续吸附、降压、解吸和升压，操作中气体的流量和压力波动很大，致使产品纯度和收率不稳定。另外，床层内未吸附的床层(死空间)内的产品难于回收，减压时会损失，使产品回收率降低。为此，常采用增加产品中间储罐或采用多吸附床流程等方法，目前，工业化装置多采用四床、六床、八床甚至更多床的流程。四床变压吸附流程是工业上常用的流程，通常每个床层要经历如下步骤：

(1)吸附，在一定压力下原料气进入床层 1 吸附，在穿透点出现之前，床层出口所得产品的一部分回收，一部分作为床层 4 的二段升压使用。

(2)均压,床层2脱附完成后在低压状态和床层1相通进行一段升压,床层2则均压到原来床层内压力的一半,床层内的浓度锋前沿继续向前移动,但未达床层出口。

(3)并流降压,床层1继续降压,其排除气清洗已逆流降到最低压力的床层3,床层1并流降压至浓度锋前沿刚到达床层出口为止。

(4)逆流降压,打开床层1入口阀,使残余气体压力降至最低,排除已吸附的一部分杂质。

(5)清洗,用床层4并流降压的气体清洗床层1,清除所有残余的杂质,使床层1得到再生。

(6)一段升压,用床层2的均压气体使床层1进行一段升压。

(7)二段升压,用床层3的部分气体产品使床层1升压到吸附所需压力,开始下一循环。

多吸附床变压吸附流程的优点为:

(1)原料气体有压力时,通常不需要再次压缩,节省了压缩机和动力消耗等设备费用和动力费用。

(2)原料气体中组分含量有变化时,可以通过改变床层的切换时间,调节操作程序周期来适应,因此,操作具有一定的弹性。

(3)吸附过程中的吸附热没有流出系统以外,减压时床层不会被冷却,因此,解吸能够在等温下进行。

(4)吸附过程中吸附质不穿透床层使流出的产品气体保持很高的纯度,同时也使再生用清洗气体保持了一定的纯度。

(5)多床流程的合理设计能够尽可能减小床层的尺寸。

另外,变压吸附过程一般在常温下操作,无需加热及冷却设备,设备简单,是高度自动控制的连续化过程。一般原料气体进入吸附床层之前,仅需提前除去大量固相灰尘及液相焦油等,其余原料气体中杂质的预处理和变压吸附分离可以同时进行,如水分、二氧化碳、一氧化碳等杂质均可同时除去,可省去复杂的预处理装置,简化工艺流程,降低设备及操作费用。

3.5.2.2　变压吸附的应用前沿

自从1960年发明并逐步发展了变压吸附过程至今,变压吸附分离过程迅速成为气体分离技术中获得高纯度产品的主要高新技术。已广泛应用于石油化工、能源、冶金、轻工、医药、食品、农业及环境保护等诸多领域,并且更多的应用还在不断实验开发之中。

目前，变压吸附分离技术的主要应用有：

(1)从富含氢气的混合废气中回收氢气

目前国内外多采用变压吸附技术精制氢气，与传统的电解法、低温分离法和薄膜渗透法相比，变压吸附制氢技术能从绝大多数富氢混合气体中一步除去各种杂质，从而获得不同纯度的氢气产品(工业氢：99.9%体积分数；纯氢：99.99%体积分数；高纯氢：99.999%体积分数)。另外，变压吸附制氢过程具有常温操作、能耗小、工艺简单、操作费用低及自动化程度高等特点。自 20 世纪 60 年代初美国联合碳化公司建成投产了世界第一套工业变压吸附制氢装置以来，国外已建成投产的大型工业化变压吸附制氢装置有 200 多套，我国的大型石化企业也多采用变压吸附回收氢气。目前采用变压吸附制氢工业化的原料气主要有：催化裂化干气(H_2含量的体积分数约为 30%～60%，主要杂质有：N_2、O_2、CO、CO_2、CH_4、C_2H_4、C_2H_6等)；氯碱电解氢气(H_2含量的体积分数约为 99.0%，主要杂质有：N_2、O_2、H_2O 等)；合成氨驰放气(H_2含量的体积分数约为 55%～60%，主要杂质有：CH_4、N_2、Ar、NH_3等)；合成甲醇的净化气和驰放气(H_2含量的体积分数约为 60%～80%，主要杂质有：CO、N_2、CO_2、Ar、CH_4、C_2H_5OH 等)；乙烯裂解气(H_2含量的体积分数约为 70%，主要杂质有：CO、CH_4、C_2H_4等)；焦炉煤气(杂质：O_2、CO、N_2、CO_2、CH_4等)。

变压吸附制氢过程通常使用活性炭和合成沸石分子筛的组合吸附剂，可实现对原料气中杂质组分的优先吸附，而使氢气得到提纯。吸附压力一般在 0.6～3.0 MPa 范围内，根据杂质组分的吸附穿透曲线确定吸附时间。目前工业化变压吸附制氢装置规模已在四床流程基础上逐步发展到十床以上的多床流程，但四床流程仍被广泛采用。在一个操作循环周期内，每个塔依次经过吸附、均压、顺向降压、逆向降压、冲洗、一次升压和二次升压七个步骤，各床操作步骤在时间上相互错开，从而保证连续产出高纯氢气。对于产品氢气纯度的要求，通常采用四床过程时高纯度氢产品的回收率可达到 70%～75%，而更多床过程可达到 80%～85%。

(2)从烷烃和环烷烃混合物中分离正构烷烃

从异构烷烃和环烷烃的混合物中分离正构烷烃，由于它们的相对挥发度十分接近，难于采用蒸馏方法分离，通常采用 5A 合成沸石分子筛作为吸附剂的变压吸附过程是最为合适的。1961 年 Union Carbide 公司建成了第一套从石脑油中分离回收正构烷烃的工业装置，到目前已建成几十套工业装置，最大原料处理能力可达35000桶/天。原料中低分子量C_5～C_9正构烷烃含量在50%左右时，正构烷烃产物的纯度可达95%以上。另外，对于从含有高分子量C_{10}～C_{18}正构烷烃的煤油中分离回收正构烷烃的变压吸附过程，通常操作温度在300～400 ℃之间，压力在0.2～0.5 MPa之间进行常压操作，采用三床或多床循环过程，每个床层经历吸附、并流吹扫和逆流置换脱附三个步骤，可获得高纯度的正构烷烃产品。

(3)从富含二氧化碳的气源中回收二氧化碳

随着低碳理念在世界范围内被广泛的重视，低碳技术包括清洁煤技术(IGCC)和二氧化碳捕捉及储存技术(CCS)等等被深入研究和开发。二氧化碳的来源极为广泛，其中，最主要的来源是火电排放，占二氧化碳排放总量的41%，其他还包括天然气伴生气、石油和碳酸盐的加工排放气，以及汽车尾气等等。而二氧化碳在工业上应用的领域也极为广泛，如：化工、机械制造、消防、食品、医药等行业，且用量也随着经济的发展显著增加。目前，采用变压吸附回收天然气伴生气、合成氨排放气、烟道气及甲醇裂解气等原料中的二氧化碳已成为主要的高效分离方法。

变压吸附分离回收二氧化碳的循环过程中，通常采用合成沸石分子筛作为吸附剂，二氧化碳与原料中其他杂质相比有较强的吸附能力，因此，与变压吸附制氢过程不同的是二氧化碳产品在吸附剂解吸步骤中被得到。通常原料气中主要杂质为：硫化物、水、氮氧化物、氢气、一氧化碳等，为提高产品二氧化碳的浓度，原料气体在进入变压吸附循环过程前要先除去硫化物和水。通常变压吸附回收二氧化碳循环过程采用三床真空解吸工艺，每个床层在一个循环中要经历7个步骤：吸附、均压、顺向减压、置换解吸、抽真空、均压及升压。通常操作压力为0.5～1.0 MPa，产品二氧化碳的纯度可达99.5%～99.999%。

(4)从合成氨变换气中脱除二氧化碳

我国自1993年开始采用变压吸附技术净化合成氨原料气，从变换气中脱除二氧化碳，目前已得到全面推广。依据合成氨原料净化后的不同使用目的，变压吸附脱除二氧化碳后产品中二氧化碳的含量有所不同。使用脱除二氧化碳后的原料气来提高液氨的产量，可通过控制变压吸附过程，得到二氧化碳含量低于0.2%的产物，同时脱除原料气中的大部分杂质如甲烷、一氧化碳和硫化物等。当原料气用于联醇合成，通常控制净化后的原料气中二氧化碳含量在 1.0%～5.0%的范围内，同时使一氧化碳的收率达到 90%以上，并脱除原料气中的杂质如硫化物、氯和氨等。将从原料气中脱除的二氧化碳用于生产尿素，则要求控制得到的二氧化碳产品气中二氧化碳的含量大于 98%。变压吸附过程通常采用六床循环真空解吸过程，其中两床同时进料，每个床层每个循环依次经历 8 个步骤：吸附、一均压降、二均压降、逆向放压、抽真空、二均压升、一均压升及升压，通常操作压力在 0.5～1.0 MPa 范围内。

(5)从富含一氧化碳的混合气中回收和提纯一氧化碳

工业上传统的一氧化碳制备方法是采用深冷法和溶液吸收法从各种含一氧化碳的混合气中分离提取，我国自 1993 年实现了变压吸附分离回收一氧化碳的工业化，目前已有多套装置运行。采用变压吸附回收提纯一氧化碳的原料气主要有：水煤气、高炉煤气、转炉煤气、电石及乙炔尾气等。吸附剂通常采用活性炭、硅胶、活性氧化铝和合成沸石分子筛。工业过程采用两套变压吸附装置串联运行，第一套变压吸附装置首先脱除吸附能力强于一氧化碳的水、硫化物及二氧化碳等杂质，第二套装置接着脱除吸附能力弱于一氧化碳的氢气和氮气等剩余杂质组分，从而得到纯度较高的一氧化碳产品。通常第一套装置采用三床循环过程，每个床层在每个循环中经历八个步骤：吸附、一均压降、二均压降、逆向放压、冲洗、二均压升、一均压升及升压。第二套装置采用四床循环过程，每个床层在每个循环中经历六个步骤：吸附、预置换、置换、放压、抽真空及升压。

(6)空气分离制取高纯度氧气

对于小规模空气分离制氧，采用变压吸附过程要比空气深冷分馏方法经济得多。由于合成沸石分子筛的成功开发及变压吸附循环的发明，空气分离制氧在 1970 年实现了工业化。吸附剂采用 5A 沸石分子筛，其优先吸附空气中的氮气，氮气与氧气的选择性比可达到 2 或 3。变压吸附制氧过程通常采用常压或真空解吸的二床或多床流程，常压解吸流程中吸附压力为 0.2～0.5 MPa，真空解吸流程中吸附压力小于 0.1 MPa，二床流程中每个床层在每个循环中经历四个步骤：吸附、均压降、抽真空及均压升。通常采用多床流程可得到氧气纯度为 90%～95%的产品，氧气的回收率为 30%～60%之间。

(7)空气分离制取高纯度氮气

和空气分离制氧相似，传统的制氮工艺也是采用空气深冷分馏方法，在变压吸附空气制氧开发之后，随着新型吸附剂分子筛炭和合成沸石分子筛的开发，中小规模的空气分离制氮也较为经济。变压吸附制取氮气一般采用分子筛炭作为吸附剂，利用其对氮气和氧气的分子筛分特性，氧在分子筛炭中的扩散速度比氮快，可直接得到纯度达99.9%的氮气产品，回收率可达50%，操作压力通常在0.1～0.8 MPa之间。变压吸附制氮过程通常采用常压或真空解吸的二床或多床流程，二床流程中每个床层在每个循环中经历五个步骤：吸附、均压降、放压、抽真空及均压升。

(8)从天然气中脱除 C_2 以上组分

天然气中除主要成分甲烷外还含有约0.5%～3.0%的乙烷、丙烷和丁烷等 C_2 以上成分，在以天然气为原料的生产过程中通常需要脱除上述成分。采用变压吸附技术脱除天然气中 C_2 以上组分的同时还可同时脱除水、二氧化碳及氮气，甲烷的回收率可达到50%～70%之间。脱除工艺通常采用四床或多床真空解吸流程，四床流程中每个床层在每个循环中经历十个步骤：吸附、一均降、二均降、逆向放压、抽真空一、抽真空二、二均升、隔离、一均升及升压。

(9)从煤矿瓦斯气中浓缩甲烷

煤矿瓦斯气中含有20%～40%的甲烷及氮气、氧气等成分，可采用变压吸附过程回收甲烷，从煤矿瓦斯气中浓缩的甲烷产品浓度可达80%～90%，甲烷的回收率可达90%以上。工艺过程通常采用三床或多床真空解吸工艺，三床过程中每个床层在一个循环中要经历7个步骤：吸附、均压、顺向减压、置换解吸、抽真空、均压及升压。通常操作压力为0.8 MPa左右。

(10)空气干燥

工业上需要大量使用干燥的压缩空气，而简单的两床 Skarstrom 变压吸附过程即可满足于空气的干燥。常用的吸附剂为硅胶和活性氧化铝，但有些情况下也可以使用沸石。每个床层在一个循环中经历四个步骤：吸附、逆流排料、吹扫和再升压，循环时间一般为1～10分钟之内。采用较短的循环时间和低的流量可有效防止吸附热损失，保持变压吸附过程在等温条件下操作。吹扫气与原料流量的比例通常选择在1.1～2.0之间，以确保产品的纯度。

3.5.3 吸附分离的发展前沿

超临界吸附分离可以认为是吸附分离的前沿研究。有关超临界吸附的基础研究方面详见第五章的第六节。本节主要介绍涉及超临界吸附的分离应用。

3.5.3.1 超临界吸附及解吸的分离过程

许多学者研究了在超临界流体条件下的吸附及解吸分离过程。Iwai

等[7]对超临界 CO_2 吸附分离二甲基萘的过程进行了研究。2,6-二甲基萘是工程塑料的重要生产原料,它是从含有2,7-二甲基萘等多种异构体的混合物中分离得到的。他们用 Na-Y 型合成沸石分子筛作吸附剂,在超临界流体条件下分离2,6-二甲基萘和2,7-二甲基萘。采用吸附床层动态吸附的实验方法,实验步骤如下:首先将2,6-二甲基萘和2,7-二甲基萘溶解于超临界 CO_2 中,再将饱和了这两种物质的超临界流体混合物流过装有合成沸石分子筛的吸附床层,吸附床入口的2,6-/2,7-二甲基萘两组分的组成比是40:60。实验得到了吸附床层出口两组分组成比的变化与通过吸附床层的 CO_2 总量之间的关系。研究结果显示,初始阶段床层出口处流体中可得到几乎100%的2,6-二甲基萘,即在此阶段2,7-二甲基萘被完全吸附。通过对多种类型的合成沸石分子筛的实验,结果表明 Na-Y 型的沸石是分离2,6-二甲基萘和2,7-二甲基萘的最佳吸附剂。

对于采用超临界流体再生吸附饱和的吸附剂,如采用超临界 CO_2 再生吸附饱和的活性炭,在20世纪70年代中期被日本和美国第一次证实其可行性。在由美国环保署赞助的研究中,超临界流体再生活性炭的可行性在1978年的美国化学年会[8]上被发表。相比于传统的热再生过程如蒸汽法和高温炉方法,超临界流体再生活性炭的优点是可减少能量需求和降低碳损失。吸附在活性炭上的有机化合物可以被超临界 CO_2 解吸,因为许多种类的有机化合物可以被超临界 CO_2 溶解,并且有机化合物的吸附位置可以被 CO_2 取代。超临界流体对活性炭的再生包括以下三个步骤,第一步骤是吸附步骤,溶质或杂质从液相转移到吸附剂颗粒的微孔内;第二步骤是解吸步骤,活性炭微孔内被吸附的化合物被超临界流体冲洗并取代,同时溶解在超临界流体中并从吸附剂的微孔中移除,在此步骤末,活性炭中的吸附质已经被移除,颗粒微孔即被溶剂超临界流体充满。最后,只要通过减压就可以轻松的除去活性炭颗粒中残留的溶剂。

Tan 等[9]比较了吸附质甲苯和吸附剂活性炭体系的吸附和解吸穿透曲线。实验分别采用40 ℃及13.6 MPa 条件下的超临界 CO_2 和水蒸气解吸再生被甲苯吸附饱和的活性炭床层。结果显示,在一次吸附/解吸循环后,水蒸气再生后的活性炭床层的吸附能力显著下降,远远低于采用超临界 CO_2 再生过的活性炭床层。并且,水蒸气再生后的活性炭床层的穿透时间远远短于超临界 CO_2 再生过的活性炭床层。因此,对于吸附剂吸附能力的提高,超临界流体再生显著优于水蒸气再生法。

Sakanishi 等[10]用半连续超临界流体萃取结合吸附分离方法，从甲基萘油中分离回收吲哚和喹啉。首先用超临界 CO_2 溶解甲基萘油中的吲哚，再通过阴离子交换树脂（Arnberlite IRA-904）吸附床层使吲哚吸附。然后，未溶解组分进入酸性吸附床层（以硅胶支撑的质量分数 10%的硫酸铝）吸附其中的喹啉。当离子交换树脂床层和酸性吸附床层被吲哚和喹啉饱和后，被吸附的吲哚和喹啉可分别用甲醇和四氢呋喃洗脱萃取分离出来。因此，略显酸性的吲哚和碱性的喹啉可分别用两个固定吸附床层，在超临界 CO_2 为溶剂下分别进行选择性分离。

逆流萃取过程是基于相平衡的分离。在超临界萃取分离过程中，因为液相和超临界流体相同时存在，分离的操作条件受均相形成的限制。对于天然成分混合物的分离，由于超临界流体萃取分离过程是基于相平衡和溶解度的不同，选择性就变得很小。而吸附分离过程可以在均相中进行，因为分离发生在固相—液相的界面，当吸附剂用于超临界流体分离过程中时，分离则基于吸附平衡，且具有更高的选择性。

在超临界 CO_2 中利用吸附和解吸来分离两种或更多的溶质的方法已经有人报道。Bracey 等[11]通过在 8.3 MPa 条件下进行吸附和在 15.2 MPa 条件下用含有少量乙醇的超临界 CO_2 进行解吸，来评估水相果糖—葡萄糖混合物的分离过程。Lim 等[12]研究了以硅酸镁为吸附剂，采用超临界 CO_2 分离乳粉脂肪中的胆固醇的吸附分离过程。在 24.1 MPa 条件下，原料乳粉脂肪随超临界 CO_2 通过吸附剂床层，其中 83%的胆固醇被吸附剂床层吸附。当吸附剂被胆固醇饱和后，在相同压力下用含 10%乙醇的超临界 CO_2 解吸再生吸附剂床层，可使吸附剂恢复到接近初始的吸附容量。

目前，对于天然植物精油的超临界吸附分离，主要采用制备超临界色谱分离、液相吸附后再超临界解吸分离以及在超临界流体条件下的吸附及解吸（变压吸附）等方法。Yamauchi 等[13]在 313 K 和 10～20 MPa 的条件下，采用梯度增压的方式用超临界流体色谱分离柠檬果皮精油，并采用乙醇为夹带剂分馏得到 4 种精油组分混合物：萜烯类、氧化萜烯类、含氧化合物类以及一些高分子量的化合物。Bart 等[14]和 Chouchi 等[15,16]采用超临界 CO_2 解吸或萃取在常压间歇操作中达到吸附平衡的含氧芳香化合物。通过增大超临界 CO_2 解吸的压力，获得含有较少萜烯类和非挥发性成分的高质量精油。然而，吸附剂床层的解吸再生需要在更高的压力或夹带剂条件下才能达到要求，因为精油中的难挥发性组分如蜡脂和色素在硅胶吸附剂上吸附能力比芳香化合物更强。研究结果表明，芳香化合物在硅胶上的吸附选择性要强于萜烯类化合物，但非挥发性组分需要在较高的压力下解吸移出，从而再生吸附剂以保证其活性。

3.5.3.2 超临界变压吸附分离过程

(1)超临界变压吸附分离精制柑橘精油

目前，天然植物精油的超临界萃取结合变压吸附分离的研究主要集中在柑橘类植物精油的提取分离。柑橘类植物精油中含有萜烯类、含氧化合物类、非挥发性成分如蜡脂类和色素类等主要成分，以萜烯类和含氧化合物类成分为主，通常萜烯类的含量可达 90%～95%，其余为含氧化合物类及少量的非挥发性成分。柑橘植物精油分离的目的是为除去影响柑橘精油质量的萜烯类及非挥发性成分，获得以含氧化合物类成分为主的高质量精油香料。

Sato 等[17]实验测定柑橘精油中萜烯类的代表组分柠檬烯和含氧化合物类的代表组分芳樟醇在硅胶吸附剂上的吸附平衡常数。采用脉冲响应技术得到了吸附平衡常数与超临界 CO_2 密度的对数函数关系。结果如图 3-13 所示，柠檬烯和芳樟醇在硅胶吸附剂上的吸附量随着超临界 CO_2 密度的增大而降低，并且在相同的超临界 CO_2 密度下芳樟醇的吸附平衡常数远大于柠檬烯的吸附平衡常数。此结果可推广至萜烯类和含氧化合物类其他组分，如图所示。这个结果表明在相同温度条件下含氧化合物类成分可在较低的压力下选择性吸附于硅胶吸附剂上，然后在更高的压力下解吸，而萜烯类化

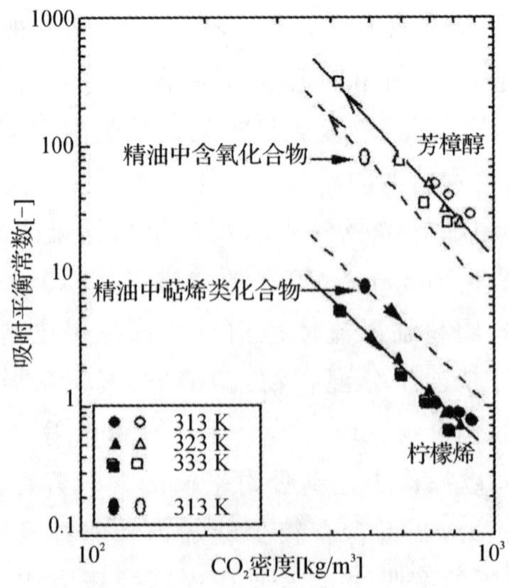

图 3-13 吸附平衡常数与超临界 CO_2 密度的关系

合物在低压难于吸附于硅胶吸附剂，从而得以与含氧化合物分离。另外，Sato 等[17]采用阶跃响应法测定了柑橘精油中含氧化合物和萜烯类组分的吸附等温线，并得到一个多组分 Langmuir 吸附等温方程如下：

$$q_i = \frac{q_s K_i C_i}{1+\sum K_i C_i}$$

式中吸附平衡常数表示为 CO_2 浓度的函数。其中，萜烯类组分的吸附平衡常数为：

$$K_1 = 4.237\times 10^{8}\rho - 2.874$$

含氧化合物的吸附平衡常数为：

$$K_1 = 9.395\times 10^{1}0\rho - 3.371$$

很明显，从平衡关系看低压有利于吸附，高压有利于解吸。Sato 等[18,19]进一步在 313 K 的温度下进行了柑橘精油吸附和解吸的变压吸附实验研究。在 8.8 MPa 下溶解于超临界 CO_2 中的原料精油流经吸附剂床层吸附含氧化合物后，在 19.4 MPa 下纯净的超临界 CO_2 通过吸附剂床层解吸达吸附饱和的含氧化合物。图 3-14 显示解吸量和从原料精油中分离的溶质各组分浓度的变化，结果表明含氧化合物各组分被浓缩最高可达 50 倍。

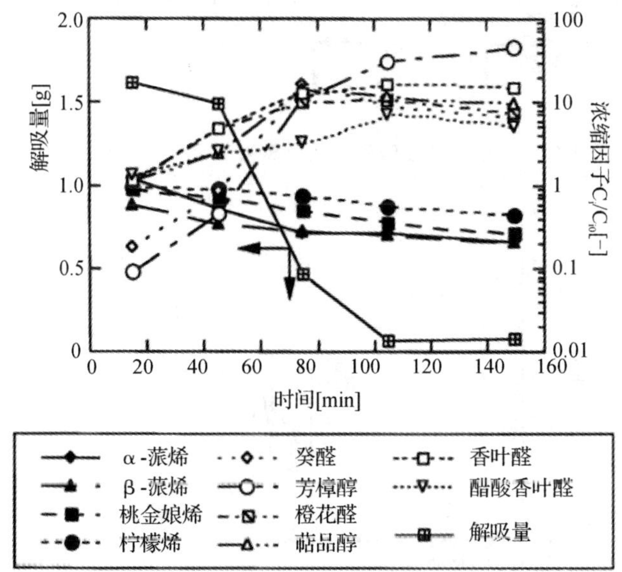

图 3-14　解吸量及溶质各组分浓度的变化

超临界变压吸附萃取分离柑橘精油的实验装置流程如图 3-15 所示。此过程为一个连续逆流萃取结合变压吸附循环操作过程。在连续逆流萃取过程中，冷榨柑橘精油原料中的含氧化合物及萜烯类在 8.8 MPa、313 K 条件下溶解于超临界 CO_2 中，而蜡脂类和色素类等难溶于超临界 CO_2 中的非挥发性成分从萃取塔底部得到。在变压吸附循环的吸附过程中，溶解于超临界 CO_2 中的含氧化合物及萜烯类成分随超临界 CO_2 连续通过吸附床层进行含氧化合物的吸附。在解吸过程和冲洗过程中，纯净的超临界 CO_2 在 19.4 MPa 下通过饱和吸附床层解吸含氧化合物。一般来说，变压吸附循环需要通过 10 个半循环周期才能达到循环稳定状态，变压吸附循环的操作步骤及半循环时间如图 3-16 所示。

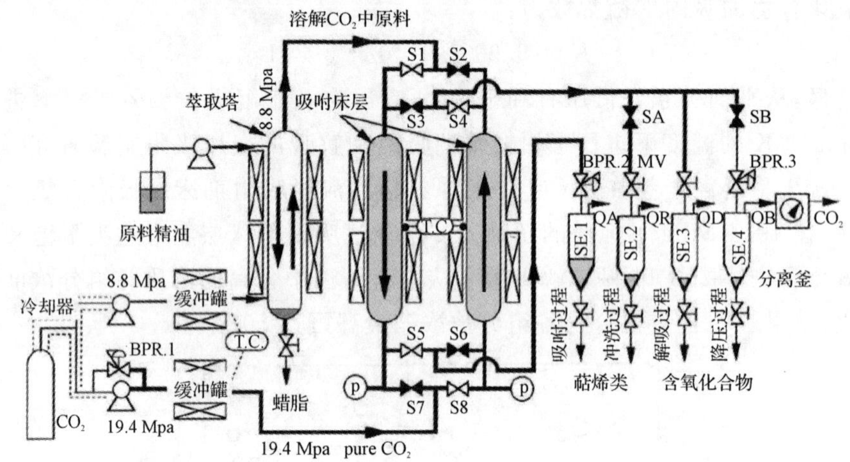

图 3-15 超临界变压吸附萃取分离柑橘精油的装置流程图

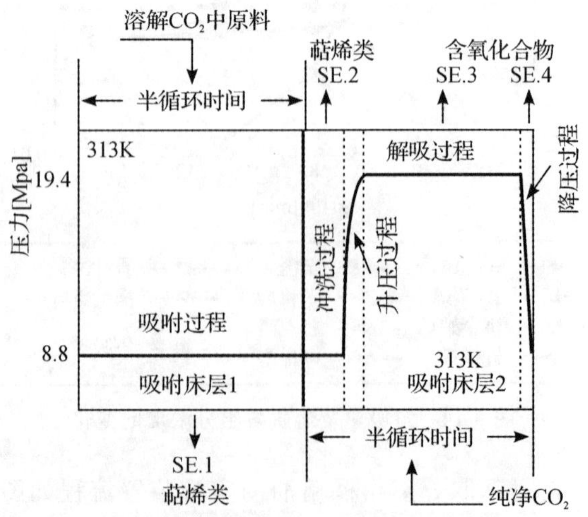

图 3-16 柑橘精油超临界变压吸附分离循环的操作步骤图

解吸过程和吸附过程中CO_2流量比Q_D/Q_A对含氧化合物浓缩因子和回收率的影响分别如图3-17和图3-18所示。当Q_D/Q_A为2时，含氧化合物的浓缩因子和回收率分别达到10和65%，并且随着Q_D/Q_A的增大解吸过程中含氧化合物的回收率随之增大。采用针对此变压吸附过程开发的模型进行数学模拟计算，其模型计算结果与实验所得结果大致相同，如图3-17和图3-18所示。

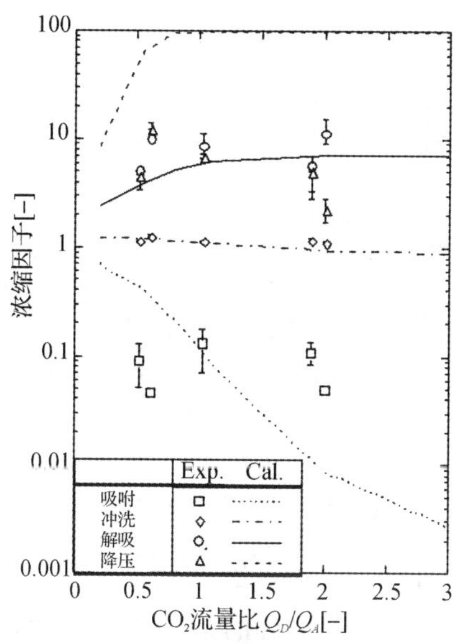

图3-17　解吸与吸附过程CO_2流量比对含氧化合物浓缩因子的影响

在半循环时间为120分钟的变压吸附循环分离过程中，柑橘精油原料和吸附解吸过程所得产物的气相色谱如图3-19所示。与柑橘精油原料的谱图比较可以看出：在吸附过程中柑橘精油中的含氧化合物吸附于硅胶吸附剂，因此，在吸附过程中得到的产物中大部分为萜烯类组分；在解吸过程中吸附于硅胶吸附剂的含氧化合物被解吸出来，因此，含氧化合物是解吸过程中得到产物的主要成分。

(2)超临界变压吸附分离精制香柠檬精油

香柠檬精油中含有约40%的萜烯类、约60%的含氧化合物以及少量非挥发性成分，如蜡脂和色素等主要成分。含氧化合物是香柠檬精油的主要香料成分，主要代表成分为芳樟醇和乙酸芳樟醇。萜烯类物质的主要成分为柠檬烯，约占萜烯类的30%。由于萜烯类成分在光、热及有氧条件下其易被氧化变质，为保证香柠檬精油的稳定性必须去除萜烯类物质。另外，香柠

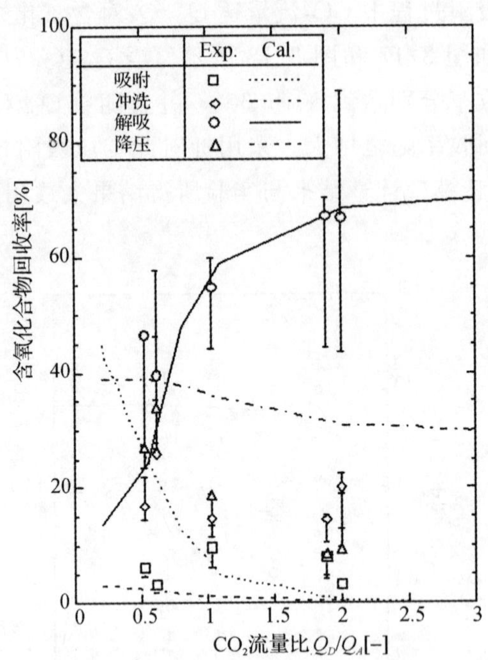

图 3-18 解吸与吸附过程 CO_2 流量比对含氧化合物回收率的影响

檬精油中的少量蜡脂和色素必须除去，以降低精油的浑浊度和光毒性。目前，采用超临界流体脱除萜烯类成分的过程主要有两种较成熟的方法：一是逆流萃取过程，二是吸附解吸过程。Budich 等[20]、Reverchon 等[21]、Goto 等[22]及 Kondo 等[23]已较为全面的研究了超临界流体逆流萃取脱除萜烯类成分的基本理论及过程，已取得一定的研究成果。但由于逆流萃取操作受到精油和超临界 CO_2 混合物相行为的限制，相比较而言，超临界变压吸附过程在脱除萜烯类成分方面更加高效[19,24,25]。

Goto 等[26]以冷榨香柠檬精油为原料，对已开发的柑橘精油超临界变压吸附过程进行改进[19]，以期同时脱除香柠檬精油中的非挥发性成分和萜烯类成分，获得以含氧化合物成分为主的高品质香料精油。Goto 等[26]首先分析得到冷榨香柠檬精油原料含有超过 150 种成分，其中萜烯类和含氧化合物的主要代表成分为：α-蒎烯（7.83%），β-蒎烯（1.19%），柠檬烯（26.6%），芳樟醇（14.1%），癸醛（4.91%），乙酸芳樟酯（26.2%），约占原料精油总质量的 80%。为确定变压吸附过程的操作条件，在压力为 8.8 MPa、温度为 313 K 时测定香柠檬精油原油中主要成分在硅胶吸附床层上的流出曲线，如

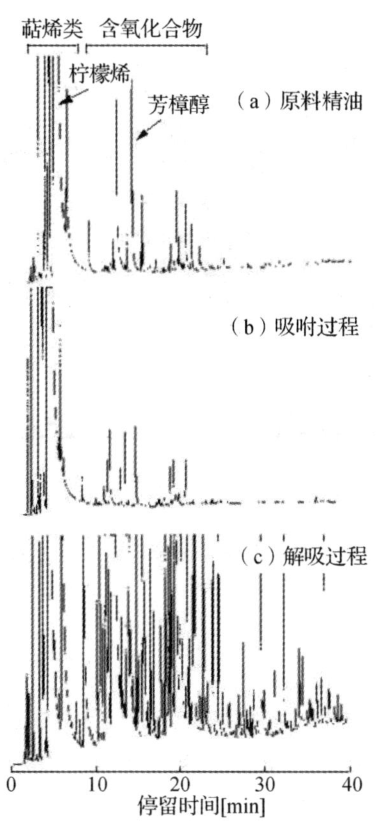

图 3-19 柑橘精油原料和吸附解吸过程所得产物的 GC 谱图

图 3-20 所示。萜烯类成分主要有柠檬烯、α-蒎烯、β-蒎烯，含氧化合物主要包括芳香醇、癸醛、乙酸芳樟酯。因为含氧化合物比萜烯类成分更强烈吸附于硅胶吸附剂，因而萜烯类成分比含氧化合物更早流出吸附剂床层，这表明含氧化合物和萜烯类成分可以在超临界 CO_2 条件下用硅胶吸附剂床层进行分离。由于香柠檬精油含有多种组分，从流出物浓度的分析结果看，流出物浓度大于原料进料浓度的现象表明吸附过程为复杂的竞争性吸附，且表现出比柑橘精油更加明显的竞争性吸附特点，可能的原因是吸附能力强的含氧化合物在香柠檬精油中的含量与萜烯类成分的含量相当，而柑橘精油中含氧化合物的含量却不到 5%。

根据香柠檬精油原料中萜烯类和含氧化合物成分含量的分析结果及主要成分在硅胶吸附床层上的流出曲线，设计变压吸附过程包括四个过程步骤：吸附、冲洗、解吸及降压，超临界逆流萃取及变压吸附的实验装置流程如

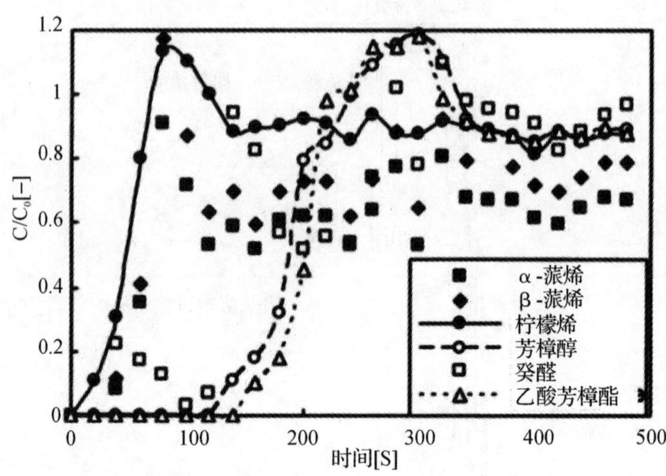

图 3-20 香柠檬精油原油在硅胶吸附床层上的流出曲线图

图 3-21 所示。首先在萃取塔中采用超临界 CO_2 与香柠檬精油逆流萃取，在 8.8 MPa、313 K 条件下以使萜烯类和含氧化合物成分完全溶解于超临界 CO_2 中。同时，在此过程中由于蜡脂类和色素在超临界 CO_2 中的溶解度较小，在萃取塔底部被脱除。在变压吸附循环的吸附过程中，溶解于超临界 CO_2 中的含氧化合物及萜烯类成分随超临界 CO_2 连续通过硅胶吸附床层，进行含氧化合物的吸附，未被吸附的萜烯类成分则由底部流入分离器，降压使其与 CO_2 分离得到。在解吸过程和降压过程中，纯净的超临界 CO_2 在 24.8 MPa 下通过饱和吸附床层解吸含氧化合物，同时解吸再生硅胶吸附剂床层，解吸过程和降压过程均可在其分离器中通过降压获得产物含氧化合物。香柠檬精油的变压吸附循环过程需要经过 13 个半循环周期才能达到循环稳定状态，由于原料香柠檬精油中含氧化合物含量远高于柑橘精油，因此，香柠檬精油的变压吸附分离过程的半循环时间比柑橘精油的有所缩短。变压吸附循环中半循环时间是决定过程能否有效进行的决定因素。图 3-22 所示为实验和模拟计算得到的半循环时间对解吸和降压过程获得的含氧化合物浓度及回收率的影响。随着半循环时间增加到 60 min，含氧化合物的纯度可增加到 90%以上。因解吸过程采用纯净的 CO_2 冲洗吸附剂床层，延长半循环时间可以使吸附剂床层被含氧化合物饱和。在降压过程中由于流体密度迅速下降导致的吸附剂孔穴内对流，可能提高吸附质的洗脱效果。半循

环时间过长，含氧化合物在吸附阶段被解吸随萜烯类流出吸附剂床层。因此，综合考虑产物中含氧化合物浓度、回收率及回收量的变化，半循环时间 60 min 为最佳。

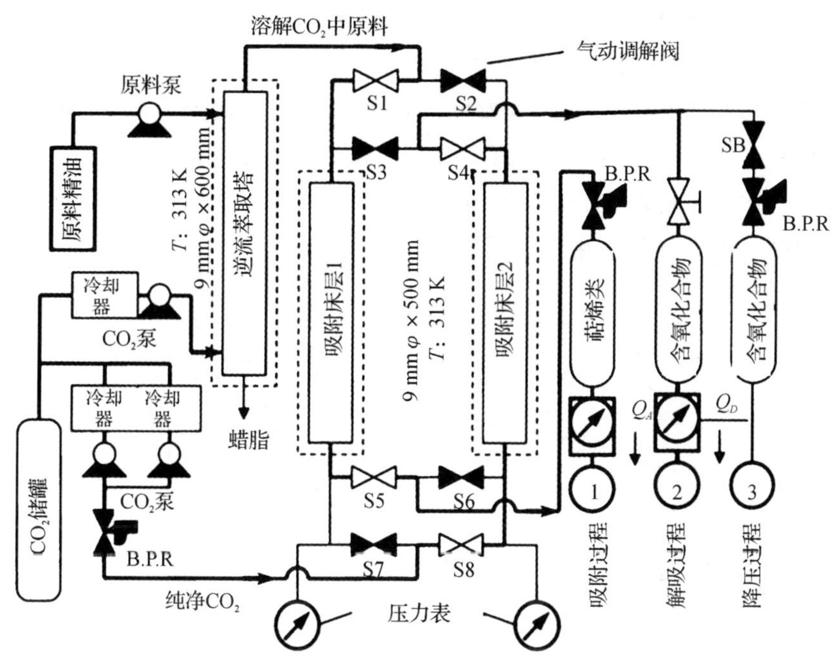

图 3-21　超临界变压吸附萃取分离香柠檬精油的装置流程图

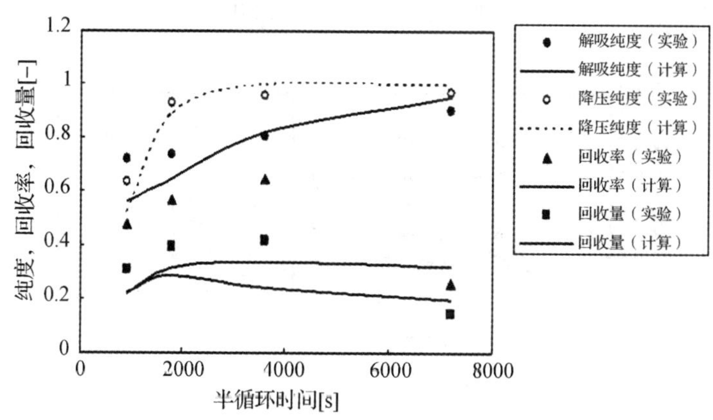

图 3-22　半循环时间对含氧化合物产物的影响

变压吸附循环中解吸与吸附过程压力比的大小是决定变压吸附过程分

离效率的决定因素。图 3-23 所示为在解吸过程压力保持在 24.8 MPa 条件下，解吸与吸附过程压力比对含氧化合物产物的影响。在降压过程中含氧化合物的纯度不受压力比的影响，保持在 0.95 左右。而在解吸过程中当压力比为 2.5 时含氧化合物的纯度达到最大值 0.84，之后随压力比增大而减小，回收率和回收量随压力比增加而增加。图 3-24 所示为吸附压力保持在 8.8 MPa 时解吸与吸附过程压力比的影响。当压力比增大到 1.7 以上，解吸过程和降压过程所得含氧化合物的纯度基本保持恒定，而回收率和回收量随压力比增大而增大，所以压力比越高，含氧化合物的纯度、回收率和回收量越高。模拟计算结果与实验结果基本吻合。

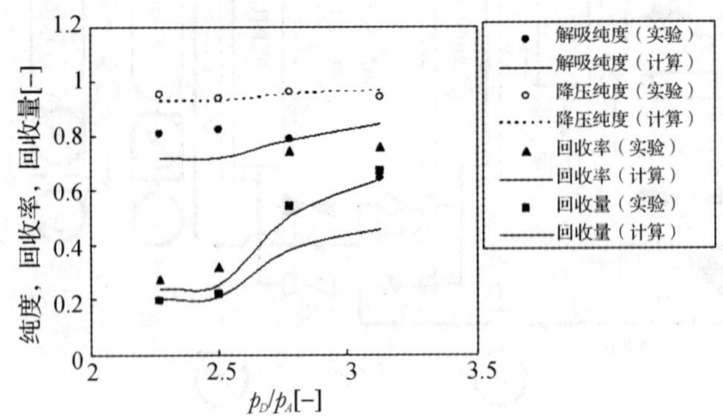

图 3-23 解吸与吸附过程压力比对含氧化合物产物的影响

（解吸压力恒定 p_D = 24.8 MPa）

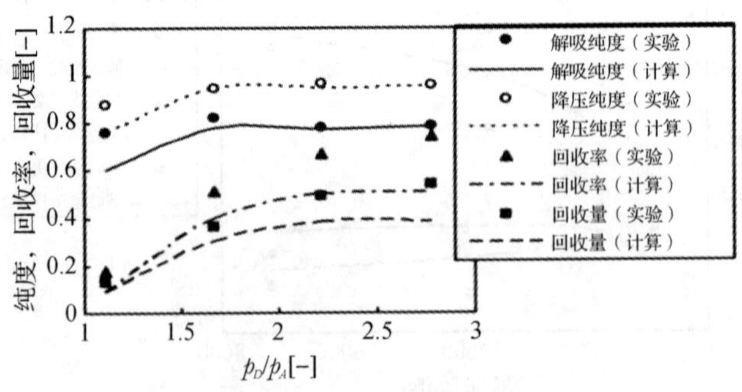

图 3-24 解吸与吸附过程压力比对含氧化合物产物的影响

（吸附压力恒定 p_A = 8.8 MPa）

(3)超临界变压吸附分离精制大豆脱臭馏出物中的维生素 E

维生素E是大豆油精炼过程副产物脱臭馏出物中的主要成分。脱臭馏出物的组成复杂，Brunner等[27]用水蒸气蒸馏方法测定了一种大豆脱臭馏出物的组成，其中含有13％～14％的维生素E、3.5％的角鲨烯、26％的植物甾醇、40％以上的游离脂肪酸及20％以上的甘油酯。维生素E的分离精制通常需经过一系列处理过程以分离部分杂质成分，主要包括：甲酯化过程将游离脂肪酸转化为脂肪甲酯[28,29]；甲醇解过程将甘油酯、甾醇酯转化为脂肪酸甲酯、甘油[30,31]；溶剂法重结晶过程脱除副产物植物甾醇[28]；分子蒸馏或真空精馏过程分离脱除脂肪酸甲酯[32～35]。最近，超临界CO_2被发现可以作为溶剂用于分离维生素E[36～43]，但脱臭馏出物中的角鲨烯通常难于脱除以精制维生素E。

Wang等[44]开发出把变压吸附概念运用于超临界CO_2分离维生素E和角鲨烯组成的二元组分模拟混合物的循环过程，原料中维生素E的质量分数为20％，角鲨烯的质量分数为80％。他们采用与香柠檬精油分离相同的超临界变压吸附循环装置流程[26]，成功地在吸附和解吸过程中分别获得了浓缩的角鲨烯和维生素E产物，并且应用与柑橘精油的超临界变压吸附循环过程相同的模型进行模拟，模拟结果与实验结果大致符合。

首先，采用脉冲响应技术[45]测定了维生素E和角鲨烯在十八烷基硅烷键合硅胶(ODS)吸附剂上的吸附平衡常数与超临界CO_2密度的对数函数关系，如图3-25所示。维生素E和角鲨烯在ODS吸附剂上的吸附量随着超临界CO_2密度的增大而降低，并且在相同的超临界CO_2密度下维生素E的吸附平衡常数远大于角鲨烯的吸附平衡常数。这个结果表明维生素E可在较低的压力下选择性吸附于ODS吸附剂上，然后在更高的压力下解吸，而角鲨烯在低压难于吸附，从而得以与维生素E分离。

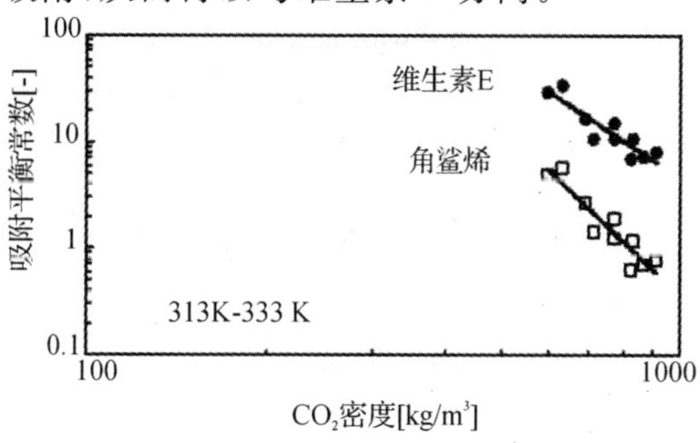

图3-25　吸附平衡常数与超临界CO_2密度的关系

为确定超临界变压吸附循环过程分离精制维生素 E 和角鲨烯的操作条件,在压力为 16 MPa、温度为 313 K 时测定了原料混合物在 ODS 吸附床层上的流出曲线,如图 3-26 所示。因为维生素 E 比角鲨烯更强烈吸附于 ODS 吸附剂,因而角鲨烯比维生素 E 更早流出吸附剂床层,这表明维生素 E 和角鲨烯可以在超临界 CO_2 条件下用 ODS 吸附剂床层进行分离。

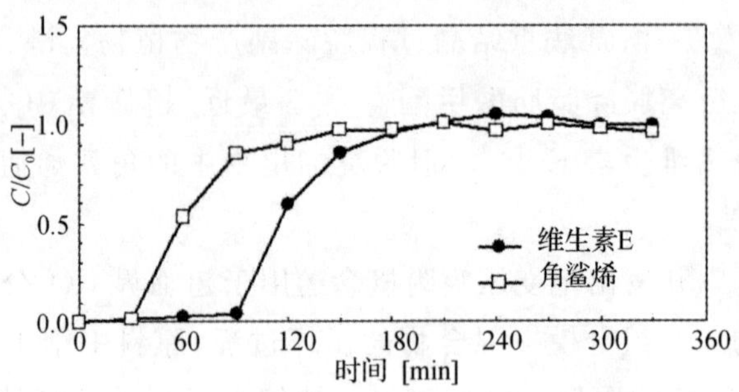

图 3.26 维生素 E 和角鲨烯在 ODS 吸附床层上的流出曲线图

维生素 E 分离精制的超临界变压吸附循环同样需经多次循环达到稳定状态。图 3-27 为实验测定的半循环时间对解吸过程所得维生素 E 纯度、回收率及回收量的影响。随着半循环时间的增大产物维生素 E 的纯度增加,当半循环时间增大到 3600 s 时纯度几乎不变。但维生素 E 产品的回收率及回收量却随半循环时间的增大而降低。在稳定的解吸压力下,更长的半循环时间能够使纯净的二氧化碳在解吸过程充分解吸吸附质维生素 E,并在

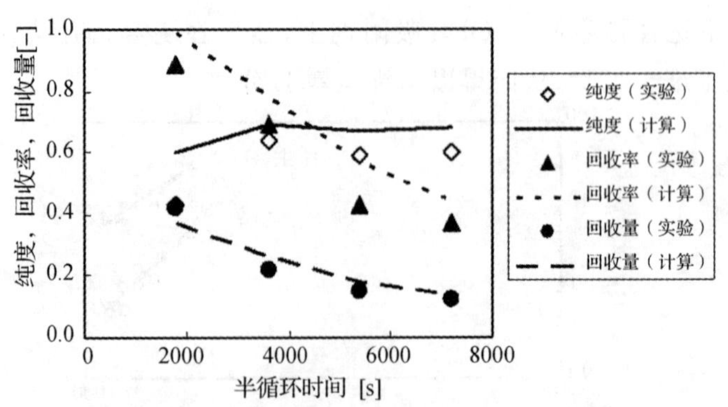

图 3-27 半循环时间对解吸过程所得维生素 E 的影响

吸附过程使维生素 E 充分饱和吸附剂床层。当半循环时间达到 1800 s 时，在解吸过程维生素 E 产品的回收率达到 90%，继续增大半循环时间回收率则会降低，这是由于当半循环时间太长时维生素 E 会突破吸附柱流出。因此，当处于最佳半循环时间时，解吸过程可以得到较高的维生素 E 回收率，此时的半循环时间比吸附过程维生素 E 充分饱和吸附剂床层的时间更短。对于维生素 E 的回收量可以观察到相同的倾向。因此，为了获得高纯度、高回收率及回收量，半循环时间必须处于最优值。

当吸附压力恒定为 16.0 MPa 时，解吸与吸附过程压力比对解吸过程所得维生素 E 的影响如图 3-28 所示。解吸过程维生素 E 的纯度和回收率随着压力比的增加而增加。当压力比达到 1.80 时，维生素 E 的纯度几乎稳定在 60%，因为在吸附过程中维生素 E 完全吸附于吸附剂床层，在解吸过程中当压力比达到 1.80 时几乎完全解吸。维生素 E 的回收率和其纯度具有相同的趋势，在压力比达到 1.80 时回收率达到 60%，回收量接近 20%，而且不受压力比的影响。因此，要获得更高的纯度和回收率，操作必须在较高的压力比下进行。压力比的影响同时与半循环时间相互关联，当压力比较高时，由于解吸能力增强，半循环时间变短，数学模拟结果也证明了此关联。

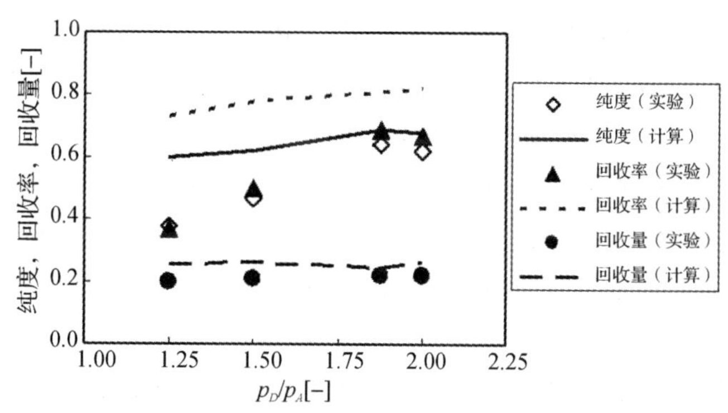

图 3-28 解吸与吸附过程压力比对解吸过程所得维生素 E 的影响

3.5.3.3 超临界流体色谱分离

超临界流体色谱(SFC)是定义为流动相在临界压力和温度以上的超临界色谱技术。超临界色谱的流动相是超临界流体，固定相是填充吸附剂颗粒的床层或涂有薄层的毛细管柱。与气相色谱和液相色谱相比，超临界色谱流动相的扩散系数处于气体和液体之间，出峰宽度较窄接近气相色谱。

并且超临界流体可以溶解许多物质，其溶解能力有助于色谱分离过程，所以超临界色谱法可用于分离精制无法用气相色谱和液相色谱分离的挥发性物质。超临界流体的溶解能力受到其密度的明显影响，也就是说可通过改变温度和压力调节其溶解能力。正如气相色谱采用程序升温和液相色谱采用程序改变溶剂实现混合物的分离一样，超临界色谱分离过程可在等温条件下通过改变流动相的压力而实现分离。另外，超临界色谱在分析速度和柱效率等方面均优于液相色谱。

虽然使用超临界流体为流动相的色谱分离在 1962 年首次被 Klesper 等报告，但是直到 20 世纪 80 年代初期它的发展都相对很缓慢[46]。1981 年 Novotny 等人介绍了在超临界流体技术中运用毛细管色谱柱实现高效分离[47]。1982 年 Gere 等人发明了以液晶显示为基础的填充柱超临界色谱技术，使快速分离得以实现[48]。这些事件加速了超临界色谱技术的研究，同时促进了各种相关技术的发展。超临界色谱技术目前被认为是补充气相色谱和液相色谱的一个有力分析工具，同时被预期在工业上作为分离和精制的一种方法。

现就超临界流体色谱技术的特点叙述如下。

(1)流动相

相对于气体和液体，超临界流体作为色谱的流动相有较好的性能，气体、液体和超临界流体的一些重要性质(密度，黏度，和扩散系数)的比较如表 3-5 所示[49]。超临界流体具有类似液体的密度可以溶解多种化合物，可以分离气相色谱难以分离的挥发性化合物，以及在较低的临界温度下分离热不稳定化合物。更重要的是超临界流体的溶解能力可以通过压力和温度的改变来调节，这意味着那些有着很大分子量范围的化合物可以在不改变流体化学结构的情况下被分离。超临界色谱比液相色谱的分离更快，是因为较低黏度和较高扩散速度的超临界流体能够使分离过程的传质更加快速。

表 3-5　气体、液体和超临界流体的性质比较

性质	气体	超临界液体	液体
密度·$\rho(g/cm^3)$	10^{-3}	0.3	1
黏度,$\eta(g/cm\cdot s)$	10^{-4}	10^{-4}	10^{-2}
扩散系数,$D(cm^2/s)$	10^{-1}	10^{-3}	5×10^{-6}
热导率,$\lambda(W/m\cdot K)$	10^{-3}	$10^{-3}\sim10^{-4}$	10^{-1}

虽然能够作为流动相的溶剂有很多种，但是二氧化碳由于其良好的性能而被普遍使用。因为它的临界温度很低，可以分离热不稳定化合物。还因其纯度高、成本低而广泛使用。另外，二氧化碳与很多气相色谱和液相色谱检测器有良好的兼容性。二氧化碳是相对非极性和亲脂性化合物的良好溶剂，故在脂类化合物的分析中被广泛应用。然而，当仅以分析为目的，流动相并不总是需要对溶质有良好的溶解性，因为分离通常是在高的稀释条件下进行的。二氧化碳能溶解非极性和弱极性等多种化合物，例如天然化合物和药物化合物等。图 3-29 显示了超临界色谱分离不同分子量和极性差异大的混合物的应用实例[50]，这种分离在气相色谱和液相色谱中是难以达到的。在超临界色谱中，分子质量以千计数的溶质如各种低聚物可以很容易地被分离，并能够被离子焰检测器(FID)检验。因此，以二氧化碳为溶剂的超临界色谱对以研究和生产为目的的原料表征具有很高的价值。添加适当的有机溶剂到二氧化碳中作为修饰剂(或者夹带剂)可以显著提高许多溶质的溶解度，但难于使用 FID 进行检测。

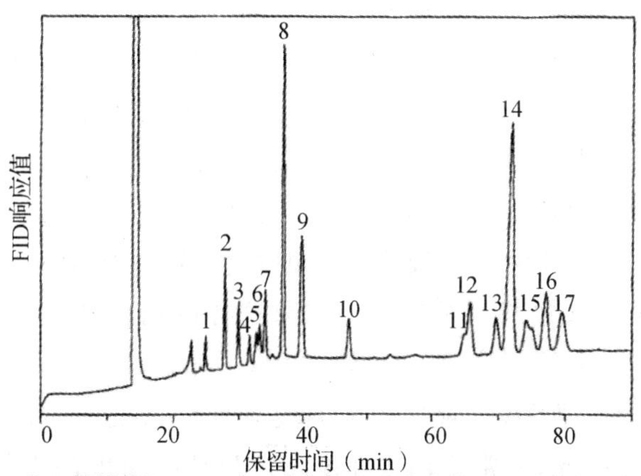

图 3-29　不同分子量和大极性差异的混合物的超临界色谱分离谱图

对映体的分离在新药化学品和农药化学品的发展中已经变得越来越重要，因为在生物活性和毒性方面手性结构起到重要的影响，许多手性物质已经被报道在气相色谱和液相色谱中被应用。在超临界色谱中这方面的应用也已引起众多关注，因为超临界色谱比液相色谱有更高的峰值分辨率和更短的保留时间。Williams 等[51]比较了超临界色谱和液相色谱在分离手性化合物方面的优劣，研究结果显示液相色谱完全分离对映体三个峰需三种不同的流动相洗脱，而超临界色谱只需二氧化碳＋乙醇一次洗脱即可得以完全分离。此外，流动相易于去除，使得超临界色谱在分离制备分析和生产设备规模上变得更有吸引力。

(2)柱效率

色谱分离效率通常以塔板高度(H)或者理论总板数(N)来表述。N 可以用下式计算：

$$N=16\left(\frac{t_R}{W_b}\right)^2=5.54\left(\frac{t_R}{W_h}\right)^2$$

式中 t_R 为保留时间，同时 W_b 和 W_h 分别为在最低线和半高线上的峰宽。如柱的长度为 L，那么塔板高度 $H=N/L$。分析的速度通常和单位时间的板数量有关，这些都取决于柱的类型和流动相的性质。在气相色谱中毛细管色谱柱是首选，同时在液相色谱中只使用填料柱，这两种色谱柱在超临界色谱中都被使用，但填充柱更为普遍。

Landall 等[52]比较了在通常使用条件下不同色谱技术的塔板高度和流动相线速度之间的关系。内径为 250 μm 的典型气相色谱柱的板高度在这些柱中是最高的，由于其高的渗透性，长柱(长于 30 m)可在最高线速度下操作，可在适当时间达到一个最高总板数(超过 100000)。由于超临界流体扩散系数低于气体，因此内径比较小的毛细管色谱柱(典型的 50 μm 内径，10 m 长)在超临界色谱中被经常采用。如果这样的谱柱在最佳线速度下给定最低板高度，则超临界色谱的总板数可以与气相色谱相当。不过，在最佳线速度下分析速度非常慢，尽管在较高温度和较低密度下可以在一定程度上改变这一状况。因此，通常采用线速度超过最佳线速度的十倍，这样总板数不超过 50000。如果相同的谱柱被用于液相色谱，最佳线速度将会非常小，这使得毛细管色谱柱的使用不切实际。进一度减少柱的尺寸能够提高分析速度，但是多种技术问题将会随之出现，包括样品注入技术。填充柱的塔板高度最小，当使用同一根柱时，超临界色谱比液相色谱用时更短、线速度更快。由于填充柱低的渗透性，其长度通常被限制在 25 cm，这导致总塔板数在 20000 左右。因此，填充柱超临界色谱从总塔板数看效率较低，但比毛细管柱超临界色谱的分析速度要快。

(3)压力降的影响

除了超临界色谱的柱效率，柱内压力降的影响也必须予以考虑。毛细管柱超临界色谱中的压力降通常可以忽略，但填充柱超临界色谱中压力降的影响比较显著。由于超临界流体具有高度的可压缩性，压力降引起填充柱内产生密度差。在超临界色谱中保留时间很大程度上取决于流动相的密度。色谱的保留时间通常以容量系数 k' 计量如下式所示：

$$k'=\frac{t_R-t_0}{t_0}$$

式中 t_R 为保留时间，t_0 为不被保留物质从柱中被洗脱出来所需要的时间。Logk'随着密度线性变化如下式所示：

$$\lg k'=a+b\rho$$

式中 a 和 b 是依赖温度和化合物类型的常量，ρ 是流动相的密度。此外，因为密度的改变影响不同类型化合物溶质的溶解，因而选择性常常随着压力变化。这意味着当存在密度梯度时，保留时间和选择性可能沿着谱柱发生连续改变。Lou 等[53]研究了在相同的进口压力和不同的流量状况下进行的分离过程。由于进口压力、出口压力和流量是互相影响的，在这种情况下出口压力会有所不同，这种行为对于特定的分离可能是很有用的。然而，密度梯度也改变了流动相沿谱柱的线速度，在大多数情况下柱内流动相的线速度会比最佳线速度高或低，因此，过大的压力降降低了柱效率。

(4)其他

在超临界色谱中温度的影响也是要考虑的。在气相色谱中温度总是呈现上升趋势，但是在超临界色谱中不同情况下温度可以呈现上升[54]或者下降[55]的趋势，前者通常被用于随压力程序提高流动相的密度。

另外，对于超临界色谱中重要的检测设备，差不多所有的气相色谱和液相色谱中的检测器都可以被使用。其中最常用于填充柱超临界色谱的检测器是一个有高压受感装置的 UV 吸收检测器，它的吸光度范围通常为 200～900 nm，可以检测绝大多数化合物并允许检测在高灵敏度下进行[56]。在毛细管柱超临界色谱中最常用的检测器是 FID，它提供了对几乎所有有机化合物均适用的检测系统。但也有少量填充柱超临界色谱采用 FID 的报道，主要难点在于只能使用微内径的填充柱连接 FID，以保证稳定流速维持火焰燃烧，Squicciarini 等[57]报道了填充柱超临界色谱和 FID 结合实现了燃料油的种类分离。其他常用检测器包括各种有选择性的检测器，如热电子检波器(TID)、火焰光度计检测器(FPD)、电子捕获检测器(ECO)、直线耦合质谱仪和傅立叶变换红外光谱仪(FT-IR)和荧光检测器(FD)等。

参考文献

[1]Rousseau R W. *Handbook of Separation Processes Technology*. John Wiley & Sons Inc.,1987

[2]Yang R T. *Gas Separation by Adsorption Processes*. Boston:Butterworth,1987

[3]Iler R K. *The Chemisty of Silica*. New York:Wiley,1979

[4]Stoeckli H F,Kraehenbuehl F,Morel D. The adsorption of water by active carbons,in relation to the enthalpy of immersion. *Carbon*,1983,**21**:589～591

[5]Satterfield C N. *Heterogeneous Catalysis in Practice*. New York:McGraw-Hill,1980

[6]Skarstrom C W. US 2,944,627,1960

[7]Iwai Y,Uchida H,Mori Y,et al. Separation of Isomeric Dimethylnaphthalene Mixture in Supercritical Carbon Dioxide by Using Zeolite. *Ind Eng Chem Res*,1994,**33**:2157～2160

[8]Mondell M,de Filippi R P,Krukonis V J. FL:*ACS Annual Meeting*. 1978

[9]Tan C H,Lion D C. Regeneration of activated carbon loaded with toluene by supercritical carbon dioxide. *Sep Sci Technol*,1989,**24**(1):111～127

[10]Sakanishi K,Obata H,Mochida I,et al. Capture and recovery of nitrogen compounds in methylnaphthalene oil using aluminum sulfate supported on silica gel under supercritical CO2 conditions. *J Soc Japan Energy*,1995,**74**(2):109～113

[11]Bracey W,Akman U,Sunol A K. High pressure adsorption and supercritical desorption of aqueous fructose-glucose mixtures. *J Supercrit Fluids*,1991,**4**:60～68

[12]Lim S,Rizvi S S H. Adsorption and desorption of cholesterol in continuous supercritical fluid processing of anhydrous milk fat. *J Food Sci*,1996,**61**:817～820

[13]Yamauchi Y,Saito M. Fractionation of lemon-peel oil by semi-preparative supercritical fluid chromatography. *J Chromatogr*,1990,**505**:237～246

[14]Barth D,Chouchi D,Porta G D,et al. Desorption of lemon peel oil by supercritical carbon dioxide:Deterpenation and psoralens elimination. *J Supercrit Fluids*,1994,**7**:177～183

[15]Chouchi D,Barth D,Reverchon E,et al. Bigarade Peel Oil Fractionation by Supercritical Carbon Dioxide Desorption. *J Agr Food Chem*,1996,**44**:1110～1104

[16]Chouchi D,Barth D,Reverchon E,et al. Supercritical CO2 Desorption of Bergamot Peel Oil. *Ind Eng Chem Res*,1995,**34**:4508～4513

[17]Sato M,Goto M,Kodama A,et al. Chromatographic analysis of limonene and linalool on silica gel in supercritical carbon dioxide. *Sep Sci Tech*. 1998,**33**:1283～1301

[18]Sato M,Goto M,Kodama A,et al. Fractionation of Citrus Oil by Cyclic Adsorption Process in Supercritical CO2. *High Pressure Chemical Engineering*. Ph Rudolf von Rohr,Ch

Trepp, Eds, Elsevier Science B V, 1996, 303～308

[19] Sato M, Goto M, Kodama A, et al. New fractionation process for citrus oil by pressure swing adsorption in supercritical carbon dioxide. *Chem Eng Sci*, 1998, **53**: 4095～4104

[20] Budich M, Heilig S, Wesse T, et al. Countercurrent deterpenation of citrus oils with supercritical CO2. *J Supercrit Fluids*, 1999, **14**: 105～114

[21] Reverchon E, Marciano A, Poletto M. Fractionation of a Peel Oil Key Mixture by Supercritical CO2 in a Continuous Tower. *Ind Eng Chem Res*, 1997, **36**: 4940～4948

[22] Goto M, Kondo M, Sato M, et al. Supercritical fluid extraction process for the fractionation of citrus oil. *Chem Eng*, 1999, **3**: 9～20

[23] Kondo M, Goto M, Kodama A, et al. Fractional Extraction by Supercritical Carbon Dioxide for the Deterpenation of Bergamot Oil. *Ind Eng Chem Res*, 2000, **39**: 4745～4748

[24] Barth D, Chouchi D, Porta G D, et al. Desorption of lemon peel oil by supercritical carbon dioxide: deterpenation and psoralens elimination. *J Supercrit Fluids*, 1994, **7**: 175～183

[25] Chouchi D, Barth D, Reverchon E, et al. Bigarade Peel Oil Fractionation by Supercritical Carbon Dioxide Desorption. *J Agr Food Chem*, 1996, **44**: 1100～1104

[26] Goto M, Fukui G, Wang H T, et al. Deterpenation of bergamot oil by pressure swing adsorption in supercritical carbon dioxide. *J Chem Eng Japan*, 2002, **4**(35): 372～376

[27] Brunner G, Malchow T H, Stürken K, et al. Separation of tocopherols from deodorizer condensates by countercurrent extraction with carbon dioxide. *J Supercrit Fluids*, 1991, **4**: 72～80

[28] Shishikura A, Fujimoto K, Kaneda T, et al. Concentration of tocopherols from soybean sludge by supercritical fluid extraction. *J Japan Oil Chem Soc*, 1988, **37**: 8～12

[29] Rindone R R. U S 5, 371, 245, 1994

[30] Worthington R E, Hitchcock H L. A method for the separation of seed oil steryl esters and free sterols: application to peanut and corn oils. *J Am Oil Chem Soc*, 1984, **61**(6): 1085～1088

[31] Tuckey R C, Stevenson P M. Methanolysis of cholesteryl esters: conditions for quantitative preparation of methyl esters. *Anal Biochem*, 1979, **94**: 402～410

[32] Chun B S, Lee H G, Han J H, et al. Fatty Oil and Tocopherol Extraction from Korean Garlic Using Supercritical Carbon Dioxide. *Proc 4th Int Symp on Supercritical Fluids*. Japan: Sendai, 1997

[33] Barnicki S D, Stormer C E, Jr Williams C. US 5, 512, 691, 1996

[34] Sumner C E, Jr Barnicki S D, Idolfi M D. US 5, 424, 457, 1995

[35] Hunt T K, Schwarzer J. U S 5, 703, 252, 1997

[36] King J W, Favati F, Taylor S. Production of tocopherol concentrates by supercritical fluid extraction and chromatography. *Sep Sci Technol*, 1996, **31**(13): 1843～1857

[37] Brunner G, Malchow T H, Sturken K. Separation of tocopherols from deodorizer condensates by countercurrent extraction with carbon dioxide. *J Supercrit Fluids*, 1991, **4**:72～80

[38] Ohgaki K, Tsukahara I, Semba K, A fundamental study of supercritical fluid extraction. Solubilities of-tocopherol, palmitic acid and tripalmitin in compressed carbon dioxide at 25℃ and 40℃. *Kagaku Kogaku Ronbunshu*, 1987, **13**(3):298～303.

[39] Uno K, Skibuta Y, Kataoka Y. *Japanese Patent Application* S 60～149 582, 18

[40] Chang Y F, Chang C J, Lee H. Supercritical Carbon Dioxide Extraction of High-Value Substances from Soybean Oil Deodorizer Distillate. *Proc 5th International Symposium on Supercritical Fluids*. U S: Atlanta, 2000

[41] List G R, King W, Johnson J H, et al. Supercritical carbon dioxide degumming and physical refining of soybean oil. *J Am Oil Chem Soc*, 1993, **70**(5):473～477

[42] Mendes M F, Pessoa F L P, Uller A M C. An economic evaluation based on an experimental study of the vitamin E concentration present in deodorizer distillate of soybean oil using supercritical CO2. J Supercrit Fluids, 2002, **23**:255～265

[43] Lee H, Chung B H, Park Y H. Concentration of tocopherols from soybean sludge by supercritical carbon dioxide. *J Am Oil Chem Soc*, 1991, **68**(8):571～573

[44] Wang H T, Goto M, Sasaki M, et al. Separation of-tocopherol and squalene by pressure swing adsorption in supercritical carbon dioxide. *Ind Eng Chem Res,* 2004, **43**(11):2753～2758

[45] Goto M, Sato M, Kawajiri S, et al. Impulse response analysis for adsorption of ethyl acetate on activated carbon in supercritical carbon dioxide. *Sep Sci Technol,* 1996, **31**:1645～1661

[46] Klesper E, Corwin A H, Turner D A. Porphyrin studies. XX. High pressure gas chromatography above critical temperatures. *J Org Chem*, 1962, **27**:700～701

[47] Novotny M, Springston S R, Peaden P A, et al. Capillary supercritical fluid chromatography. *Anal Chem,* 1981, **53**:407A～408A

[48] Gere D R, Board R, McManigill D. Supercritical fluid chromatography with small particle diameter packed columns. *Anal Chem,* 1982, **54**:736～740

[49] M. L. Lee, K. E. Markides. Chromatography with Supercritical Fluids. *Science*, 1987, **13**:1342～1347

[50] Staby A, Borch-Jensen C, Balchen S, et al. Quantitative analysis of marine oils by capillary supercritical fluid chromatography. *Chromatographia*, 1994, **39**:697～705

[51] Williams K L, Sander L C, Wise S A. Comparison of liquid and supercritical fluid chromatography using naphthylethylcarbamoylated-cyclodextrin chiral stationary phases. *J Chromatogr A*, 1996, **746**:91～101

[52]Landall L G. Ultrahigh Resolution Chromatography, *ACS Symp Ser* 250, *S Ahuja, Ed Washington* DC, 1984, 135

[53]Lou X, Janssen H G, Snijders H, et al. Pressure drop effects on selectivity and resolution in packed-column supercritical fluid chromatography. *J High Resolut Chromatogr*, 1996, **19**: 449～456

[54]Later D W, Campbell E R, Richter B E. Synchronized temperature/density programming in capillary supercritical fluid chromatography. *J High Resolut Chromatogr*, 1988, **11**: 65～69

[55]Hirata Y, Nakata F, Murata S. Negative temperature programming in SFC [supercritical fluid chromatography] with packed capillary columns. *Chromatographia*, 1987, **23**: 663～666

[56]Hirata Y, Katoh S. Temperature and pressure controlled UV detector for capillary supercritical fluid chromatography. *J Microcol*, 1993, **4**: 503～507

[57]Squicciarini M P. Paraffin, olefin, naphthene, and aromatic determination in gasoline and JP-4 jet fuel with supercritical fluid chromatography. *J Chromatogr Sci*, 1996, **34**: 7～12

第4章 基于溶解扩散机理的膜分离过程

 4.1 基于溶解扩散机理的膜分离

筛分机理常用于描述基于微孔膜的分离过程,如反渗透、纳滤、超滤和微滤等,体积小的组分可以透过这些微孔膜,而体积较大的组分则被膜截留,这样依据混合体系中不同组分之间的尺寸不同可以实现混合体系中不同组分的分离。对应于筛分机理,溶解—扩散机理是目前应用较为广泛的一种描述致密膜分离机理模型,如渗透汽化、气体分离等。依据该模型,致密膜分离的传质过程依次可分三步:渗透物组分在进料侧膜表面吸附;吸附的渗透物组分在浓度梯度或活度梯度的作用下扩散透过膜进入透过侧膜表面;渗透物组分在透过侧膜表面解吸。

混合体系中各组分在高分子材料膜中进行渗透时,首先是原料侧的渗透物组分分子发生溶解(或吸附)作用,进入高分子材料表面。由于膜两侧组分存在浓度差,渗透物分子在致密膜内部进行定向扩散,到达透过侧后发生解吸脱离膜表面。由于混合体系中不同组分在膜内溶解度和扩散系数不同,导致各组分渗透速率存在差异,从而实现混合体系中各组分的分离。

Wijmans 等[1]详细地推导了溶解—扩散模型。通常认为膜分离过程的料液(渗透物组分)在膜表面吸附达到了平衡。由此可以根据渗透物组分和膜材料之间的相互作用及相互作用力的强弱来选取不同的热力学模型。计算渗透物组分在膜表面的吸附量主要有三类热力学模型:(1)Henry 定律(渗透物组分和膜材料之间无相互作用力);(2)双吸附模型(渗透物组分和膜材料之间存在较弱相互作用力);(3)Flory-Huggins 模型(渗透物组分和

膜材料之间存在较强相互作用力）。此外，李多等[2]还总结了UNIQUAC模型、UNIFAC模型、GCLF-EOS模型等应用于吸附过程的描述。这些模型大多属于半经验模型。在相互作用参数值可以查取时Flory-Huggins和UNIQUAC等模型预测精度较好。

从热力学角度分析，当渗透物分子进入高分子网络中时，将增大高分子链间距，减弱链段的缠绕作用，使其运动性增强，引起体系的体积变化。当大量渗透物分子进入致密膜内部时，高分子材料本身将发生溶胀或溶解现象，以至破坏原有膜结构形态。当高分子链段间距离较大时，混合物中不同渗透物分子可以在膜内自由移动，膜失去选择性分离作用。与之相反，当膜内所吸附的渗透物组分浓度很低时，组分扩散透过膜所需的推动力（浓度差）很小，渗透过程将变得十分慢，膜渗透通量非常小，失去实际应用价值。因此，妥善调整膜溶解性、扩散性和物理化学稳定性间的关系，使其相互协调，在保持一定渗透通量的前提下，实现膜的高分离选择性，成为有机溶剂分离膜研究开发中的关键。

为了描述高分子/溶剂体系的相平衡关系，20世纪50年代，Flory和Huggins以晶格理论为基础，推导出预测高分子溶液相平衡的Flory-Huggins数学模型[3]。由于其推导过程采用了严格的统计热力学理论，具有物理意义，不难想象其结果能在多种场合得到成功应用。该模型以简单明了的形式表达高分子溶液体系复杂的相平衡关系。在分析相平衡实验数据和解释溶液相平衡现象时，它仍是目前为止应用最广泛的模型之一。

$$\ln\alpha_s = \ln v_{fs} + \ln v_{fp} + \chi v_{fp}{}^2 \tag{4-1}$$

式中，v_{fs}，v_{fp}分别是溶剂和高分子的体积分数，α_s代表溶剂在高分子材料中的活度。该模型中的χ因子反映溶剂和高分子间的相互作用，是高分子/溶剂体系的重要特征参数之一。

通常认为，处于玻璃态转变温度以下的高分子凝聚态呈现拟平衡状态，称作玻璃态高分子。由于缺乏足够的能量，高分子链段限制在一定范围内运动表现为局部振动形式。在玻璃态高分子材料中存在两种区域：热力学平衡区和局部非均相部分。可以用Dual-mode模型描述溶剂分子在高分子中的吸附行为[4]。

$$C = k_D p + \frac{c_H b p}{1 + b p} \tag{4-2}$$

式(4-2)中的第一项是Henry作用项，反映在均相区域中的平衡吸附结果，

k_D是 Henry 常数;第二项是 Langmuir 吸附部分,表示非平衡区域中微孔吸附结果,其中 c_H为饱和吸附容量常数,b 为 Langmuir 吸附亲和因子。

以上数学模型都需从实验数据回归确定参数,它们只适用于整理和分析已测得的实验数据,无法预测高分子溶液相平衡。面对种类繁多的高分子/溶剂体系,人们自然期望开发可预测型模型,借助于溶剂和高分子各自的化学结构,进行定量预测其相平衡行为。尽管目前已经存在成千上万种有机溶剂和高分子材料,但它们都是由可数的基本化学官能团(基团)通过不同方式组合而形成。若能用有限的官能团性质(如体积、表面积、相互作用参数等)描述分子热力学性质,有可能不需利用实验数据,直接预测溶剂在高分子材料中的吸附性、扩散性。基团贡献法认为组成分子的相同官能团在不同分子中具有同样性质,分子体系的宏观热力学性质可通过组成该混合体系的各组分分子的官能团性质来表示。

基于以上概念,过去 50 年中人们开发了多种预测型数学模型,描述高分子溶液体系的相平衡关系。Oishi 等[5]将溶剂分子溶液体系中获得成功应用的 UNIQUAC 模型推广到高分子体系,并采用基团贡献法的形式来确定模型参数,提出 UNIFAC-FV(UNIQUAC Functional-group Activity Coefficient and Free Volume)为代表的活度系数模型。为了更加准确描述溶剂分子同高分子混合时整个体系的体积变化,近 30 年来发展了以状态方程式为基础的数学模型。Lee 等[6~8]建立的 GCLF-EOS(Group Contribution Lattice Fluid and Equation-of-State)模型是这一方面的代表,由于其较高的预测精度,逐渐被更多的研究人员所接受。

和溶剂分子体系相比,高分子溶液的显著特点是自由体积效应占重要地位。通过分析苯、甲苯、氯仿等溶剂在 10 多种常见高分子材料中的等温吸附实验数据,比较 UNIFAC-FV 和 GCLF-EOS 模型的计算精度,发现混合过程的过剩体积对预测相平衡影响明显[9]。图 4-1 给出对应于同样溶解度的溶剂活度实验值和理论计算值。以图 4-1 中的对角线为基准,位于其上方的点表明理论计算值高于实验值,位于其下方的点代表相反情形。在对角线上的点说明数学模型结果较好地再现实验值。整体上,GCLF-EOS 模型的预测结果更多地在对角线附近,表明理论计算结果和实验值基本一致,以状态方程为基础的数学模型能够提供更高的预测精度。对含氢键的高分子/溶剂体系,研究表明分子间氢键的存在导致溶解度增大[10]。LFHB-EOS 模型以统计热力学理论为基础,同时考虑了 van der Waals 作用和氢键作

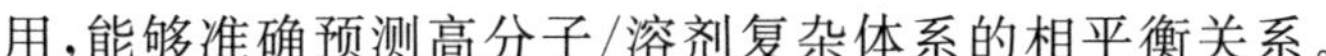

用，能够准确预测高分子/溶剂复杂体系的相平衡关系。

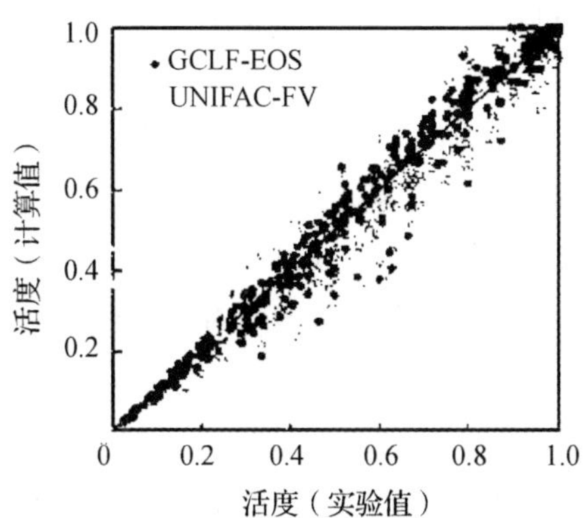

图 4-1 不同热力学模型计算精度比较[11]

4.2 扩散系数预测

长期以来，扩散现象一直是化学工程领域引起广泛关注的问题。溶剂在高分子材料中的扩散系数是决定膜渗透通量的要素之一。对于扩散过程，与处理渗透物组分吸附过程类似。人们通常是用各种理论和经验关联式关联扩散系数和渗透物组分物性、高聚物分子物性、操作条件等因素的关系[12]。主要模型包括以下几种[13]：(1)浓度或活度依赖型扩散系数的经验模型。这种模型的缺点是只能借助实验数据关联出表达式，因此它只适用于特定的体系，难于预测其他体系。(2)从自由体积理论出发估算扩散系数。自由体积理论尤其适用于膜的研制。对于玻璃态、半晶态、橡胶态以及交联聚合物膜，自由体积理论可以作为一个基础理论来理解聚合物中渗透物分子扩散过程。(3)采用双吸附模型描述扩散过程。目前，双吸附模型主要用于气体分离膜，但它可以用于低压下的蒸汽渗透，可以用来加深对高浓度液体和蒸气通过玻璃态聚合物的复杂扩散过程的理解。因此它在渗透汽化膜的开发上也有一定的潜在价值。(4)从分子动力学(MD)模拟出发求算扩散系数。MD模拟[14]是从体系中粒子的作用位能出发求解其运动方程。得到体系微观状态随时间的变化，再将微观状态对时间平均，就可以求出组成粒子的空间分布等微观结构和粒子的扩散系数等宏观性质。目前，分子模拟法还处于初始发展阶段，但其在渗透汽化膜研制中的重要作用正逐渐显露出来。

上述模型中,其中自由体积理论最常用于描述渗透分子在聚合物膜中的扩散行为。早在上世纪初已经发现液体的黏度和体系中所存在的自由“空穴”数量成反比,后来的研究称这些“空穴”为自由体积。基于以上研究,Fujita[15]建立自由体积理论计算高分子/溶剂体系的溶剂扩散系数,由于其物理模型的实验研究基础,在长达20年左右时间内一直在该领域占主导地位。直到70年代中期Vrentas和Duda[16,17]将自由体积理论发展到一个新阶段,通过溶剂和高分子的纯组分自由体积参数表达混合体系的溶剂扩散系数,同时将自由体积参数和体系的温度—黏度关系相关联,从而避免从扩散系数的实验值回归模型参数,使得该理论方法具有可预测性。自由体积理论的模型参数由溶剂和高分子自身性质确定,使用平衡热力学理论确定溶剂和高分子间相互作用参数,仅仅通过理论模型计算可以确定溶剂在高分子中扩散系数。该理论将聚合物作为均一介质处理,溶剂分子在高分子链段运动而产生的间隙中以“跳跃”方式发生空间位移,扩散系数由高分子和溶剂的自由体积大小决定。图4-2给出聚合物的特征体积V_{sp}的温度依存性。高分子的体积可以分为三部分:(1)组成高分子链段的原子本身占有体积(硬体积),其大小和绝对零度下原子规则排列形成的密堆体积有关;(2)原子热振动所形成的围绕高分子链段周围的间隙体积,其大小与原子的外表面积有关;(3)处于高分子链段之间的自由体积,主要由链段的整体运动构成,与链段的柔性和组成链段原子间相互作用有关。假定上述三种体积随温度呈线性变化,图4-2所给出的各直线斜率代表相应的体积热膨胀系数,它在玻璃化温度前后大小不同。虽然提出自由体积的概念已经半个多世纪,并且成功地解释了高分子材料的许多物理化学理象。但直到最近10年左右,由于现代分析方法发展,利用正电子湮灭证实了自由体积存在,才将测得的自由体积大小及自由体积分布等和溶剂分子迁移特性进行关联。

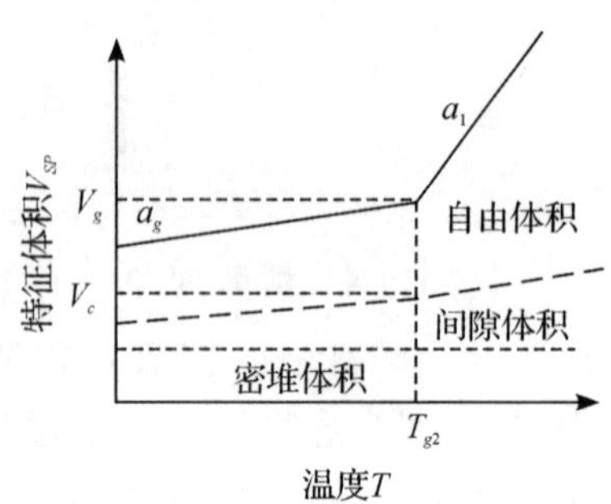

图4-2 自由体积随温度变化

对于溶剂分子或高分子链段在特定介质中的运动而言,存在两个基本前提:迁移单元邻近存在可容纳迁移单元体积的自由空间和迁移单元本身具有足够高能量克服邻近其他单元的作用力,能够从原先的空间位置“跳跃”迁移到邻近的“空穴”。因此,迁移单元发生扩散运动的概率是分子热运动形成的自由体积密度函数和迁移单元能量分布密度函数之积，可以采用下式表达自扩散系数。

$$D_1 = D_0 \exp\left(-\frac{E}{RT}\right)\exp\left(-\frac{\gamma \overline{V_0}}{\overline{V_{HF}}}\right) \tag{4-3}$$

$$D_1 = D_0 \exp(-\frac{E}{RT}) \times \exp\left[\frac{-(w_1 V_1{}^* + w_2 V_2{}^*)}{w_1(\frac{K_{11}}{\gamma})(K_{21} - T_{g1} + T) + w_2(\frac{K_{12}}{\gamma})(K_{22} - T_{g2} + T)}\right] \tag{4-4}$$

式中，γ 表示对某一个特定“空穴”而言，可能有几个迁移单元向其“跳跃”。在溶剂和高分子组成的二元物系中，假定体系处于平衡状态，自由体积在系统中呈现均一的概率分布，溶剂的扩散系数可由下式计算。

D_0 表示指前因子，E 表示一个分子所具有的克服近邻分子引力的临界能量，K_{11} 和 K_{21} 表示溶剂的自由体积参数，K_{12} 和 K_{22} 表示聚合物的自由体积参数。

$$D = D_1 (1 - u_1)^2 (1 - 2\chi u_1) \tag{4-5}$$

$$D_1 = D_{01} \exp\left(-\frac{w_1 V_1^* + w_2 \zeta V_2^*}{w_1 \overline{V}_{HF1} + w_2 \overline{V}_{HF2}}\right) \tag{4-6}$$

$$\overline{V}_{HF1} = \left(\frac{K_{11}}{\gamma}\right)[K_{21} - T_{g1} + T] \tag{4-7}$$

$$\overline{V}_{HF2} = \left(\frac{K_{12}}{\gamma}\right)[K_{22} - T_{g2} + T] \tag{4-8}$$

式中，下标1和2代表溶剂与聚合物，ω_i 是组分 i 的质量分数，u_1 是溶剂体积分数。溶剂或高分子链段发生“跳跃”运动所需的最小临界自由体积为 V_i^*。分子迁移过程需要克服周围分子对其相互作用所需自由能用E表示。ζ 代表溶剂与高分子的迁移单元摩尔体积之比。χ 是溶剂和高分子间的相互作用参数，可以通过溶液相平衡关系确定。通过测定溶剂或高分子的黏度—温度关系，可以得到相应的自由体积参数，计算溶剂的扩散系数。所以自由体积理论关联了溶剂在高分子体系的扩散系数和分子基本结构间关系，成为计算溶剂扩散性的有力工具[18~21]。

溶解—扩散模型总体上得到学者们认同，但需注意传统的溶解—扩散理论只能有效地描述非溶胀膜中的渗透行为[22~25]，例如从水中分离低浓度有机物。当膜用于渗透汽化脱水，或有机物/有机物分离时，膜通常会出现溶胀，同时分离和扩散系数值将会完全依赖于组分浓度的变化。因此，需要改进传统的溶解—扩散理论以适应一般的溶胀性渗透汽化膜。

Meyer-Blumenroth[26]提出了适用于二元混合物传质研究的半经验模型。它在溶解—扩散模型的基础上,考虑了组分间的耦合效应,并以逸度代替活度作为过程推动力,得出扩散系数与温度之间遵循 Arrhenius 关系,从而推导得出了渗透通量的表达式。该半经验模型在计算组分活度系数过程中引入了耦合系数。确定耦合系数完全属于经验性质。如果传质过程中存在耦合效应,那么该模型可以改善其预测性;但当耦合效应可忽略时,则改进效果不显著,反而增加了模型的复杂性。其他还有多场协同理论模型[27],这种模型特点在于适合于二元体系的分离,通过与浓差极化、渗透侧压降和热量传递等的结合,可以用于膜组件和膜过程的设计。当考虑组分间的强相互作用时,浓度分布可以采用 Flory-Huggins 热力学理论来预测,但其依赖于多场协同理论,应用范围较小。

串联阻力模型[28],该模型不考虑耦合作用,适用于水中低浓度有机物脱除的二元体系,但其过程简化较多降低了模型的准确性。同时,该模型属于半经验模型,适用于膜组件和膜过程的设计。虚拟相变模型[29,30],与传统溶解—扩散模型相比,该模型的不同之处在于膜内存在压力梯度和虚拟相变。在等温操作、膜界面处于热力学平衡、溶解度系数和扩散系数只简单依赖于浓度的假设条件。利用这些方程可以计算出膜内的压力剖面和渗透物浓度剖面。在考虑耦合效应的基础上推导得到两组分的通量方程。实际上,虚拟相变溶解—扩散模型是对传统溶解—扩散模型和孔流模型的综合。

4.3 渗透汽化

渗透汽化(pervaporation,PV)作为一种膜分离技术,其突出的优点是能以低能耗实现蒸馏、萃取和吸收等传统方法难以完成的任务。它特别适用于蒸馏法难以分离或不能分离的近沸点、恒沸点混合物以及同分异构体的分离,对有机溶剂及混合溶剂中微量水的脱除及废水中少量有机污染物的分离具有明显的技术和经济上的优势。渗透汽化膜分离的机理由于涉及渗透物与膜的结构和性质,渗透物组分与膜之间复杂的相互作用以及化学、化工、材料、非晶态物理、统计学等学科的交叉,不同学科背景的研究人员对其从不同角度进行了研究。

近几十年来，人们为了深入了解渗透汽化过程的传质机理，从而研制出性能理想的渗透汽化膜，设计出结构合理的膜组件，确定范围适宜的操作条件，加快渗透汽化技术的产业化进程，提出了几种描述渗透汽化膜传递机理的模型。通过建立数学模型，能计算出在特定条件下的渗透汽化性能，可以为操作参数的优化和工业装置的设计提供理论支持。但由于浓差极化、耦合效应、溶胀以及热效应等的影响，使得对传质理论和模型的研究难度相当大。

4.3.1　组分相互作用对分离性能的影响

在渗透汽化和蒸汽渗透过程中，渗透组分透过膜扩散具有某些相似性[31]。溶剂对膜材料的溶胀作用对其分离性能具有显著影响。通常情况下，随着原料中组分活度增加，吸附进入膜内的组分浓度变大，使得该组分渗透通量上升。使用PVA/PAN复合膜分离乙醇/水溶液的过程，水在聚乙烯醇中的溶解度比乙醇大，水分子优先选择透过。与此同时，乙醇和水分子间的相互作用导致乙醇的渗透通量增加，随着原料中乙醇浓度增加，总渗透通量逐渐减小[32,33]。因此，膜分离过程的原料中乙醇活度增加，相应的水分子活度减小，导致乙醇渗透通量逐渐降低。当乙醇活度高于0.180时，此时原料中水分子含量较低，渗透汽化和蒸汽渗透过程得到几乎相同的乙醇渗透通量。随着乙醇活度降低，原料中水含量逐渐增加，渗透汽化过程膜溶胀加剧，导致原料侧膜面浓度 C_m 提高，渗透汽化过程乙醇渗透通量明显高于蒸汽渗透过程的渗透通量。

4.3.2　链的柔顺性对膜性能的影响[34]

从图4-3可以看出链的柔顺性是具有一定的限制作用，随着柔顺性增加，透气性呈递减并逐渐趋于一常数。理论上柔顺性增加，链段活动性也相应增加，气体透过率应该增大。其实不然，随着链柔顺性的急剧增加，链段的活动性也显著地增加，在热力学因素作用下链间的缠结明显增加。若聚酰亚胺的柔顺性太好（Ⅲ区），分子链间的缠结，分子构像符合Flory的无视线团模

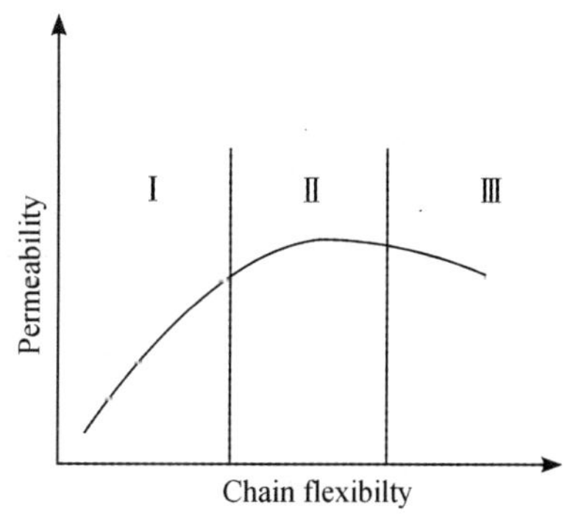

图4-3　链的柔顺性对透气性的影响

型，使得分子自由体积急剧下降。综合两因素，最终透气性下降。若聚酰亚胺的刚性太强，即处于图中的Ⅰ区，这时高分子链段的活动性很低，因此分子比较僵硬，分子空间构像趋于规则，使得分子链间的堆砌密度大大增加，链段活动性对透气性影响处于主导地位，此时随着链的柔顺性增加，膜的透气性也是递增的。图中Ⅱ区是我们追求的目标，聚酰亚胺 BDA-6FDA 是由柔性的 BDA 和刚性的 6FDA 缩聚而成，分子链的柔顺性适中，又由于 6FDA 的空间效应，因此它的透气性最佳。相反 BDA-MDA 的透气性最低，这是由于所合成的二酐是柔性的，若再与柔性的 MDA 缩聚，则所得聚合物的分子链非常易缠结，降低了其透气性，属于图中Ⅲ区。

众所周知，芳香系列的聚酰亚胺的溶解性较差，溶剂均是特殊的试剂，给工业化造成诸多不便。在刚性的分子链中引入柔性二酐，可以改善其柔顺性，提高溶解度。引入 BDA 柔性二酐的 BDA-6FDA 溶解性比刚性的均苯型聚酰亚胺 PMDA-PPD 大大提高。这是因为聚合物的溶解与小分子不同，它分为两个过程，首先是溶剂分子渗透到高分子链间使其体积膨胀，即溶胀，然后才是溶解。对于刚性的聚合物，由于高分子链堆砌紧密，自由体积小，溶剂分子不易进入分子间，不能很好地溶胀。而对于较柔的高分子链，溶剂分子很容易进入分子间使其溶胀，因此，柔性链段的聚酰亚胺具有较好的溶解性。

表 4-1　BDA-6FDA 和 PMDA-PPD 溶解度

	BDA-6FDA			PMDA-PPD		
	20 °C	200 °C	300 °C	20 °C	200 °C	300 °C
DMAc	++	++	++	++	+	−
DMF	++	++	++	++	+	−
THF	++	++	+	+	−	−

++easy soluble;+soluble;−unsoluble

表 4-2　不同聚酰亚胺对不同气体的通透性

p_{H2}	p_{N2}	p_{CH4}	$\alpha_{H2/N2}$	$\alpha_{H2/CH4}$
3.92	0.546	0.417	7.2	9.4
0.832	0.0952	0.0721	8.7	11.5
12.04	2.13	1.87	5.6	6.4
35.6	8.72	6.01	4.1	5.9

p: 10^{10} cm^2(STP)·cm/cm^2·S·cmHg

4.3.3 离子交换膜的分离性能[35]

渗透汽化过程中，料液组分与聚合物膜之间存在多种相互作用，质量传递现象也比其他膜过程复杂。通常认为，渗透汽化过程包含渗透组分在膜表面的选择性吸附和吸附在膜表面的组分选择性扩散透过膜进入透过侧。吸附选择性和扩散选择性共同决定了膜的分离选择性。

离子交换膜的渗透汽化过程，仅以溶解—扩散机理还难以解释其渗透传递现象，分离过程的选择性和通量与膜中的离子路径密切相关。渗透组分在膜中的吸附扩散行为受膜中离子特性的影响。实验表明，不同类型离子交换膜的分离性能受吸附扩散的影响及作用程度不同。

Nafion 系列阳离子交换膜的渗透汽化过程醇/水分离因子(α)比相应的膜对料液优先吸附系数(S)大近 3～4 倍，说明这类膜在分离过程的选择性大于吸附选择性[36]。

阳离子交换膜和阴离子交换膜的固定离子基团分别为阴离子和阳离子。由于阴、阳离子水合作用不同，使膜的溶解扩散性能存在差异，这两类膜在渗透汽化过程中的分离性能也不相同。实验表明阳离子交换膜的离子水合作用很强，并能导致被吸附的醇渗透活性增加，而阴离子交换膜中离子水合作用较弱，醇始终保持低的渗透性，但却大大提高了分离选择性，比相应阳离子交换膜分离因子高。

表 4-3 Nafion 阳离子交换膜的分离性能

反离子	渗透通量 J($g \cdot m^{-2} \cdot h^{-1}$)			分离因子	优先吸附系数
	总	水	异丙醇	α(水/异丙醇)	S(水/异丙醇)
Li^+	742.0	426.9	316.1	10.2	2.2
Na^+	250.0	177.0	72.0	19.8	6.6
K^+	71.8	56.7	15.1	31.0	8.2
Cs^+	45.6	37.2	8.4	36.0	8.0

试验温度 30 °C，膜厚 103 μm，混合液组成：异丙醇/水(质量分数比 88/12)

表 4-4 部分离子交换膜的渗透汽化过程选择性及渗透性

离子交换膜	混合体系		分离因子	渗透通量	膜厚	试验温度
	有机组分(B)	水质量分数(%)	$\alpha_{H_2O/B}$	J(kg·m^{-2}·h^{-1})	(μm)	(°C)
PE(SO_3^-)-H^+	乙醇	16.0	2.6	1.364	40.3	26
PE(SO_3^-)-H^+	异丙醇	11.2	5.5	1.041	40.3	26
PE(SO_3^-)-Na^+	乙醇	15.6	671	0.080	40.3	26
PE(SO_3^-)-Cs^+	异丙醇	10.4	>28709	0.200	40.3	26
AMV-SCN^-	乙醇	15.0	38	0.470	140.0	60
AMV-CH_3COO^-	乙酸	20.0	4.3	0.830	140.0	80
AMV-$HCOO^-$	乙酸	20.0	0.94	2.600	140.0	80
CMV-H^+	乙酸	20.0	4.0	0.330	150.0	80
Nafion811-Li^+	异丙醇	12.0	10.2	0.742	90.0	29
Nafion811-K^+	异丙醇	12.0	46.7	0.124	90.0	29
Nafion811-Al^{3+}	异丙醇	12.0	7.3	0.232	90.0	29
PSF(SO_3^-)-H^+	乙酸	10.0	9.4	0.016	-	-

PE(SO_3^-)-磺化聚乙烯；AMV、CMV-由交联苯乙烯-丁二烯共聚物层和起力学稳定作用的聚氯乙烯衬垫层构成，膜中固定离子基团分别为季氨基和磺酸基；Nafion811-由四氟乙烯-全氟乙烯基醚磺酰氟共聚物水解生成的全氟磺酸阳离子交换膜；PSF(SO_3^-)-磺化聚砜。

4.3.4 制膜条件对膜结构的影响

聚合物膜对渗透组分的选择渗透性不仅与材料本身的分子结构有关，而且与形成的膜形态结构有着密切的关系。因此，要提高聚合物膜对渗透组分的渗透通量和分离因子，除了从高分子的结构着手，合成具有特殊结构的高分子[37]，还可通过控制铸膜液的组成和膜的制作工艺以得到高渗透性的膜结构[38]。Sourirajan 等[39]研究指出，铸膜液和溶剂挥发速度是影响结构与性能的两个相互关联的因素，由此，铸膜液组成尤其溶剂体系是影响膜结构与性能的关键因素。不论是 Loeb-Sourirajan 提出的非对称膜[40]，还是 Kesting 等研制出的密度梯度膜[41]，这两次重大突破都是通过合理调整溶剂体系而得到的。Kesting 等认为[42]，采用 Lewis 酸(LA)和 Lewis 碱(LB)的混合溶剂作为铸膜液的溶剂体系，利用在溶剂中产生具有较大摩尔体积的LA和LB络合物作为临时模板，可得到具有较大自由体积分数结构的密度梯度膜，从而具有较高渗透性能。

乙基纤维素(Ethyl Cellulose，简称EC)，(1)在EC铸膜液溶剂体系的溶解性试验中发现，混合溶剂的溶解能力大，即使两种不良溶剂混合也可得到EC的良性溶剂体系。这对配制较高浓度铸膜液和改善非对称膜形态结构有利。(2)由溶剂分子红外光谱吸收峰的迁移可认为，混合溶剂间存在氢键或电子转移的相互作用，因此，混合溶剂对EC的溶解能力发生变化，所得膜的气体渗透性也受到影响。(3)实验结果表明，在原有二组分铸膜液中加入甲酰胺、二氧六环或甲醇不论其本身是良溶剂还是不良溶剂均有利于提高膜分离性能，但J值降低。

4.3.5　溶剂间相互作用对EC溶解能力的影响

在选择聚合物的溶剂时，一般只考虑单个溶剂对它的溶解性。尚修勇等[43]选用的4种溶剂：丙酮、甲酰胺、甲醇和二氧六环，除后者外，前3种溶剂都不能单独将EC完全溶解(EC5%)，而配成双组分或三组分的溶剂体系时，其溶解能力显著提高，可将EC完全溶解(EC10%)，如表4-5所示。表中混合溶剂的溶解度参数用式(4-9)计算：

$$\delta=\delta_1 u_1+\delta_2 u_2 \tag{4-9}$$

式中，δ为混合溶剂体系的溶解度参数，δ_1、δ_2分别为单个溶剂的溶解度参数，u_1、u_2分别为各溶剂的体积分数。人们认为由于调整溶解度参数，溶剂体系与EC溶解度参数差值减少，这样可以解释大部分混合溶剂对EC溶解能力提高的实验现象。另外，已知聚合物在溶剂中存在有P-S、S-S、P-P的三种不同作用力，混合溶剂显然对提高P-S作用力有利，溶剂的溶解能力不同，铸膜液中聚合物舒展程度及存在状态亦不同。

溶解能力较强时，聚合物较易溶解且能得到较高的浓度，但在挥发阶段之后，滞留在皮层中的溶剂将因其强的溶解能力而导致皮层的进一步塑化和致密化。因此，合理地调整溶剂的溶解性往往需要通过溶剂混合来解决。同时用混合溶剂还可以使挥发速度得到有效的控制。另外，高浓度的铸膜液往往有助于改善膜的形态结构，为了满足这一要求，配制由两种或以上的溶剂组成的溶剂体系是有利的。混合溶剂对高聚物的溶解能力往往比单独使用任一溶剂时还要好[38]，这样可以在避免使用较强溶剂的前提下得到较高浓度的铸膜液。

表 4-5 EC 在不同溶剂中的溶解度

Solvent system	EC(%)	δ $(kJ \cdot L^{-1})^{1/2}$[44]	Δ^* $(kJ \cdot L^{-1})^{1/2}$	Solubility
Acetone	5	20.06	2.46	–
Formamide	5	38.89	16.37	--
Methanol	5	29.68	7.16	+
Dioxane	10	20.26	2.26	++
Acetone/formamide	10	21.94	0.58	++
Acetone/methanol	10	22.56	0.04	++
Acetone/dioxane	10	20.10	2.42	++
Formamide/methanol	10	34.28	11.76	++
Acetone/formamide/methanol	10	24.36	1.86	++

$\Delta = |\delta_{solvent} - \delta_{EC}|$, $\delta_{EC} = 22.52 (kJ \cdot L^{-1})^{1/2}$

++much soluble, +soluble, –less soluble, ––insoluble

4.3.6 溶剂间相互作用对 EC 膜的透气性能的影响

由于溶剂间相互作用对溶剂体系的溶解能力和极性产生影响，必然会影响到聚合物在铸膜液中的存在状态，如引起铸膜液的黏度变化，高分子链的伸展性，制膜工艺过程中溶剂的挥发速度以及膜的结构[45]，这一切都将对膜的透气性产生影响。实验结果列于表 4-6 中。

表 4-6 溶剂对 EC 膜的气体透过性能的影响

Number	Solvent system	J_{N_2} $(\times 10^{-5})$	J_{O_2} $(\times 10^{-5})$	α_{O_2/N_2}
1	Acetone/formamide	1.12	1.76	1.58
2	Acetone/methanol	412.78	382.91	0.93
3	Acetone/dioxane	15.59	15.61	1.00
4	Formamide/dioxane	7.20	6.62	0.92
5	Acetone/formamide/methanol	0.53	1.02	1.94
6	Acetone/formamide/dioxane	1.12	2.65	2.37
7	Acetone/methanol/dioxane	2.29	1.14	2.60
8	Formamide/methanol/dioxane	1.50	2.04	1.36
9	Acetone/formamide/methanol/dioxane	0.13	0.77	2.45

在铸膜液中加入甲酰胺使膜的分离因子 α_{O_2/N_2} 大大提高，而渗透速率 J 却大幅度降低。这可能是由于甲酰胺是极性较强的添加剂，它的极性效应会增加 EC 分子间的相互作用，导致 EC 膜分子网络趋于紧密，因而影响 α_{O_2/N_2}。同时由于丙酮与甲酰胺间形成氢键，使溶剂体系的溶解能力增强，聚合物分子分散性更好，因此，所得膜结构较致密，膜的分离系数提高。

加入二氧六环后膜的 α_{O_2/N_2} 提高，J 降低。已知丙酮和二氧六环溶解度参数 δ 分别为 918 和 919，数值相近，因而二氧六环对丙酮的溶解性影响很小[38]。同时二氧六环本身是 EC 的良溶剂，因此，二氧六环的加入主要起溶剂化作用，使溶剂体系溶解能力增加。EC 在铸膜液中结构更加细密、均一，凝胶化后皮层也比较致密均一。因此，膜的 α_{O_2/N_2} 较高。另一方面，由于二氧六环具有较高的沸点(101.1 ℃)，这样在挥发阶段，表面产生微相分离的时间延长，使得高分子能够具有足够的时间进行聚集，因而使膜皮层较致密且缺陷较少，膜的 α_{O_2/N_2} 较高。

红外光谱证明加入二氧六环后，丙酮和甲酰胺间的相互作用减弱，这又导致溶剂体系的溶解能力下降。正是由于加入二氧六环后对溶剂体系溶解能力存在两种相反趋势的影响，使得二氧六环加入量在一定范围内整个溶剂体系的溶解能力基本维持不变。所以，二氧六环用量在较宽的范围内形成的膜都具有较高的 α_{O_2/N_2}，即膜的性能基本保持不变。

4.3.7　甲醇的作用

加入甲醇后膜的 α_{O_2/N_2} 升高，J 值降低。可知，甲醇与甲醇胺间也存在相互作用，但较丙酮与甲酰胺间的作用弱。另外，丙酮/甲酰胺/甲醇三者混合液的 IR 谱图表明，加入甲醇对混合液丙酮/甲酰胺影响不大，各特征吸收峰的波数虽有少量变化，但基本上维持在丙酮/甲酰胺混合液的位置。因此，可以推测，甲醇的加入对丙酮与甲酰胺间的 H 键络合作用影响不大，只是使丙酮与甲酰胺间的 H 键络合作用减弱，但不会导致它们之间 H 键的破坏。

相反，由于甲醇与甲酰胺间的 H 键作用使加入的甲醇也起着共溶剂的作用，使溶剂体系的溶解能力增强，将使铸膜液中聚合物的结构更加致密(低孔隙度)，在溶剂挥发时形成的网络空间较小，因此 α_{O_2/N_2} 增大，J 减小。

以环已烷为溶剂所得的聚 4-甲基戊烯-1(PMP)膜对二氯甲烷/水混合体系的分离系数大于以三氯乙烯为溶剂所得的 PMP 膜[46]。其原因可认为是以环己烷为成膜溶剂的 PMP 膜因环己烷对 PMP 的溶解能力相对三氯乙烯差而挥发速度较快，以致所得膜的结晶度较低，非晶部分较大，这样，高分子膜可供有机液体分子穿过的部分增大。PMP 是疏水性聚合物，非晶部分的增大还可使更多的二氯甲烷分子溶入膜表面，提高了膜对有机组分的溶解系数，导致分离系数较大。虽然以环己烷/三氯乙烯混合溶剂所得到的 PMP 膜结晶度介于两种单组分溶剂所成膜之间，但是其对二氯甲烷/水体系的分离系数却最高。这可能是因为当采用同一种膜材质制膜时，所成膜对欲透过液体组分的溶解系数不仅与膜的结晶形态有关，还与膜的表面形态结构相关。在以混合溶剂浇铸成膜的过程中，由于两种溶剂的挥发速度不同，有一定的分相现象：环己烷的逸出速度较快，使膜表面的分子堆砌较为疏散，而三氯乙烯挥发较慢，且溶解能力较强，使膜内部的分子排列较为规整，这样形成的 PMP 膜呈现出膜表面粗糙度变大，分子堆砌疏松，而膜内部分子排列较为紧密有序，密度较大的特点。因此，在对二氯甲烷的 PV 分离过程中，膜表面的粗糙度变大和分子堆砌疏松不仅增大了二氯甲烷与膜表面的接触面积，而且有利于二氯甲烷在膜表面的溶解，其影响超过了结晶度变大导致可透过面积减小的影响，综合的结果使得以混合溶剂制成的 PMP 膜对二氯甲烷的分离系数最高。

用同样的理由可以解释以环己烷/三氯乙烯的混合溶剂所得 PMP 膜对三氯甲烷/水体系的分离系数相对最高的现象（见图 4-4）。但是以环己烷为溶剂浇铸的 PMP 膜对三氯甲烷的分离系数却小于以三氯乙烯为溶剂的

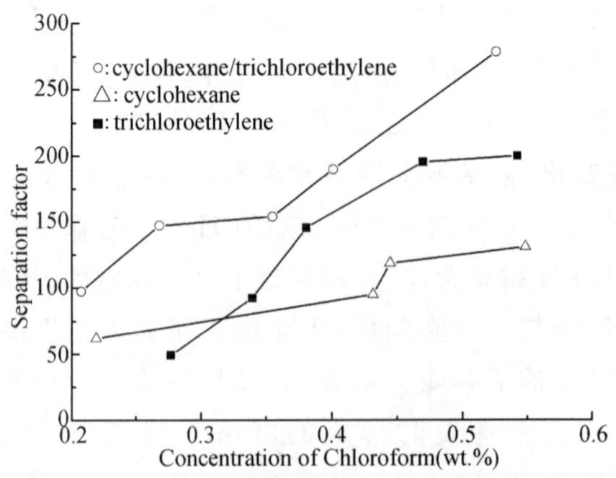

图 4-4 不同溶剂制备 PMP 膜分离氯份/水的分离因子和氯仿浓度关系[46].

PMP膜。对这一现象的解释除了要考虑结晶度的影响外，可能还需要考虑透过组分的性质对分离过程的影响。三氯甲烷与二氯甲烷相比极性更强，对 PMP 膜的溶胀作用更为明显。由于以环己烷为溶剂浇铸的 PMP 膜非晶部分较大，比较容易被三氯甲烷所溶胀，使得膜内液体通道的尺寸相对较大，在透过三氯甲烷分子的同时有更多的水团簇及自由水分子能够透过膜，所以分离系数反而较低。

4.4 纳滤膜

纳滤类似于反渗透和超滤，均属于压力驱动的膜过程，但其传质机理却有所不同。一般认为，超滤膜由于孔径较大，传质过程主要为孔流形式，而反渗透膜通常属于无孔致密膜，溶解—扩散的传质机理能成功解释其截留性能。而纳滤膜一般是荷电型膜，其对无机盐的分离不仅受化学势控制，同时也受电势梯度的影响，对中性不带电荷的物质(如葡萄糖、麦芽糖等)的截留则是由膜的纳米级微孔的分子筛效应引起的，但其确切传质机理至今尚无定论[47]。

在膜的研制过程中，人们总是希望能定量地预测膜的性能。因为这不仅能使现存的设备优化，而且能拓宽膜的应用范围。但是由于纳滤膜的孔径处于纳米数量级，由此产生的问题就是应该将纳滤膜描述成有孔膜还是无孔膜。若描述成有孔膜，则需要描述溶质在仅比水分子大几倍的微孔中的传质过程，且在此情况下，用来描述宏观现象的流体动力学等理论是否适用还是个问题。如果描述成无孔膜，但它的真实孔径又比反渗透膜大，用反渗透的溶解—扩散理论来描述它肯定不合适。另外纳滤膜多为荷电膜，电势梯度的影响不容忽视。所以说，纳滤膜过程是个非常复杂的过程。但到目前为止，从人们对荷电溶质以及中性溶质在纳滤膜中传质的大部分研究结果来看，纳滤膜应该有很多纳米级的毛细管通道。

当前对纳滤的研究主要集中在应用方面。美国有关纳滤膜及其应用的专利已超过 330 项，其中有关其制备技术的有 42 项，而有关其应用的近 300 项，约占 90%。而有关纳滤膜的制备和性能表征，尤其是传质机理等的研究还不够系统、全面，对生产实践有指导意义的模型较少。

纳滤膜技术独特的性能已引起国内外膜界人士的极大兴趣，甚至在纳滤技术的基础上又发展了一种用于离子分离的“电纳滤”过程[48]。纳滤膜的巨大优势，使得它在许多领域具有其他膜技术无法替代的地位，它的出现不仅完善了膜分离过程，甚至有替代某些传统分离方法的趋势。但纳滤技术还不够完善，还有一些问题需要解决[49]：

(1)在材料和制备方面，需要进一步提高有机膜的抗污染和易清洗性能，延长膜寿命，提高膜的耐试剂、耐热、耐氧化性能，降低制膜成本，提高膜的分离精度，能在百量级分子范围内有3～4个截留级别。另外无机材料具有更大的研发空间：①开发新型高通量无机膜，国外新开发的金属微波膜的通量是传统多孔烧结金属膜的3～4倍，而过滤效果不受影响[50]；②制造有机—无机杂化膜，使之兼具有机膜与无机膜的长处，把二氧化锆颗粒参入聚砜的网状结构中能形成有机—无机杂化膜，极大提高了膜渗透性能[51]。

(2)在NF工艺方面，重在集成工艺的开发和过程优化，开发能够充分发挥膜性能的膜组件以及完善的操作系统，摸索各个应用领域的膜清洗技术，进一步扩大NF的应用领域。

(3)在机理研究方面，采用新的数学工具和测试手段，从传质过程和微观结构两方面模拟纳滤过程，熊日华等将神经网络的计算方法应用到膜技术领域[51]，为膜过程的研究提供了一种全新的表达工具。

另外，综合前人的结果，将有孔理论和无孔理论相结合，将对中性溶质的理论和对带电离子的理论相结合，将基于材料科学的微观结构缩聚理论和对过滤试验的模拟结果相结合，也是未来研究纳滤理论的方向之一。

4.5 气体分离

4.5.1 膜的种类

气体分离高分子膜结构是非对称的或复合膜，其膜表层为致密高分子层。膜的渗透特性主要取决于膜表层的特性，膜的渗透通量反比于渗透分子传递距离。因此，高分子气体分离膜主要集中于开发膜材料和超薄表层制备技术。

为了制备高性能的气体分离膜，许多科研工作者研究了各类聚合物的分子结构与气体分离性能之间的关系。聚二甲基硅氧烷、聚砜、醋酸纤维素、乙基纤维素、聚碳酸酯等目前还应用于各种分离膜领域。以聚酰亚胺为代表的芳杂环高分子具有较好的透气选择性，已应用于一些分离体系，并取得了较好的效果。该膜用于天然气中二氧化碳处理、氢回收及气体脱湿等工艺中[52]。

气体分离无机膜为非对称结构，其微观结构取决于膜的种类和制备方法。一般无机膜由颗粒有规则堆积而成，具有较窄孔径分布。与有机膜相比，它具有热稳定性好，化学稳定性好，耐有机溶剂、氯化物、强酸强碱溶液，且不被微生物降解，机械稳定性好，寿命长，孔径分布均匀，操作简便等优点；但也存在膜脆易碎，加工成本高，装填面积小，高温密封困难等不足之处。

最近 Air Products 开发一种碳膜，用于从混合烃中回收氢。二氧化碳或各种烃类气体等以表面流动优先透过膜，对氢的透过起到阻碍作用。沸石膜具有无机晶体结构，孔径与小分子尺寸相近，可耐高温和化学降解。制备连续无缺陷的沸石膜，为扩展膜技术在石化领域的应用提供了机会。但目前连续无缺陷沸石膜仅能在实验室制备，还难以实现大规模工业生产。

4.5.2　金属膜材料

金属膜材料主要是稀有金属，以钯及其合金为代表，主要用于 H_2 的分离。近年来超纯氢的小规模装置使用的也是钯/银合金[53]。另外，钯膜已用于加氢、脱氢及氢氧化过程。钯膜对氢具有很高的选择性，已用于加氢、脱氢及脱氢氧化等过程中。一般采用钯合金，因为纯钯在多次吸附和解吸循环中有变脆的趋势。

目前大规模应用的气体膜分离过程主要采用聚合物膜。聚合物膜选择性较高，但也存在不耐高温、抗腐蚀性差等弱点。某些耐高温、抗腐蚀的聚合物材料，又存在成膜性不好的缺点。而无机陶瓷膜可用于涉及高温、腐蚀性的分离过程，但其渗透机理一般为 Knusen 扩散，选择性较差，应用受到局限。采用聚合物/陶瓷复合膜，以耐高温聚合物材料为分离层，陶瓷膜为支撑层，既发挥了聚合物膜高选择性的优势，又解决支撑层膜材料耐高温、抗腐蚀的问题。如采用“聚合—热分解”法修饰大孔径陶瓷基膜，采用“浸涂”方法制备硅橡胶/陶瓷复合膜。

实验室制备成功的聚合物/陶瓷复合膜将聚合物优良的分离性能与陶瓷膜优良的热、化学、机械稳定性优化集成，为实现高温、腐蚀环境下的气体分离提供了可能。

总之，气体分离膜材料的发展方向是开发制备高渗透量、高选择性、耐高温、抗化学腐蚀的膜材料。

另外，对二氧化碳、水蒸气及有机蒸气等可凝性气体组分分离应用领域的扩大，膜材料的选择和制备也从扩散选择性逐步向溶解选择性方向发展。

4.5.3 气体分离应用

4.5.3.1 氢回收技术

膜分离回收 H_2 是当前应用最广，装置销售量最大的一个领域，它已广泛用于合成氨工业、合成甲醇工业、炼油工业和石油化工等方面。目前最常用的是从合成氨与合成甲醇驰放气中回收 H_2。从合成氨驰放气中回收氢气是 H_2/N_2 分离，而从甲醇驰放气中回收氢气是 H_2/CO 分离。不同点是：前者压力高，后者压力低；前者氢回收率高，后者从调节 H_2/CO 比例着想，氢回收率低。此外，由于甲醇在水中的溶解度比氨大。因此水洗塔的尺寸和水耗、电耗都可以减少。

石化工业是个耗氢大户，多年来，在石化工业中，氢气一直供不应求。随着原料油变重和对辛烷值要求的提高，氢气的供需矛盾更加突出。近年来，氢气分离与回收一直是石油化工领域中需要解决的关键问题。石化制氢装置通过干气膜分离制氢技术将原料加氢裂化干气、变压吸附(PSA)解析气以及加氢精制干气提浓至 90%以上，再通过 PSA 提纯，可以优化制氢装置的原料(使制氢装置可加工焦化干气、膜分离产生的非渗透气)以达到多产氢、降低装置能耗的目的。依照气体渗透通过膜速率快慢，可把气体分成快气和慢气。常见气体中，如 H_2O、H_2、He、H_2S 等称为快气；而称为慢气的则有 CH_4 及其他烃类、N_2、CO、Ar 等。原料气体在分压差的驱动下，快气(氢气)选择性地优先透过纤维膜壁在管内低压侧富积而作为渗透气(产品气)导出膜分离系统，渗透速率较慢的气体(烃类)则被滞留在非渗透侧，压力几乎跟原料气相同，经减压冷却后送出界区，从而达到分离的目的。

4.5.3.2 富氮技术

近年来，高选择性、高渗透性的气体分离膜的研制开发为膜法空气分离技术的发展奠定了基础。采用膜法可从空气中直接分离氮，浓度可达 95%

~99%。由于它具有启动快，能耗低等优点已广泛应用于各种行业，如油井强化采油注入气源、矿井、油井、化工装置的安全气源以及食品等的保护气源的制造。膜法富氮装置具有体积小，灵活性高，流程简单，操作方便，其分离过程中无相变，氮气压力损失小，能耗低等特点。

富氮气可应用于各种工业过程、矿井、油田的保护气，水果、蔬菜保鲜及强化采油等。氮气作为一种资源丰富、价格便宜的惰性气体，在三次采油过程中的应用越来越受到重视，国外公司已有工业应用。目前国内开发适于稠油区块三次采油应用的移动式膜法富氮车，具有装置体积小、启动快、操作灵活方便等特点，可提供 O_2 含量小于 2%的富氮气，将来可望投入工业应用。

4.5.3.3　二氧化碳膜分离技术

二氧化碳膜分离技术可分为两种：一种为二氧化碳脱除；另一种为二氧化碳回收利用。前者如天然气净化中脱除其中二氧化碳等酸性组分，增加天然气热值，提高有效输气能力，降低对管道的腐蚀等；后者为二氧化碳资源的回收利用；如烟道气二氧化碳的富集等。目前日本宇部公司和美国 Permea 等公司均有成套的二氧化碳膜组件和装置投入工业应用。使用薄膜法处理含大量二氧化碳废气时，无论使用哪类薄膜，除要对二氧化碳具有高选择性外，二氧化碳透过率亦需越高越好，只是排放气中主要成分氮气和二氧化碳的分子大小十分接近，高选择性和高渗透率不易同时实现。工业上用于二氧化碳分离的膜材质主要有：醋酸纤维、乙基纤维素、聚苯醚及聚砜等。近年来一些性能优异的新型膜材料正不断涌现，如聚酰亚胺膜、聚苯氧改性膜、二胺基聚砜复合膜、含二胺的聚碳酸酯复合膜、丙烯酸酯的低分子含浸膜等，均表现出优异的二氧化碳渗透性。无机膜的研发上也有很大的突破，如日本 Yamaguchi 大学的研究小组制备的一种沸石膜，在 200 ℃时 CO_2/N_2 选择性大于 100，可初步用于分离电厂尾气中的二氧化碳。

膜分离法具有一次性投资较少、设备紧凑、占地面积小、能耗低、工艺简单操作方便等优点，是应用前景良好的二氧化碳气体分离方法，但膜分离法的缺点是需要前级处理、脱水和过滤，且难以得到高纯度的二氧化碳。

4.5.3.4　工业气体膜法脱湿技术

工业气体如天然气、气动仪表保护气等需脱除其中的水蒸气方可达到传输和使用的要求。与传统化学吸收、物理吸附和深冷方法相比，采用膜法净化具有无额外材料及试剂的加入，无再生，无二次污染，操作简便，组装方便，规模灵活，占地面积小，可通过调节膜面积和工艺参数来适应处理量的波动等技术优势。美国、日本、加拿大等国家 20 世纪 80 年代开始开发这项技术，目前已实现工业应用[54,55]。我国从 90 年代开始研制开发，1998 年开展了“$12\times10^4 m^3/d$ 天然气膜法脱水工业化现场试验”，已在技术上取得了成功，为天然气膜法净化在我国的工业应用奠定了基础。

发展天然气汽车，既调整了能源结构，又减少了环境污染，是本世纪具有广阔应用前景的新技术。目前天然气加气站一般采用分子筛脱水变换再生技术工艺。由于气源中存在硫化物、有机烃类组分，分子筛性能易衰减、中毒。原料气中水含量过大，分子筛易结块堵塞，压降大，再生频繁，气体回收率低，功耗高。采用膜法脱湿技术与分子筛净化技术结合，膜分离脱除大量水蒸气及烃类组分，分子筛将少量剩余水蒸气深度脱除，可同时发挥膜技术高含量、高效净化和分子筛低含量、高效净化的技术优势，达到最优的经济效益。

4.5.3.5 有机蒸气的净化与回收

在石油化工等行业中，有机物质制造、贮存、运输、使用等过程中都有大量有机蒸气（VOC）排放，这些废气污染大气，对人体有害，其中大部分废气是可以回收利用的。传统的吸收、冷凝方法都存在能耗大、易形成二次污染等缺点，而膜法回收操作简单高效、节能。近年来，国外在膜法进行有机蒸气脱除与回收的研究方面发展迅速[56]，德国 GKSS 公司采用平板膜板框组件开发出了用于储油罐和汽车加油站的有机蒸气回收装置；日本日东电工有机蒸气膜法回收技术（卷式膜组件）已开发成功，进入使用阶段，美国的 MTR 公司在这方面也有大量的应用实例[57]。

用膜分离法可回收的 VOC 有脂肪族和芳香族碳氢化合物、氯代烃、酮、醛、腈、酚、醇、胺、酸、氯氟烃等，如丁烷、辛烷、三氯乙烯、二氯乙烯、苯乙烯、丙酮、乙醛、乙腈、甲基溴、甲基氯、甲基异丁基酮、二氯甲烷、氯仿、四氯化碳、甲醇、环氧乙烷、环氧丙烷、CFC-11、CFC-12、CFC-13、HCFC-12 等。

4.5.3.6 轻重烃组分的脱除与回收

天然气中含有大量的轻、重烃组分，在气体传输前需将之脱除，以避免烃类组分在管道中冷凝影响正常输气。另外，将轻、重烃回收可作为宝贵的石油化工资源应用，其价值高于同等量天然气资源的价值。传统脱除方法为冷却法，由于需冷却的气量过大，能耗高，设备复杂，投资高，规模大，采用膜技术进行脱除，轻重烃组分渗透速率高于甲烷，优先透过膜得到脱除。渗透侧为富集了轻重烃组分的天然气，气量仅为源气的几分之一甚至更少，此时采用冷却法分离回收烃，能耗、设备规模、投资都可大大降低。

4.5.4 气体膜分离技术的发展趋势

4.5.4.1 研制高效的气体分离膜材料

研究新的聚合物材料，突破渗透性和选择性的上限关系，为研究的重点。

4.5.4.2 开发膜组件组合及优化

膜组件有空心纤维膜组件、卷绕式膜组件及垫套式膜组件等等，各种膜组件的性能都不错，但都存在着各自的缺陷，如螺旋卷绕式膜组件的黏合技术较低、黏合宽度的减少等，还必须不断地加以改进及优化，使得高科技产品和先进的生产工艺相结合，从而推动我国膜分离技术的发展。

4.5.4.3 集成分离技术

采用膜分离技术与其他技术集成，实现最优的工艺组合和最低的经济投资是气体膜分离技术发展的方向，同时也扩大了气体膜分离技术应用的领域和适用范围。如采用固体脱硫和膜法脱水相结合，进行天然气外输前的净化处理。另外，采用膜分离和冷凝法相结合，来净化和回收有机蒸汽中的卤代烃。

能源和环保是当今世界面临的两大重要问题。气体膜分离作为一种“绿色技术”，在与传统技术（吸附、吸收、深冷等）竞争中，将越来越广泛应用于石油、天然气、化工、冶炼、医药等领域。

参考文献

[1] Wijmans J G, Baker R W. The solution-diffusion model: A review. *J Membr Sci*, 1995, **107**, 1～21

[2] 李多，姜忠义，王艳强. 渗透汽化传质理论与模型（Ⅱ）溶解行为. 膜科学与技术，2003, **23**(5), 60～64

[3] Flory P J. Thermodynamics of high polymer solutions. *J Chem Phys*, 1942, **10**, 51～61

[4] Vieth W R, Howell J M, Hsieh J H. Dual sorption theory. *J Membr Sci*, 1976, **1**, 177～190

[5] Oishi T, Prausnitz J M. Estimation of solvent activities inpolymer solutions using a group contribution method. *Ind Eng Chem Process Des Dev*, 1978, **17**, 333～339

[6] High M S, Danner R P. Application of the group contribution lattice fluid EOS to polymer solutions. *AIChE J*, 1990, **36**, 1625～1632

[7] Lee B C, Danner R. P. Prediction of polymer-solvent phase equilibria by a modified group-contribution EOS. *AIChE J*, 1996, **42**, 837～ 849

[8] Lee B C, Danner R P. Prediction of infinite dilute solvent activity coefficients in polymer solutions: Comparison of prediction models. *Fluid Phase Equilib*, 1997, **128**, 97～114

[9] Wang B G, Yamaguchi T, Nakao S. Prediction of solubility for solvent/ polymer mixture with UNIFAC-FV and GCL F2EOS model. *Acta Chimica Sinica*, 2001, **59**(6), 961～967

[10] Wang B G, Yanaguchi T, Nakao S. Effect of molecular association on solubility, diffusion and permeability in polymeric membranes. *J Polym Sci, Part B : Polym Phys*, 2000, **38**, 171～181

[11] 王保国，陈翠仙，高从堦，有机溶剂分离膜结构和膜材料设计理论研究，膜科学与技术，2004，**24**(5)，51～57

[12] 由涛，陈龙祥，李波等. 渗透汽化传质模型的研究进展，化工进展，2009，**28**(7)，1109～1114

[13] 陈翠仙，韩宾兵，朗宁·威. 渗透蒸发和蒸气渗透. 北京：化学工业出版社，2003

[14] 吕家帧，陆小华，周健等. 化学工程中的分子动力学模拟. 化工学报，1998，**49**(增刊)，64～70

[15] Fujita H. Diffusion in polymer-diluent systems, *Fortschr Hochpolym-Forsch*, 1961, **3**, 1～47

[16] Vrenta J S, Duda J L. Diffusion in polymer-solvent systems: I. Reexamination of the free-volume theory. *J Polym Sci, Polym Phys Ed*, 1977a, **15**, 403～416

[17] Vrenta J S, Duda J L . Diffusion in polymer-solvent systems: II. A predictive theory for the dependence of diffusion coefficients on temperature, concentration and molecular weight. *J Polym Sci, Polym Phys Ed*, 1977b, **15**, 417～439

[18] Vrenta J S, Duda J L, Ling H C. Free-volume theories for self-diffusion in polymer-solvent system: I. Conceptual differences in theories. *J Polym Sci, Polym Phys Ed*, 1985a, **23**, 275～288

[19] Vrenta J S, Duda J L, Ling H C, *et al*. Free-volume theories for self-diffusion in polymer-solvent system: II. Predictive capabilities. *J Polym Sci, Polym Phys Ed*, 1985b, **23**, 289～304

[20] Vrenta J S, Vrenta C M, A new equation relating self-diffusion and mutual diffusion coefficients in polymer-solvent system, *Macromolecules*, 1993, **26**, 6129～6131

[21] Vrenta J S, Vrenta C M. Prediction of mutual diffusion coefficients for polymer-solvent systems, *J Appl Polym Sci*, 2000, **77**, 3195～3199

[22] Ghosh U K, Pradhan N C, Adhikari B. Separation of furfural from aqueous solution by pervaporation using HTPB-based hydrophobic polyurethaneurea membranes. *Desalination*, 2007, **208**, 146～158

[23] Thongsukmak A, Sirkar K K. Pervaporation membranes highly selective for solvents present in fermentation broths. *J Membr Sci*, 2007, **302**, 45～58

[24] Mandal M K, Bhattacharya P K . Poly(vinyl acetal) membrane for pervaporation of benzene-isooctane solution. *Sep Purif Technol*, 2008, **61**, 332～340

[25] Shao P, Huang R Y M. Polymeric membrane pervaporation. *J Membr Sci*, 2007, **287**, 162～179

[26] Meyer-Blumenroth U, Znechner K, Hellige G. Separator membranes for mass spectrometry of blood gases: Gas permeability with regard to the measurement of inert gases in the determination of organ blood flows. *Biomed Technol*, 1988, **33**(4), 66～72

[27] Wang H J, Yang B L, Wu J. Multi-fields synergy in the process of reactive distillation coupled with membrane separation. *Chem Eng Process*, 2005, **44**, 1207～1215

[28] Liu M G, Dickson J M, Cote P. Simulation of a pervaporation system on the industrial scale for water treatment. Part I: Extended resistance-in-series model. *J Membr Sci*, 1996, **111**(2), 227～241

[29] Shieth J J, Huang R Y M. A pseudophase-change solution-diffusion model for pervaporation(I) Single component permeation. *Sep Sci Technol*, 1998, **33**(6), 767～785

[30] Shieth J J, Huang R Y M. A pseudophase-change solution-diffusion model for pervaporation(II) Binary mixture permeation. *Sep Sci Technol*, 1998, **33**(7), 933～957

[31]王保国,马明林.高分子致密膜内渗透现象的同一性研究.化工学报,2006,**57**(1),1～5

[32]万朝阳,陈翠仙.Pervaporation characteristic of a PVA/ PAN composite membrane crosslinked by glutaradehyde.北京化工大学学报,2000,**27**(1),4～7

[33] Upadhyay D J, Bhat N V. Pervaporation studies of gaseous plasma treated PVA membrane, *J Membr Sci*, 2004, **239**, 255～263

[34]潘光明,张俊彦,周晖,四羧酸丁烷型聚酰亚胺气体分离膜的制备和性能,化学物理学报,1996,**9**(1),87～91

[35]邵上俊,董淑琴,俞贤达,离子交换膜的渗透汽化,高分子通报,1996,**2**,94～100

[36] Cabasso I, Liu Z Z, Makenzie T. The permselectivity of ion-exchange membranes for non electrolyte liquid mixtures. II. The effect of counterions(separation of alcohol/water mixtures with nafion membranes), *J Membr Sci*, 1986, **8**, 109～119

[37] Koros W K, Fleming G K. Membrane-based gas separation, *J Membr Sci*, 1993, **83**, 1～80

[38]高以恒,叶凌碧.膜分离技术基础.北京:科学出版社,1989

[39] Kunt B, Sourirajan S. Effect of casting conditions on the performance of porous cellulose acetate membranes in reverse osmosis, *J Appl Polym Sci*, 1970, **14**, 723～733

[40] Loeb S, Sourirajan S. High flow porous membranes for separating water from saline solutions, *US* 3133132(1964)

[41] Kesting R, Fritzsche A, Murphy M, *et al*. Asymmetric gas separation membranes having graded density skins, *US* 4880441(1989)

[42] Kesting R E, Fritzsche A K, Murphy M K, *et al*. The second-generation polysulfone gas-separation membrane. I. The use of lewis acid: Base complexes as transient templates to increase free volume, *J Appl Polym Sci*, 1990, **40**, 1557～1574

[43] 尚修勇，陈姗姝，施孝．铸膜液溶剂的相互作用及其对EC气体分离膜的影响，化学物理学报，1997，**10**(5)，475～480

[44] Brton A. CRC handbook of solubility parameter and other cohesion parameters, FL: CRC Press, BocaRaton, 1983

[45] Kesting R E．合成聚合物膜，王学松，赵宝泉，张永泰译．北京：化学工业出版社，1992

[46] 蒋晓钧，曾一鸣，施艳荞，陈观文．成膜溶剂对聚4-甲基戊烯-1膜形态结构及渗透汽化特性的影响．功能高分子学报，2001，**14**(6)，133～137

[47] 葛目荣，许莉，曾宪友，朱企新．纳滤理论的研究进展．流体机械，2005，**33**(1)，35～40

[48] Popunat L, Rios G M, Joulie R, et al. Electonan filtration: A new process for ion separation. *Sep Sci Technol* , 1998, **33**(1), 672～811

[49] 何毅，李光明．纳滤膜分离技术的研究进展．过滤与分离，2003，**13**(3)，5～9

[50] 汪洪生，陆雍森．国外膜材料及膜工艺进展．污染防治技术，1999，**19**(2)，111～113

[51] 熊日华，王世昌．神经网络在膜技术中的应用．膜科学与技术，2003，**23**(6)，44～48

[52] Sulpizio. Membrane technology/planning conference, cambidge, Massachusetts: 1995

[53] Baker R W, Louie J, Pfomm P H, *et al*. Ultrathin composite metal membranes, *US* 4857080(1989)

[54] Schell W J. Oxygen enrichment by means of facilitated transport, Chem Eng Proc, 1982, **78**(10), 33～37

[55] Arrowsmith R J, Jones K. Process for the dehydration of a gas, *US* 5641337(1997)

[56] 贠延滨，陈翠仙，马润宇．膜分离技术在石油化领域中的应用．化工新型材料，2003，**31**(11)，7～10

[57] Baker R W. Process for recovering organic vapors from air, *US* 4553983

第 5 章　超临界流体分离技术

 5.1　超临界流体概述

5.1.1　超临界流体特性

当物质处于临界温度(T_c)与临界压力(p_c)以上，即为超临界流体。相较于固、液、气三态，物质于超临界流体状态表现出一些重要特性：(1)当接近临界温度(如对比温度 T_r=1～1.2)时，流体有很大的可压缩性，且超临界流体的密度和液体的密度比较接近；(2)当接近临界压力时(如对比压[illegible]=0.7～2 的范围内)，适当增加压力可使流体密度很快增大到接近普通[illegible]的密度，使超临界流体具有类似液体对溶质的溶解能力(溶解能力高)，且[illegible]般而言，流体的溶解能力随密度的增大而增大(微小的压力或压力的变化会引起密度的很大变化，从而导致溶解能力的极大变化)；(3)超临界流体的黏度受温度和压力的影响不太大，其黏度比液体要小得多，接近于气体；(4)超临界流体的扩散系数比液体大约 100 倍，扩散能力接近于普通气体，这意味着超临界流体具有快速达到传质平衡的能力；(5)超临界流体表面张力趋于零，因此在超临界流体状态下去除溶剂可以很好地保护材料的微、纳米孔道。

表 5-1 给出了五种常用物质的临界温度、临界压力和临界密度。其中，CO_2分子的偶极矩为零，其极性随压力的增大无明显变化。在超临界流体区域其对其他物质的溶解性能与液态烷烃及甲苯相近，对低分子量的脂肪烃、低极性亲脂性化合物(如酸、醚、醛等)具有优异的溶解性能，而对大多数无

机盐、极性较强的物质(如糖、氨基酸、淀粉、蛋白质等)几乎不溶。一般而言,多强极性官能团(如—OH,—COOH)化合物、高分子化合物(如分子量超过 500)在超临界 CO_2 中溶解度均很低,故多元醇、多元酸,以及有多个羟基和羧基的芳香物质难溶于超临界 CO_2。

表 5-1 常用物质的临界性质

物性 / 物质	临界温度 ℃	临界压力 MPa	临界密度 g/cm^3
二氧化碳	31.1	7.38	0.460
氨	132.4	11.28	0.235
水	374.3	22.11	0.326
丙烷	96.6	4.19	0.217
甲醇	239.5	8.09	0.272

5.1.2 超临界流体技术

正是由于超临界流体的上述特性,其可以广泛地应用于化工分离和反应过程中,从而形成许多超临界流体技术(如图 5-1)。超临界流体技术大体的发展包括三个阶段:19 世纪世纪 70 年代以前的发展阶段,研究内容以含超临界流体体系的相平衡、过程传质为主;20 世纪 70 到 90 年代的迅猛发展阶段,此阶段出现了重要的超临界水氧化技术、超临界流体粉体化技术等;20 世纪 90 年代以来的全面发展阶段,此时以绿色化学、能源开发为理念的反应以及耦合分离(离子液、膜分离等的耦合)等技术得到全面的研究和应用。

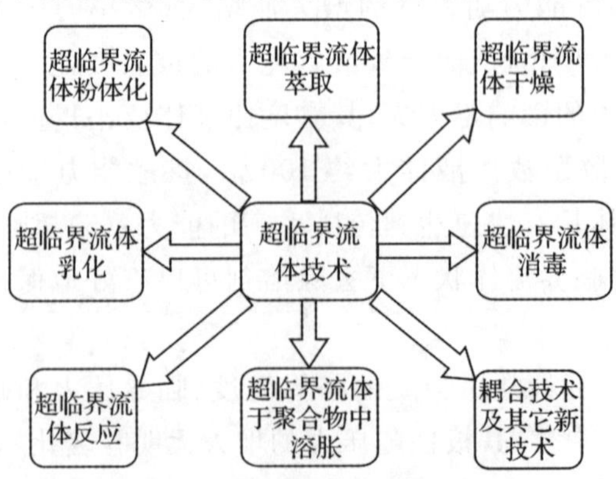

图 5-1 主要超临界流体技术

如图 5-1，超临界流体技术以物理过程为主，如超临界流体萃取，超临界流体结晶，超临界流体干燥，超临界流体中的乳化，超临界流体消毒，超临界流体溶胀（如发泡），及各种耦合技术（如超临界变压吸附）；另一方面，化学过程也发展迅猛，如超临界水氧化技术、超临界流体聚合反应技术、超临界流体中各种催化反应等。

本章主要叙述超临界流体分离技术：超临界流体萃取和耦合，超临界流体结晶，超临界流体干燥，超临界流体吸附技术。为此，首先在 5.2 节中描述各种技术涉及的主要相平衡问题，然后分节介绍这些技术的相关研究。

5.2 含超临界流体体系的相平衡

各种超临界流体技术中，无论有无反应，均涉及物质和超临界流体之间的相际平衡的问题。不同的超临界流体技术可能有不同和相同的相平衡问题，而同一种超临界流体技术中可能包含多种相平衡问题。比如：超临界流体萃取分离主要涉及固体与超临界流体之间的平衡（固流平衡），也可能涉及液体与超临界流体之间的平衡（液流平衡）；超临界流体结晶过程主要涉及超临界流体与液体、固体之间的平衡。含超临界流体体系的相平衡的研究对超临界流体技术的应用和开发具有重要的意义，比如对应的工艺的优化和创新，设备的设计等。由于体系的多样性和影响因素的复杂性，对于含超临界流体体系的相平衡的研究，需要实验和理论相结合的研究方法，才能达到实际应用的目的。

下面介绍几种超临界流体技术中常遇到的相平衡问题，尤其包括与超临界萃取相关的固流平衡，与超临界流体结晶相关的液流平衡和固液流平衡。

5.2.1 含超临界流体的相平衡问题

相平衡是在一定温度 T 和压力 p 下的组分 i 在两相或多相中的化学位相等（也即逸度 f 相等）：

$$f_i^{X}(T,p)=f_i^{Y}(T,p) \tag{5-1}$$

式中 X，Y 可以是气相（G），液相（L），固相（S）和超临界流体相。没有特别说明，本章中超临界流体一般均用压缩气体处理，故超临界流体相也视为气相。i组分在液相中的组成一般用 x_i（摩尔分率）表示，在气相中组成用 y_i（摩尔分率）表示。组分在气相中的逸度可用逸度系数 φ 表示为：

$$f_i^{G}(T,p)=y_i\varphi_i^{G}p \tag{5-2}$$

组分在液相中的逸度可用逸度系数表示，也可以用活度系数 γ 来表示：

$$f_i^{L}(T,p)=x_i\varphi_i^{L}p \tag{5-3}$$

$$f_i^{L}(T,p)=x_i\gamma_i f_{i0}^{SCL}(T,p) \tag{5-4}$$

一般固体以纯物质形式存在，其逸度通常有两种表达式：

$$f_{i0}^{S}(T,p)=p_{i0}^{S,sat}\varphi_{i0}^{S,sat}\exp\left[\frac{v_{i0}^{S}(p-p_{i0}^{S,sat})}{RT}\right] \tag{5-5}$$

$$f_{i0}^{S}(T,p)=f_{i0}^{SCL}(T,p)\times \exp\left[\frac{\Delta_{fus}H_i}{RT_{mi}}\left(1-\frac{T_{mi}}{T}\right)+\frac{p(v_{i0}^{S}-v_{i0}^{L})}{RT}+\frac{(p_{i0}^{L,sat}v_{i0}^{L}-p_{i0}^{S,sat}v_{i0}^{S})}{RT}\right] \tag{5-6}$$

以上各式中，T_{mi} 和 $\Delta_{fus}H_i$ 分别为常压下的固体组分 i 的熔点和熔融焓；v_i 是溶质 i 的摩尔体积；而 $p_i^{S,sat}$ 和 $p_i^{L,sat}$ 分别表示组分 i 在相应温度 T 下的固相饱和蒸汽压和液相饱和蒸汽压。下标 0 代表纯物质的性质。$f_{i0}^{SCL}(T,P)$ 为假想的过冷液体的逸度，它可表达为：

$$f_{i0}^{SCL}(T,p)=f_{i0}^{L}(T,p_{i0}^{L,sat})\exp\left[\frac{v_{i0}^{L}(p-p_{i0}^{L,sat})}{RT}\right] \tag{5-7}$$

其中

$$f_{i0}^{L}(T,p_{i0}^{L,sat})=p_{i0}^{L,sat}\varphi_{i0}^{L,sat}(\varphi_{i0}^{L,sat}=1) \tag{5-8}$$

根据

$$p_{i0}^{S,sat}=p_{i0}^{L,sat}\exp\left[\frac{\Delta_{fus}H_i}{RT_{mi}}\left(1-\frac{T_{mi}}{T}\right)\right] \tag{5-9}$$

由此，固体（纯）的逸度的两种表达式（5-5）和（5-6）是相同的[1]。式（5-2）和（5-3）中组分 i 的逸度系数 φ_i 用状态方程可以求得。式（5-4）中组分 i 的活度系数 γ_i 由相应的活度系数模型求得。下面简单叙述。

（1）状态方程（Equation of State，EoS）

研究表明，对于涉及超临界流体的高度非对称体系，一般可采用立方型状态方程 Peng-Robinson 方程（PR-EoS）

$$p=\frac{RT}{v-b}-\frac{a}{v(v+b)+b(v-b)} \tag{5-10}$$

式中 T，p 和 v 分别为温度、压力和摩尔体积。参数 a 和 b 表示为：

$$a_i = 0.457235 \frac{(RT_{ci})^2}{p_{ci}} \left[1 + \kappa_i \left(1 - \sqrt{\frac{T}{T_{ci}}}\right)\right]^2 \tag{5-11}$$

$$b_i = 0.077796 \frac{RT_{ci}}{p_{ci}} \tag{5-12}$$

其中参数 κ_i 取为：

$$\kappa_i = 0.37464 + 1.54226\omega_i - 0.26992\omega_i^2 \tag{5-13}$$

以上式子中，T_c、p_c、ω 分别是纯物质的临界温度、临界压力和偏心因子，只要有了这些参数就可以用状态方程来描述纯物质的性质。

文献也常有其他立方形状态方程的应用：Kikic 等[2]指出尽管立方型状态方程结合简单的混合规则就可以成功地应用到高压流体相平衡中，但是对于超临界流体技术应用的聚合物领域，显然行不通。对于这种情形，可以考虑采用基于分子热力学的状态方程，如：微扰硬球链理论（Perturbed Hard-Chain Theory，PHCT）或统计缔合流体理论（Statistics Associate Fluid Theory，SAFT）等。

(2)混合规则(mixing rules)

上面提到，只要有 T_c、p_c、ω 这些参数就可以用 EoS 来描述纯物质的性质；但对于混合物，需要用一定的规则将混合物的性质表达为纯物质性质的函数。这样的一种表达方法就是混合规则。

(a)范德华混合规则(vdW)

对于立方形状态方程中的混合参数 a 和 b，通常表达为：

$$a = \sum_{i=1}^{n} \sum_{j=1}^{n} x_i x_j a_{ij} \tag{5-14}$$

$$b = \sum_{i=1}^{n} \sum_{j=1}^{n} x_i x_j b_{ij} \tag{5-15}$$

根据 a_{ij} 和 b_{ij} 的求解公式不同，有诸如范德华（van der Waals，vdW）、P&R (Panagiotopoulos-Reid)、A&S（Adachi-Sugie）、Stryjek-Vera 等混合规则。其中 vdW 混合规则最常用：

$$a_{ij} = a_{ji} = (a_i a_j)^{1/2}(1 - k_{ij}) \tag{5-16}$$

$$b_{ij} - b_{ji} = \frac{b_i + b_j}{2}(1 - l_{ij}) \tag{5-17}$$

式(5-16)和(5-17)包含两个参数，称为双参数范德华混合规则(vdW-2)。当 $l_{ij}=0$ 时，称为单参数范德华混合规则(vdW-1)。式中的 k_{ij} 和 l_{ij} 为溶质与溶剂之间的相互作用参数(二元相互作用参数)。用 vdW 混合规则，可以得到式(5-2)和(5-3)中组分 i 的逸度系数表达式：

$$\ln(\varphi_i)=\frac{B_i}{B}(Z-1)-\ln(Z-B)-\frac{A}{2\sqrt{2}B}\left[\frac{2\sum_j y_j A_{ij}}{A}-\frac{B_i}{B}\right]\ln\left[\frac{Z+(1+\sqrt{2})B}{Z+(1-\sqrt{2})B}\right] \tag{5-18}$$

其中，$A=ap/(RT)^2$；$B=bp/RT$；$B_i=b_i p/RT$；$A_{ij}=a_{ij}p/(RT)^2$。

(b)基于 G^E 模型和状态方程的混合规则

这类混合规则主要包括：MHV1(the Michelsen modified Huron-Vidal)和 LCVM(the Linear Combination of Vidal and Michelsen)等。最初的 LCVM 中，PR-EoS 中参数 a 可以表示为：

$$a=\alpha bRT \tag{5-19}$$

其中，

$$b=\sum_{i=1}^{n}x_i b_i \tag{5-20}$$

$$\alpha=\frac{1}{C_{1,\mathrm{LCVM}}}\frac{G_0^E}{RT}+C_{2,\mathrm{LCVM}}\sum_{i=1}^{n}x_i\ln\frac{b}{b_i}+\sum_{i=1}^{n}\frac{x_i a_i}{b_i RT} \tag{5-21}$$

$$\frac{G_0^E}{RT}=\sum_{i=1}^{n}x_i\ln\gamma_i \tag{5-22}$$

以上方程中，n 为组分数；在式(5-21)中，$C_{1,\mathrm{LCVM}}$ 和 $C_{2,\mathrm{LCVM}}$ 由下面两式求得：

$$\frac{1}{C_{1,\mathrm{LCVM}}}=\left(\frac{\lambda}{A_V}+\frac{1-\lambda}{A_M}\right) \tag{5-23}$$

$$C_{2,\mathrm{LCVM}}=\frac{1-\lambda}{A_M} \tag{5-24}$$

其中 $A_V=0.623$，$A_M=0.52$。当 $\lambda=0.36$ 时，以上方程即为原始的 LCVM 混合规则；当 $\lambda=0$ 时，方程则转化为 MHV1 混合规则；作者所在课题组曾改进了 LCVM 混合规则，λ 取 0.18[1]。

(3)活度系数模型

活度系数模型用于获取溶液的活度系数计算式。常见的活度系数模型有正规溶液理论(Regular Solution Theory，RST)，Wilson 方程，UNIQUAC 方程，NRTL 方程，也包括基团贡献法计算活度系数的方法，如 UNIFAC 法。

(a)NRTL 方程(Non-Random Two Liquids equation)

在 NRTL 方程中，体系中组分的活度系数可由下式求得：

$$\ln \gamma_i = \frac{\sum_{j=1}^{\delta} \tau_{ij} G_{ji} x_j}{\sum_{j=1}^{\delta} G_{ji} x_j} + \sum_{j=1}^{\delta} \frac{G_{ij} x_j}{\sum_{k=1}^{\delta} G_{kj} x_k} \left(\tau_{ij} - \frac{\sum_{k=1}^{\delta} G_{kj} x_k \tau_{kj}}{\sum_{k=1}^{\delta} G_{kj} x_k} \right) \tag{5-25}$$

其中，

$$G_{ij} = \exp(-\alpha_{ij} \tau_{ij}) \tag{5-26}$$

模型参数 τ_{ij} 为组分 i-j 之间的作用能参数，且有：

$$\tau_{ij} = \frac{g_{ij} - g_{jj}}{RT} \tag{5-27}$$

g_{ij}、g_{jj} 为可调参数；一般令 $\alpha_{12} = \alpha_{21} = 0.3$。

(b)UNIFAC 方法

这是一种基于气液平衡得到的具有预测功能的活度系数模型，由 Fredenslund 等开发。该方法出发点是将实际溶液看作各组分的基团所组成的溶液。

在该模型中，组分 i 活度系数可有下式计算：

$$\ln\gamma_i = \ln\gamma_{ic} + \ln\gamma_{ir} \tag{5-28}$$

其中 γ_{ic} 是表示分子形状和大小对活度系数的贡献，计算式为：

$$\ln\gamma_{ic} = \ln \frac{\phi_i}{x_i} + \frac{z}{2} q_i \ln \frac{\theta_i}{\phi_i} + l_i - \frac{\phi_i}{x_i} \sum_{j=1}^{N} x_j l_j \tag{5-29}$$

$$\phi_i = x_i r_i / \left(\sum_{j-1}^{N} x_j r_j \right) \tag{5-30}$$

$$\theta_i = x_i q_i / \left(\sum_{j=1}^{N} x_j q_j \right) \tag{5-31}$$

$$l_i = z(r_i - q_i)/2 - (r_i - 1) \tag{5-32}$$

$$r_i = \sum_{k=1}^{K^{(i)}} v_k^{(i)} R_k \tag{5-33}$$

$$q_i = \sum_{k=1}^{K^{(i)}} v_k^{(i)} Q_k \tag{5-34}$$

其中，R_k 和 Q_k 是第 k 种基团对 r_i 和 q_i 的贡献。$v_k^{(i)}$ 是 i 组分中的 k 基团数目。

此外，式(5-28)中的 γ_{ir} 是反映基团间相互作用对剩余活度系数的贡献：

$$\ln\gamma_{ir} = \sum_{k=1}^{k^{(i)}} v_k^{(i)} \left[\ln\Gamma_k - \ln\Gamma_k^{(i)} \right] \tag{5-35}$$

式中，Γ_k 是溶液中基团 k 的活度系数，$\Gamma_k^{(i)}$ 是纯组分 i 中基团 k 的活度系数。基团活度系数 Γ_k 和 $\Gamma_k^{(i)}$ 都能按下式计算：

$$\ln\Gamma_k = Q_k \left[1 - \ln\left(\sum_m \Theta_m \Psi_{mk} \right) - \sum_m \left(\Theta_m \Psi_{km} / \sum_n \Theta_n \Psi_{nm} \right) \right] \tag{5-36}$$

$$\Theta_m = Q_m X_m / \sum_n Q_n X_n \tag{5-37}$$

其中，X_m 是混合物中基团 m 的分子分数；对于涉及超临界流体的混合物，Ψ 项通常采用下式计算[3]：

$$\Psi_{mn} = \exp(\frac{A_{mn} + B_{mn}(T - 298.15)}{T}) \tag{5-38}$$

UNIFAC 模型中所涉及的基团参数（R_k 和 Q_k）以及（5-38）式中的基团相互作用参数 A_{mn} 和 B_{mn} 大都可以从文献中查到，不能获取的需要自行用实验数据关联得到。

5.2.2 超临界流体中的固流平衡

固流平衡是指常温固体物质（也包括难挥发液体）与超临界流体间的相平衡，因此涉及固体在超临界流体中的溶解度。需要注意的是，很多固体在超临界流体中具有明显的熔点下降的现象，故研究时需要辨别固体是否融化，即是否已经是液流平衡。另外，由于超临界流体常视为压缩气体，固流平衡也常称为固气平衡。

实验测定固流平衡的方法可以分为静态法和动态法。静态法指将固体组分和超临界流体放置于封闭（最好带有搅拌）的容器中，待其建立平衡后分析流体相的组成（比如用高压六通阀在线取样分析）。动态法则将流体缓缓通过萃取柱（平衡釜），使得在该接触过程中两相建立平衡，然后对出萃取柱的流体进行分析。动态法简便快速，但需要设计良好的装置、控制流体的流速、认真检验操作条件下是否达到平衡才能保证数据的准确性，比如李军等在研究茶多酚在超临界二氧化碳中的溶解度用到该方法[4]。动态法也可以设计成将流体相进行循环的过程，这相当于改进的静态法，并可以实现在线取样分析。

超临界流体中固体（或难挥发性液体）的溶解度计算方法有很多，但以经验模型和超临界流体视为压缩气体的状态方程法为主。

经验模型以 Chrastil 方程[5]为代表，溶质溶解度 C 与超临界流体密度 ρ 和温度 T 之间的关系表示为：

$$C = \rho^m \exp(a/T + b) \tag{5-39}$$

式中，C 为溶质在超临界流体中的浓度，单位用 g/l；ρ 为超临界流体密度密度，单位用 g/l；a 和 b 为常数。该方程的推导过程中假设超临界流体和溶质作用为缔合反应，因此 m 为缔合数。类似于 Chrastil 方程的半经验方程很多,并且可以取得比 Chrastil 方程更好的结果[6]。然而,其中除缔合参数外,其他参数经验性大,缺乏普遍意义。

将超临界流体视为压缩气体的状态方程具有坚实的热力学基础,也具有普遍的意义:原则上只要有适合的状态方程以及研究物质的临界参数和偏心因子就可以进行计算。对于超临界流体(1)—固体溶质(2)体系,相平衡时固体溶质在对应两相中的逸度相等,即:

$$f_2^{G}(T,p)=f_{20}^{S}(T,p) \tag{5-40}$$

根据式(5-2)、(5-5)可以得到:

$$py_2\varphi_2=p_2^{sat}\varphi_2^{sat}\exp\frac{v_{20}^{s}(p-p_2^{sat})}{RT} \tag{5-41}$$

其中上标 sat 指饱和态。p_2^{sat} 为对应固体溶质于温度 T 下的饱和蒸气压,y_2 即为固体在超临界流体中的溶解度,它可以表示为:

$$y_2=\frac{p_2^{sat}}{p}\frac{\varphi_2^{sat}}{\varphi_2}\exp\frac{v_{20}^{s}(p-p_2^{sat})}{RT} \tag{5-42}$$

式(5-42)中的逸度系数可用结合一定的混合规则的状态方程计算,从而得到 y_2。

图 5-2 给出了用 PR-EoS 和 vdW-1 混合规则计算得到的萘在超临界二氧化碳中不同温度下的溶解度曲线,并与实验结果进行比较。显然,该计算表明:在较低压力下,低温有利于提高萘在超临界二氧化碳中的溶解度;在较高压力下,高温有利于提高萘在超临界二氧化碳中的溶解度。可见,将超临界流体视为压缩气体的状态方程方法,能较好地反映出超临界流体中固体溶质溶解度的变化。

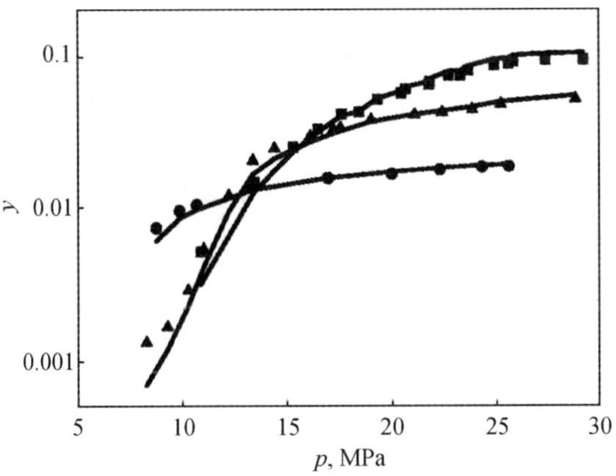

图 5-2　PR-EoS 计算萘在超临界二氧化碳中溶解度[7]

实验值:●308.15 K;▲328.15 K;■333.35 K;计算值:实线,作用参数 $k_{12}=0.09594$

5.2.3 超临界流体中的液流平衡

液体与超临界流体间的相平衡为液流平衡，也常被称为液气平衡。同样，实验测定方法可以分为静态法和动态法。静态法指将液体和超临界流体组分放置于封闭（带有搅拌的）容器中，待其建立平衡后分析液气两相中的组成。对于液气平衡，静态法中还有一类方法称为合成法（synthetic method），它不需分析组分组成：利用逐渐改变压力或温度，观察相变化来获取相平衡曲线。合成法对二元体系的测定非常实用、可靠；当用于多元体系的相平衡研究时，该法不能测定足够的相平衡数据。对于液气平衡，动态法主要采用循环法（recirculation method）：通过循环泵将流体相和液相进行循环，从而两相不间断地混合接触，平衡较快达到，也可以实现在线分析两相的组成。相关内容可参考文献介绍[8]。

将超临界流体视为压缩气体的状态方程法是含超临界流体的液气平衡计算的主要方法。对应超临界流体与液体体系的相平衡方程可写为：

$$f_i^{\mathrm{G}}(T,P)=f_i^{\mathrm{L}}(T,P) \quad 即 \quad y_i\varphi_i^{\mathrm{G}}P=x_i\varphi_i^{\mathrm{L}}P \quad (i=1,\cdots,n) \tag{5-43}$$

式中，下标 1 指超临界流体，2，…，n 为多组分的液体。利用状态方程结合一定的混合规则，可以计算式（5-43）中的组分在气相和液相中的逸度系数，从而可以确定在给定温度和压力下多元体系的两相组成（事先要根据相律确定计算需要的变量数）。值得指出的是，状态方程方法由于包含了液体相的摩尔体积信息，在计算液气平衡过程中，可以直接得到液相体积的变化（应用于超临界流体膨胀技术）。

为了应用一种改进的超临界流体结晶技术，李军等[9]用合成法测定了三个温度（313、323、333 K）下的 CO_2/四氢呋喃体系在临界点附近的液气平衡数据，并用 Peng-Robinson 状态方程结合 Panagiotopoulos-Reid（P&R）混合规则（$k_{12}=0.1519$，$k_{21}=0.04402$）和范德华单参数混合规则（$k_{12}=-0.0027$）进行了计算。P&R 混合规则为：

$$a=\sum_i\sum_j x_ix_j(a_ia_j)^{1/2}[1-k_{ij}+(k_{ij}-k_{ji})x_i] \tag{5-44}$$

$$b=\sum_i\sum_j x_ix_j\left(\frac{b_i+b_j}{2}\right) \tag{5-45}$$

该混合规则有 k_{ij} 和 k_{ji} 成对二元相互作用参数。计算结果与实验结果的比较如图 5-3。同时，得到体积变化规律如同 5-4（图中也给出了实验值）。从两张图可以看出，两参数的 P&R 混合规则比范德华单参数混合规则计算效果好。

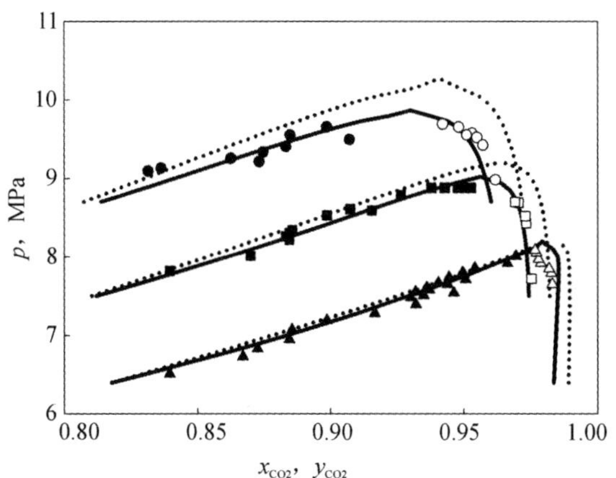

图 5-3　CO_2/四氢呋喃体系的 P-x-y 相图[9].

实验值:○,●333K;■,□323K;△,▲313 K. 计算值:——$k_{12}=0.1519$,$k_{21}=0.04402$(P&R);…$k_{12}=-0.0027$(vdW-1).

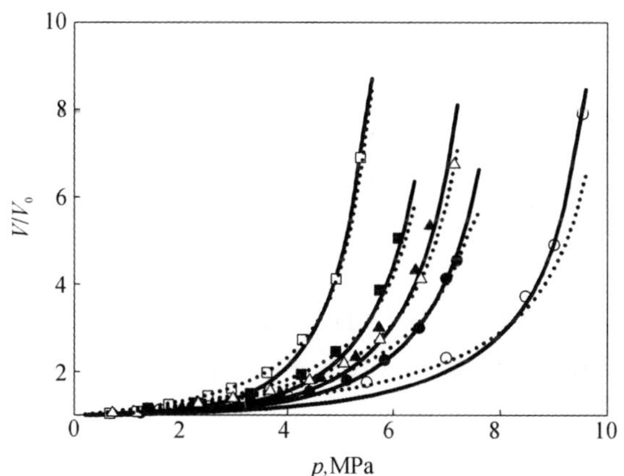

图 5-4　四氢呋喃与 CO_2 中的体积膨胀[9].

实验值:□298 K;■308 K;▲,△313 K;●318 K;○333 K. 预测值:——P&R;…vdW-1.

李军等以 Stryjek 和 Vera 改进的 Peng-Robinson 状态方程(PRSV-EoS)结合双参数的 P&R 混合规则对 CO_2/乙醇/水体系的液气相平衡进行了计算[10]。其中 Stryjek 和 Vera 改进的 Peng-Robinson 状态方程中参数 κ_i 取为:

$$\kappa_i=\kappa_{0i}+\kappa_{1i}\left(1+\sqrt{\frac{T}{T_{ci}}}\right)\left(0.7-\frac{T}{T_{ci}}\right) \tag{5-46}$$

$$\kappa_{0i}=0.378893+1.4897153\omega_i-0.17131848\omega_i^2+0.0196554\omega_i^3 \tag{5-47}$$

为了更好地计算温度对三元体系的影响,对二元相互作用参数引入温度的影响：

$$k_{ij}=c_{ij}+d_{ij} \tag{5-48}$$

$$k_{ji}=c_{ji}+d_{ji}T \tag{5-49}$$

首先用状态方程和混合规则计算对应的三个二元体系的液气相平衡，得到二元作用参数(与温度有关)。如表 5-2。计算结果如图 5-5～5-7。

表 5-2　二元体系相互作用参数[10]

系统	k_{ij}		k_{ji}	
	c_{ij}	$d_{ij}\times10^4$	c_{ji}	$d_{ji}\times10^4$
CO_2/乙醇	−0.025121	4.4875	0.0039559	2.7141
CO_2/水	−0.48321	12.015	0.17289	1.0977
乙醇/水	−0.16281	1.1970	−0.28803	5.7827

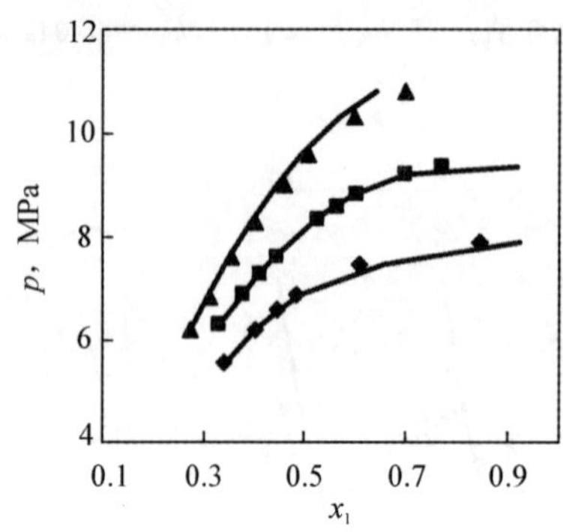

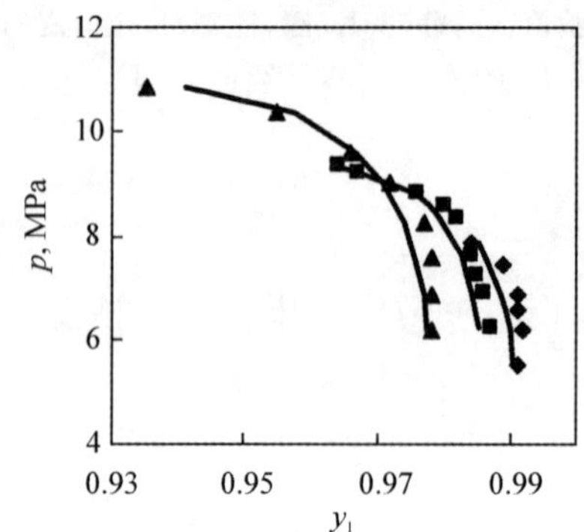

图 5-5　CO_2/乙醇体系的 p-x-y 相图[10].

实验值：◆314.5 K；■325.2 K；▲337.2 K. 计算值：——PRSV-EoS.

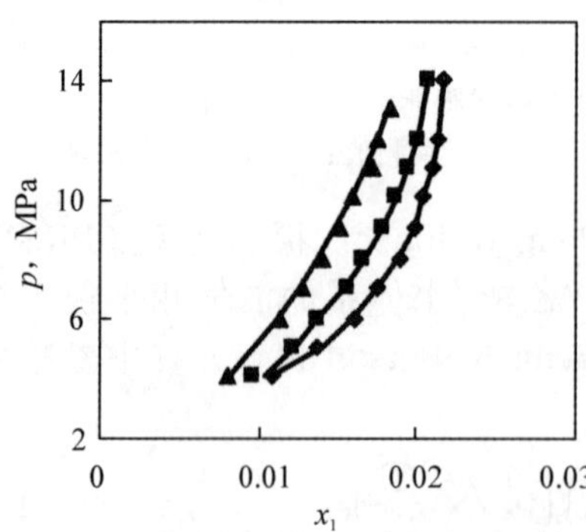

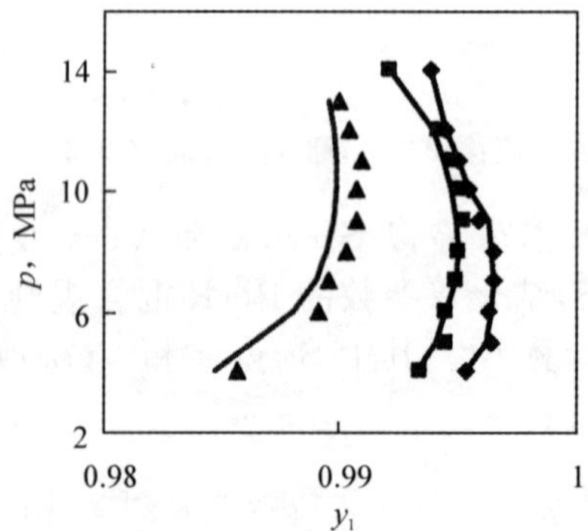

图 5-6　CO_2/水体系的 p-x-y 相图[10].

实验值：◆323.2 K；■333.2 K；▲335.2 K. 计算值：——PRSV-EoS.

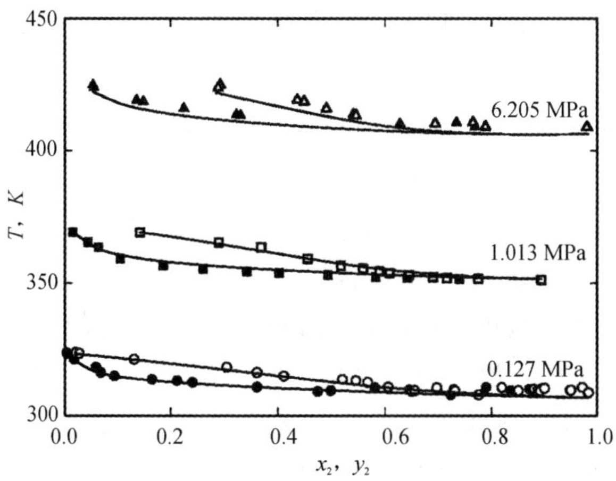

图 5-7　水/乙醇体系的 *T-x-y* 相图[10]. ——为 PRSV-EoS 计算.

从以上这些图可以看出,超临界流体视为压缩气体时并应用状态方程可以很好地描述平衡系统的二元体系的两相组成。用相同的一套方法,即可以用于预测 CO_2/乙醇/水三元体系的液气平衡。典型的结果如图 5-8,结果表明预测与实验值符合良好。CO_2/乙醇/水体系的相平衡数据在超临界流体萃取制备高纯乙醇、干燥去水等过程中均有重要的实际意义。

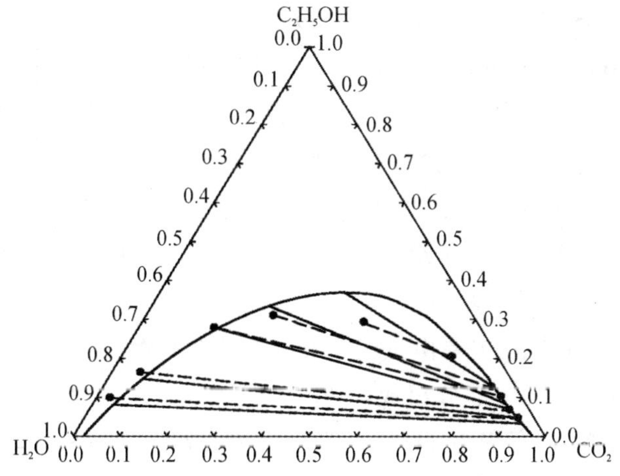

图 5-8　CO_2/乙醇/水体系体系的液气平衡相图[10]

(343.2 K,18.5 MPa). ——为 PRSV-EoS 计算.

5.2.4 超临界流体中的固液流平衡

5.2.4.1 概述

超临界流体与常温固体物料接触，一定压力下固体物料熔化成液体从而形成固液流三相平衡。固液流三相平衡也常称为固液气(SLG)三相平衡。SLG平衡是超临界流体结晶过程中非常重要的影响因素，比如气体饱和溶液颗粒形成技术(见5.4)中将超临界流体溶解入液体中形成饱和溶液，溶有超临界流体的饱和溶液快速经过喷嘴，在短的时间内减压形成微粒，也就是说该过程中要求溶质必须是熔融状态的。因此，过程中涉及在不同压力下体系的SLG平衡以及物料熔点变化问题。快速膨胀超临界流体溶液(见5.4)的结晶过程中也可能涉及SLG平衡的问题。

随着超临界流体微粒化技术研究的深入，近年来，越来越多的学者开始关注超临界流体体系的SLG平衡。然而，SLG平衡在相关文献中鲜有系统介绍。故本章结合作者的研究，分实验和理论研究进行较详细的介绍。

5.2.4.2 实验研究

对于含超临界流体的二元体系，获取SLG平衡数据的实验方法主要有初熔点法(First Melting Point method，FMP)、初凝点法(First Freezing Point method，FFP)、静态溶解度测量法(Static Solubility Measurement，SSM)、合成法(Synthetic Method，SM)、高压差示扫描量热法(High Pressure Differential Scanning Calorimetry，HP-DSC)以及Scanning Transitionmetry法(ST)等。其中，FMP法是比较简单、经典的方法；FFP测量过程中存在过冷现象，因此所得实验数据会比实际值低；SSM、SM相对比较繁琐，所需测定值较多；HP-DSC的仪器成本较高，且一定程度上受压力范围的限制。洪金堆等及其所在课题组利用FMP法(如图5-9)测定了大量的二元体系[1,11](如表5-3)。

图5-9中实验装置主要由进气系统、高压相平衡系统、抽真空系统、观察系统和预饱和系统五个部分组成，其中高压相平衡系统是装置的核心部分，由自制的高压釜(内容积为11mL)、高压透光玻璃以及高压视镜组成。备样一般为4g，将其研磨成粉末状，装入一端封口的毛细管中，然后用一根直径略小于毛细管内径的干净细铁丝将样品压实，毛细管中的样品长度控制在5 mm左右，然后将装有样品一端朝下，把毛细管放入高压可视釜内，并密封。压力达到设定值，保压稳定。刚开始可以快些(升温速率1 K/min)，快接近

预估熔点时改成缓慢升温(升温速率控制在 0.05 K/min 内)。用电子石英灯,仔细观察毛细管中的样品随温度升高的变化情况,当观察到毛细管中样品有透明小液滴(细的亮点或亮线)出现时,记录此时温度和压力,此时的温度即为该压力下样品的初熔点。

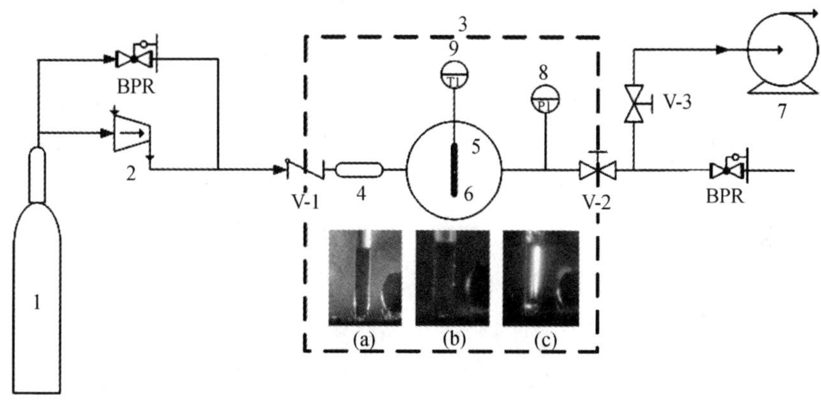

图 5-9　高压下熔点测定实验流程示意图[11]

1-气瓶,2-压缩机,3-恒温气浴装置,4-预饱和釜,5-高压可视釜,6-毛细管,7-真空泵,8-压力传感器,9-温度传感器,(a)-样品原样,(b)-初熔状态,(c)-终熔状态,BPR-背压阀,V-#-阀门.

表 5-3 FMP 法测定的二元体系高压 SLG 相行为

气体	溶质(中文)	溶质(英文)	压力范围 MPa	熔点范围 K
CO_2	肉豆蔻酸	Myristic acid	0.10～20.62	309.4～325.4
	棕榈酸	Palmitic acid	0.10～30.01	319.5～335.2
	硬脂酸	Stearic acid	0.10～30.00	324.9～342.5
	布洛芬	Ibuprofen	0.10～24.40	319.2～345.2
	三棕榈酸甘油酯	Tripalmitin	0.10～19.67	322.4～337.4
N_2	月桂酸	Lauric acid	0.11～12.26	317.2～318.1
	肉豆蔻酸	Myristic acid	0.10～13.96	325.5～326.9
	棕榈酸	Palmitic acid	0.11～12.90	335～335.7
	硬脂酸	Stearic acid	0.14～12.62	341.3～342.0
	布洛芬	Ibuprofen	0.10～11.53	345.2～348.2

van Gunst 等[12]最早涉及到三元体系(即高压气体中的双组分固体)的

SLG研究，他们采用初熔点法测定了乙烯/萘/六氯乙烷体系的$S_1S_2L_2G$四相线(由于两固体的液态不互溶)，同时用温度-压力法得到了$S_1S_2L_1G$四相线。其研究SLG的目的是为了获取超临界流体中双固体的溶解度测定方法。Zhang等[13]在20世纪90年代初采用初凝点法测定了萘/联苯/CO_2和萘/菲/CO_2在最低共熔组成点附近的S_1S_2LG四相共存线(p-T线)。然初凝点法样品量大，而且由于熔融液结晶过程可能存在过冷现象，使得其结果会偏低。20世纪初，Wilken等[14]采用新的熔点测定方法(trasitiometer法)测定了不同压力下下三元体系(萘/苯甲酸/CO_2、萘/苯甲酸/He)各个组成(0～1之间)下的固体完全融化温度。固定压力，以组成为横坐标、温度为纵坐标即得到了SLG线。但该方法对于CO_2中溶质具有高溶解度的情况，并未见解释如何处理。最近，Vezzu等[15]针对PGSS过程，采用HP-DSC技术测定了三元体系(双脂/CO_2)的初熔点和终熔点，并得到了其SLG相图。由于HP-DSC技术的限制，其测定压力最大只有6 MPa，且该方法不能应用于CO_2中溶质具有高溶解度的体系。

考虑到以上方法的局限性，洪金堆等在FMP的基础上提出了初终熔点法(First and Last Melting Points method，FLMP)来获取SLG相图[16]。初熔点是指固体样品受热熔化出现第一滴液滴时的温度；终熔点是样品继续熔化直至完全变为透明液滴时所对应的温度。测定的装置同图5-9。对于三元体系需要注意几点：(1)根据混合溶质在超临界流体中的溶解度情况，在预饱和系统中装入混合溶质；(2)将一定质量分数比例的两种固体混合后加热熔融，以确保混合均匀，待混合熔融液冷却固化后，将其研磨成粉末状，并装入样品瓶待用；(3)样品的初熔点出现后，继续观察并记录毛细管中样品的变化情况(随温度上升毛细管中样品的现象大致为：在样品的顶端、底部或者侧面出现细亮点，接着亮点逐渐形成亮线，继续收缩，乃至出现断层，甚至看到小股液体流动，逐步半透明，最终完全透明)，并在出现较明显的熔化现象时随时记录温度和压力，直至样品全熔，记下此时温度和压力，此时的温度即为样品的终熔点。

洪金堆等[16]测定了布洛芬/肉豆蔻酸/CO_2和布洛芬/三棕榈酸甘油酯/CO_2体系的SLG平衡相图，发现该相图比较复杂，当压力变化时，从简单共熔体系转化为共熔体系。而后花丹等[17]用相同的方法测定了萘/联苯/CO_2体系的SLG平衡相图，在研究的压力范围内，该体系为简单共熔体系。

5.2.4.3 SLG理论研究

SLG计算的主流方法是状态方程法。按照研究体系的不同，可以分为二元SLG模型和三元SLG模型。前者针对常温固体溶质与超临界流体（或高压气体）组成的二元体系。后者包括三类三元体系：第一类是由一种固体溶质和两种超临界流体（或高压气体）组成的体系（比如，其中一种气体作为助溶剂，主要应用于超临界萃取）；第二类为一种固体溶质、一种液体溶剂和一种超临界流体（或高压气体）组成的体系（其中液体溶剂作为助溶剂，主要应用于超临界萃取及超临界流体结晶技术中）；第三类则是两种固体和一种超临界流体（或高压气体）组成的体系（比如两种固体之一为活性物质，另外一种为壁材物质，用于保护活性物质，主要运用于超临界流体结晶技术中，如RESS和PGSS过程）。本节主要讨论第三类三元体系。

对于二元体系的SLG理论研究比较多。根据计算过程中固体逸度计算方法的不同，可以将其为两类：(1)采用纯固体的气相压力作为参考逸度；(2)采用过冷液体来得到参考逸度。前者是由McHugh等[18]提出。Zhang等和Uchida也采用了此方法[13,19]，其固相逸度来自实验所测固相蒸气压或者由Antoine方程计算得到。后者是由Kikic等[2]提出，他们采用假想的过冷液体逸度结合含两个相互作用参数的PR-EoS考察超临界CO_2中脂类的SLG曲线。Diefenbacher等[20]做了相似的模型研究，结果表明，RESS过程所得颗粒的尺寸和形貌受SLG相行为的影响很大。另一篇报道采用了微扰硬球链(Perturbed-Hard-Sphere-Chain，PHSC)EoS计算SLG共存线[21]。因此，如果固相蒸气压是由实验测定或由Antoine方程计算获得的，这两种方法的结果会不同。但是，作者发现[1]，当固相蒸气压采用合适的计算方法时，这两种方法在本质上是相同的。众所周知，状态方程在描述溶液的时候具有局限性；当固相蒸气压由实验测定或Antoine方程计算时，以上提到的方法就很难准确地预测熔点。Lemert等[22]应用正规溶液理论(RST)来描述固液平衡，而气液平衡仍用EoS描述。结果表明，这种方法可以很好地关联二元和三元体系（含共溶剂）的SLG共存线。之后，李军等[23]采用NRTL模型来代替RST描述固液平衡，其中两个NRTL参数是可调的，而由于热力学的一致性，另一个相互作用参数k_{12}由固体溶质的溶解度数据关联得到。结果显示，该模型对于所考察的二元体系关联结果很好，其熔点的绝对平均误差AADT仅0.39 K。以上所提到的大多数SLG模型均为关联模型，当缺乏实验数据或者实验测量比较困难的情况下就无法采用这些模型。

因此开发 SLG 预测模型意义重大。Kikic 等[2]通过对上临界端点(Upper Critical End Point,UCEP)数据进行回归获得二元相互作用参数,进而来预测 SLG 共存线。这种方法不需要熔点数据,因此是预测模型。但事实上,体系的 UCEP 数据很难得到。最近,Bertakis 等[24]开发了新模型 UMR-PRU(Universal-Mixing-Rule Peng-Robinson-UNIFAC)来计算 SLG 共存线,预测结果相对较好。但是,他们只给出萘/CO_2 和菲/CO_2 体系的结果,而且在高压下,计算的 p-T 线与实验点偏离较大。

在前人开发的 SLG 模型基础上,李军及其所在课题组近几年进行较深入的研究,建立了若干高压二元体系的 SLG 模型:包括前述的基于 NRTL 方程的关联模型[23]、基于固体溶解度数据的半预测模型、基于 UNIFAC 的纯预测模型、基于超额函数 G^E 的纯预测模型[1]以及一个针对含高压 N_2 的二元体系的简化预测模型[11]。

对于三元体系的 SLG 理论研究不多。Zhang 等[13]在测定萘/联苯/CO_2 和萘/菲/CO_2 的 S_1S_2LG 四相共存线基础上,以 PR-EoS 和 A&S(Adachi-Sugie)混合规则为基础建立热力学模型,对固定组成下的双固体混合物/CO_2 的 S_1S_2LG 线进行了关联计算。但就研究范围来讲,所研究的三元体系中固体混合物组成范围非常小(只在最低共熔组成附近极小范围内)。Vezzu 等[15]通过正规溶液理论计算得到活度系数,同时从二元熔点关联得到作用参数,并将其用于一个简化的模型对他们获取的双脂-CO_2 三元体系进行了半预测。但是其计算的前提是假设固体在 CO_2 组成为 0,所以模型不具有普适性。花丹等在用初终熔点测定三元体系的基础上,进行了理论研究和计算[17]。

(a)状态方程法理论框架

SLG 模型涉及多元三相(气、液、固)的平衡体系。根据相律可知,体系的自由度为 $f=C-\Pi+2$。这意味着二元体系的气液固三相平衡时,若压力 p 已知,体系的相平衡温度 T(熔点),气液相组成(x_1,x_2,y_1,y_2)都是确定的(五个方程来确定),其中 1 为溶剂(高压气体),2 为溶质。三元体系的气液固三相平衡时,有两个自由度,因此还需要外加条件(对第三类三元体系,需要提供两个溶质的摩尔组成或重量组成),才能在确定压力下得到相平衡温度 T(熔点)。

首先写出两个归一化方程:

$$\sum x_i = 1 \quad i=1,\cdots,n; \quad \sum y_i = 1 \quad i=1,\cdots,n \qquad (5\text{-}50)$$

体系的固液平衡(不包括超临界流体或溶剂，假设研究范围内超临界流体不形成固相；且假设固体为纯组分)方程：

$$f_i^L(T,p)=f_{i0}^S(T,p)\quad(i=2,\cdots,n)\tag{5-51}$$

气固平衡方程：

$$f_i^G(T,p)=f_{i0}^S(T,p)\quad(i=2,\cdots,n)\tag{5-40}$$

气液平衡方程：

$$f_i^G(T,p)=f_i^L(T,p)\quad(i=1,\cdots,n)\tag{5-43}$$

(b)关联模型

这里的关联模型是指利用已有的较少的实验熔点数据来计算其他熔点，这类似内插和外推，可以得到更大范围内的 SLG 线。关联模型可以减少确定 SLG 线所需要的实验工作量，且对实验(熔点测定、超临界流体萃取、微粒化乃至微胶囊化)以及技术的放大过程仍具有指导意义。目前报道的 SLG 模型大多都属于此类。

1989 年 Lemert 等[22]研究溶质 2 在气体 1 和(气体 1＋气体 3)中的 SLG 行为。他们利用 2 的固气平衡和固液平衡(液体逸度用活度表示)，1、3 的液气平衡来计算二元和三元体系的 SLG。对于二元体系计算的五个方程为：两个归一化方程，一个 2 的固气平衡方程，一个 2 的固液平衡方程，一个 1 的液气平衡；其中 2 的固液平衡方程中的液相逸度用式(5-4)计算，并用正规溶液理论描述活度系数。正规溶液模型只用到了溶解度参数，计算时用二元或三元的熔点数据来关联得到 vdW-1 中的相互作用参数 k_{12}、k_{13} 和 k_{23}。关联结果不错，但得到的相互作用参数比溶解度关联得到的要大(比如对萘/CO_2体系关联得到 $k_{12}=0.131$，而图 5-2 中用溶解度数据得到的 k_{12} 则小很多)，因此存在一定的矛盾；况且正规溶液理论在这里应用也有一定的局限型，比如摩尔体积为常数不合理。

1997 年 Kikic 等[2]研究讨论了溶质 2 在气体 1 和(气体 1＋溶剂 3)中的 SLG 行为。他们利用 1、2、3 的液气平衡，1、2、3 的液液平衡和 2 的固液平衡来计算二元和三元体系的 SLG。对于二元体系的五个方程分别为：两个归一化方程，两个(1、2)液气平衡方程和一个 2 的固液平衡方程。其中液相和气相中组分的逸度均用逸度系数，即式(5-2)、(5-3)表示，为此需要计算纯溶质 2 在 T,p 下的逸度。该方法的优点是避免使用溶液理论。Kikic 等计算时用二元或三元的熔点数据来关联得到 vdW 混合规则中的单或双相互作用参数，结果表明双作用参数的关联结果更好。整体来说，Kikic 的方法是有效的，然其没有用到溶液理论，较低压力下的计算相比较于 Lemert 等的方法会差些。

2006 年李军等[23]结合上述两种方法，对溶质 2 在气体 1 组成的二元体系的 SLG 建立计算方程为：两个归一化方程，两个(1、2)液气平衡方程，一个 2 的固液平衡方程，外加溶质 2 的固气平衡方程。其中 2 的固液平衡方程中的液相逸度用式(5-4)计算，并用 NRTL 活度系数模型计算液相活度系数。外加溶质 2 的固气平衡方程有两个目的：对 2 用到了两种液相中的逸度表达式(式(5-3)和(5-4)，从而 2 的逸度的计算既用了状态方程也用了活度系数模型)，必须由 2 的固气平衡方程来保证热力学的一致性(因为固气平衡中 2 的气相逸度是用用状态方程来获取，而 2 的固相逸度为 2 的固液平衡中的逸度—此时 2 于液相中的逸度用活度系数模型)；考虑了液气平衡中混合规则中的相互作用参数的来源(用溶质在超临界流体中的溶解度数据关联来得到相互作用参数)。该方法由于用到了 NRTL 活度系数模型，因此有两个关联参数需要用熔点数据获取。图 5-10 中对萘在几个高压气体中的 SLG 数据的关联结果表明，无论高压或低压，模型的关联效果非常好。

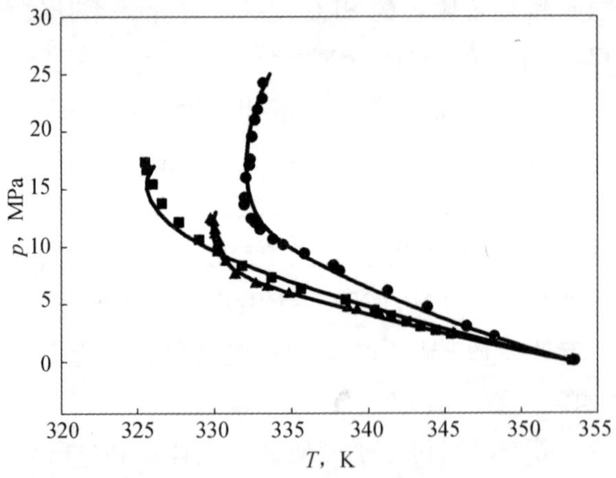

图 5-10　萘在几个高压气体中的 SLG 数据的关联结果[23].

实验值：CO_2(●)；C_2H_4(■)；C_2H_6(▲). 关联值：——.

(c)半预测和预测模型

半预测是指利用熔点数据以外的文献实验数据和常见的物性参数，由其先得到混合规则中的作用参数，然后用于预测 SLG 线。目前报道的半预测模型按其获得所需作用参数的方式不同，可大致分为以下几类：由研究体系的 UCEP 的温度、压力优化得到作用参数，研究结果表明，这种方法可以较好地预测二元或三元体系(含夹带剂)的 SLG 线(但 UCEP 并不易得到)；基于固体溶解度数据的 SLG 半预测模型，即先由固体在超临界流体中的溶解度关联得到二元作用参数，然后结合状态方程以及混合规则等计算 SLG 平衡线，结果表明，该方法对研究的若干个体系预测结果都较好；针对由双固体组分与高压气体所组成的三元体系，首先由二元熔点数据关联得到作用参数 k_{12} 和 k_{13}，然后用于双固体混合物在高压气体中的熔点预测(如 Vezzu 等[15]研究所采用)。

纯预测模型只需用到一些简单物性参数，结合状态方程和混合规则，即可预测出体系的 SLG 线。其优点在于无需任何实验数据。2007 年 Bertakis 等[24]尝试建立了纯预测模型：采用通用混合规则(Universal Mixing Rule, UMR)结合 PR-EoS 和 UNIFAC 活度系数模型。模型用于计算萘/CO_2、联苯/CO_2 两个经典体系，表明后者预测不好。

为此，洪金堆等[1]进行了半预测和纯预测模型的开发：考虑用溶质在超临界流体中的溶解度数据关联来得到相互作用参数；考虑基于超额函数 G^E 方程和状态方程结合的混合规则(MHV1 和 LCVM)取代范德华混合规则；活度系数用基团贡献法(UNIFAC)。基于这些考虑，形成了如图 5-11 中的 SLG 数据的半预测方法和预测方法。其中，SMS(semi-predictive model using solubility data)指利用溶质在超临界流体中的溶解度数据的半预测模型，CMG(calculation model combining with G^E models)指基于超额函数 G^E 方程的预测模型。

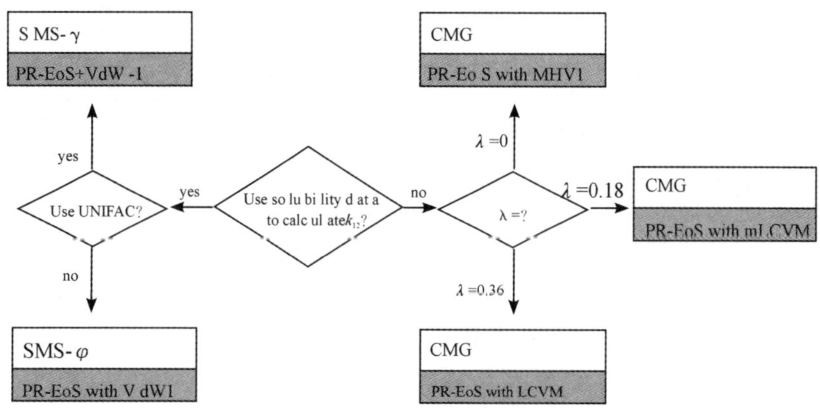

图 5-11　SLG 平衡计算的半预测和纯预测模型[1]

其中半预测方法有两种：一种是用溶解度数据得到相互作用参数，然后按Kikic的模型[2]用状态方程计算逸度系数，最后计算SLG数据，它称为SMS-φ法；另一种是用溶解度数据得到相互作用参数，然后用UNIFAC代替Lemert模型[22]中的正规溶液理论计算活度系数，最后计算SLG数据，它称为SMS－γ法。纯预测方程将Lemert模型[22]中的正规溶液理论用UNIFAC计算，而其状态方程中的混合规则用MHV1，LCVM和改进的LCVM(mLCVM)进行计算。这些模型对表5-3中的四个含CO_2的二元体系(因大部分模型不能描述棕榈酸甘油酯/CO_2，故其不包含在内)外加萘、联苯、菲与CO_2组成的三个体系的计算结果列于表5-4中。结果表明用改进的LCVM模型可以预测所有七个体系，且平均绝对偏差最小；其次MHV1也表现出不错的预测性能。

表5-4 各种半预测和预测模型对含CO_2的二元体系的计算结果[1]

模型	半预测模型		纯预测模型		
	SMS-φ	SMS-γ	MHV1	LCVM	mLCVM
ADDT[a](K)	5.0[b]	7.4[b]	4.6	4.7[c]	2.6

[a] $\mathrm{AADT}=\frac{1}{n}\sum_{i=1}^{n}\left|T_i^{\mathrm{calc}}-T_i^{\mathrm{expt}}\right|$，$n$为所有体系的实验点数. [b] 不包含肉豆蔻算/$CO_2$和布洛芬/$CO_2$. [c] 不包含萘/$CO_2$，联苯/$CO_2$和布洛芬/$CO_2$.

当用上述各种半预测和预测模型计算表5-3中五个含N_2的二元体系以及萘/N_2和苯/N_2时，结果总结于表5-5，计算值和实验值的比较如图5-12。另外图表中还给出了一个简化模型(假设溶质在氮气中没有溶解度)的计算情况：

$$\frac{\Delta_{\mathrm{fus}}H_2}{RT_{\mathrm{m2}}}\left(1-\frac{T_{\mathrm{m2}}}{T}\right)+\frac{p\left(v_{20}^{\mathrm{S}}-v_{20}^{\mathrm{L}}\right)}{RT}+\frac{\left(p_{20}^{\mathrm{L,sat}}v_{20}^{\mathrm{L}}-p_{20}^{\mathrm{S,sat}}v_{20}^{\mathrm{S}}\right)}{RT}=0 \qquad (5\text{-}52)$$

表5-5 各种半预测和预测模型对含N_2的二元体系的计算结果[11]

模型	SMS-γ	纯预测模型			简化模型
		MHV1	mLCVM	LCVM	公式(5-52)
ADDT(K)	1.6	0.8	1.1	1.8	2.7

结果表明仍然是mLCVM和MHV1模型表现出较好的预测性能，而且后者稍好些。但前者对萘/N_2的AADT是0.6K，而后者对萘/N_2的AADT是1.3K；对苯/N_2体系也是前者稍好些。

由于布洛芬/肉豆蔻酸/CO_2和布洛芬/三棕榈酸甘油酯/CO_2体系的SLG平衡相图过于复杂，故用上述各种半预测和预测模型推广到简单共熔体系三元体下的SLG平衡数据的计算，用以预测萘/联苯/CO_2体系的SLG

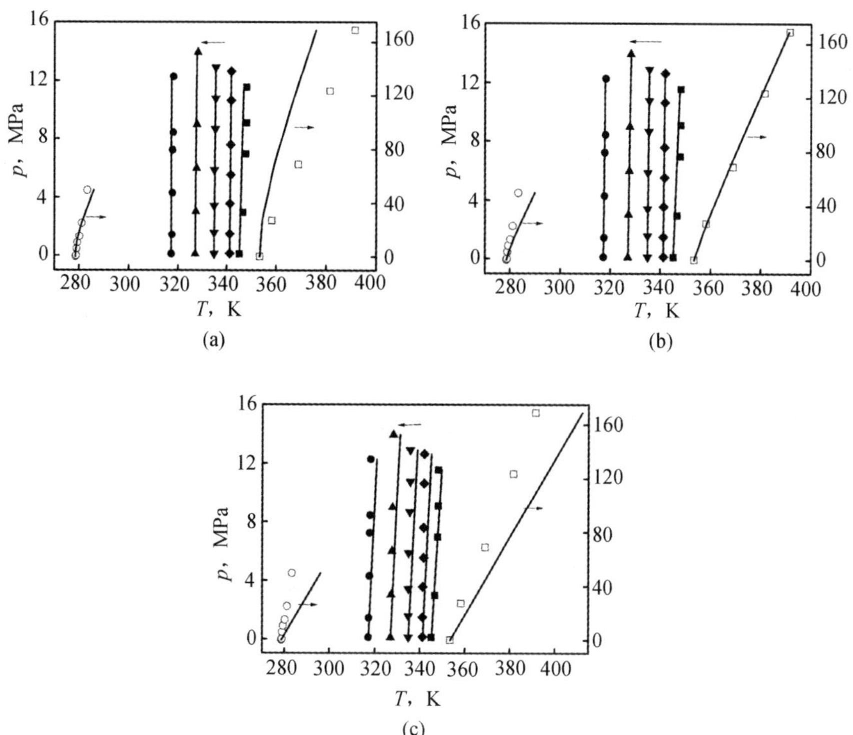

图 5-12　预测和半预测模型对含 N_2 二元体系的 SLG 数据的计算结果及其实验数据比较[11]：(a) SMS-γ；(b) mLCVM；(c) 简化模型. 实验值：□，萘/N_2；○，苯/N_2；●，月桂酸/N_2；▲，肉豆蔻酸/N_2；▼，棕榈酸/N_2；◆，硬脂酸/N_2；■，布洛芬/N_2. 计算值：——.

平衡相图。结果如表 5-6 和图 5-13 所示，它们表明 mLCVM 和 MHV1 模型较好，且后者更好些。

表 5-6　各种模型对萘/联苯/CO_2 体系的 SLG 平衡计算结果[17]

模型	AADT，K	
	初、终熔点	共熔点
SMS-γ	3.4	1.6
SMS-φ	3.2	1.3
MHV1	1.7	0.4
LCVM	—	—
mLCVM	2.9	1.4

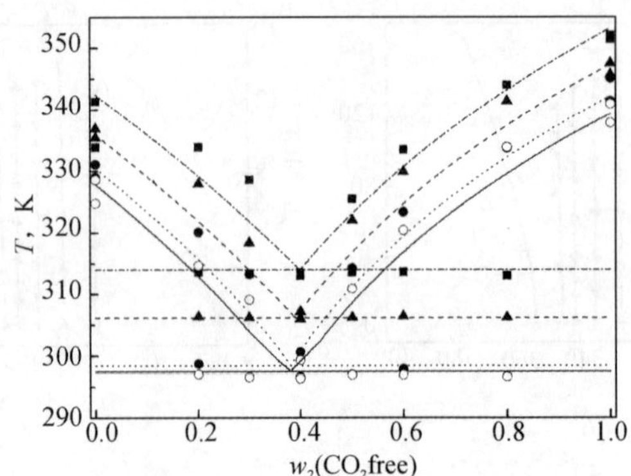

图 5-13 MHV1 模型对 CO_2(1)/萘(2)/联苯(3)体系的 SLG 计算结果与实验数据比较[17]

(■ —·— 0.1 MPa;▲ ---- 3 MPa;● ······ 6 MPa;○ —— 8 MPa)

 5.3 超临界流体萃取及耦合

超临界流体萃取是利用超临界流体作为萃取剂，从液体或固体中分离出目标组分或产品的分离操作。超临界流体萃取常以 CO_2 作为理想的萃取剂，它的化学性质稳定，无毒，无臭，无腐蚀性，不燃，临界温度和临界压力均不高，对许多物质具有良好的溶解能力。因此，超临界 CO_2 萃取已广泛应用于化工、食品、医药等行业中热敏性及易氧化物质的提取。

超临界流体具有绿色化学的特点（如节能减排），因此该技术在天然产物、废弃物中高附加值产品的分离中仍然具有很好的前景，也是学术界和工业界优先考虑的分离方法。如，柑橘精油的分离以及抗癌药物橙榴素的分离[25]，从苦楝果实中分离苦楝素[26]，从菊花中分离除虫菊酯[27]，从废电路板中回收阻燃剂等[28]。

由于超临界流体萃取的方法本身大同小异，而且有关超临界流体萃取的体系、萃取过程的计算、萃取的工艺、实际应用等已经有大量书籍有了详细的描述，故本节不再在这方面进行赘述。另一方面，目前超临界流体萃取的应用的主要问题在于：(1)适合的体系（牵涉到合适的产品价位），(2)超临界流体萃取单独使用一般难以到达目标产品。因此，超临界流体萃取和各种分离技术的耦合（包括在同一工艺中）应该是超临界流体萃取进一步工业化应用的必要手段。超临界流体萃取进一步结合常规溶剂萃取、溶液结晶、吸附、层析分离等技术得到目标产品的方法已经在实验室有大量研究报道，并有大量的工业使用(临界流体萃取与变压吸附的耦合已经在第三章作了介绍)。本节只简单介绍较为新颖的超临界流体与膜分离和离子液体的耦合萃取技术。表5-7给出了超临界流体萃取与各种分离技术的耦合，并给出了一些研究或工业应用的例子。

表5-7　超临界流体萃取耦合其他分离过程

耦合的分离技术	体系说明
吸附、变压吸附	咖啡豆脱咖啡因过程中超临界流体萃取后用吸附剂吸附咖啡因；超临界萃取耦合变压吸附精制柑橘精油(见第三章)
色谱/层析分离	超临界色谱对应的分析和分离体系；超临界流体萃取后混合物的进一步层析分离。
精馏、分馏、蒸馏	萃取精馏耦合从生姜中提取姜酚[29]
溶剂萃取(含络合萃取、超临界二氧化碳微乳萃取、耦合离子液体的萃取)	天然产物超临界流体萃取后用极性或非极性溶剂除杂；用络合剂萃取络合金属离子再进行超临界流体萃取；超临界二氧化碳微乳液提取生物大分子和金属离子[30]；从离子液体中分离不同有机化合物(见5.3.2节)
结晶	天然产物超临界流体萃取后结晶除杂；RESS过程可以视为超临界萃取和结晶耦合的典型过程(见5.4节)。
膜分离	高压气体中CO_2的回收等(见5.3.1节)

5.3.1　超临界流体萃取膜分离耦合技术

超临界流体萃取技术和膜分离技术均得到了很好的工业应用，并显示出各自的优势。将该两个化工中的重要分离技术进行耦合，可以更好地发挥各自的优势，符合绿色化工过程的要求。这方面的工作可以参考一些文献[31]。

1992年Semenova等[32]报道利用超临界流体技术与膜过程进行耦合：从乙醇水溶液中分离乙醇时用膜分离手段回收超临界萃取后的高压CO_2。结果表明该过程具有显著的低能耗优势。这种高压CO_2回收的经济性是可以理解的：超临界萃取过程中超临界流体产生的加压过程需要消耗萃取过程很大一部分能力；萃取后减压分离的过程，一则能量损失，再则分离后超临界流体对应为较低压的气体。自该研究后，人们对很多超临界流体萃取体系进行了相关研究，并且主要体现在用不同的膜材料回收不同体系中的CO_2。表5-8给出了一些体系的总结。

除了用膜分离过程进行超临界萃取物中超临界CO_2回收外，主要应用研究还包括：用膜分离过程来提高超临界流体萃取选择性，用超临界流体萃取来强化膜分离过程，超临界流体与膜耦合的反应过程。

表 5-8 超临界流体萃取耦合膜过程高压回收 CO_2 体系

萃取体系	膜分离体系	膜材料	溶质截流率%	文献来源
乙醇/水	乙醇/CO_2	聚酰胺膜	90	[32]
咖啡豆/CO_2	咖啡因/CO_2	二氧化硅	65	[33]
咖啡豆/CO_2	咖啡因/CO_2	分子筛膜	98	[34]
咖啡豆/CO_2	咖啡因/CO_2	ZrO_2-TiO_2膜	100	[35]
精油/CO_2	豆蔻精油/CO_2	醋酸纤维素反渗透膜	96.14	[36]
	低沸点混合物/CO_2	纳滤膜	80～90	[37]
精油/CO_2	柠檬烯	一种纳滤膜，三种反渗透膜	94	[38]

5.3.2 超临界流体与离子液体耦合分离技术

自 Brennecke 课题组[39]于 1999 年报道可以利用超临界CO_2回收离子液体中溶解的有机物，但不产生交叉污染的现象后，超临界流体和离子液体两种绿色化工手段的结合应用已引起人们的极大重视。超临界CO_2可以溶解于离子液体，且具有高挥发性和低极性，而离子液体在高压CO_2中的溶解度极低，往往可以忽略。二者的结合有着广阔的应用前景，特别是在化学反应和萃取分离中。这方面的工作可以参考一些文献[30]。

Brennecke 课题组除了用超临界CO_2将溶解于离子液体[bmim][PF_6]中的萘分离得到了纯净的萘，还系统研究用超临界CO_2从离子液体中分离不同有机化合物[40]：苯、氯苯、酚、苯甲醚、苯乙酮、苯甲酸、苯甲酸甲酯、苯胺、苯甲醛等芳香烃类；正己烷，1-氯正己烷等烷烃类；正己醇、乙酸丁酯、戊酸甲酯、环己烷、2-己酮、己酸、己胺、丁二醇等。

对于离子液体和有机物或水的混合物，同样用加入高压CO_2的方法使混合物分离为富离子液体相和富含有机溶剂相（或富水相），从而达到简单地分离的目的。

5.4　超临界流体结晶

超临界流体结晶是指有超临界流体参与的结晶过程，它可以是一个分离过程，更是利用超临界流体结晶制备粉体的过程。超临界流体结晶技术在材料、化工、轻工、冶金、电子、医学、生物等领域有着重要的应用价值，并已经得到广泛的研究和一些应用。

超临界流体结晶制备粉体与传统的粉体化方法如机械粉碎与研磨、溶液结晶、化学反应等相比，这种方法具有产品纯度高、几何形状均一、粒径分布窄、制造工艺简单、操作温度低、避免或少用有机溶剂等许多优点，尤其对冲击敏感、热敏感、结构不稳定和易于化学分解的物系的结晶和粉体化具有明显优势。超临界流体结晶制备颗粒的技术经过20多年的发展，已经涌现了多种特殊方法，其中较普遍认可的三种技术为：超临界溶液快速膨胀过程(Rapid Expansion of Supercritical Solutions，RESS)、气体抗溶剂再结晶过程(Supercritical Anti-Solvent process，SAS)和气体饱和溶液微粒形成技术(Particles from Gas-Saturated Solutions，PGSS)。从结晶的角度分类，RESS技术为气体溶液结晶，SAS技术为液体溶液结晶，而PGSS技术主要指熔融结晶(也包含雾化后的蒸发结晶)。

5.4.1　RESS

早在19世纪就有报道无机盐类溶于超临界乙醇中减压后能立刻结晶析出。20世纪80年代初，Kurkonis[41]正式提出应用这一现象来制备具有适宜的大小和分布均匀的有机材料粉末。此后该方法广泛应用于陶瓷、无机物、聚合物、药物等多个领域。

RESS过程描述为：饱和了溶质的超临界流体(或称超临界溶液)通过喷嘴而快速膨胀，使得溶质形成极高的过饱和度，瞬间形成大量晶核，并在短时间内完成晶核的生长，从而最终形成大量均[illegible]、粒径分布较窄的颗粒。RESS过程的显著特点就是快速推进的扰动和极高的过饱和度。其中，前者使成核介质均一化，从而使所得结晶的粒度分布变小；后者则使所得的粒度变小而形成微粒。而且由于超临界流体的性质在临界区域内对温度和压力的变化非常敏感，因而有可能通过细微改变过程的参数来调节所得晶体的粒度和形态。RESS 过程除了常用 CO_2 作为超临界流体(溶剂)外,CHF_3、C_2H_4、C_3H_6、C_5H_{12}、$CHClF_2$ 等以及一些混合溶剂也经常用于研究一些特定溶质制备颗粒。

相对于常规溶液结晶基于溶质溶解度随体系温度和混合物组成的变化,通过改变温度、添加抗溶剂、移去溶剂或通过化学反应形成其他溶质等方式来使溶质从溶液中结晶出来的原理,RESS 过程具有许多优点:(1)使用的超临界流体在常态下通常为气体,因而所获得的产品中溶剂的残留极少;(2)结晶过程仅通过改变体系的压力而实现,无需添加其他物质,避免了其他杂质对产品的污染;(3)不涉及大量溶剂的使用,减少了废物排放和溶剂回收等所需要的能耗;(4)超临界流体一般只需再压缩即可循环使用,大大简化了工艺流程;(5)可获得粒度分布狭窄的晶体并且易于调整,根据理论计算,在出口处形成的颗粒粒径可达 20 nm,能够制备出平均粒径在 1 μm 以下的颗粒是 RESS 的优势。

RESS 法最大的局限性在于只能处理较易溶于超临界流体的溶质或物料,然而一般物料在超临界流体中的溶解度均有限,并且在大多数情况下使用共溶剂增加溶解度都是不可行的。此外由于过程涉及高压操作,对高压易分解或易降解的物质不易采用此法。从颗粒结果来看,实际得到的颗粒粒径往往比理论值大 50 倍,甚至更多,说明 RESS 过程通常存在颗粒聚集的现象,虽然可以用固体共溶剂的办法,但仍然难以解决该普遍型的问题。

5.4.1.1 过程机理

从 RESS 过程的描述可以看出,其机理相对比较简单:过程在高饱和度下的溶液结晶。为此,可以利用状态方程和流体力学方程得到 RESS 过程喷嘴中不同位置的过饱和度。有了过饱和度就可以根据粒数衡算方程得到晶体的理论大小。

图 5-14 给出了用流体力学方程结合 PR-EoS 计算得到了 RESS 过程喷嘴中纯 CO_2(忽略溶质的影响)在不同位置的对比温度、对比压力、对比密度(指该位置实际变量和预膨胀条件下的变量的比)和马赫数的分布图。有了温度和压力及状态方程就可以用 5.2 节中的固流平衡得到溶质的溶解度,从而得到过饱和度。从该图可以看出,喷嘴内,特别是喷嘴出、入口温度和压力的变化很大,表明过饱和度变化很大;而喷嘴出口,CO_2 达到了超音速,对颗粒的扰动很大,可降低颗粒的聚集。

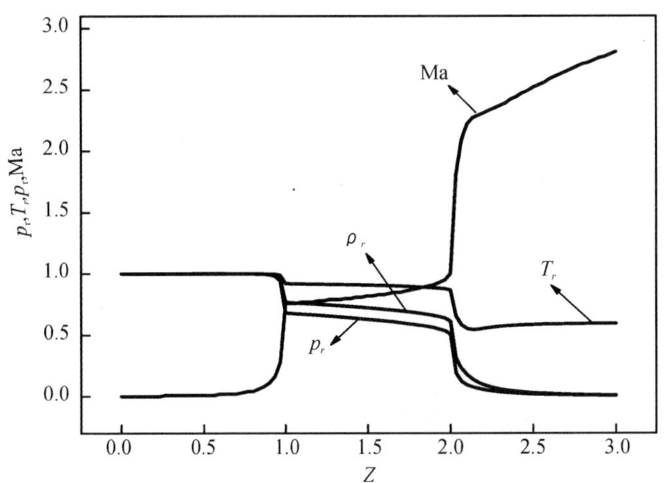

图 5-14　RESS 过程中 CO_2 在喷嘴内及其出口处的对比温度、对比压力、对比密度和马赫数分布图(预膨胀温度和压力分别 400 K 和 20 MPa,D=25 μm;Z=1 为喷嘴入口,Z=2 为喷嘴出口).

5.4.1.2　工艺及应用

最基本的 RESS 过程的实验装置应包括三部分:使溶剂达到超临界状态的溶剂输送部分,溶解固体溶质形成超临界溶液的萃取部分,以及快速膨胀形成微粒的结晶部分。RESS 过程的喷嘴是决定流体膨胀特性,从而最终决定产物形态和质量的关键部件。影响 RESS 过程的主要的几个影响因素包括:溶液浓度,预膨胀温度,膨胀后温度,膨胀后压力和预膨胀压力。总体而言,不同体系,相同的因素可能有不同的影响结果。

用 RESS 技术制备微、纳米颗粒的国内外研究非常多。如 Mawson 等[42]研究了聚 1,1,2,2-四氢全氟丙烯酸癸酯微细颗粒制备,该研究得到粒径 0.3～50 μm 的微细颗粒和 0.3～2.0 μm 的纤维;华东理工大学的陈鸿雁等[43]利用 RESS 技术制备了灰黄霉素微细颗粒,他们通过 RESS 过程得到 1 μm 左右的灰黄霉素微细颗粒。另一方面,用 RESS 技术制备微胶囊剂型的研究也是人们积极开发的方向,相关研究也有不少。如 Tsutsumi 等[44]较早将 RESS 技术应用于微胶囊的制备,并将溶解在超临界流体中的石蜡包覆在催化剂表面;Mishima 等[45]将蛋白质微粒悬浮在溶有聚合物(PEG,PMMA)的超临界 CO_2 溶液中,并采用甲醇作为助溶剂,将超临界溶液在适当条件下通过喷嘴在常压收集室中膨胀、结晶,得到聚合物包覆蛋白质颗粒的微胶囊，粒径在 10～45 μm；王亭杰等[46]制备了模拟缓释剂石蜡包覆二氧化硅，模拟药物的微胶囊。

郭燕妮建立了图 5-15 所示的 RESS 装置[47]。相对文献报道的常规工艺，该工艺加了阀门 2 所对应的旁路、缓冲罐、双通喷嘴系统，其目的是防止夹带，避免制备的颗粒含夹带的大颗粒。

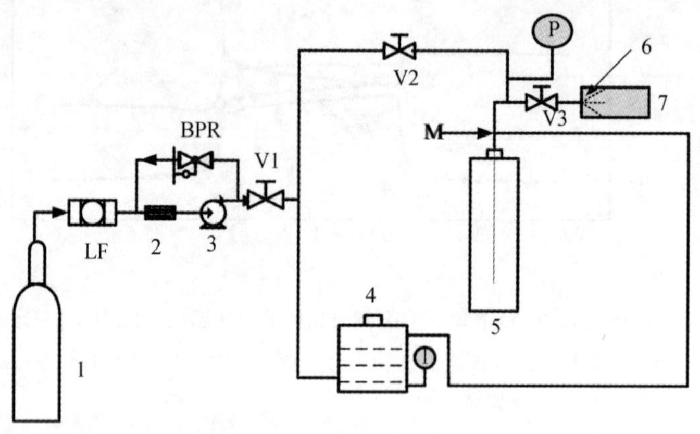

图 5-15 一种 RESS 工艺流程

1-CO_2 钢瓶，2-冷凝器，3-高压泵，4-混合器，5-缓冲罐，6-喷嘴系统，7-收集室，V#-阀门，LF-过滤器，T-温度指示，P-压力表，BPR-背压阀.

以上述装置技术可以制备一些亚微米、纳米脂类物质，也制备了纳米的辅酶 Q_{10} 颗粒，并设法用 RESS 技术探讨制备固体纳米脂药物剂型。图 5-16 给出了 RESS 技术制备的肉豆蔻酸颗粒的粒径分布图（激光粒度仪测定），该图表明得到的肉豆蔻酸颗粒主要集中在纳米区域，平均粒径比原料样小很多：RESS 过程处理后的颗粒中值粒径为 210 nm，原料中值粒径为 5.5 μm。图 5-17 给出了 RESS 技术制备的辅酶 Q_{10} 颗粒粒径分别图，颗粒主要集中在纳米区，平均粒径比原料样小很多：处理后的颗粒中值粒径为 1.9 μm，索泰尔粒径为 330 nm；原料中值粒径为 32.5 μm，索泰尔粒径为 900 nm。两种原料对比可以发现，辅酶 Q_{10} 较容易聚集。基于上述，在相同条件下研究肉豆蔻酸/辅酶 Q_{10} 固体纳米脂药物剂型，得到的颗粒分别图如图 5-18。结果表明，只有辅酶 Q_{10} 质量含量$<$ 5%才能得到纳米颗粒，当其质量含量达到 10%时，纳米峰完全消失。

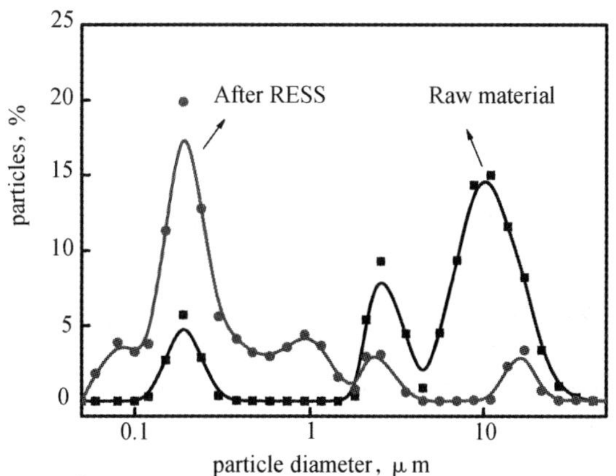

图 5-16 RESS 制备的纳米肉豆蔻酸(20 MPa、预膨胀温度为 60 ℃、D=60 μm)**和原料的比较**

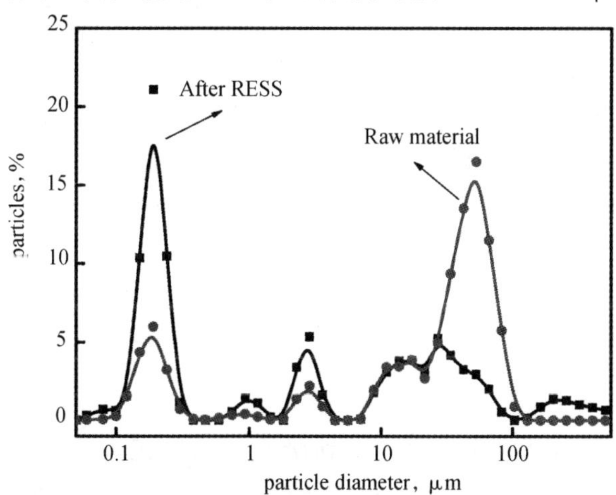

图 5-17 RESS 制备的纳米辅酶 Q_{10}(20 MPa、预膨胀温度为 60 ℃、D=60 μm)**和原料的比较**

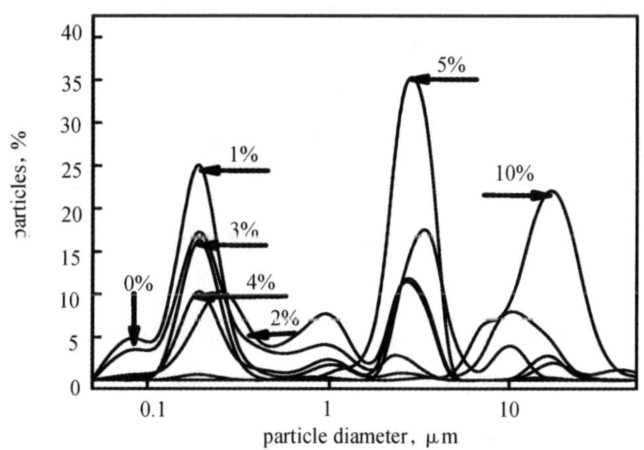

图 5-18 不同辅酶 Q_{10} 含量下的 RESS 制备的豆蔻酸/辅酶 Q_{10} 颗粒分布

5.4.2 SAS

工业上大量用到液体抗溶剂结晶过程：将第二种溶剂加入到第一种溶剂和溶质形成的溶液中，导致溶质在第一种溶剂中的溶解度减小而析出晶体。这里第二种溶剂称作抗溶剂，它一般不能溶解溶液中的溶质或溶质在其中的溶解度较小，但能与第一溶剂互溶。当用高压气体（超临界流体）作为抗溶剂而溶入含有溶质的溶液相内，使其中的溶剂发生膨胀，降低溶质在其中的溶解度，导致该溶质结晶析出的过程，即为 SAS。这一过程的可行性非常大（应用范围广），因为超临界流体（如 CO_2）与大部分常规有机溶剂能互溶，而很多分子量较大的常温固体溶质（如药物）在超临界流体中的溶解度又很小。在该过程中，抗溶剂通过减压气化可以完全去除，而且得到的结晶中溶剂含量比传统法要少得多，故可大大提高结晶颗粒的纯度。另外，超临界流体的扩散系数可以达到液体扩散系数的两倍数量级，因此，超临界流体可以快速地扩散到溶液中，形成过饱和显然比常规液体抗溶剂过程方便而快，故得到的颗粒的粒径一般比用常规液体抗溶剂过程小。比如，SAS 过程典型的成核时间是 $10^{-5}\sim10^{-6}$ s，故可瞬间形成纯度高、粒径分布均匀的超细颗粒。另外，由于超临界流体的性质可调，这为控制粒径分布提供了有利的调控手段。

SAS 方法自 1989 年 Gallagher 等人[48]首次提出至今已有 20 几年的历史，但直到近几年，其应用潜力才受到研究者的普遍关注。尤其化学、能源、材料和医药领域对颗粒的晶型、粒度和粒度分布的要求越来越高，SAS 过程恰恰为此提供了广阔的开发空间。与传统的机械粉碎或研磨的颗粒制造工艺相比，其制备条件温和、产品粒子流动性好、粒度可控，特别适用于热敏性、生物活性物质的制备，SAS 过程在医药工业具有很好的应用前景。另一方面，SAS 过程也常用于处理水溶液（特别是蛋白质水溶液）得到溶质颗粒，这相当一个分离加颗粒化的过程。由于一般超临界 CO_2 对水的抗溶剂效果非常差，故这类体系中常常要加入有机溶剂才能达到目的。

5.4.1.1 过程机理

SAS 过程的机理可理解为：超临界流体加入溶解了溶质的溶剂中，迅速进入溶剂相使得原溶剂对溶质形成很大的过饱和度，从而使得溶质成核、生长得到晶体。显然，利用状态方程可以对超临界流体、溶剂和溶质组成的三元体系进行计算，得到溶质在超临界流体和溶剂中的溶解度的变化，从而得到过饱和度的变化，最后可以得到晶体的理论大小。

SAS的相关理论研究比较多。既有对于涉及体系的相平衡计算，如含超临界流体、有机溶剂和溶质的三元三相(SLG)和两相(实际上是计算溶质在混合溶剂中的溶解度)计算和溶液体积膨胀的计算(溶液的体积膨胀，溶质在其中的溶解度降低)，也有过程的模拟计算。

涉及SAS过程溶液体积膨胀的计算典型工作可参考荷兰的Peter教授[49]课题组的研究成果，他们定义了新的体积膨胀的变量，使得体积变化结果更明显。比较典型的三元三相计算有Johnston教授课题组的工作[50]。

SAS的过程模拟计算包括两类，一类是单液滴模拟，一类是过程模拟。单滴液滴模型主要有Debenedetti课题组[51]的研究工作。模型中超临界流体与有机溶剂完全互溶，而溶质完全不溶于超临界流体中，传质在液滴中进行。为此，他们考虑了超临界流体与溶剂在亚临界和超临界两种情况。前一情况液滴和超临界流体两相存在，从而可以得到液滴大小随传质时间的变化。针对后一情况，他们提出一个有效的颗粒粒径(根据超临界流体相和溶剂相密度的不同；实际上超临界流体与溶剂互溶，不存在界面)，从而达到计算传质的和讨论参数对传质的影响的目的。对于甲苯/CO_2体系计算表明，当溶剂的密度大于超临界流体密度时，液滴膨胀；反之，液滴收缩；在超临界流体和溶剂组成的混合物临界点附近，液滴体积极大膨胀，且液滴的存在期增长；通过计算传质的时间尺度，可以知道互溶体系的液滴的存在期相对部分互溶体系(比如实际操作的时候)的液滴的存在期大大缩短。York和Shekunov课题组[52,53]对其提出的SEDS过程进行了过程模拟。模型结合标量耗散的非平衡态模型和基于β概率密度函数(PDF)的条件矩封闭。将模型结合到计算流体力学源程序中从而可对SEDS整个过程进行描述，并用于预测浓度和温度在喷嘴及前后的分布(这些分布影响不同位置的过饱和度，从而得到成核、晶体生长速率)。模拟结果表明过饱和度受过程条件影响很大，从而表明混合过程对最后颗粒的大小的强烈影响。而且模型结果与实验得到的趋势一致(如颗粒大小)，表明模型对于过程的放大和优化具有积极作用。

5.4.2.2　工艺及应用

SAS过程可以用两种不同的方法实现：间歇操作和连续操作。根据超临界抗溶剂和液体溶液加入的顺序不同，前一方法分为液体分批操作模式(也就是传统SAS过程)和气体分批操作模式，比如PCA(Precipitation by

Compressed Anti-solvent)过程。在第一种模式中，抗溶剂结晶发生在富液体相；第二种模式中，抗溶剂结晶出现在富超临界流体相。由于这两种模式是在非稳态下进行的，且分批操作，故一般不适合于工业产品。连续操作过程则包含了 ASES(Aerosol Solvent Extraction System)和 SEDS(Solution Enhanced Dispersion by Supercritical fluid)两种主要方法。这两种都是并流的方式通过喷射装置进入沉降室，不同的是 SEDS 是用同轴双通道喷嘴装置连续地输送溶液和超临界流体，ASES 则用两个喷嘴喷入沉降釜中进行结晶。

李军等在结合 SEDS 技术和后面介绍的 PGSS 技术，提出超临界抗溶剂辅助雾化(Supercritical Anti-Solvent Atomization，SAS-A)技术[9]。该过程综合 PGSS(见 5.4.3)和 SEDS 的优点，适合处理含水体系。此技术采用与 SEDS 过程类似的流程，不同点在于：SEDS 技术采用控制一个压力(即喷嘴后沉降室压力)的办法来控制颗粒的形态，而 SAS-A 则控制两个压力：喷嘴前预膨胀压力 p_1 和喷嘴后沉降室压力 p_2。调节 p_2 可调节颗粒的形貌和大小，当 p_2 为大气压时，此过程和 PGSS 相似，但不同于 PGSS 过程的是 SAS-A 在实现连续化操作时应用双通喷嘴，雾化效果佳，且无需另外干燥气体。此方法在节省超临界流体的消耗量的同时，引入雾化干燥的过程，能够成功地处理含水体系，并且可以控制 p_1 和 p_2 使得操作方发生变化，操作较灵活。流程如图 5-19(右边为喷嘴结构示意图)。

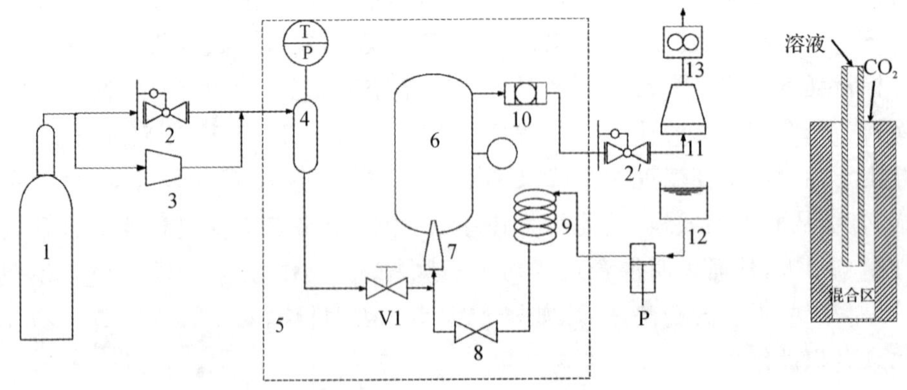

图 5-19 SAS-A 实验装置图

1-二氧化碳钢瓶，2，2′-背压阀，3-压缩机，4-气体预热器，5-恒温箱，6-收集器，7-喷嘴，8-止逆阀，9-液体预热器，10-过滤器，11-冷阱，12-蛋白质溶液，13-流量计，P-柱塞计量泵，V#-截止阀，TC-温控仪.

用上述技术研究的内容包括：从四氢呋喃溶液中制备氢化棕榈油(Hydrogenated Palm Oil,HPO)，并探讨了他们提出该过程抗溶剂和雾化两种颗粒成形机理；分别以 N_2 和 CO_2 作为辅助气体，从 PEG6000 的丙酮溶液制得粒径在 1～5 μm 的球形 PEG6000 颗粒[54]；分别以 N_2 和 CO_2 作为辅助气体从乙醇/水溶液中制备牛血清白蛋白(BSA)颗粒，结果表明该技术可以制备粒径在 1～5 μm 的 BSA 颗粒；从胰岛素的乙醇水溶液制备胰岛素颗粒；从乙醇水溶液制备粒径在 0.1～5 μm 的溶解酵素颗粒[55]。图 5-20 给出了一些典型的颗粒电镜图。

图 5-20　SAS-A 制备的一些典型颗粒图(左：溶解酵素；中：BSA；右：胰岛素)

5.4.3　气体饱和溶液微粒形成技术(PGSS)

PGSS 源于德国 Weinder 教授的用于制备微粒的超临界流体技术的专利及其课题组的系列工作[56]；后来法国的 Perrut 教授课题组的综述性文章[57]对该技术做了较详细的说明——对该技术为世人的关注具有一定的推动作用，文章中将美国的 Sievers 教授的二氧化碳辅助雾化鼓泡干燥(Carbon dioxide Assisted Nebulization with a Bubble Dryer,CAN-BD)技术[58]合并到 PGSS 技术中；稍后，意大利的 Reverchon 教授[59]提出了超临界流体辅助雾化技术(Supercritical-Assisted Atomization,SAA)；西班牙的 Ventosa 等人[60]又提出了膨胀有机溶液卸压技术(Depressurization of an Expanded Organic Solution,DELOS)。

超临界流体(广义理解为气体)溶入液体溶液(可以是熔融的脂类、高分子物质，水溶液或有机溶液)中形成饱和溶液，该饱和溶液快速经过喷嘴，在短时间内减压，形成微粒。根据通过喷嘴形成固体微粒的机理的不同，PGSS 可以分为两类[61]：一类是因为过冷度——即熔融结晶形成大量固体颗粒的 PGSS 过程；一类是具有喷雾干燥机理的 PGSS 过程(如：CAN-BD，SAA 和 DELOS)。前者是因为超临界流体的溶胀的饱和溶液快速经过喷嘴，脂类或高分子物质在喷嘴特别是在喷嘴出口达到过冷状态，使得熔融溶质在瞬间形成大量晶核，并在短时间内完成晶核的生长，从而最终形成大量均一的微粒。后者是当超临界流体或压缩气体的饱和溶液快速经过喷嘴，产生雾化的过程，并用外加加热载体（如氮气或空气）将雾化液滴中液体快速蒸发，使雾化体系形成过饱和状态产生晶体，形成大量固体微粒。

PGSS作为一种超临界流体制备微粒的技术，除了与传统方法比较所具备的一般优点外，相比于其他超临界流体制备微颗粒技术，也具备不少优点：(1)PGSS方法不需要任何有机溶剂可以得到无溶剂微颗粒，而SAS法需要有机溶剂，完全去除这些有机溶剂非常困难；(2)RESS方法中溶质及其他物质必须溶于超临界CO_2中，但许多药物、脂和聚合物在超临界流体中溶解度较低，而PGSS技术则只需要超临界流体溶于目标物质中，应用范围更广；(3)PGSS方法的特殊处是超临界流体需求量小，单位产量大。

当然，PGSS法有其不足之处：(1)基于熔融结晶的PGSS要求目标物质必须熔融，因此对于熔点较高、热敏性、易分解以及熔融后黏度过大的物质不太合适；(2)过程具有超临界条件、多相变化、高速湍流等特点，其影响颗粒生成的因素多，且相互牵制，对于不同体系表现不同的影响规律，因此确定颗粒生成的机理不易；(3)传统的PGSS的工艺流程尚有改进余地。

5.4.3.1 过程机理

对于基于喷雾干燥机理的PGSS过程，目前还没有见到有关具体理论的研究。另外，从SAA和CAN-BD技术的相似的实验结果来看（比如微粒大小，甚至形貌），它们的机理是一致的（前者是在后者的基础上的改进方法，在喷嘴前加了混合器以让混合溶液达到或更接近饱和）；可以理解，特别对水溶液，气体饱和溶液中CO_2量很少，气体饱和所起到的影响应该非常有限，故主体机理应是雾化。

对于基于熔融结晶的PGSS过程，李军等假定一维的无黏性（假设液体高度膨胀）拟两相流；依据质量、动量、能量守恒方程来描述混合物沿着喷嘴的压力、温度、速度和密度改变；考虑成核、晶体生长、用Peng-Robinson状态方程描述体系的非理想性，计算在不同压力、温度、喷嘴尺寸下喷嘴出口处晶体的大小、粒径分布[62]。另外李军等进一步将熔融结晶和雾化机理结合予以考虑，此时过程假定为一维的无黏性两相流一富含HPO相和富含CO_2相[63]；结晶机理同时考虑了熔融结晶和气体溶液结晶（RESS的结晶机理）；该模型包括流体力学方程、热力学方程、结晶动力学方程、熔融结晶的粒数衡算方程、气体溶液结晶的粒数衡算方程。结合实验工作和模型计算得出：该 PGSS 过程可以同时产生 RESS 机理的微粒、熔融结晶的微粒、和雾化液滴对应的微粒；它们的数量、大小、形貌随操作条件的不同而不同，从而能模拟出多峰粒子分布、表征不同形貌的粒子对应的机理（雾化产生球形粒子、结晶产生不规则晶体）；另外，模拟中还结合体系的相行为研究的结果，从而指出体系的相行为是如何对粒子的大小，尤其是对分布的影响。除了李军等的上述工作，Bertucco 教授课题组[64]也对 PGSS 过程进行了模拟计算，该工作与李军等的模型的差别在于，前者是对喷嘴里的单个液滴进行热力学、流体力学等的计算，后者则是对整个喷嘴和体系进行热力学和流体力学的计算。

5.4.3.2 工艺及应用

PGSS 的工艺可分为两类：间歇操作和连续操作。典型的间歇操作流程如图 5-21。间歇操作需要一次性将欲微粒化物质放入高压混合器中熔融，然后让 CO_2 压缩到临界压力以上再经过预热进入高压混合器溶解入熔融物质，一般使得熔融物质溶胀，最后使该溶胀溶液通过喷嘴快速减压，并迅速冷却，从而物质沉析出来，在收集室内收集。

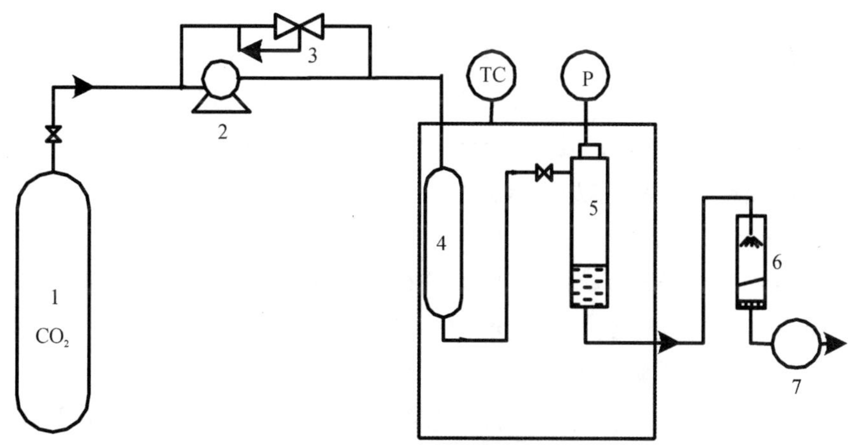

图 5-21 典型间歇操作 PGSS 流程[61]

1-CO_2 气瓶，2-气体压缩机，3-背压阀，4-CO_2 储槽，5-混合器，6-喷嘴和收集室，7-流量计.

连续操作流程同图 5-21 差不多，唯一不同的是欲微粒化物质事先需要熔化，然后连续送入混合器与连续过来的超临界流体混合。连续操作流程适合规模化生产，如 Weidner 教授的中试工艺[65]。另外，Nalawade 等[66]采用带螺旋挤压器的 PGSS 过程对聚合物进行造粒，这种装置把超临界流体饱和熔融物质部分和喷嘴部分结合成一个带喷嘴的螺旋挤压器,可以处理高黏性物质或气体饱和溶液溶胀程度有限的熔融体系。另一方面用 PGSS 进行微胶囊或复合颗粒的制备也得到人们的关注,比如 Rodrigues 等采用 PGSS 法对氢化棕榈油(HPO)包裹药物进行了研究,在不同压力下制备 HPO 和茶碱的药物微胶囊[67]。Sousa 等[68]采用 PGSS 技术制备了咖啡因/甘油单硬脂酸酯的复合颗粒,他们在混合釜中加入搅拌器进行搅拌,使甘油单硬脂酸酯和咖啡因的熔融液体混合更加均匀。该流程采用搅拌器,可以加剧熔融液体的扰动,使得超临界 CO_2 更容易进入液体中,混合更加均匀,有利于制备微胶囊颗粒。

PGSS 传统间歇流程工艺简单,操作方便。洪玮在 PGSS 传统间歇流程工艺研究基础上,分析了其缺点:当打开喷嘴时,由于压降,混合釜内的高压气体将大量熔融液体压入喷嘴前,造成"气压液",无法控制流量,并易造成喷嘴堵塞;混合釜内的熔融液体与超临界流体难以形成气体饱和溶液;进行微胶囊制备时多种物质不易混合,制备的微胶囊不均匀。为此提出了几个改进方案[69]:

(1)喷嘴的改进

在通常的 PGSS 流程中,熔融液体被气体直接压入喷嘴,造成液体流量过大,喷嘴容易堵塞。为此采用图 5-19 中双通喷嘴的设计思想:气体饱和溶液经内管进入喷嘴,而一股新的超临界流体经内管和外管内壁之间进入喷嘴。这样的设计方案可以有效解决喷嘴堵塞问题。

(2)液体循环结构

在通常的 PGSS 流程中,超临界流体与熔融液体于混合釜中静态混合,无法保证两者快速达到饱和。由此设计了液体循环结构(图 5-22 中的 52 泵):通过一台循环泵,将液体从混合釜底部打回混合釜顶部,从而达到使液体不断循环的目的。该流程的优点是:一方面,当液体到达混合釜顶部时,液体与顶部的超临界流体充分接触,两者之间快速达到饱和;另一方面,当制备复合颗粒时,液体的循环(可以调节循环流量)加剧了釜内液体的扰动,使得釜内的混合物更加均匀。

(3)饱和液体输送设计

通常的 PGSS 流程无法控制饱和液体流量,造成实验的准确性和重现性差,且不利于工业化。Weidner 等[28]的连续化工艺对原料进行连续输送,如果原料具有热敏型,则不能应用,而且这样的设计喷嘴容易堵塞。为此,对通常的PGSS工艺中饱和溶液进入喷嘴前引入高压泵(图5-22中的51泵)来控制其流量可以降低喷嘴的堵塞和过程低温(高压下溶质熔点下降,见SLG相平衡)的连续操作。

(4)N_2辅助的过程

根据PGSS过程产生颗粒的机理[63],说明可以通过改变RESS过程来减少一些不规则的颗粒,为此引入N_2辅助的PGSS过程来获取均匀颗粒。

基于上述改进方案,提出了图5-22的PGSS工艺流程。由于双通喷嘴的引入,该工艺既可以用一种超临界流体,也可以用两种超临界流体。如可以用超临界CO_2在混合器D中来膨胀物料,而用超临界N_2(通过V4)来雾化饱和溶液。

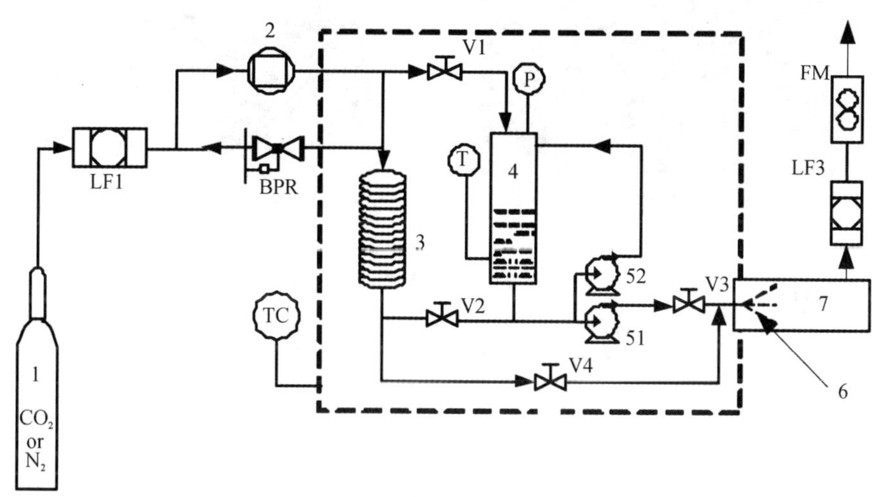

图5-22 改进的PGSS工艺流程

1-N_2或CO_2罐,2-压缩机,3-预热器,4-混合器,5-高压泵,6-双通喷嘴,7-颗粒收集室,P-压力表,T-温度指示,V-阀门,FM-流量计,TC-温控,LF#-过滤器,BPR-背压阀.

用上述工艺,分别在超临界CO_2和N_2辅助下进行肉豆蔻酸的微粉化。结果表明:CO_2辅助和N_2辅助的PGSS方法均可获得纳米或/和微米级的肉豆蔻酸颗粒。CO_2辅助的PGSS方法制备的颗粒为片状,N_2辅助的PGSS方法制备的颗粒基本为球状(达到了改进方案(4)的日的)。用CO_2辅助的PGSS方法制备了CoQ_{10}/肉豆蔻酸(脂)和CoQ_{10}/PEG6000(高分子)胶囊,结果表明所该微胶囊对CoQ_{10}具有较好的增溶效果。用CO_2辅助的PGSS方法制备了薄荷醇/蜡微胶囊,微胶囊中薄荷醇保留率的测定表明所制备的微胶囊对薄荷醇起到较好的保护作用。一些制备的典型颗粒如图5-23所示。

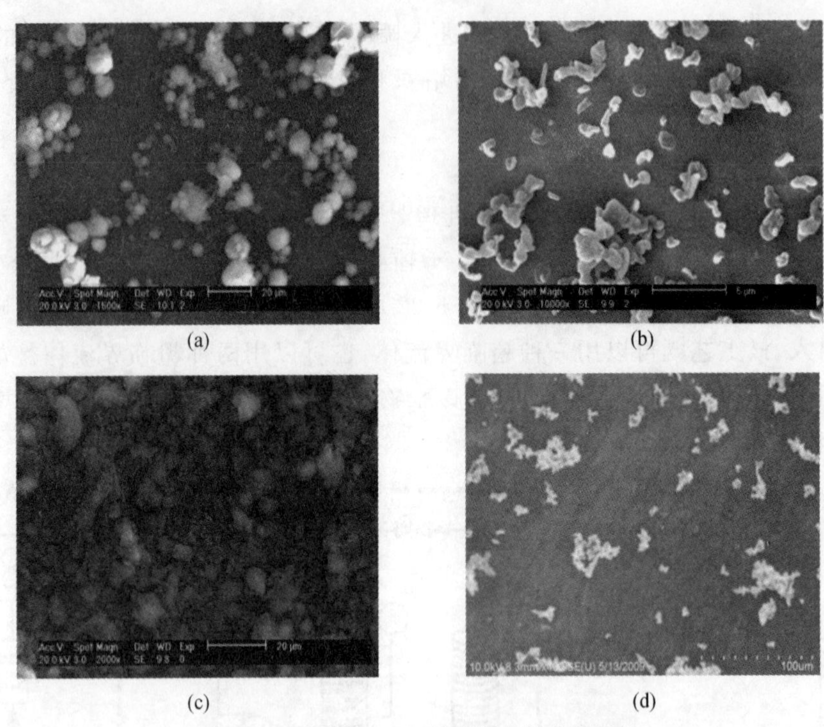

图 5-23 改进的 PGSS 技术制备的典型颗粒

(a)N_2 辅助过程制备的肉豆蔻酸颗粒;(b)CO_2 辅助过程制备的肉豆蔻酸颗粒;(c)N_2 雾化和 CO_2 膨胀过程制备的肉豆蔻酸颗粒;(d)CO_2 辅助过程制备的薄荷醇/蜡微胶囊.

5.5 超临界流体干燥[70]

超临界流体干燥(supercritical fluid drying,SCD)是借助超临界流体从固体材料或水溶液悬浮液中移除液体(一般是水)的过程。多数情况下,超临界流体干燥主要应用于有微结构的多孔材料,例如,干燥硅凝胶制备气凝胶,制造微电机系统,制备用于扫描电镜的生物样本,等。在传统的蒸发干燥过程中,液体直接从物质表面气化,此时气-液两相的表面张力会破坏材料的微结构,进而使待干燥的材料坍塌。而超临界流体干燥过程可以使得液相直接进入超临界区,然后进入气相并去除,从而过程可以避免气-液两相的表面张力。图 5-24 给出了两种干燥的示意图,从图可以看出,超临界流体干燥可以保持物料的完好原貌。另一方面,超临界流体干燥也包含从水溶液或悬浮液中去水获得粉体，由于操作温度较低，故超临界流体干燥的这类应用尤其适合热敏性材料（如蛋白药物）的干品获取。

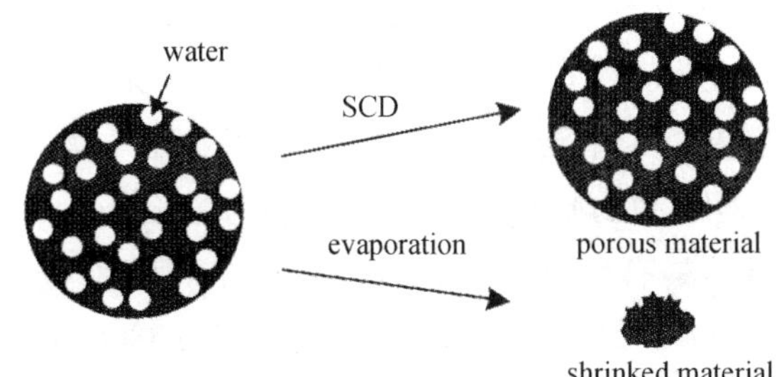

图 5-24　蒸发干燥和超临界干燥对具有微孔结构物料干燥的区别[70]

在多孔材料的干燥方面，人们也应用冷冻干燥。与冷冻干燥相比，虽然超临界流体干燥需要在一个相对较高的操作压力下进行，但操作温度可以很温和（如室温而非冷冻干燥的低温），干燥时间可以较短（但也有一些超临界干燥需要较长的时间和较高温度，参考表 5-9），而且超临界流体干燥在保持多孔材料的初始形态方面仍然优于冷冻干燥。在多孔材料的干燥方面，人们还应用两步的方法：先对材料进行表面化学改性，以支撑住孔道，然后进行常压干燥。这种所谓的常压干燥，因为操作压力温和，备受人们关注；而且在想改变材料的性质时，表面化学改性又是必要的操作。然而，超临界流体干燥与之相比，优势仍然明显：(1)环境友好，包括相对少的溶剂置换操作；(2)操作温度相对温和；(3)较好地保持材料的原貌。在获取粉体材料的干燥方面，与传统的对水溶液或悬浮液进行蒸发干燥（如喷雾干燥）相比，超临界流体干燥可以在温和条件下获得符合要求的颗粒。当然，超临界干燥尚不成熟，虽然实验室的研究成功的例子很多，但其规模化工业应用尚非常有限。超临界干燥的放大问题仍然是一个瓶颈；另外，资金投入高，操作压力较高，产率不高等也是明显的阻力。

表 5-9　不同超临界干燥的操作条件比较[70]

超临界干燥方法	有机溶剂	液态气体	温度	压力	干燥时间
超临界有机溶剂干燥	是	否	高	中等	长/可短
超临界气体干燥	否	是	低	低	非常长
超临界混合溶剂干燥	是	否	低或中等	中等	可短
超临界萃取干燥	有时	否	低	高	中等
超临界辅助喷雾干燥	有时	否	低	中等	短

5.5.1 超临界流体干燥剂

适用于超临界流体干燥的干燥剂(即超临界流体)主要是CO_2,除了由于其临界点温和,还在于CO_2价格低廉、来源丰富、无毒和不燃等优点。但是,由于水在超临界CO_2中溶解度很低,单独用其来干燥含水材料不现实。由于NH_3具有相对温和的临界点和与水的相容性,其可作为超临界干燥的一种可选溶剂,但其具有腐蚀性和危险性,并且有刺激性气味,影响干燥产品。N_2O有着和CO_2相似的物理性质,且极性好过CO_2,但其具有麻醉作用和氧化性。由于水的临界温度和压力(647.15 K和22.064 MPa)高,以至于它可以成为一种强氧化剂(氧气溶入),因此直接以其作为超临界流体也不现实。

在很多的超临界干燥过程中,孔道液中的有机溶剂直接可以作为超临界溶剂(醇类,酮类,脂肪烷烃类,等),但这些有机溶剂的临界温度相对较高,在超临界区域的操作过程中会存在安全问题。另一方面,由于CO_2和有机溶剂混合物有着相对温和的临界温度和临界压力,其在实际应用中可以减少危险的发生以及易燃的纯有机溶剂的使用,因此这类混合物可以作为超临界流体干燥的干燥剂。

5.5.2 超临界干燥的分类

目前人们已经熟知两种超临界流体干燥技术:高温和低温超临界流体干燥。在一些发表的文献中,它们也常常被称为超临界流体萃取,例如,Roth认为高温干燥和超临界萃取相似,低温干燥和超临界CO_2萃取相似[71]。虽然这两种干燥都包含溶剂萃取(液态CO_2萃取或通过有机溶剂对水进行萃取),但超临界流体萃取不是这两种超临界流体干燥技术的机理。从后面的分类可以知道,超临界流体萃取也可作为超临界干燥技术的一种,用于去除材料中的水分。

为此,可以根据所使用的超临界溶剂的不同将超临界干燥分为如下五类:超临界有机溶剂干燥,超临界气体干燥(典型气体即CO_2,常温常压下为气态),超临界混合溶剂干燥(使用CO_2和一种有机溶剂的混合物),超临界萃取干燥(借助有/无添加剂/助溶剂的超临界CO_2萃取水),超临界流体辅助喷雾干燥。需要指出的是,超临界流体辅助喷雾干燥一般不适用于多孔材料。表5-9给出这些干燥方法的一些典型的不同操作条件。图5-25给出了不同类型的超临界流体干燥的操作典型步骤。由图可知，通过超临界有机溶剂干燥、超临界气体干燥、超临界混合溶剂干燥和超临界萃取干燥可以获得堆积密度小的产品。

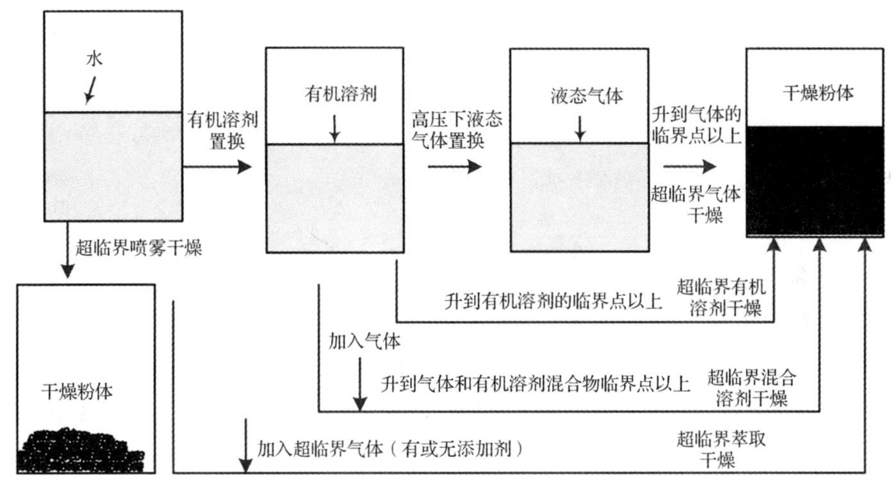

图 5-25　各种超临界干燥的操作步骤[70]

5.5.3　超临界干燥的应用

(1)二氧化硅气凝胶/二氧化硅及其合成物

气凝胶呈纳米结构，是一种多功能材料，具有高比表面积、低密度、低介电常数和优良的隔热特性。气凝胶有广泛的应用背景，如在催化剂载体，绝热，隔音和超高电容器等方面的应用。Dorcheh[72]等人最近阐述了关于二氧化硅气凝胶的制备、性质等的研究工作和进展，并着重讨论了干燥过程。

从文献来看，所有五类超临界流体干燥均可用于制备二氧化硅粉体。在应用超临界萃取干燥时，因为水在超临界 CO_2 中的溶解度很低，在制备气凝胶的操作过程中需要特别谨慎。当前相关的应用主要是超临界流体干燥合成气凝胶用于催化剂载体等。

(2)金属氧化物/金属及其复合物

为了将金属氧化物/金属及其复合物(包含非金属物质)制备成功能材料(催化剂、半导体、陶瓷)，超临界干燥经常于一般的化学反应之后进行应用。凝胶(湿凝胶)中的水可以用合适的有机溶剂代替，然后应用各种超临界流体干燥手段得到符合要求的材料。当前研究的主要应用是金属氧化物催化剂。

(3)其他非金属材料

超临界流体干燥是一种制备非金属材料非常有用的方法。通过超临界流体干燥,可以很好地保留其最原始网状结构的形貌。这些材料可用作催化剂载体、高分子膜、吸附剂等。比如,超临界流体干燥可以防止常规的木料干燥方法所带来的收缩问题。需要说明的是,超临界有机溶剂干燥则很少应用于非金属材料,这是因为超临界有机溶剂干燥一般需要高温,而高温下非金属材料(例如聚合物)可能会分解。因此,在非金属材料干燥中最常用的方法还是超临界气体干燥。

(4)微机电系统

在微机电系统和集成电路产品的加工过程中常会在微纳米的结构的构件中留下水和有机溶剂等杂物,它们必须从中完全除去。显然常规的干燥手段在不造成结构破坏的前提下除去这些液体杂物非常困难。为此,各种超临界流体干燥工艺在该领域可以发挥其作用。当然,由于微机电系统中残留成分比较复杂,在实际干燥过程中往往需要几种超临界流体干燥工艺的结合才能得到完美的产品。

(5)食品和药品

在食品和药品方面,目前人们正积极开发超临界辅助喷雾干燥来代替传统的喷雾干燥和冷冻干燥。其应用的主要原因是:CO_2无毒,操作条件温和,颗粒大小和形貌相对可控。喷雾干燥使用相对较高的操作温度,能耗较高(详见第六章);冷冻干燥的应用受限于批量产品的生产成本高。尽管也有其他技术的研究及开发,但目前在相关领域并没有非常理想的技术,许多技术还有待完善。这部分的例子可以参考超临界结晶中的抗溶剂结晶处理水溶液的过程。

5.6 超临界流体吸附

本书中超临界流体吸附(简称超临界吸附)广义定义为超临界流体本身或在超临界流体中的其他成分于吸附剂(主要指固体吸附剂)中的吸附(注:一般文献上将超临界吸附理解为气体在其超临界温度以上于固体中的吸附)。因此,超临界吸附中的超临界流体可以有两种功能:(1)超临界流体本身是吸附质,其目的主要是实现吸附质混合物的分离;(2)超临界流体作为其他吸附质的载体或溶剂,其目的主要是将功能性吸附质有效地负载在吸附剂上。很多文献报道了超临界流体植入(impregnation/ infusion)技术,从字面和报道的研究内容看,该技术是指在超临界流体的帮助下,将目标成分放入固体载体中。因此,一般情况下,超临界流体植入就是超临界流体为吸附质的溶剂的超临界吸附。根据吸附质与载体之间的相互作用,超临界吸附也可以分为物理吸附和化学吸附:如果吸附剂与被吸附物质之间是通过分子间引力(即范德华力)而产生的吸附,称为物理吸附;如果吸附剂与被吸附物质之间产生化学作用,生成化学键引起吸附,称为化学吸附。

随着目前多孔材料的发展(特别是微孔材料、介孔材料),目标成分在这些材料中的吸附是一个重要的应用领域。然而,常压下这类吸附或负载难以进行;而超临界流体的强渗透能力为超临界流体吸附带来了很好的发展空间,因此超临界吸附近年来越来越受到关注。另一方面,在临界温度以上,气体在常压下的物理吸附很弱,也需要提高压力、有时甚至是很高的压力,才可观察到明显的吸附。作为应用,一方面人们关注吸附剂对目标成分(如香精、香料、药物等)的吸附以达到控制释放的目的,人们还致力于研究多孔固体吸附剂对天然气、二氧化碳、氢气等进行吸附存储,由于吸附存储的温度远高于存储气体的临界温度,因此对超临界状态下气体在固体上的吸附研究成为吸附领域一个新的热点。另一方面,超临界气体的变压吸附分离技术在工业领域中得到日益广泛的应用,如用于氢气的提纯、气体分离,以及从炼厂干气中分离氢气或其他碳氢化合物气体等,这也对超临界吸附研究起了重要的推动作用[73]。

有关超临界流体吸附和解吸的分离过程,包括超临界变压吸附和超临界流体色谱,参见第三章的吸附前沿。本节主要介绍涉及超临界吸附的基础研究部分。

5.6.1　超临界流体吸附热力学和动力学概述

一般认为[73],在临界温度以下,气体的物理吸附与气体的凝结很相似,而被吸附在固体表面上的气体分子具有液体的性质。在临界温度以上,气体不再能够被液化。起初人们认为此时气体将不再能被固体吸附,但后来的研究证明在临界温度以上气体可被固体吸附,只是离临界温度越远,达到一定吸附量所需的压力越高。超临界吸附的研究的大多数实验都是在一些孤立温度或小温度范围内的测量;实验体系限于纯高压气体和超临界流体在吸附剂上的吸附。溶质溶于超临界流体后在吸附剂上的吸附近年来才有不少研究，但多组分溶质于超临界流体中在吸附剂上的吸附研究则很少。因此，普遍范围内吸附基础数据还相对缺乏，这制约了超监界吸附理论研究的深入。

从目前的研究成果可以发现超临界吸附与临界温度以下的吸附相比有其本身的一些特殊性[73]：一是吸附机理发生了变化，因为临界温度以上气体分子能量大，不可能液化，原来认为吸附相为液态的假设在超临界吸附中成为值得讨论的问题，多分子层吸附机理能否存在有待实验验证[74]；二是吸附等温线的形状发生了变化，实验测得的吸附量不再像临界温度以下那样，随压力的升高而单调增加，而是存在一个极大值。在极大值以后，随压力的进一步升高，吸附量不但不升高反而下降；三是气体的超临界吸附在常压和低压下很难对其进行研究，这是因为超临界吸附在低压下吸附量很小，只有在较高的压力下才能观测到明显的吸附。另一方面，对于非超临界流体本身的吸附(超临界流体中有溶质)，也有一些研究结论。比如，Porto 等[75]以活性炭为吸附剂对苯在超临界 CO_2 中的吸附平衡进行研究，实验得到了吸附平衡数据及与之对应的 Langmuir 吸附等温线。吸附平衡曲线是通过对固定床的穿透曲线进行时间积分获得的。恒压时，苯的平衡吸附量随温度的降低而减少，恒温时其随压力的降低而增加。这些特点与通常观察到的气体在低压下的吸附特性完全相反，可能是由以下原因造成的：(1)CO_2 的吸附量随压力的上升而增加，此时，CO_2 和苯发生竞争性吸附作用；(2)随着压力的升高，超临界 CO_2 对苯的溶解力增大。

从发表的研究论文来看，目前对体系的高压吸附等温线或高压吸附平衡数据的描述有三个层次。第一个层次是 Langmuir 单分子层吸附理论。第二个层次是状态方程或结合溶液理论的方法，如，Wu 等[76]用 RAST(real adsorption solution theory)模拟甲苯—活性炭—超临界 CO_2 体系，建立热力学模型描述溶质和 CO_2 的竞争性吸附，其中用 Peng-Robinson 状态方程计算溶质和 CO_2 在超临界流体相的逸度，RAST 计算吸附相的逸度；Johannsen 等[77]用 Hill 等温吸附方程描述 α-和 δ-生育酚在硅胶上的吸附平衡，用 IAST(The Ideal Adsorbed Solution Theory)理想溶液理论预测两者混合的吸附平衡。第三个层次是机理理论的研究方法[78]，包括分子模拟，积分方程和密度泛函理论等的应用。

温度、压力的影响可以用从它们对吸附平衡常数的影响来考虑。温度的影响关系式如下[79]：

$$\left(\frac{\partial \ln K_2}{\partial T}\right)_{P,y_2}=\frac{\Delta H_2^{trans}}{RT^2}+\alpha^m \tag{5-53}$$

式中

$$\Delta H_2^{trans}=(h_2^{IG}-h_2^m)+\Delta H_2^{ads} \tag{5-54}$$

$$\Delta H_2^{ads}=(h_2^s-h_2^{IG}) \tag{5-55}$$

α 是体积膨胀率；h 是焓；ΔH_2^{ads} 是溶质的吸附热，上标 IG、m 和 s 分别表示理想气体、流动相和固定相。下标 2 表示溶质。吸附平衡常数与温度的依赖关系由相对值即 $h_2^{IG}-h_2^m$ 和 $h_2^{IG}-h_2^s$ 来确定，如果 $h_2^{IG}-h_2^m>h_2^{IG}-h_2^s$，则吸附平衡常数随温度升高而变大，这符合上述反向变化现象。

吸附平衡常数与压力的关系式如下：

$$\left(\frac{\partial \ln K_2}{\partial p}\right)_{T,y_2}=\frac{v_2^m-v_2^s}{RT}-\beta^m \tag{5-56}$$

式中 v 和 β 分别表示摩尔体积和等温压缩率。

超临界吸附动力学的研究尚比较少。为了获得在超临界条件下的吸附动力学数据，Porto 等[75]研究了以活性炭为吸附剂，苯溶解于超临界 CO_2 中吸附的动力学特征。他们分析了实验测定的流出曲线，并鉴定了质量控制转移过程。大孔径扩散量主要是表面扩散，有效面扩散率约为 $10^{-10}\,m^2/s$。这个值与低压时用活性炭做气体吸附实验所得数据类似。

5.6.2　吸附体系研究

近几十年来，随着超临界流体的深入研究，超临界吸附技术越来越受到关注，尤其是吸附剂（即载体）的选择。一般来说，载体的比表面积越大，越有利于吸附行为。超临界吸附目前研究的载体主要有：活性炭、硅胶和其他载体。

5.6.2.1　活性炭

活性炭是一种很细小的炭粒，在结构上由于微晶碳是不规则排列，在交叉连接之间有细孔，在活化时会产生碳组织缺陷，因此它是一种多孔碳，堆积密度低，比表面积大，而且炭粒中还有更细小的孔—毛细管。这种毛细管具有很强的吸附能力，由于炭粒的表面积很大，所以能与吸附质充分接触，当这些吸附质碰到毛细管就被吸附。Sudibandriyo 等[80]测定了在 327.6 K，13.8 MPa 的条件下甲烷、N_2、CO_2 在 Tiffany 煤炭上的吸附数据。Malbrunot 等[81]测试了常温下甲烷、氮气等气体在粒状活性炭(GAC)上的吸附数据，压力高达 650 MPa，发现在高压区，吸附量出现了最大值。Macnaughton 等[82]测定了 DDT 在活性炭上的吸附数据，温度为 313.1～318.1 K，固定二氧化碳的密度为 0.658 g/cm³。表 5-10 归纳了文献中涉及的超临界流体-活性炭体系的吸附(除气体)。

表 5-10　不同物质在活性炭上的高压吸附研究

溶质	温度(K)	压力(bar)	参考文献
萘	308～318	97.3～100.3	[83]
甲草胺	393	275.8	[84]
六氯苯	308～318	114.5	[83]
五氯苯酚	308～318	114.5	[83]
菲	308～318	102.3～103.4	[83]
甲苯	308～318	75.0～137.9	[85]
水杨酸	308.1～328.1	90～250	[86]
乙酸乙酯和糠醛	304.2～313.2	125～200	[87]
乙苯	313～338	100～130	[88]
咖啡因	318	130～300	[77]
二十烷和 1,2-己二醇	324.2	114.5	[89]
苯	313.2～333.2	9.9～114.5	[90]

因为超临界 CO_2 的特殊性质，它具有萃取能力，对于负载着有机化合物的活性炭来说，超临界 CO_2 还可以使其再生(即解吸)。超临界 CO_2 再生活性炭可比传统的水蒸气汽提法降低 50%～90%操作成本[91]，再生效率高，多次再生后活性炭的活性几乎不变。1980 年 Filippi 等[84]研究吸附了杀虫剂的活性炭在超临界 CO_2 中的再生。Tan 等在超临界 CO_2 再生活性炭方面作了大量的研究工作[92-95]。为了进一步了解再生过程中的质量传递，他们选择甲苯作为吸附质，研究不同操作温度，不同密度下的吸附等温线。结果显示，当温度增加时，其吸附量随之减少，这种现象与气相或液相下的吸附

相似。Kander 等[96]报道了苯酚在活性炭上的超临界吸附，得到了苯酚的平衡吸附量的数据，实验温度范围为 309～333K，压力范围为 137.1～170.7bar。

5.6.2.2　硅胶

二氧化硅气凝胶是由胶体粒子缩聚而成的一种轻质纳米多孔非晶固体材料，其孔洞高达 99.8%，孔洞尺寸 1～100 nm，比表面积高达 200～1000 m^2/g，密度变化范围 3～500 kg/m^3，具有连续的三维网络结构。源于其有趣的纳米结构，二氧化硅具有多种独特的性质，如低的折射率、低的弹性模量、低声阻抗、低热导率、强吸附性、典型的分形结构等，因而在许多领域蕴藏着广泛的应用前景。SiO_2气凝胶可作为催化剂载体、吸附剂、发泡剂、复合材料、过滤材料、填料、涂料、消光剂、高温隔热材料、纳米材料、声阻抗耦合材料、传感材料、低模材料等。在超临界吸附方面，过去几十年对于各种物质在 SiO_2气凝胶上的负载已有了一定规模的报道[95-101]。

Yoda 等[102]用超临界干燥法制备硅胶（植入钛），并发现该硅胶对苯有很强的吸附能力。Hrubesh 等[103]测定了水溶性和水不溶性的有机溶剂（如甲苯、氯苯、三氯乙烯）在疏水性硅胶上的吸附数据，证实了该硅胶的吸附能力比 GAC 强，对低分子量的溶剂的吸附会强 30 倍多，水不溶性的溶剂的吸附可高达 130 倍。Smirnova 等[104,105]研究了亲水性和疏水性硅胶作为药物载体（Drug Deliver System，DDS）的可行性，证实了三种药物（酮洛芬、咪康唑、叔哌啶醇）在硅胶上有较好的负载量（操作压力 180bar，温度为 40 ℃），并用 IR、UV 以及 XRD 等表征了负载的药物。他们还测定了药物的释放效果，发现吸附于亲水性硅胶的药物比纯药物释放更快，原因是药物负载后晶型产生了变化。Smirnova 课题组基于对 DDS 系统的深入研究[106,107]，他们提出了吸附结晶（adsorptive crystallization），以提高药物的负载量和药物的溶出[108,109]。Lubbert 等[78,110]测定了 α-生育酚和 δ-生育酚在硅胶上的吸附平衡，流动相为 CO_2与 2-丙醇的混合物。结果指出，吸附量不仅与压力、温度有关，还与 CO_2密度相关。Domingo 等[111]实验研究了安息香酸和水杨酸单、双组分在硅胶和其他吸附剂上的吸附。Brunner 等[77]研究了生育酚、固醇类在硅胶上的超临界吸附。上述研究的目的是为了实现混合物的分离。

Subra 等[112]为了模拟香精油的分馏行为，研究了萜稀类混合物在硅烷化硅胶上的超临界吸附（温度为 310～320 K，CO_2密度 750 kg/m^3），结果显示其负载量很小，范围在 0～10 mg/g，文章指出其原因是 CO_2 的竞争吸附。

关于 CO_2 的吸附，诸多文献看法不一致[77,105,109,113−116]。Giovanni 等[113]用重量法测定了 CO_2 在硅胶上的吸附数据，温度为 311～466 K，压力为 0～450 bar，结果显示若操作条件在临界点以下，则 CO_2 的吸附并不会发生明显的变化。Xing 等[114]指出随着压力的升高，CO_2 的竞争性吸附也提高。Brunner 等[77]指出较低的压力下生育酚的负载量更多，因为压力升高，CO_2 的密度和溶剂化能力变大，平衡更倾向于流体相。但 Smirnova 等[105]在测定药物的超临界吸附时指出在高压釜放气的过程中也有伴随着 CO_2 的脱附，所以硅胶上只有相当于常压下 CO_2 的吸附。也有指出在选定的条件下，CO_2 的竞争性吸附可忽略[117,118]。Gorle 等[109]分别用了重量法和静态法测量 CO_2 与苯乙酸吸附以及苯乙酸的单组分吸附，说明 CO_2 的竞争性吸附能否忽略与吸附的测定方法有关。

表 5-11 归纳了文献中涉及的其他超临界流体—硅胶体系的高压吸附研究。

表 5-11 不同物质在硅胶上的吸附研究

溶质	压力/温度/最大吸附量	吸附材料
薄荷醇	103 bar/323 K/23.3wt% 103bar/323K/7.2wt%	亲水性硅胶 疏水性硅胶[119]
甲氧基吡嗪	103 bar/323 K/9.8wt% 103bar/323K/3.3wt%	亲水性硅胶 疏水性硅胶[119]
青蒿素	14.1～18.1 bar/308.1～328.1 K	硅胶(粒径＜28 mm，比表面积 390 m^2/g)[114]
蒽三酚	180 bar/313 K/0.195 mmol/g	亲水性硅胶[104]
灰黄霉素	180 bar/313 K/0.18 mmol/g	亲水性硅胶[104]
氯硝柳胺	180 bar/313 K/0.03 mmol/g	亲水性硅胶[104]
十二碳五烯酸乙酯和二十碳六烯酸乙酯	319.15～340.35 K	硅胶[120]
苯乙酸/水杨酸/阿司匹林	100～240 bar/306～353 K	硅胶[121,122]

5.6.2.3 其他载体

活性炭与硅胶作为超临界吸附的载体已有广泛地研究，其他载体也正得到重视。

β-环糊精(β-Cycloadextrin，简写为 β-CD)是由 7 个葡萄糖残基以 1～4 糖甙键连成的筒状分子。由于 β-CD 具特殊的笼形结构和笼内非极性的疏水空洞，作为主体分子它能包合各种尺寸相当的客体分子。许多有机药物分子和香精分子的结构尺寸与 β-CD 空洞的结构的尺寸相当，因此 β-CD 与药物分子和香精分子的包合物被广泛地应用于医药和食品工业。Van Hees 等[123]用 β-环糊精在超临界 CO_2 流体的作用下包裹水难溶性药物吡罗昔康，从而提高它的溶出度，结果表明药物的物性并没有改变，且包裹量随着温度的升高而增加。

Weitkamp 等[124]研究了 1-甲基萘和 2-甲基萘在沸石（ZSM-5、ZSM-22）中的吸附平衡。Iwai 等[125,126]利用不同种类的沸石分离 2,6-和 2,5-二甲基萘异构体（温度 308.2 K，压力 12.0～19.8 MPa），发现 320-NAD 沸石分离效果最好，对 2,5-二甲基萘的选择性最高。同样地，他们还研究了两种异构体在 NaY 型沸石上的吸附平衡。Aschenbrenner 等[127]测定了二甲基(1,5-环辛二烯)铂金在多孔材料硅胶片与堇青石上的吸附平衡，温度为 333～353 K，固定压力为 15 MPa，发现在堇青石上的吸附平衡比硅胶片快很多，且吸附量也大，原因是两种材料的几何结构不同，导致超临界流体的流动速度不同。Young 等[128]研究了正己烷、甲乙酮、甲苯在活性炭化纤维上的吸附平衡，操作温度 308～328 K，CO_2 密度分别为 0.32，0.45，0.62 g/cm^3。Cross 等[129]研究了五氯苯酚、六氯苯在黏土上的吸附平衡，温度为 308～328 K，压力为 11.5～18.3 MPa。此外，矾土、离子交换树脂也有研究[121,122]。Gregorowicz[89]测定了二十烷与 1,2-己二醇在红藻硅土 101 上的吸附数据，温度为 324.2 K，压力 114.5 bar，得出两种物质的吸附量与它们的浓度呈线性关系。

5.6.3 高压吸附等温线和动力学数据测定实验方法

吸附现象的特性有吸附量、吸附强度、吸附状态等，而宏观地总括这些特性的是吸附等温线。如第三章所述，对于纯组分在吸附剂上的常规吸附等温线的测定方法主要有体积法和重量法。几十年来，人们对高压吸附装置的研究也在不断完善以尽可能地减小实验过程中的误差，常用的吸附方法相应地也有容积法、重量法、色谱法，这些方法中大多能在测定吸附等温线的同时，也能得到吸附动力学数据。

5.6.3.1 高压容积法

高压容积法是在恒定温度下，于高压下测试吸附前后体系的压力变化来计算获得吸附等温线数据。显然，这类方法要求吸附量比较大，最好能在线获取精确的压力变化才能得到较准确的结果；并且所得结果是平均压力下的吸附量。该法可以得到高压下的吸附动力学数据。周理等[130]利用研制的大容量超级低温恒温槽，以 20 K 为步长，采用容积法在 298 K 至 77 K，0 到 7 MPa 的大范围内测定了氢在 AX-21 活性炭上的吸/脱附等温线。测吸附之前，将整个系统抽真空，然后用氦气在 298K 下测吸附池自由体积与参比池的体积之比。在每一测定温度下，逐步升压并完成吸附测量后，再由最高压力逐步降压测脱附。完成脱附测量后，将系统抽真空，同时调节到下一个温度。待温度稳定后，再开始下个温度的测量。Iwai 等[126]利用高压容积法测定单组分在沸石上的吸附量，并结合 UV 检测器测定双组分(2,6-和2,5-二甲基萘)在沸石上的吸附量。

5.6.3.2 高压重量法

高压重量法是在恒定温度下，于高压下测试吸附前后单位吸附剂重量变化来获得吸附等温线数据。

高压重量法可以采用较繁琐的定时卸压称重来获取吸附动力学和平衡吸附量，但卸压会影响吸附量的准确性。Smirnova 课题组采用该方法建立了一套静态法高压吸附装置，测定了多种物质的吸附平衡等温线，其主体部分为带有玻璃窗的高压釜(可承受 150 ℃的高温，400 bar 的高压)。装料前先用 CO_2吹扫高压釜，减小空气所造成的误差，然后将吸附质置于釜中。该装置达到吸附平衡时间较长(如 15 h)，吸附平衡后缓慢放气，将样品取出，称量(也可进行色谱分析)。

高压重量法比较可取的方法是在线获取重量变化信息的方法(同时获取吸附动力学和平衡吸附量)。如，Humayun 等[131]的装置的主体部分为微天平与高压釜。将微天平置于高压釜顶，天平一端装样品，另一端为皮重，皮重这端可用玻璃珠使得体积与样品一致，以减少浮力的影响。吸附实验开始前，先通氦气计算浮力所造成的质量变化。然后再抽真空，缓慢通入 CO_2，在计算机上获得吸附数据。这种方法数据准确，但实验装置要求高，且实验周期长，操作繁杂。他们用该方法测定 CO_2在活性炭上的高压吸附数据。当然该方法也可以采用磁力悬浮天平：将样品悬挂于永久磁铁上，并置于吸附池中；永久磁铁是依靠吸附池外部的电磁铁而悬挂，电磁铁上连接的分析天平可以获得吸附过程中的重量变化。

5.6.3.3 高压动态法

高压动态法其实质是吸附质在高压气体通过吸附剂床层吸附后，测定吸附剂床层出口的吸附气体或气体中物质的浓度，当出口浓度(一般用高压

UV 检测器在线分析)恒定时表明已达到平衡,吸附剂增加的重量就是吸附量。超临界色谱法就是一种动态法,该法快速且能得到准确的动态吸附数据,实验的误差也比较小,但操作(特别是指高压下)不够方便且对吸附剂颗粒有要求。如,Macnaughton 等[82]用超临界色谱法测量水杨酸的高压吸附数据,将一定量的水杨酸经过柱塞泵打入柱子中,待温度、压力达到实验条件时,将饱和混合气体通过六通阀,研究吸附的穿透曲线,得到一系列谱面积和水杨酸浓度的对应校正线,从而计算出平衡吸附量。

参考文献

[1] Hong J D, Chen H, Li J, et al. Calculation of solid-liquid-gas equilibrium for binary systems containing CO_2. *Ind Eng Chem Res*, 2009, **48**(9): 4579~4585

[2] Kikic I, Lora M, Bertucco A. A thermodynamic analysis of three-phase equilibria in binary and ternary systems for applications in rapid expansion of a supercritical solution (RESS), particles from gas-saturated solutions (PGSS), and supercritical antisolvent (SAS). *Ind Eng Chem Res*, 1997, **36**(12): 5505~5515

[3] Yakoumis K, Vlachos K, Kontogeorgis GM, et al. Applications of the LCVM model to systems containing organic compounds and supercritical carbon dioxide. *J Supercrit Fluids*, 1996, **9**(2): 88~98

[4] 李军,冯耀声.超临界二氧化碳萃取茶多酚的研究.天然产物研究与开发,1996,**8**(3): 42~47

[5] Chrastil J. Solubility of solids and liquids in supercritical gases. *J Phys Chem*, 1982, **86**(15): 3016~3021

[6] 李军,冯耀声.缔合模型用于超临界萃取溶解度计算.高校化学工程学报,1998,**12**(3): 213~217

[7] 武汉大学主编.化学工程基础(第二版),北京:高等教育出版社.2009

[8] 朱自强.超临界流体技术原理与应用,北京:化学工业出版社.1999

[9] Li J, Rodrigues M, Paiva A, et al. Vapor-liquid equilibria and volume expansion of the tetrahydrofuran/CO_2 system: Application to a SAS-atomization process. *J Supercrit Fluids*, 2007, **41**(3): 343~351

[10] Li J, Rodrigues M A, Matos H A, et al. VLE of carbon dioxide/ethanol/water: Applications to volume expansion evaluation and water removal efficiency. *Ind Eng Chem Res*, 2005, **44**(17): 6751~6759

[11] Hua D, Hong J D, Li J. Solid-liquid-gas equilibrium for binary systems containing N2: Measurement and modeling. *Fliud Phase Equilib*, 2010: doi: 10.1016/j.fluid.2010.1008.1012

[12] van Gunst C A, Scheffer F E C, Diepen G A M. On critical phenonmena of saturated solutions in ternary systems. *J Phys Chem*, 1953, **57**: 581～583

[13] Zhang D, Cheung A, Lu B C-Y. Multiphase equilibria of binary and ternary mixtures involving solid phase(s) at supercritical fluid conditions. *J Supercrit Fluids*, 1992, **5**(2): 91～100

[14] Wilken M, Fischer K, Gmehling J. Transitiometry: PVT-scanning calorimetry for the simultaneous determination of thermal and mechanical properties. *Chem Eng Technol*, 2002, **25**(8): 779～784

[15] Vezzu K, Bertucco A, Lucien F P. Solid-liquid equilibria of multicomponent lipid mixtures under CO_2 pressure: Measurement and thermodynamic modeling. *AIChE J*, 2008, **54**(9): 2485～2494

[16] Hong J D, Hua D, Wang X, et al. Solid-liquid-gas equilibrium of the eernaries ibuprofen＋myristic acid＋CO_2 and ibuprofen＋tripalmitin＋CO_2. *J Chem Eng Data*, 2010, **55**: 297～302

[17] Hua D, Hong J D, Hu X H, et al. Solid-liquid-gas equilibrium of the naphthalene-biphenyl-CO_2 system: Measurement and modeling. *Fluid Phase Equilib*, 2010, **299**(1): 109～115

[18] McHugh M A, Watkins J J, Doyle B T, et al. High pressure naphthalene-xenon phase behavior[J]. *Ind Eng Chem Res*, 1988, **27**: 1025～1033

[19] Uchida H, Yoshida M, Kojima Y, et al. Measurement and correlation of the solid-liquid-gas equilibria for the carbon dioxide plus S-(＋)-ibuprofen and carbon dioxide plus RS-(＋/-)-ibuprofen systems. *J Chem Eng Data*, 2005, **50**(1): 11～15

[20] Diefenbacher A, Turk M. Phase equilibria of organic solid solutes and supercritical fluids with respect to the RESS process. *J Supercrit Fluids*, 2002, **22**(3): 175～184

[21] Elvassore N, Flaibani M, Bertucco A, et al. Thermodynamic analysis of micronization processes from gas-saturated solution. *Ind Eng Chem Res*, 2003, **42**(23): 5924～5930

[22] Lemert R M, Johnston K P. Solid-liquid-gas equilibria in multicomponent supercritical fluid systems. *Fluid Phase Equilib*, 1989, **45**: 265～286

[23] Li J, Rodrigues M, Paiva A, et al. Binary solid-liquid-gas equilibrium of the tripalmitin/CO_2 and ubiquinone/CO_2 systems. *Fluid Phase Equilib*, 2006, **241**(1－2): 196～204

[24] Bertakis E, Lemonis I, Katsoufis S, et al. Measurement and thermodynamic modeling of solid-liquid-gas equilibrium of some organic compounds in the presence of CO_2. *J Supercrit Fluids*, 2007, **41**(2): 238～245

[25] 王丹清，王宏涛，吴大鹏，等．超临界 CO_2 萃取分离桔油中的萜烯和含氧化合物．化学工程，2010，**38**(5)：9～12

[26] 洪燕珍，王宏涛，李军，等．苦楝果实中苦楝素的分离及鉴定．厦门大学学报(自然科学版)，2007，**46**(3)：365～368

[27] Ibrahim A R. Two-step extraction of pyrethrins from chrysanthemum. Master Thesis, Xiamen University, 2010

[28] 王璟，王宏涛，李军，等. 超临界 CO_2 萃取废电路板中阻燃剂的研究. 厦门大学学报(自然科学版)，2008，**47**(4)：545～551

[29] 魏福祥，韩菊，王巧玲，等. 姜酚超临界流体萃取—精馏技术. 精细化工，2004，**21**(4)：269～272

[30] 韩步兴. 超临界流体科学与技术. 北京：中国石化出版社，2005

[31] 张宝泉，刘丽丽，林跃生. 超临界流体与膜过程耦合技术的研究进展. 现代化工，2003，**23**(5)：9～12

[32] Semenova S I, Ohya H, Higashijima T, et al. Separation of supercritical CO_2 and ethanol mixtures with an asymmetric polyimide membrane. *J Membr Sci*, 1992, **74**(1-2): 131～139

[33] Fujii T, Tokunaga Y, Nakamura K. Effect of solute adsorption properties on its separation from supercritical carbon dioxide with a thin porous silica membrane. *Biosci Biotech Biochem*, 1996, **60**(12): 1945～1949

[34] Tokunaga Y, Fujii T, Nakamura K. Separation of caffeine from supercritical carbon dioxide with a zeolite membrane. *Biosci Biotech Biochem*, 1997, **61**(6): 1024～1026

[35] Chiu Y W, Tan C S. Regeneration of supercritical carbon dioxide by membrane at near critical conditions. *J Supercrit Fluids*, 2001, **21**(1): 81～89

[36] Spricigo C B, Bolzan A, Machado R A F, et al. Separation of nutmeg essential oil and dense CO_2 with a cellulose acetate reverse osmosis membrane. *J Membr Sci*, 2001, **188**: 173～179

[37] Sarrade S, Guizard C, Rios G M. Membrane technology and supercritical fluids: chemical engineering for coupled processes. *Desalination*, 2002, **144**(1-3): 135～142

[38] Carlson L H C, Bolzan A, Machado R A F. Separation of D-limonene from supercritical CO_2 by means of membranes[J]. *J Supercrit Fluids*, 2005, **34**(2): 143～147

[39] Blanchard L A, Hancu D, Beckman E J, et al. Green processing using ionic liquids and CO_2. *Nature*, 1999, **399**: 28～29

[40] Blanchard L A, Brennecke J F. Recovery of organic products from ionic liquids using supercritical carbon dioxide, *Ind Eng Chem Res*, 2001, **40**: 287～292

[41] Krukonis V J. Supercritical fluid nucleation of difficult-to-comminute solids. Annual Meeting AIChE, San Francisco, CA, 1984: 140

[42] Mawson S, Johnston K P, Combes J R, et al. Formation of poly(1, 1, 2, 2-tetra- hydroperfluorodecyl acrylate) submicron fibers and particles from supercritical carbon dioxide solutions. *Macromolecules*, 1995, **28**: 3182～3191

[43] 陈鸿雁，蔡建国，邓修，等. 超临界流体溶液快速膨胀法制备灰黄霉素微细颗粒. 化工学报，2001，**52**(1)：56～60

[44] Tsutsumi A, Nakamoto S, Minco T, et al. A novel fluidized-bed coating of fine particles by

rapid expansion of supercritical fluid solutions. *Powder Technol*, 1995, **85**(3):275～278

[45] Mishima K, Matsuyama K, Tanabe D, et al. Microencapsulation of proteins by rapid expansion of supercritical solution with a non-solvent. *AIChE J*, 2000, **46**(4):857～865

[46] 王亭杰,堤敦司,金涌.超临界流体快速膨胀用于细颗粒包覆技术.化工进展,2000,**19**(4):42～47

[47] 郭燕妮.SCF技术制备CoQ_{10}纳米粒及固体脂质纳米粒.厦门大学学位论文,2010

[48] Gallagher P M, Coffey M P, Krukonis V J, et al. Gas antisolvent recrystallization: new process to recrystallize compounds insoluble in supercritical fluids. Supercritical Fluid Science and Technology. Washington, DC; American Chemical Society. 1989:334～354

[49] de la Fuente Badilla, Peters C J, de Swaan Arons J. Volume expansion in relation to the gas-antisolvent process. *J Supercrit Fluids*, 2000, **17**(1):13～23

[50] Dixon D J, Johnston K P. Molecular thermodynamics of solubilities in gas antisolvent crystallization. *AIChE J*, 1991, **37**(10):1441～1449

[51] Werling J O, Debenedetti P G. Numerical modeling of mass transfer in the supercritical antisolvent process. *J Supercrit Fluids*, 1999, **16**:165～181

[52] Henczka M, Baldyga J, Shekunov B Y. Particle formation by turbulent mixing with supercritical antisolvent. *Chem Eng Sci*, 2005, **60**:2193～2201

[53] Shekunov B Y, Baldyga J, York P. Particle formation by mixing with supercritical antisolvent at high Reynolds numbers. *Chem Eng Sci*, 2001, **56**:2421～2433

[54] Zhao L, Li J, Rodrigues M A, et al. Using N_2- or CO_2-assisted atomization process to produce polyethylene glycol microparticles. *Chem Eng Res Design*, 2007, **85**(A7):985～995

[55] Rodrigues M A, Li J, Padrela L, et al. Anti-solvent effect in the production of lysozyme nanoparticles by supercritical fluid-assisted atomization processes. *J Supercrit Fluids*, 2009, **48**(3):253～260

[56] Weidner E, Petermann M, Knez Z. Multifunctional composites by high-pressure spray processes. *Current Opinion in Solid State & Materials Science*, 2003, **7**:385～390

[57] Jung J, Perrut M. Particle design using supercritical fluids: literature and patent survey. *J Supercrit Fluids*, 2001, **20**:179～219

[58] Sievers R E, Karst U, Milewski P D, et al. Formation of aqueous small droplet aerosols assisted by supercritical carbon dioxide. *Aerosol Sci Technol*, 1999, **30**:3～15

[59] Reverchon E. Supercritical antisolvent precipitation of micro- and nano-particles. *J Supercrit Fluids*, 1999, **15**:1～21

[60] Ventosa N, Veciana S S. Depressurization of an expanded liquid organic solution (DELOS): a new procedure for obtaining submicron- or micron-sized crystalline particles. *Crystal Growth Design*, 2001, **4**(1):299～303

[61] 赵亚冬,苏玉忠,王宏涛,等.气体包含溶液微粒形成技术.化学工程与装备,2006,**1**:1

~5

[62]Li J, Matos H A, de Azevedo G E. Two-phase homogeneous model for particle formation from gas-saturated solution processes. *J Supercrit Fluids*, 2004, **32**(1-3): 275~286

[63]Li J, Rodrigues M A, Matos H A, et al. Modeling of the PGSS process by crystallization and atomization. *AIChE J*, 2005, **51**(8): 2343~2357

[64]Strumendo M, Bertucco A, Elvassore N. Modeling of particle formation processes using gas saturated solution atomization. *J Supercrit Fluids*, 2007, **41**(1): 115~125

[65]Weidner E. Powderous composites by high pressure spray processes. Proceedings of the Sixth International Symposium on Supercritical Fluids, Versailles(France), 2003

[66]Nalawade S P, Janssen L P B M. Production of polymer particles using supercritical carbon dioxide as a processing solvent in an extruder. Proceedings of the Sixth International Symposium on Supercritical Fluids, Versailles(France), 2003

[67]Rodrigues M, Peirico N, Matos H, et al. Microcomposites theophylline/hydrogenated palm oil from a PGSS process for controlled drug delivery systems. *J Supercrit Fluids*, 2004, **29**(1-2): 175~184

[68]de Sousa A R S, Simplicio A L, de Sousa H C, et al. Preparation of glyceryl mono stearate-based particles by PGSS - Application to caffeine. *J Supercrit Fluids*, 2007, **43**(1): 120~125

[69]洪玮. 改进的PGSS技术及其应用于CoQ_{10}及薄荷醇微胶囊. 厦门大学学位论文, 2009

[70]Zheng S X, Hu X H, Ibrahim A R, et al. Supercritical fluid drying: classification and applications. *Recent Patents Chem Eng*, 2010, **30**(3): 230~244

[71]Roth T B, Anderson A M, Carroll M K. Analysis of a rapid supercritical extraction aerogel fabrication process: Prediction of thermodynamic conditions during processing. *J Non-Cryst Solids*, 2008, **354**: 3685~3693

[72]Dorcheh A S, Abbasi M H. Silica aerogel; synthesis, properties and characterization. *J Mater Proc Tech*, 2008, **199**: 10~26

[73]周亚平, 杨斌. 气体超临界吸附研究进展. 化学通报, 2000, **9**: 8~13

[74]Menon P G. Adsorption at high pressures. *Chem Rev*, 1968, **68**(3): 277~294

[75]Porto J S, Sato Y, Takishima S, et al. Adsorption equilibria of benzene on activated carbon in presence of supercritical carbon dioxide. *J Chem Eng Japan*, 1995, **28**(3): 245~249

[76]Wu Y Y, Wong D S H, Tan C S. Thermodynamic model for the adsorption of toluene from supercritical carbon dioxide on activated carbon. *Ind Eng Chem Res*, 1991, **30**(11): 2492~2496

[77]Bolten D, Johannsen M. Influence of 2-propanol on adsorption equilibria of α-and δ-Tocopherol from supercritical carbon dioxide on silica gel. *J Chem Eng Data*, 2006, **51**: 2132~2137

[78]严彬. 多孔介质中复杂流体吸附行为的自由能密度泛函研究, 南京工业大学学位论文, 2005

[79]Kelly F D, Chimowitz E H. Near-critical phenomena and resolution in supercritical fluid chromatography. *AIChE J*, 1990, **36**(8):1163～1175

[80]Sudibandriyo M, Pan Z, Fitzgerald J E, et al. Adsorption of methane, nitrogen, carbon dioxide and their binary mixtures on dry activated carbon at 318.2K and pressures up to 13.6 MPa. *Langmuir*, 2003, **19**(13):5323～5331

[81]Malbrunot P, Vidal D, Vermesse J, et al. Adsorption measurements of argon, neon, krypton, nitrogen and methane on activated carbon up to 650 MPa. *Langmuir*, 1992, **8**(2):577～580

[82]Macnaughton S J, Neil R F. Supercritical adsorption and desorption behavior of DDT on activated carbon using carbon dioxide. *Ind Eng Chem Res*, 1995, **34**(1):275～282

[83]Madras G, Erkey C, Akgerman A. Supercritical fluid regeneration of activated carbon loaded with heavy molecular weight organics. *Ind Eng chem Res*, 1993, **32**(6):1163～1168

[84]de Filippi R P, Kyukois V J, Robey R J, et al. Supercritical fluid regeneration of activated carbon for adsorption of pesticides. Report, EPA-00/2-80-054, Washington, DC, 1980

[85]Tan C S, Liou D C. Adsorption equilibrium of toluene from supercritical carbon dioxide on activated carbon. *Ind Eng Chem Res*, 1990, **29**(7):1412～1415

[86]Kikic I, Alessi P, Cortesi A. An experimental study of supercriticai adsorption equilibria of salicylic acid on activated carbon. *Fluid Phase Equilib*, 1996, **117**:304～311

[87]Lucas S. Adsorption isotherms for ethylacetate and furfural on activated carbon from supercritical carbon dioxide. *Fluid Phase Equilib*, 2004, **219**(2):171～179

[88]Harikrishnan R, Srinivasan M P, Ching C B. Adsorption of ethyl benzene on activated carbon from supercritical CO_2. *AIChE J*, 1998, **44**(12):2621～2627

[89]Gregorowicz J. Adsorption of eicosane and 1,2-hexanediol from supercritical carbon dioxide on activated carbon and chromosorb. *Fluid Phase Equilib*, 2005, **238**(2):142～148

[90]Shojibara H, Sato Y, Takishima S, et al. Adsorption equilibria of benzene on activated carbon in the presence of supercritical carbon dioxide. *J Chem Eng Japan*, 1995, **28**(3):245～249

[91]臧志清,周端美.超临界态二氧化碳再生活性炭法治理甲苯废气.环境科学研究, 1998, **11**(5):60～64

[92]Tan C S, Liu D C. Desorption of ethyl acetate from activated carbon by supercritical carbon dioxide. *Ind Eng Chem Res*, 1988, **27**(6):988～991

[93]Tan C S, Liu D C. Regeneration of activated carbon loaded with toluene by supercritical carbon dioxide. *Sep Sci Technol*, 1989, **24**(1-2):111～127

[94]Tan C S, Liu D C. Modeling of desorption at supercritical conditions. *AIChE J*, 1989, **35**(6):1029～1031

[95]Tan C S, Liu D C. Supercritical regeneration of activated carbon loaded with benzene and toluene. *Ind Eng Chem Res*, 1989, **28**(8):1222～1226

[96]Kander R G, Paulaitis M E. The adsorption of phenol from dense carbon dioxide onto acti-

vated carbon. In: Chemical Engineering at Supercritical Conditions (Edited by Paulaitis M E, Penninger J, Gray R et al), 1983, 461～476

[97] Buisson P, Hernandez C, Pierre M, et al. Encapsulation of lipases in aerogels. *J Non-Cryst Solids*, 2001, **285**(1～3): 295～302

[98] Wallace J M, Dening B M, Eden K B, et al. Silver- colloid- nucleated cytochrome c superstructures encapsulated in silica nanoarchitectures. *Langmuir*, 2004, **20**: 9276～9281

[99] Schwertfeger F, Zimmermann A, Krempel H. Use of inorganic aerogels in pharmacy. US 6289744, 2001

[100] Lee K P, Gould G L. Aerogel powder therapeutic agents. US 2002/0094318, 2001

[101] Berg A, Droege MW, Fellmann J D, et al. Medical use of organic aerogels and biodegradable organic aerogels. WO 95/01165, 1995

[102] Yoda S, Ohtake K, Takebayashi Y, et al. Preparation of titania-impregnated silica aerogels and their application to removal of benzene in air. *J Mater Chem*, 2000, **10**: 2151～2156

[103] Hrubesh L W, Coronado P R, Satcher Jr J H. Solvent removal from water with hydrophobic aerogels. *J Non-Cryst Solids*, 2001, **285**(1～3): 328～332

[104] SmirnovaI, Suttiruengwong S, Arlt W. Feasibility study of hydrophilic and hydrophobic silica aerogels as drug delivery systems. *J Non-Cryst Solids*, 2004, **350**: 54～60

[105] Smirnova I, Mamic J, Arlt W. Adsorption of drugs on silica aerogels. *Langmuir*, 2003, **19**(20): 8521～8525

[106] Arlt W, Smirnova I. Low density aerogel, useful for controlled solvent release of pharmaceuticals, cosmetics, perfumes, flavorant or pigments, is obtained by supercritical drying, especially using carbon dioxide. DE 10214226A1, 2003

[107] Smirnova I, Turk M, Wischumerski R, et al. Comparison of different methods for enhancing the dissolution rate of poorly soluble drugs: case of griseofulvin. *Eng Life Sci*, 2005, **5**(3): 275～280

[108] Gorle B S K, Smirnova I, Dragan M, et al. Crystallization under supercritical conditions in aerogels. *J Supercrit Fluids*, 2008, **44**(1): 78～84

[109] Gorle B S K, Smirnova I, Arlt W. Adsorptive crystallization of benzoic acid in aerogels from supercritical solutions. *J Supercrit Fluids*, 2010, **52**(3): 249～257

[110] Lubbert M, Brunner G, Johannsen M. Adsorption equilibria of α- and δ-tocopherol from supercritical mixtures of carbon dioxide and 2-propanol onto silica by means of perturbation chromatography. *J Supercrit Fluids*, 2007, **42**(2): 180～188

[111] Domingo C. Single or two-solute adsorption processes at supercritical conditions: an experimental study. *J Supercrit Fluids*, 2001, **21**(2): 147～157

[112] Subra P, Vega-Bancel A, Reverchon E. Breakthrough curves and adsorption isotherms of terpene mixtures in supercritical carbon dioxide. *J Supercrit Fluids*, 1998, **12**(1): 43～57

[113] Di Giovanni O, Dorfler W, Mazzotti M, et al. Adsorption of supercritical carbon dioxide on silica. *Langmuir*, 2001, **17**(14): 4316～4321

[114] Xing H, Su B, Ren Q, et al. Adsorption equilibria of artemisinin from supercritical carbon dioxide on silica gel. *J Supercrit Fluids*, 2009, **49**(2): 189～195

[115] Chen J H, Wong D S H, Tan C S. Adsorption and desorption of carbon dioxide onto and from activated carbon at high pressures. *Ind Eng Chem Res*, 1997, **36**: 2808～2815

[116] Ottiger S, Storti G, Mazzotti M. Measuring and modeling the competitive adsorption of CO_2, CH_4, and N_2 on a dry coal. *Langmuir*, 2008, **24**: 9531～9540

[117] Squires T G. Proceedings of the Symposium at the 190th Meeting of the American Chemical Society. American Chemical Society, Washington, DC, 1987

[118] Bamberger T. Adsorption sgleichgewichte von kohlendioxid und naphtalin auf silicagel unter hohem bruck. PhD thesis, University of Karlsruhe, 1996

[119] Gorle B, Smirnova I, McHugh M. Adsorption and thermal release of highly volatile compounds in silica aerogels. *J Supercrit Fluids*, 2009, **48**(1): 85～92

[120] Han Y S, Wu P D. Adsorption equilibria of cis-5, 8, 11, 14, 15-eicosapentaenoic acid ethyl ester and cis-4, 7, 10, 13, 16, 19-docosahexaenoic acid ethyl ester from supercritical carbon dioxide on silicagel. *J Chem Eng Data*, 2008, **53**: 16～19

[121] Domingo C, Carcia-Carmona J, Fanovich M A, et al. Single or two-solute adsorption processes at supercritical conditions: an experimental study. *J Supercrit Fluids*, 2001, **21**: 145～157

[122] Domingo C, Fanovich M A, Saurina J. Study of adsorption processes of model drugs at supercritical conditions using partial least squares regression. *Anal Chim Acta*, 2002, **452**: 311～319

[123] Van Hees T, Piel G, Evrard B, et al. Application of supercritical carbon dioxide for the preparation of a piroxicam-beta-cyclodextrin inclusion compound. *Pharm Res*, 1999, **16**(12): 1864～1870

[124] Weitkamp J, Schwark M, Ernst S. Adsorptive separation of 1- and 2-methylnaphthalene on zeolites. *Chemie Ingenieur Technik*, 1989, **61**(11): 887～888

[125] Iwai Y, Uchida H, Mori Y, et al. Separation of isomeric dimethylnaphthalene mixture in supercritical carbon dioxide by using zeolite. *Ind Eng Chem Res*, 1994, **33**(9): 2157～2160

[126] Iwai Y, Higuchi M, Nishioka H, et al. Adsorption of supercritical carbon dioxide+2, 6- and 2, 5-dimethylnaphthalene Isomers on NaY-type zeolite. *Ind Eng Chem Res*, 2003, **42**(21): 5261～5267

[127] Aschenbrenner O, Dahmen N, Schaber K, et al. Adsorption of dimethyl(1, 5-cyclooctadiene)platinum on porous supports in supercritical carbon dioxide. *Ind Eng Chem Res*, 2008, **47**(9): 3150～3155

[128] Ryu Y K, Kim K L, Lee C H. Adsorption and desorption of n-hexane, methyl ethyl ketone, and toluene on an activated carbon fiber from supercritical carbon dioxide. *Ind Eng Chem Res*,

2000,**39**(7):2510～2518

[129] Cross Jr W M, Akgerman A. Adsorptive separations using supercritical frontal analysis chromatography. *AIChE J*, 1998, **44**(7):1542～1554

[130] 周理,周亚平.关于氢在活性炭上高压吸附特性的实验研究.中国科学,1996,**26**(5):473～480

[131] Humayun R, Tomasko D L. High-resolution adsorption isotherms of supercritical carbon dioxide on activated carbon. *AIChE J*, 2000, **46**(10):2065～2075

第6章 喷雾干燥技术

 6.1 概述

化工生产中的固体原料、半成品或产品为便于进一步的加工、运输、贮存和使用，常常需要将其中所含的水或有机溶剂去除至规定指标，这种操作简称为“去湿”。“去湿”方法中较为常用的是干燥。干燥是利用热能或/与干气体使固体湿物料中的湿分迁移与气化而除去的过程，它是最古老的单元操作之一，也是很复杂、迄今为止人们了解较浅的技术之一。

现代干燥技术虽已有一百多年的发展史，但至今还属于实验科学的范畴。在许多方面，人们对干燥过程的了解“知其然，而不知其所以然”，大部分干燥技术还缺乏能够精准指导实践的科学理论和设计方法。实际应用中，依靠经验和小规模试验的数据来指导大规模生产还是主要的方式。1972 年，Keey 在他所著的《干燥原理与实践》一书中的前言部分所述，“干燥是一门常见的经验型艺术，然而也是一门被忽视的科学，至少对于那些以英语为母语的工作者来说是如此”。造成这一局面的原因有以下几方面[1,2]：

1. 干燥技术所依托的一些基础学科本身就具有实验科学的特点。例如，空气动力学的研究发展还要靠“风洞”试验来推动，就说明它还没有脱离实验科学的范畴。而这些基础学科自身的发展水平直接影响和决定了干燥技术的发展水平。

2. 很多干燥过程是多种学科技术交叉进行的过程，牵涉面广、变数多、机理复杂。例如在喷雾干燥技术领域，被雾化的液滴在干燥塔内的运行轨迹是工程设计的关键。而液滴的轨迹与自身的体积、质量、初始速度和方向及周围

其他液滴和热风的流向、流速有关。由于传质、传热过程的同时进行，这些参数无时无刻不在发生着变化。而且初始状态时，无论是液滴的大小还是热风的分布都不可能是均匀的。显然，对于如此复杂、多变的过程只凭借理论计算来进行工程设计是不可靠的。

3. 被干燥物料的种类多种多样，其理化性质也各不相同。即使在相同的干燥条件下，不同物料的传质、传热速率也可能有较大差异。如果不加以区别对待，就有可能造成不尽如人意的后果。

干燥过程需同时完成热量和质量(湿分)的传递，保证物料表面湿分蒸气分压(浓度)高于外部空间中的湿分蒸气分压，保证热源温度高于物料温度。热量从高温热源以各种方式传递给湿物料，使物料表面湿分汽化并逸散到外部空间，从而在物料表面和内部出现湿含量的差别。内部湿分向表面扩散并汽化，使物料湿含量不断降低，逐步完成物料整体的干燥。

按照热能供给湿物料的方式干燥过程可分为传导干燥、对流干燥、辐射干燥和介电加热干燥。其中，对流干燥在工业上应用最为广泛，使用的干燥介质多为空气。

喷雾干燥是对流干燥中最常见的方式。喷雾干燥是将原料液用雾化器分散成雾滴，并用热空气(或其他气体)与雾滴直接接触的方式而获得粉粒状产品的一种干燥过程。原料液可以是溶液、乳浊液或悬浮液，也可以是熔融液或膏状物。干燥产品可根据需要，制成粉状、颗粒状、空心球或团粒状[3]。

喷雾干燥技术已有一百多年的历史，它在工业上的应用也有近百年的历史。开始只限于蛋粉、奶粉等少数产品的生产，随着不断深入的研究和发展，现已在化学、食品、医药、农药、陶瓷、水泥、水产、林业、冶金等工业生产中广泛应用。在现代的干燥技术中，喷雾干燥技术占有重要的位置，几乎涉及国民经济的每一个部门。据不完全统计，至2006年底，全球已安装投产的喷雾干燥器超过25000套[4]。与其他干燥技术相比，喷雾干燥具有以下一些优点[3,4]：

(1)瞬间干燥。原料液经雾化器雾化后，其比表面积瞬间增大许多倍，与热空气接触的面积增大，雾滴内部水分蒸发与迁移的路径大大缩短，提高了传热传质速率。

(2)通过配方与大量优化实验后，可制备预定性能(大小、密度、湿含量和营养含量)和类型(细粉、微粒和附聚物)的产品。

(3)适用于热敏性和非热敏性物料的干燥，能保证其产品的质量。虽然喷雾干燥的热风温度较高，但在接触雾滴时，大部分热量都用于水分的蒸发，所以尾气温度并不高,绝大多数操作尾气都在 70～110 ℃之间,物料温度也不一定很高,对于一些热敏性物料也能保证其产品的质量。

(4)干燥条件恒定,工艺操作正常时,干燥产品特性保持良好。

(5)在一定程度上,粒径分布可以控制与调整。

(6)干燥产品可以直接包装,无需研磨(当然也可研磨)。

(7)适于连续化大规模生产。喷雾干燥能够满足工业上大规模生产的要求,产量可达几十吨每小时。

(8)可组成多级干燥。喷雾干燥还可以同其他干燥器组合使用,特别是系统流化床,发挥不同干燥方法的优点,优化组合,能源利用更加有效,产品质量更好。

虽然人们对喷雾干燥技术进行了大量研究,该技术也获得了很大进展,然而,与其他除湿过程相比,喷雾干燥操作所消耗的能量依然相对较高。其高能耗的主要原因是:在喷雾干燥过程中,大部分的湿分是通过提供热能的方式除去。据报道,喷雾干燥过程中,水的蒸发所需能耗比水的蒸发潜热(≈2250 kJ/kg)高 1.5～2 倍[5]。表 6-1 列出了不同除湿过程的能耗比较。从表中可以看出,与喷雾干燥相比,冷冻干燥是更为能源密集型的操作,且投资高。而喷雾干燥作为一种对流干燥方式,其热效率比较低,并且废气中仍然含有大量的低级废热。由于废气中含有粉尘,使其比较难以加以利用。此外,喷雾干燥器与其他附加设备及控制自动化设备等集成的过程工艺投资费用也比较高。

表 6-1 不同除湿过程所需能耗[5]

除湿过程	膜分离	蒸发器	冷冻干燥	转鼓式干燥	喷雾干燥器	
					单级	与流化床集成
能耗(kJ/kg 水蒸发)	1400	220	>>6000	2800～6000	5000	3500

6.2 喷雾干燥的基本流程及装置

6.2.1 喷雾干燥基本流程

喷雾干燥过程可分为三个基本阶段[6,7]:料液雾化为雾滴;雾滴和干燥介质接触、混合及流动,即进行干燥;干燥产品与空气分离。图 6-1 为典型传统的单级喷雾干燥系统流程。如图所示，原料液经过滤器6由泵7输送到喷雾干燥器5顶部的雾化器4雾化为雾滴。新鲜空气由鼓风机2经过滤器1及空气加热器3送入喷雾干燥器5的顶部，与雾滴接触、混合，进行质量和热量传递，即进行干燥。干燥后的产品由塔底引出。夹带细粉尘的废气经旋风分离器8及粉尘收集器10由引风机9排入大气。现代生产中，对夹带细粉尘的废气排放有很严格的浓度要求，通常需要外加的过滤"口袋"系统予以全面脱尘处理，方能排放。

为了实现二级干燥、冷却、附聚、包埋特殊材料或是干燥非常复杂的产品，现代大规模喷雾干燥经常与内置或外置流化床组合使用。当产品极易流动时，可采用普通流化床。当产品的粒径分布较广，或是具有黏性而又易于黏结时，可采用振动流化床。这种二级干燥系统具有以下一些优点：提高干燥过程热效率（节约能耗，提高经济效益）；改善产品质量（降低产品湿含量及改变粉体的尺寸分布，实现团聚和分级）；降低粉体产品温度。此外，细粉返回技术在工业生产中也已被采用。从旋风分离器、过滤室或是流化床中收集来的细粉被返回输送到喷雾干燥室的顶部，与新鲜的原料雾滴相碰撞、黏结，促进团聚效应，改善产品的尺寸分布，产生较粗的能自由流动的颗粒[3]。此外，料液的组成与物性对喷雾干燥的品质有极大的影响，所以喷雾前处理、喷雾期及干燥后处理均需工程上的认真考虑和科学研究。

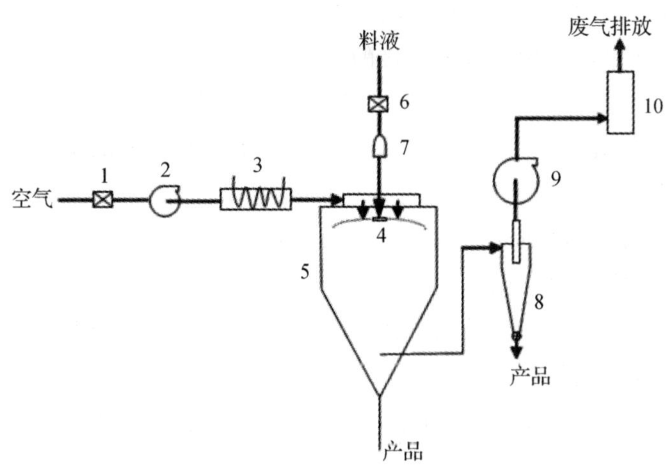

图6-1　传统的单级喷雾干燥系统流程图[4]

1-空气过滤器；2-鼓风机；3-空气加热器；4-雾化器；5-干燥器；

6-料液过滤器；7-输料泵；8-旋风分离器；9-引风机；10-粉尘收集器

6.2.2 喷雾干燥装置

典型的喷雾干燥装置至少包括四个主要的系统[3]，分别是：干燥空气供应及预热系统；雾化系统；干燥器及粉体分离系统。根据干燥器的设计、干燥级数和干燥方式的不同，喷雾干燥装置还包含一些其他关键的附加设备，如流化床、带式干燥器等。

6.2.2.1 干燥空气供应及加热系统

干燥空气供应及预热系统通常包括空气过滤器、风机、预热器和空气分布器。大多数喷雾干燥所采用的干燥介质是热空气。通常，空气由离心风机经空气过滤系统而引入，而供气风机安装于预热器前端。根据所干燥的原料，空气可被加热至 150～270 ℃。由于不同地区气候的差异，干燥器吸入口处热空气的绝对湿含量也不同，通常介于 4～8 g 水/kg 干空气。而对于绝对湿含量更高的热空气(高于 8 g 水/kg 干空气)，其结果将导致干燥产品具有更高的水分含量。如果生产商所在地的湿度变化大且频繁，湿度应该得到降低与控制。因此，为了弥补干燥空气的较高湿含量所带来的影响，以获得所需水分含量的最终产品，必须调节其余的过程参数，或是在预热器前端安装一个空气除湿单元，以降低干燥空气的湿含量，这通常给粉体生产商造成一定的投资压力。实际上，对于较低湿含量的干燥空气而言，在较低入口温度下它所具有的汽化能力与较高湿含量的干燥空气在较高入口温度时是一样的。

空气加热可以采用直接或间接的方式。直接式加热一般用于被干物料不怕污染的场合，燃烧尾气常常被应用于该种模式之中。而间接式加热则主要用于对干燥产品的品质要求比较高、不能与燃烧气体直接接触的场合，比如食品、药物产品等。根据干燥器大小、产品性能以及加热源的经济性，可以采用蒸汽加热、电加热、燃油加热或燃气加热。在小型设备上，蒸汽加热与电加热相组合的加热方法也常见。

风机是输送干燥介质的动力源，喷雾干燥系统通常采用离心式风机。风机在干燥系统中主要有两种布置方式：单台引风机和鼓风机—引风机相结合的方式。单台引风机通常放置在旋风分离器之后，使干燥器低于大气压，该系统的操作优点是可以避免产品及空气从干燥器泄漏至大气环境中。但由于干燥器中的负压较高，风机频繁启动和关闭易引起干燥器内局部失稳以及外部空气漏入塔内，因此，单台引风机仅适用于小型干燥系统。对于大型干燥系统而言，适宜采用鼓风机—引风机相结合的方式，鼓风机置于空气预热器之前，而引风机置于旋风分离器之后。这种系统具有较大的灵活性，可以通过调节干燥条件使干燥器在接近大气压的负压下运行。

经预热器加热后的热空气通过热风分布器进入干燥器，与原料液的雾滴碰撞、混合，实现干燥过程[4]。

6.2.2.2　雾化系统

料液雾化为雾滴，以及雾滴与热空气的接触、混合是喷雾干燥独有的特征。雾化的目的在于将料液分散成微细的雾滴，使其具有很大的表面积，当其与热空气接触时，雾滴中的水分迅速汽化而干燥成粉末或颗粒状产品。雾滴的大小及其均匀程度对产品质量和技术经济指标影响很大，特别是对热敏性物料的干燥尤为重要。如果喷出的雾滴其大小很不均匀，就会出现大颗粒还没达到干燥要求、小颗粒却已干燥过度而变质的现象。因此，原料液的雾化是喷雾干燥中最重要的过程。通过雾化，增加单位体积溶液中的表面积，即增大雾滴和干燥介质的表面积，进而促进热量和质量传递。雾滴越细，其表面积越大。比如，将 1 m^3 的液体雾化为直径 100 μm 的均匀液滴，大约有 2×10^{12} 个，所形成的总表面积有 60000 m^2。水分的蒸发速度与可供热量和质量传递的表面面积成正比，因此庞大的界面面积可大幅度地减少除水时间（干燥时间）。干燥效率、粉体性能和粉体收集效率均与雾化器的选择和操作具有很大关系。雾化过程同样影响液滴的大小、尺寸分布、运动轨迹和速度，产品的整体质量，干燥室设计，以及形成液滴所需的能源[8]。

由于雾化过程的随机性，喷雾的结果通常由液滴的平均粒径和粒径分布来表征。液滴的平均粒径和粒径分布与雾化器的使用类型、雾化条件和进料液特性（如黏度、密度和表面张力）相关。由于雾化液滴的密度差异不大，进料密度对喷雾特性的影响最小，而液体的黏度和表面张力对喷雾特性具有较大影响。进料液的黏度不仅影响液滴的平均粒径和粒径分布，而且对进料流量和喷雾模式也有影响。高黏度不仅降低了雷诺数，同时也阻碍了液体喷射或液膜中任何不稳定性的发展。这种综合效应延迟了液滴的分解，从而增大了液滴的直径。与此相类似，具有较高表面张力的原料液也会导致大液滴的产生。

用于液体雾化的设备通常称之为雾化器。雾化器可以作为单独的设备使用，也可以整组使用。为了实现高品质产品的经济生产，雾化器的选择和操作是极其重要的。即使在恶劣的条件下，雾化器也必须能有效和可靠地工作。可以根据雾化能源的类型、孔的数量和形状、操作模式（连续或间歇）和雾化器的几何形状，对雾化器进行分类。通用的分类是基于液体分散过程中所采用的能源类型，主要分为四种类型：旋转式雾化器（离心能）、压力式雾化器（压力能）、气流式雾化器（压力能和动能）和声能式雾化器（声能）。雾化形式的选择取决于料液的性质和最终产品所要求的特性。对于液体的雾化机理，基本上可分为三种类型，即滴状分裂、丝状分裂和膜状分裂。在喷雾干燥操作中，雾化机理与雾化方法、操作条件、流体的物性等有关。雾化机理可以指导我们进行合理的雾化器设计和操作[3,9]。

旋转式雾化器和压力式雾化器在大型工业已获得广泛应用，而气流式雾化器仅被用于小到中等规模的喷雾干燥器中。对于旋转式雾化器，当料液被送到高速旋转的盘上时，由于转盘的离心力作用，料液在盘面上伸展为薄液膜，并以不断增大的速度向盘边缘运动，离开盘边缘时，液体雾化为雾滴。液滴的大小和喷雾的均匀性主要取决于转盘的转速和液膜厚度。旋转式喷雾的应用受到转盘转速（转盘制造精度要求高）和干燥物料黏度的限制[3,9]。

压力式雾化器利用活塞式高压泵将料液从喷嘴孔内高压喷出，直接将压力转化为动能，使料液与干燥介质接触并被分散为雾滴。压力式雾化器生产能力大，耗能小；细粉生成少，能产生小颗粒，固体物回收率高。压力式雾化可以通过改变喷嘴的个数达到产能的调节，但对于雾化料液要预先过滤，防止杂质或大颗粒物料混入，阻塞喷嘴，料液黏度要低且喷头的喷孔易磨损需经常更换[3,9]。

气流式喷雾干燥利用压缩空气（或水蒸气）从喷嘴高速喷出并与另一通道输送的料液在喷嘴出口端面混合，由于两流体之间存在着很大的相对速度，从而产生相当大的摩擦力，将料液雾化。气流式喷雾可以雾化高黏度的物料，其操作可靠，设备结构简单，易通过改变喷嘴形状来适应干燥塔的要求[3,9]。

声能式雾化的液滴形成机理与其余雾化器略有不同，其主要通过置于喷嘴前端的声能共振罩杯产生高频声能，以实现液体的分散，形成液滴。目前，声能式雾化器还处于研究阶段，仅在难以用传统的雾化器雾化液体或生产特殊的产品时，才被用于小规模的液体分散[4]。

常用雾化器的优缺点及特点比较如表 6-2 所示[4]。

在喷雾干燥中，雾滴和颗粒的形状和大小各不相同。这些形状和大小的变化直接影响产品的性能和质量，而颗粒尺寸和液滴尺寸有密切关系，但通常是不同的，而且由于喷雾模式不同，原料液不同，操作条件不同，液滴和颗粒的大小及其粒度分布也不同。因此，对于生成所需的液滴以实现有效的液滴—

气体混合和液滴汽化而言，喷雾模式的选择至关重要。此外，喷雾模式对干燥器的设计、防止粘壁以及所生成的液滴性能（如密度、速度和轨迹）而言，同样重要。一个典型的喷雾模式是料液和干燥气体间流体动力和气体动力相互作用的结果[3,9]。

表 6-2　喷雾干燥中常用雾化器的比较[4]

特性＼雾化器	旋转式雾化器	压力式雾化器	气流式雾化器	声能式雾化器
结构	有叶片盘/无叶片盘	压力喷嘴	带有两个入口（气体和液体）的喷嘴	液体注射器和声波放射器
能源	离心速度：5000～60000 rpm	压力：10～60 kPa	空气动力：1～3 kPa；气体：液体＝10：1	声波：18～42 kHz；气体：1～5 kPa
液滴轨迹	＞120°	5～140°	20～60°	
颗粒尺寸	30～120 μm	180～250 μm	20～250 μm	20～250 μm
优点	容易控制颗粒大小，生产能力范围大	无可移动部分，简单	可处理高黏度、易磨损料液	经济
缺点	较大的液滴轨迹	高黏度液体不易雾化，喷嘴易阻塞及磨损大	细粉需附加的供气系统	生产能力小
能耗	适中	最小	最大	

6.2.2.3　干燥器

传统和最常用的喷雾干燥器由底部为 40～60°锥度的圆柱形干燥器组成。由于重力作用，产品从干燥器底部排出。常用的几种干燥器的几何形式如图 6-2 所示。2003 年，Huang 等人提出了其他一些几何形式，例如简单锥形、沙漏形以及竖直方向灯笼形的干燥器用以取代传统的干燥器形状[10]。最近，一些文献报道了应用水平喷雾干燥器的可能性，这将有利于处理热敏性材料和降低设备放大所带来的困难[11,12]。

在喷雾干燥的设计和操作中，如何避免或减少粘壁现象，即被干燥的物料粘附在干燥器内壁上的发生是必须考虑的一个重要问题。这是由于：(1)由于长时间停留在内壁上，粘壁物料会被烧焦或变质，从而影响产品质量；(2)粘壁物料如果结块脱落混入塔底产品，会使产品湿含量和形状达不到要求；(3)如果粘壁后的结块物料脱落混入产品中，常需采用筛分或粉碎操作，增加生产环节；(4)为清除粘壁物料，不得不中途停止喷雾干燥操作，这既缩短了其有效操作时间，又增加了工人的劳动强度，甚至影响工人的身体健康，更甚者会使干燥装置无法投入生产[3]。

喷雾干燥中,物料的粘壁主要有三种类型[3,13]:半湿物料粘壁,低熔点物料的热敏性粘壁及干粉表面附着。一般常见的是半湿物料粘壁,其造成的直接原因是喷出的雾滴在没有达到表面干燥之前就和器壁接触,因而粘在壁上。随着干燥的推进,粘壁层越积越厚,当达到一度厚度时便会以块状从器壁自由脱落,造成产品烧焦、分解或湿含量偏高。

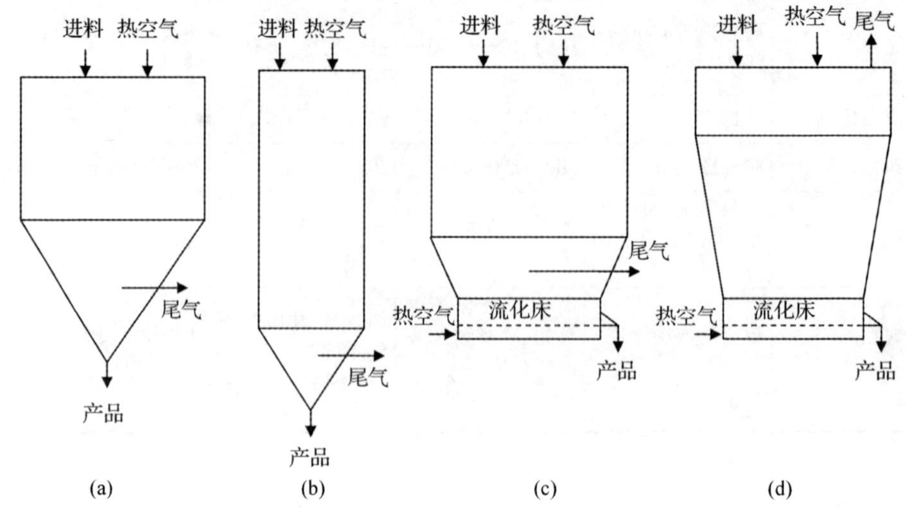

图 6-2 几种典型的干燥器布局工作原理示意图[4]:

(a)旋转式雾化器的并流干燥器;(b)压力喷嘴或气流式雾化器的并流高塔干燥器;(c)旋转式雾化器的混流干燥器;(d)多压力喷嘴式混流干燥器

对于热敏性物料,当干燥温度或壁面温度高于其熔点温度时,颗粒熔融而发黏,粘附在热壁上而产生粘壁现象。在这种情况,喷雾干燥器大多采用并流流动方式,即干燥气体和雾化液滴在干燥器均为相同方向运动。比如食品工业的干燥过程,在并流操作下,雾滴的平均停留时间很短,干燥颗粒无需通过高温区,可以保护其生物活性组分。此外,也可以采用夹套冷却,用冷空气冷却干燥器内壁,保持低的壁温;或采用带有旋转装置的冷空气吹扫塔内壁,一方面冷却壁温,另一方面可以吹扫粘壁物料[3,13]。

在喷雾干燥器中,粘壁的发生位置与雾化液滴的运动轨迹相关,而空气——液滴的运动非常复杂。雾化器的构造和操作、液滴的干燥特性、空气分布器的配置与设计、干燥器的大小及高度、空气与进料的相对流动方式(并流或逆流)、空气与颗粒的排出方法等均会影响液滴的运动轨迹。干燥器的设计(直径和高度)既要保证液滴有足够的停留时间以完成产品的干燥要求,又要避免湿液滴或半湿液滴粘附在壁上。

当单级干燥不能满足产品的湿度要求时,通常采用二级或多级干燥系统。二级干燥中,喷雾干燥器通常与内置或外置的流化床相集成(图6-3)。在设计二级干燥器时,尾气排放的位置是首要考虑的问题之一[4]。

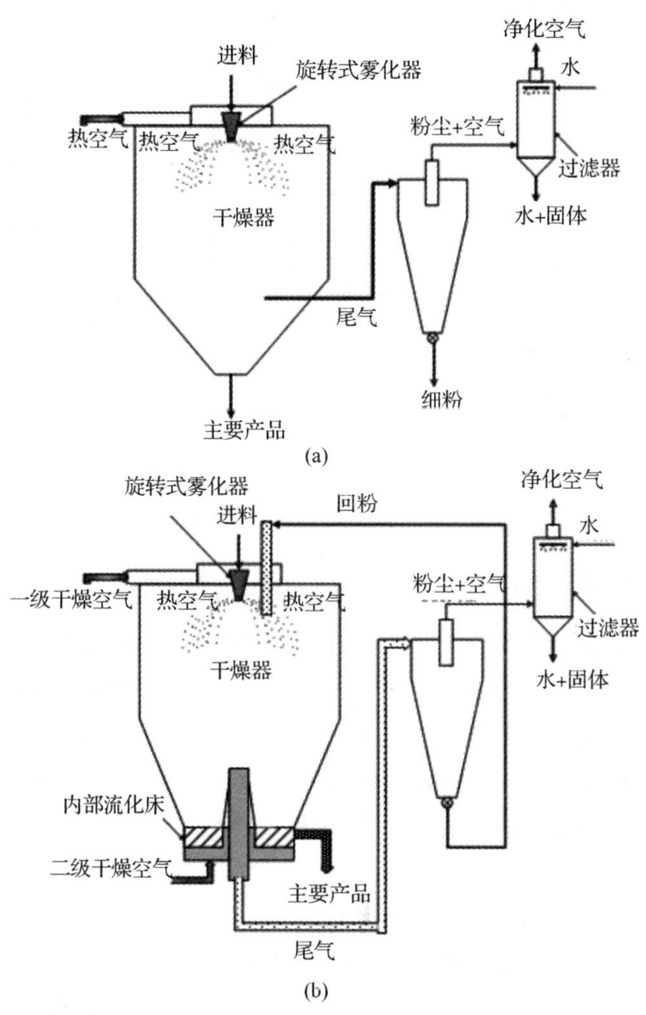

图6-3　喷雾干燥系统[4]:(a)单级干燥;(b)二级干燥

6.2.2.4　粉尘分离器

对于现代的多级喷雾系统,从干燥室中排出的气体通常含有10%～50%

(基于干燥物料、干燥器类型及干燥条件)的粉尘。对提高经济效益以及净化空气、减少环境污染而言,对这些粉尘的回收利用是非常重要的。从空气中分离粉尘即可通过单独采用离心分离器(即旋风分离器),也可通过采用重力沉降与过滤分离器而实现。通常,可以采用以下的一种或几种装置相结合来回收颗粒(如图 6-4 所示)[14]:(1)旋风分离器;(2)袋滤器;(3)湿法除尘器。

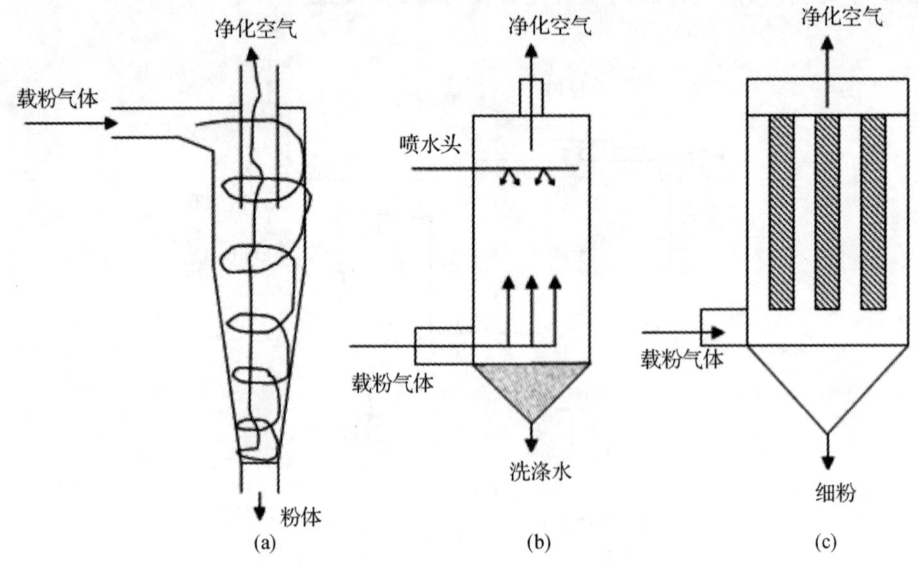

图 6-4　典型分离器简图[4]:(a)旋风分离器;(b)袋滤器;(c)湿法除尘器

旋风分离器是利用旋转的含尘气体所产生的离心力,将粉尘从气流中分离出来的一种干式气—固分离装置。分离器主体的上部为圆筒形,下部为圆锥形。含尘气体由圆筒上部的进气管切向进入,受器壁的约束由上向下做螺旋运动。在惯性离心力作用下,颗粒被抛向器壁,再沿壁面落至锥底的排灰口而与气流分离。净化后的空气在中心轴附近由下而上做螺旋运动,最后由顶部的排气管排出。

旋风分离器一般用来除去气流中直径在 5 μm 以上的颗粒,而对于直径在 5 μm 以下的小颗粒,一般旋风分离器的捕集效率已不高,需用袋滤器或湿法除尘器。此外,旋风分离器不适于处理黏性粉尘、含湿量高的粉尘及腐蚀性粉尘。旋风分离器的分离效果可以用临界粒径和分离效率来表示。临界粒径是指能够被旋风分离器分离下来的最小颗粒直径,而分离效率是指除去的粉尘量占原含尘量的分率。在喷雾干燥系统中,旋风分离器一般作为初级分离设备，对于产品回收率要求较高的情况，应采用二级分离设备，如袋滤器等。

袋滤器是将含尘气体通过滤袋而除去其中粉尘粒子的一种高效分离捕集设备，由许多滤袋垂直地安装在壳体内。袋滤器分为内滤式和外滤式两种，其回收率主要取决于回收产品的类型、粉尘在气体中的浓度、滤袋的材质以及清洗方法。因为可以较“绝对”地除尘且可以直接布置在干燥器当中，减少设备占地，袋滤器目前已成为最通用的一种办法。

湿法除尘是用水或产品的稀溶液从含尘气体中除去粉尘。其主要目的在于净化含尘气体，以免产品排至大气造成污染，同时也回收了产品。

6.3 干燥过程和干燥机理

干燥过程包括传热和传质两个基本过程。首先是采用某种加热方法，将热量作为潜热最有效地传递给湿物料，使物料表面水分汽化的传热过程；随之是湿物料表面的水蒸气由于压强较大而扩散进入气相的传质过程，其结果是物料内部与表面之间产生湿分差，内部水分以液态或气态向表面扩散，通过这个传质过程物料得以干燥。干燥过程进行的必要条件是物料表面水分的蒸气压大于干燥介质(或热空气)中的水蒸气分压。两者的压差越大，干燥进行得就越快，扩散到干燥介质中的水蒸气也越多，从而导致干燥介质温度逐渐下降，湿度逐渐增加；介质吸收了水蒸气成为湿空气。为保持一定的传质推动力，应及时地将湿空气迅速排出。当压差为零时，干燥过程即停止。可见，干燥是热量和质量同时传递的过程，两者互相影响和制约，所以干燥速率同时由传热速率和传质速率所决定；二者的大小和它们之间的平衡关系主要取决于物料特性和干燥条件等因素[3,6]。

干燥过程中所需空气用量、预热器中消耗的能量、干燥时间、干燥速率等均与干燥介质的性质和物料特性相关。因此，必须对湿空气的性质和物料特性具有一定的了解。

6.3.1 湿空气及物料性质

湿空气是指含有水蒸气的空气，常用的表示湿空气中水汽含量的方法有[15]：

(1)水蒸气分压 p_w。当总压 p 一定时，空气中水蒸气分压愈大，水汽含量就愈高。根据分压定律，水蒸气分压 p_w 与干空气分压 p_a 之比 $\frac{p_w}{p_a}=\frac{p_w}{p-p_w}$，亦等于摩尔水汽与摩尔干空气之比；

(2)空气的湿含量(简称湿度)。单位质量干空气中所含水汽的质量，称为空气的湿含量或绝对湿度，其单位为 kg/kg，用符号 H 表示。选取干空气的质量作为空气湿度的基准是因为在干燥过程中干空气质量不变，便于作物料衡算；

(3)空气的相对湿度。用水汽分压或绝对湿度来表示空气中的水汽含量，能表明湿空气中含水汽的绝对量，但未能反映这样的湿空气继续接受水分的能力。对应于一定的空气温度 T，有一个饱和水蒸汽压 p_{sat}，它就是在此温度下，水汽在空气中的最大分压。显然，只有当 $p_w<p_{sat}$ 时，空气才能接受从湿物料汽化的水分。含有最大水汽量的空气，称为饱和空气。为了表示距离饱和状态的程度，常用相对湿度 $\varphi=\frac{p_w}{p_{sat}}$ 来衡算(很多时候，φ 也用 RH 来表示)。

用空气作为介质干燥物料时，空气与湿物料间，不仅有湿分的转移，也有热量的传递。因此，有必要知道湿空气的另一性质—焓(I)。

湿空气的焓等于干空气的焓与其中所带水汽的焓之和。以 1 kg 干空气作为基准，并以 0 ℃(即 273 K)作为基准温度，则湿空气的焓为：

$$I=c_a(T-0)+i_wH \tag{6-1}$$

式中，c_a—干空气的比热容，$c_a=1.01$ kJ/(kg K)；

i_w—在温度为 T(℃)时，水蒸气的焓(kJ/kg)，$i_w=1.88T+2492$。

因此，$I=(1.01+1.88H)T+2492H$，kJ/kg。

物料含水量通常有两种表示方法，均以百分数表示。

(1)湿基含水率：水分在整个湿物料中所占的质量百分比，以符号 w 表示：

$$w=\frac{\text{湿物料中水分的质量}}{\text{湿物料的总质量}}=\frac{\text{湿物料中水分的质量}}{\text{绝干物料质量}+\text{水分质量}}\times 100\% \tag{6-2}$$

干燥过程中，湿物料的总质量随着物料水分的不断减少而减少，因此，干燥前后的百分比基准是不同的。

(2)干基含水率：湿物料中的水分质量与绝对干物料质量的百分比，以符号 X(kg/kg)表示：

$$X=\frac{\text{湿物料中水分的质量}}{\text{湿物料中绝干物料的质量}} \tag{6-3}$$

干燥过程中，绝对干物料的质量不变，因此采用干基含水率较为方便。

上述两种含水率之间的换算关系如下：

$$X=\frac{w}{1-w} \tag{6-4}$$

6.3.2　干燥阶段及干燥速率曲线

喷雾干燥中，由雾化器所生成的雾滴一旦与干燥空气接触，蒸发便在迅速建立起的液滴表面上的饱和蒸汽膜上进行。如图 6-5 所示，由雾滴中蒸发出水分是同时发生热量和质量传递的过程。雾滴和干燥介质接触时，热量以对流的方式由空气传递给液滴，被蒸发的水分通过围绕每个液滴的边界层输送到空气中。蒸发速率，即干燥速率(在单位时间内，单位干燥表面积上汽化的水分质量)，是温度、湿度、空气传递特性、液滴直径和液滴与空气之间的相对速度的函数。

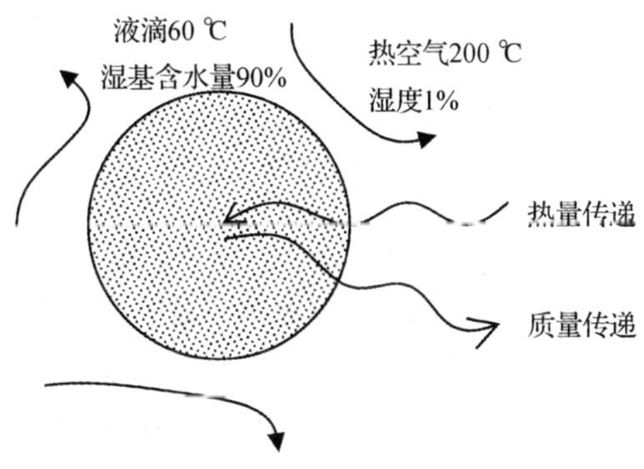

图 6-5　单液滴干燥质量、热量传递示意图[4]

通常，物料的干燥特性用干燥速率曲线(如图 6-6 所示)来说明[9,15]。由图可见，除了较短的预热或冷却阶段(*AB* 线段)以外，干燥过程很明显地分为两个阶段，即恒速干燥阶段和降速干燥阶段。其间的分界点 *C* 称为临界点，与之对应的物料含水量 X_c 称为临界含水量。

在 *AB* 段，液滴开始接触干燥空气，当初始进料温度低于或高于干燥空气温度时，液滴表面温度略有升高或降低，实现液滴—空气界面处的传热以达到平衡，很快地建立干燥速率。该预热或冷却初始阶段所需时间很短，大多可以忽略不计。

在 *BC* 段，干燥速率保持恒定，故称为恒速干燥阶段。其主要特征是干燥介质(热空气)传给湿物料的显热恰好等于物料表面水分汽化所需的潜热，物

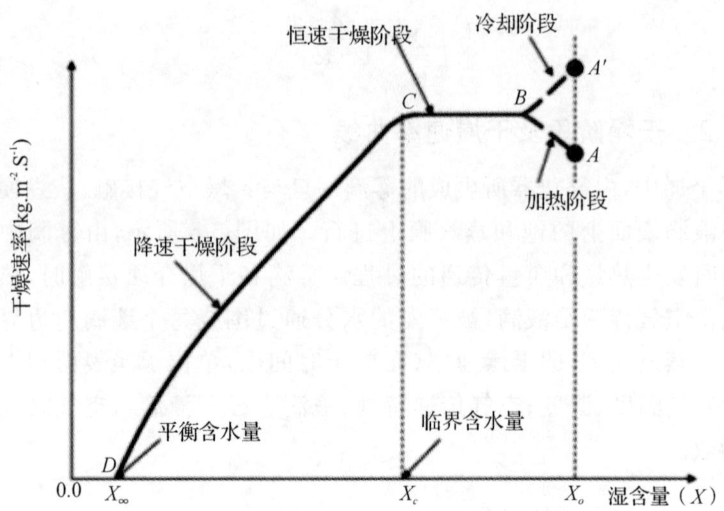

图 6-6 干燥速率曲线示意图[4]

料内部水分向表面传递的速率与物料表面水分的汽化速率相一致，所汽化的水分属于非结合水分。物料表面始终保持湿润状态，其温度等于该空气的湿球温度。干燥速率的大小取决于物料表面水分的汽化速率，也即决定于物料外部的干燥条件，所以，该阶段又称为表面汽化控制阶段。

在 *CD* 段，由于水分从物料内部向表面迁移的速率低于物料表面水分的汽化速率，湿物料表面逐渐变干，汽化表面向内移动，物料温度不断上升，水分向物料表面传递的速率随着物料含水量的减少而继续降低。在降速干燥阶段中，干燥速率的大小，主要取决于物料本身的结构，形状和尺寸，而与外部的干燥条件关系不大，故又称为物料内部迁移控制阶段。

临界含水量的值愈高表明干燥过程愈早地转入降速阶段，使相同产量下所需干燥时间愈长。因此，临界含水量是干燥过程的一个重要参数。它因物料的性质、厚度和干燥介质条件及干燥速率的不同而异。减少物料层厚度，增强对物料的搅动，增大气固接触面积，均能降低临界含水量。通常，物料的临界含水量由实验测定。

在一定的干燥条件下，物料中不能除去的那部分水分称为平衡含水量，如图 6-6 中 *D* 点所对应的 X_∞，其值为与干燥介质的湿度相平衡时的物料含水量。它与物料性质有关，且随空气状态的不同而变化。喷雾干燥中，由干燥器所生成的产品所含水分必须高于平衡含水量。

在干燥过程的不同阶段，水分传递机理对于干燥速率的控制步骤而言是至关重要的。在过去的几年间，人们对液滴去除水分机理进行了大量研究，基于水分移动的不同可能性，也提出了许多理论。在快速干燥过程中，水分传递主要是由温度、浓度和压力梯度引起的[16]。对于液滴的干燥过程，通常有五种水分传递机理：(1)液体的密度梯度引起的液体扩散；(2)气体的密度梯度引起的气体扩散；(3)毛细管力引起的毛细流动；(4)内部的压力梯度引起的水分传递；(5)孔道中水分的蒸发和冷凝引起的水分传递。在干燥的不同阶段，分别是不同的传递机理起主导作用。通常，在干燥的初始阶段，当液滴表面被自由水分完全覆盖时，质量传递被认为主要是由于液体扩散而引起的。在随后阶段，当液滴内固体含量较高时，水分传递被认为主要是受气体扩散控制。热量和质量的传递速率主要取决于干燥介质与液滴的温度差，液滴与干燥气体的相对速度以及液滴周围的气液膜或边界层条件（如湿度、气速、温度和气体压力）。

虽然在液滴的干燥过程中存在如前所述的两个主要阶段，然而对于富含可溶性或不溶性固体的液滴而言，液滴表面没有足够的水分作为自由水的来源，大部分的水分被迅速蒸发，这导致在液滴的干燥过程中，恒速干燥阶段的时间很短（多数情况下可以忽略不计），而降速干燥阶段相对较长。因此，在其干燥过程中没有观测到明显的恒速干燥阶段，“线性”的降速阶段被认为可以代表液滴干燥过程中的干燥速率曲线。由于干燥空气的温度非常高，存在这样一种可能性，即液滴的表面温度超过干燥空气相应的湿球温度，进而液滴的温度可能比蒸发温度高。鉴于以上原因，当干燥热敏性物料时适宜采用相对温度较低的进气温度[17,18]。

6.3.3　干燥过程的质量和热量衡算

喷雾干燥的流程图及空气和物料进出口的各有关数值如图6-7所示。空气在预热器中加热到一定温度后，从干燥器顶部进入，与经雾化器雾化的料液雾滴相接触，并流向下流动。热空气将热量传递给雾滴，使水分汽化并将物料干燥到湿度要求，然后经旋风分离器回收粉状物料后将空气排出。

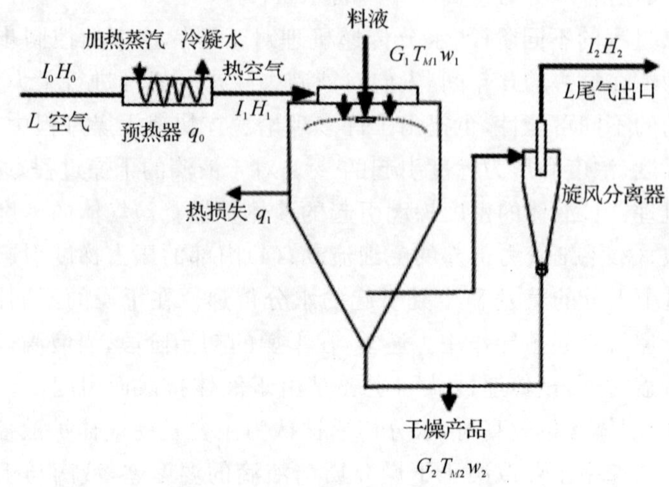

图 6-7 典型喷雾干燥流程图[4]

干燥过程的质量衡算如表 6-3 所示[3]。

表 6-3 质量衡算表

输入质量,kg/h	输出质量,kg/h
空气:绝对干空气 L,kg/h	尾气:绝对干空气 L,kg/h
湿度 H_o	湿度 H_2
水分含量 LH_o	水分含量 LH_2
料液:G_1—进入干燥器的原料液质量,kg/h	产品:G_2—干燥后的产品质量,kg/h
湿基含水率 w_1	湿基含水率 w_2
水分含量 $G_1 w_1$	水分含量 $G_2 w_2$

水分蒸发量:$W = LH_2 - LH_o$

物料总衡算(忽略物料损失):$G_1 = G_2 + W$

水分衡算:$LH_o + G_1 w_1 = LH_2 + G_2 w_2$

$W = G_1 w_1 - G_2 w_2$

单位空气消耗量(汽化 1 kg 水分所需的绝对干空气量):$\frac{L}{W} = \frac{1}{H_2 - H_o}$

实际用的湿空气量:$L(1 + H_o)$kg/h,经换算为体积流量并确定空气流动的压头损失后,即可根据此值选择合适的风机。

为方便起见,干燥过程的热量衡算以干燥 1 kg 的水分为基准。空气在预热器中升温获得热量,在喷雾干燥器中与雾化液滴接触,实现热量传递,获得干燥产品。热量衡算表如下所示[3]。

表 6-4　热量衡算表

输入热量,kJ/kg 水	输出热量,kJ/kg 水
空气带入的热量:$\frac{LI_o}{W}=1I_o$ 料液带入的热量: 因 $G_1=G_2+W$,可将料液带入的热量分为两部分 G_1 中 G_2 部分带入的热量为$\frac{G_2c_MT_{M1}}{W}$ G_1 中水分 W 部分带入的热量为$\frac{Wc_1T_{M1}}{W}=c_1T_{M1}$ 预热器中加入的热量:q_o	尾气带走的热量:$\frac{LI_2}{W}=1I_2$ 干燥后产品带走的热量:$\frac{G_2c_MT_{M2}}{W}$ 热损失:q_1

注:
1. I_o、I_1、I_2 分别为空气在预热器前、后和离开系统时的热含量,kJ/kg 绝干空气;
2. c_M、c_1 分别为干燥后产品和水的比热容,kJ/(kg ℃);
3. T_{M1}、T_{M2} 分别为干燥前、后物料温度,℃;

假设干燥前后 c_M 和 c_1 恒定,根据热量衡算,输入热量=输出热量,可得:

$$1I_o+\frac{G_2c_MT_{M1}}{W}+c_1T_{M1}+q_o=1I_2+\frac{G_2c_MT_{M2}}{W}+q_1 \tag{6-5}$$

移项整理后,可得干燥 1 kg 水所需热消耗:

$$q_o=1(I_2-I_o)+\frac{G_2c_M(T_{M2}-T_{M1})}{W}+q_1-c_1T_{M1} \tag{6-6}$$

其中,$\frac{G_2c_M(T_{M2}-T_{M1})}{W}$表示使物料升温所需热量,kJ/kg 水。

实现物料干燥所需的总热量消耗为:

$$Q_o=q_oW \tag{6-7}$$

6.3.4　干燥动力学

喷雾干燥中,雾化液滴在塔内需有足够的停留时间,方能被干燥为特定湿含量的颗粒,达到产品要求。液滴由喷嘴以某一初速度喷出,由于受到空气的阻力,逐渐减速,该阶段称为减速运动阶段。随着液滴速度的减少,所受空气阻力也逐渐减少,当颗粒重力与所受空气阻力相等时,液滴由减速运动变为恒速向下运动,直至产品出口,该阶段称为恒速运动阶段。液滴在塔内的停留时间为减速与恒速运动时间之和[15,19]。

液滴的停留时间对于确定干燥塔的直径和高度、所获产品特性以及避免粘壁现象的发生而言，是至关重要的。它可以避免干燥过程中采用过小或过大的干燥器。液滴的停留时间因干燥器的体积和结构、液滴粒径分布以及热空气流速和气流模式而异。不同大小的液滴在塔内的运动轨迹不同，这也导致了干燥颗粒在塔内具有不同的停留时间分布。对于小型干燥器而言，颗粒的平均停留时间差异为 5～20 s，而对于大型干燥塔其差异为 20～35 s，甚至更大。对于二级或多级干燥而言，颗粒的平均停留时间不包括它的后续干燥时间，如流化床干燥时间。

假设热空气在干燥器内为平推流，则空气的平均停留时间可通过以下公式获得：

$$t=\frac{V_{ch}}{V} \tag{6-8}$$

其中，V 是空气的体积流量(m^3/s)；V_{ch} 是干燥室体积(m^3)，可通过干燥室直径、圆柱高度和锥角计算而得。

假设干燥器内的液滴速度接近“自由落体”速度，则可将液滴在干燥器的运动视为平推流，其平均停留时间亦可通过公式(6-8)或实践经验而获得。

由于空气和颗粒的旋流、液滴和气速在干燥器内的位置差异以及颗粒在器壁上的粘附，部分颗粒的实际停留时间要高于该平均值。

喷雾干燥过程中，大部分水分的迅速蒸发发生在离雾化器很近的距离范围内，干燥器内液滴的较长停留时间为降速干燥阶段水分的蒸发提供了更长的时间。而液滴的停留时间又取决于在干燥器内的空气—液滴运动，因此干燥总时间的确定是非常复杂的。为了简化计算，液滴在恒速干燥阶段的热量传递往往被认为与纯水蒸发相类似，其传质和传热系数可采用以下著名的 Ranz-Marshall 关联式进行估算[9]：

$$Nu=\frac{hd_{av}}{k_d}=2+0.6\,\mathrm{Re}^{1/2}\,\mathrm{Pr}^{1/3} \tag{6-9}$$

$$Sh=\frac{h_m d_{av}}{D_d}=2+0.6\,\mathrm{Re}^{1/2}\,Sc^{1/3} \tag{6-10}$$

其中，d_{av} 是液滴的平均直径(初始直径 d_0 和在恒速干燥阶段终点时考虑水分去除而引起液滴收缩后的直径 d_1 的平均值)；Nu-努塞尔(Nusselt)数和 Sh-休伍德(Sherwood)数为无因次数群；h 和 h_m 分别是对流的传热系数和对流传质系数；k_d 和 D_d 分别是液滴的热导率和扩散系数，是温度和湿度的函数。计算过程中，液滴与空气的相对速度往往可忽略(在这种情况下，雷诺数 Re 变成零)。方程(6-9)和(6-10)在干燥(蒸发)率比较大时,需要有一定的修正[20]。

针对液滴或薄层材料的干燥,在反应工程方法的基础上,Chen 等人建立了水分去除速率的干燥动力学模型[21]。在他们的模型中,水分去除速率可表示为气体浓度差的函数,其最基本的关联式如下:

$$\frac{\mathrm{d}X}{\mathrm{d}t}=\frac{A_{\mathrm{d}}h_m}{m_s}\left(\rho_{v,sat}\cdot\exp\left(-\frac{\Delta E_v}{RT}\right)-\rho_{v,b}\right) \tag{6-11}$$

其中,T(K)是液滴的温度;m_s(kg)是液滴中的固体质量;A_d(m^2)是液滴的表面面积;$\rho_{v,b}$和$\rho_{v,sat}$分别代表气体主体浓度和固气界面处的饱和蒸汽浓度。很显然,式中的参数 ΔE_v 是一个活化能因素,它表示在干燥条件下,由于液滴中水分含量的逐渐降低而引起水分去除阻力的逐渐增加。参数 ΔE_v 是液滴自由含水量($X-X_\infty$)的函数,当纯水蒸发态时,ΔE_v 为零。

在特定的干燥条件下,对于不同的干燥物质,其关联式也不同,该特有的关联可以通过实验获得。通过一系列的实验已获得一些乳制品的活化能和自由含水量的关联式,如乳糖、脱脂牛奶、全脂奶粉、乳清蛋白浓缩物、奶油等,分别如下[22,23]:

乳糖:
$$\frac{\Delta E_v}{\Delta E_{v,b}}=1.017\exp[-1.678\,(X-X_e)^{1.018}] \tag{6-12.1}$$

脱脂牛奶:
$$\frac{\Delta E_v}{\Delta E_{v,b}}=0.998\exp[-1.405\,(X-X_e)^{0.930}] \tag{6-12.2}$$

全脂奶粉:
$$\frac{\Delta E_v}{\Delta E_{v,b}}=0.957\exp[-1.291\,(X-X_e)^{0.934}] \tag{6-12.3}$$

乳清蛋白浓缩物:
$$\frac{\Delta E_v}{\Delta E_{v,b}}=1.335-0.3669\exp(X^{0.3011}) \tag{6-12.4}$$

奶油:
$$\frac{\Delta E_v}{\Delta E_{v,b}}=1-0.6282X^{0.5561} \tag{6-12.5}$$

从上式可以看出,当自由含水量($X-X_\infty$)比较大时,即自由水分完全覆盖了液滴表面,活化能以及与其相关的自由水分去除阻力比较小。当液滴的自由含水量降低到一个较小的值时,活化能因素逐渐增大到一个较大的值。

ΔE_v 是一个平衡或最大活化能,可以利用气体相对湿度($\rho_{v,b}/\rho_{v,sat}$)和气体温度(T_b),由下式获得:

$$\Delta E_{v,b}=-R_g T_b\ln\left(\frac{\rho_{v,b}}{\rho_{v,sat}}\right) \tag{13}$$

该干燥动力学模型可以估算整个干燥过程(参见图 6-6)的干燥速率,无需对干燥过程的不同阶段列出单独的方程组。理论上而言,该模型只需一组精确的干燥实验即可获得相应的模型参数。因此,具有很大的实用价值。此外,上述的方程也很容易被嵌入普通的计算工具而使用,如微软的 Excel 程序和 CFD(流体动力学计算工具)软件[24,25]。

6.4 喷雾干燥的节能和发展趋势

干燥是一个能耗比较大的过程之一。据资料记载,发达国家工业耗能的 14%被用于干燥,有些行业的干燥耗能甚至占到生产总耗能的 35%,而且这个数字在不断增大[2]。因此,在能源紧缺的今天,如何降低能耗是干燥技术研究的关键问题之一。当然,在考虑节能的同时,亦须考虑产品的质量。因此,另一关键问题是如何把过程与材料特性及其变化紧密结合起来,从而生产出高品质的产品。对于喷雾干燥技术而言,亦是如此。

根据喷雾干燥原理及特性,可采用几种措施对干燥过程进行节能。

(1)提高进口温度和降低出口温度

在生产能力恒定的情况下,提高进口温度可降低热量消耗。通过降低出口温度,增加温度差,可充分利用空气的热量,提高热效率。

(2)提高料液固含量

喷雾干燥过程中,所消耗的大部分热量主要用于料液中湿分(水分)的蒸发。对于获得特定湿度的产品颗粒,提高料液固含量,可减少料液中湿分的蒸发量,所需能耗亦降低。因此,在料液输入喷雾干燥器前,可采用多效降膜蒸发、沉降、过滤等能耗较低的机械除湿法预处理料液,提高其固含量。

(3)提高料液温度

喷雾干燥过程中,部分能耗被用于提高料液温度,以将温度控制在一定范围。因此,采用废热预热或水蒸气间接预热,提高料液温度,可降低单位质量干产品的热量消耗。此外,料液预热,可降低料液黏度,改善雾化性能,防止料液结晶,或化学反应诱导下的结垢问题,堵塞预热器,甚至雾化器。

(4)废气的再循环及余热回收

喷雾干燥过程中,废气温度比较高,如果将废气全部排放到大气中,热损失比较大。因此,采用部分废气循环技术或利用换热器回收废气的热量,可以显著节省能量。当然,气流中的粉尘问题应得到适当解决。

(5)喷雾干燥的组合干燥技术

在工业生产中，由于物料的多样性及其性质的复杂性，如果采用单一形式的干燥器来干燥物料，往往达不到产品的质量要求。如果把两种或两种以上的干燥器或干燥方法组合起来，发挥各自的特长，不仅可以弥补各自缺点，而且可以节约能源。通常，与喷雾干燥技术相组合的形式可分为两类，分别是喷雾—流化床组合干燥技术和喷雾—带式组合干燥技术。

根据物料的特性及现有条件，合理组合使用不同类型的干燥器，就可建立起新的、强度高而成本低的干燥装置。不但可以节约能源，同时也可以干燥用某些单一干燥方法难以干燥的物料。目前，喷雾干燥的组合技术已获得广泛应用，将来也将获得不断完善。

此外，随着数学模型的不断发展，喷雾干燥的全场计算模拟已成现实，对喷雾干燥设备及其创新设备均可以进行很好的优化研究。无疑，这将给喷雾干燥技术带来更大的发展空间。

参考文献

[1] Keey R B. *Drying Principles and Practice*. Oxford: Pergamon Press, 1972

[2] 崔春芳，童忠良. 干燥新技术及应用. 北京：化学工程出版社，2009

[3] 王忠喜，余才渊，周才君. 喷雾干燥. 北京：化学工程出版社，2003

[4] Chen X D, Mujumdar A S. *Drying Technologies in Food Processing*. Oxford: Blackwell Publishing Ltd, 2008

[5] Straatsma, J. Reduction of energy consumption of the milk powder production by computer optimization. *Innovation Energetique et Industrie Agro-alimentaire*. Internationale Symposium AFME, Amiens, 1990. 209～217

[6] Mujumdar A S. *Handbook of Industrial Drying*. New York and Basel: Marcel Dekker Inc., 1987

[7] 刘广文. 喷雾干燥实用技术大全. 北京：中国轻工业出版社. 2001

[8] Bayvel L P, Orzechowski Z. *Liquid atomization*. Washington DC: Taylor & Francis, 1993

[9] Masters K. *Spray drying Handbook. 5th edition*. Singapore: Longman Scientific and Technical, 1991

[10] Huang L, Kumar K, Mujumdar A S. Use of computational fluid dynamics to evaluate alternative spray chamber configurations. *Drying Technol*, 2003, **21**(3): 385～412

[11] Cakaloz T, Akbaba H, Yesugey, E T, et al. Drying model for α-amylase in a horizontal spray dryer. *Food Eng*, 1997, **31**(4): 499～510

[12] Huang L, Mujumdar A S. Development of a new innovative conceptual design for horizontal spray dryer via mathematical modeling. *Drying Technol*, 2005, **23**(6): 1169～1187

[13]周学永,高建保.喷雾干燥粘壁的原因与解决途径.应用化工,2007,**36**(6):659～602

[14]Pisecky J. *Handbook of milk Powder Manufacture*. Copenhagen:Niro A/S,1997

[15]谭天恩,麦本熙,丁惠华.化工原理.北京:化学工程出版社,1998

[16]Konovalov V I,Gatapova N Z. Transport phenomena in drying of capillary-porous materials, In:*Proceedings of International Drying Symposium*,2006.141～148

[17]Ferrari G, Meerdink G, Walstra P. Drying kinetics for a single droplet of skim milk. *J Food Eng*,1989,**10**:213～222

[18]Langrish T A G, Kockel T K. The assessment of a characteristic drying curve for milk powder for use in computational fluid dynamics modelling. *Chem Eng J*,2001,**84**:69～74

[19]Zbicinski I, Strumillo C, Delag A. Drying kinetics and particle residence time in spray drying technology. *Drying Technol*,2002,**20**(9):1751～1768

[20]Lin S X Q, Chen X D. Changes in milk droplet diameter during drying under constant drying conditions investigated using the glass-filament method. *Food Bioprod Process*,2004,**82**(C3):213～218

[21]Chen X D, Lin S X Q. Air drying of milk droplet under constant and time-dependent conditions. *AIChE J*,2005,**51**(6):1790～1799

[22]Lin S X Q, Chen X D. A model for drying of an aqueous lactose droplet using the reaction engineering approach. *Drying Technol*,2006,**24**(11):1329～1334

[23]Lin S X Q, Chen X D. The reaction engineering approach to modelling the cream and whey protein concentrate droplet drying. *Chem Eng Process*,2007,**46**(5):437～443

[24]Patel K C, Chen X D. Sensitivity analysis of the reaction engineering approach to modeling spray drying of whey proteins concentrate, In:*Proceedings of The 5th Asia-Pacific Drying Conference*. Hong Kong,2007.13～15

[25]Patel K C, Chen X D. Drying of aqueous lactose solutions in a single stream dryer. *Food Bioprod Process*,2008,**86**(C3):185～197

第7章 生物吸附技术

 7.1 概述

重金属作为有色金属在人类生产和生活中得到了广泛的应用，然而，近几十年来，随着现代工业的发展和人类活动的增加，大量带有重金属的工业废水和城市污水排入到江河湖泊中。2008年，全国废水排放总量571.7亿吨，比上年增加2.7%。其中，工业废水排放量241.7亿吨，占废水排放总量的42.3%。城镇生活污水排放量330亿吨，占废水排放总量的57.7%，比上年增加6.4%。废水中重金属（如铅、汞等）排放量占了相当比例。工业废水中所含的重金属元素主要有铬、汞、镍、镉、钼、铅、铜和锌等，这些重金属离子在自然界中不会被生物降解，其可通过生物链来传递扩散和得到富集，对动植物体的生命活动造成危害，如震惊世界的水俣病和骨痛病就是分别由汞和镉污染造成的。

重金属废水处理的传统方法有：化学沉淀法、电解法、离子交换法、膜技术分离法、氧化还原法、铁氧体法、浮上法、吸附法、电渗析法、溶剂萃取法等（表7-1）。这些方法虽然各有优点，但也存在明显的不足，就是在处理低浓度重金属废水时，存在操作繁琐、运行费用高、能耗大、造成二次污染等问题，因此，研发新的处理技术十分必要。

生物吸附法作为一种新兴的废水处理技术，在处理低浓度重金属废水方面具有广阔的应用前景。与重金属废水处理的传统方法相比，生物吸附法的原材料来源丰富、品种多、成本低，还具有吸附速率快、吸附量大、选择性好等优点，尤其适合于处理重金属离子浓度为1～100 mg/L的废水。而

且，生物吸附材料易于再生，用简单的化学方法进行处理后即可重复使用，这一点对于该技术的工业应用来讲是非常重要的。

表 7-1 传统重金属废水处理方法

处理方法	投加原料	分离原理	优点	缺点
化学沉淀法	含钙或硫化合物	通过化学反应形成沉淀，固液分离	操作简单，工艺成熟，处理效果好，沉渣含水率低	原料昂贵，操作耗时
电解法	铁板、铁屑和 NaCl	电解产生 Fe(Ⅱ)将高价 Cr(Ⅵ)还原为低价 Cr(Ⅲ)，再中和形成氢氧化物	处理后水质稳定，操作工艺简单，设备设计比较成熟	产生大量污泥，耗电能
离子交换法	离子交换树脂，酸或碱	离子交换树脂上的交换离子和重金属离子交换	处理容量大，出水水质好，可回用水和重金属资源	再生频繁，操作费用高
膜技术分离法	半透膜	水透过，重金属离子不能透过，浓缩电镀废水等	能回收水资源，设备紧凑，能耗低	膜寿命短，处理废水量小，浓缩比有限
氧化还原法	还原剂	将高价 Cr(Ⅵ)还原为低价 Cr(Ⅲ)，再中和形成氢氧化物	使用方便，操作简单	还原剂加入量大，废水处理量小
铁氧体法	$FeSO_4$ 或铁屑加 $FeCl_3$	形成铁氧体，固液分离	铁氧体沉降性能好，可回收利用	不单独回收重金属资源，耗酸碱
浮上法	气浮剂	气浮剂与重金属离子形成沉淀或络合物，粘附于气泡上，通过表面活性剂作用在气泡上分离	处理金属离子残留较少电镀废水，操作速度快，占地少，适应性强	处理水中含盐分、油脂高、水资源回收困难
吸附法	吸附剂(活性炭、沸石等)	吸附剂活性表面直接吸引重金属离子	操作方便，处理效果好	吸附剂使用寿命短，再生困难，难以回用重金属资源
电渗析法	阴阳离子透过膜	阳离子膜阳离子透过，阴离子膜阴离子透过，浓缩淡化电镀水等	操作简单方便，不产生废渣，设备紧凑	预处理要求高，膜质量要求高，浓缩比有限
溶剂萃取法	萃取剂	重金属离子在水相中溶解度不同，而浓缩于萃取相	操作简便，可回收有价值重金属	萃取剂较贵

金属离子被生物吸附的同时，往往伴随着其被生物体还原的过程，目前，生物体对金属离子的还原作用已是国内外生物吸附相关领域的研究热点。金属离子与生物体氧化还原作用的结果是金属离子被还原成更低价态的离子或单质，尚无被氧化为更高价态的报道，因此，该还原过程又可称为生物还原，将生物还原方法应用于金属纳米材料的制备也备受关注。

7.2 生物吸附材料

凡具有从溶液中吸附金属离子能力的生物体通称为生物吸附剂。生物吸附剂主要来源于微生物和植物。这些生物吸附剂可以是失去生物活性的细胞，也可以是具有生物活性的细胞。

7.2.1 微生物

随着对生物吸附金属离子的广泛研究，得到关注的微生物吸附剂种类也越来越多。近年来研究较多的微生物吸附剂可分为细菌、真菌等。表7-2列出了对金属离子具有吸附作用的主要微生物。

表7-2 微生物吸附剂的种类

菌种	拉丁名	中文名
细菌	*Bacillus* sp	芽孢杆菌属
	Pseudomon as sp	假单胞菌属
	Streptomyces sp	链霉菌属
	Zooglaea sp	动胶菌属
	Arthrobacter sp	节细菌属
	Citrobacter sp	柠檬酸杆菌属
	Alcaligenes sp	产碱杆菌属
真菌	*Rhizopus* sp	根霉属
	Penicillium sp	青霉属
	Aspergillus sp	曲霉属
	Saccharomyces sp	酵母属
	Cladosporium sp	分生孢子菌属
	Ganoderma sp	灵芝属
	Aureobasidium sp	短梗霉属

7.2.1.1 细菌

原核微生物吸附剂主要有芽孢杆菌属(*Bacillus*)、假单胞菌属(*Pseudomon as*)、链霉菌属(*Streptomyces*)等,其中作为工业废料的链霉菌属与芽孢杆菌属,由于其成本低廉更是被作为理想的生物吸附剂而被广泛研究。链霉菌属的一些种类能有效去除水中的Ag(Ⅰ)、Cd(Ⅱ)、Cu(Ⅱ)、Co(Ⅲ)和U(Ⅳ)等金属离子;芽孢杆菌属的细菌能有效去除水中的Pd(Ⅱ)、Zn(Ⅱ)、Cu(Ⅱ)、Au(Ⅲ)、Pt(Ⅵ)和U(Ⅳ)等金属离子;假单胞菌属中的嗜糖假单胞菌对Co(Ⅱ)和U(Ⅳ),丁香假单胞菌对Ni(Ⅱ)、Cu(Ⅱ)、Zn(Ⅱ)等金属离子的吸附效果较好,而铜绿假单胞菌对镧系金属(La(Ⅲ)、Eu(Ⅱ)、Yb(Ⅱ)、Pr(Ⅳ)、Nd(Ⅵ)、Dy(Ⅵ))离子有很强的吸附能力;此外,活性污泥菌群、生枝动胶菌属(*Zoogloea*)和节杆菌属(*Arthrobater*)的细菌对某些特定的重金属也有较强的吸附能力。

7.2.1.2 真菌

真核微生物如霉菌和酵母对金属也有很强的吸附能力。作为吸附剂的霉菌主要有根霉属(*Rhizopus*)、青霉属(*Penicillium*)和曲霉属(*Aspergillus*);酵母主要有酵母属(*Saccharomyces*)。根霉属的无根根霉(*R. arrhizus*)、米根霉(*R. oryzae*)、寡胞根霉(*R. oligosporus*)和青霉属的产黄青霉(*P. chrysogenum*)、小刺青霉(*P. spimulosum*)亦可吸附大部分常见重金属离子;酿酒酵母可吸附水中的Pb(Ⅱ)、Zn(Ⅱ)、Cd(Ⅱ)、Cu(Ⅱ)、Au(Ⅲ)、Co(Ⅲ)和Cr(Ⅵ)等金属离子。

7.2.2 植物

采用植物材料吸附重金属的相关报道较少。一般认为植物的纤维素可以络合重金属离子,因此一些植物或是植物材料(如木屑、树皮、植物提取的纤维素)被用于吸附重金属。例如,大型植物光叶眼子菜烘干研磨后可用于吸附Cu(Ⅱ)离子;苜蓿的茎叶烘干研磨,经HCl预处理后对Cu(Ⅱ)、Pb(Ⅱ)、Zn(Ⅱ)、Ni(Ⅱ)和Ca(Ⅱ)离子均有良好的吸附作用;红树植物的落叶烘干研磨后对Pb(Ⅱ)、Cd(Ⅱ)有较好的吸附效果。

此外,藻类亦是植物领域中值得关注的一个大类,藻类因来源丰富、价格低廉(世界褐藻的年产量可达16000万吨)、含有较大比表面积、与重金属结合能力很强,被广泛应用于重金属离子的吸附。褐藻纲的马尾藻能够在pH值很低的情况下选择性吸附Au(Ⅲ),并且对Cd(Ⅱ)、Cu(Ⅱ)、Ni(Ⅱ)、

Zn(Ⅱ)和Pb(Ⅱ)离子的吸附量可达到自身重量的20%;海带和海黍子对Cu(Ⅱ)和Cd(Ⅱ)离子的吸附量超过1.0 mmol/g;单细胞藻类,如绿藻能大量吸附水中的Cu(Ⅱ),同时也能吸附U(Ⅳ)和Cr(Ⅵ)离子。

7.3 生物吸附机理

重金属的生物吸附过程十分复杂,对于该过程机理的研究通常采用的手段如表7-3所示。生物体对重金属离子的作用可以分为生物积累和生物吸附两个过程。生物积累是一个主动过程,其比生物吸附慢得多,是通过生物的新陈代谢,伴随着能量的消耗进行的,因此仅发生在活细胞内。生物吸附与代谢无关,生物吸附剂可以通过物理—化学过程与一种或多种金属离子发生作用。生物吸附的主要机理有静电吸附、离子交换、络合、无机微沉淀和氧化还原等。生物对重金属的吸附作用取决于吸附剂本身的性质(如活性位点的类型)、金属种类及其在水溶液中的离子状态,同时也受外界环境因素的影响[1]。

表7-3 生物吸附机理的主要研究手段

方法与手段	研究目标
电子显微镜(EM)	吸附前后细胞的状态变化
X射线能量散射分析(EDX)	定性分析元素的存在(与电镜配合使用)
X射线衍射分析(XRD)	晶体结构分析
X射线光电子光谱法(XPS)	微生物体细胞表面的化学分析
核磁共振法(NMR)	自旋核的化学环境检测
电子顺磁共振(EPR)	物质的三维构象
激光衍射法(LD)	吸附剂表面积测定
红外光谱(IR)	鉴定吸附功能基及微藻体—金属离子之间的作用力性质

7.3.1 生物积累

生物积累又可称为生物富集。积累过程一般分为胞外结合与沉积、胞内吸收与转化两个步骤。具体的积累途径有物理吸附、表面沉积、主动运输与被动扩散等。其中物理吸附和主动运输为生物积累的主要途径，分别占总富集量的 80%和 20%。由于物理吸附过程不依赖于代谢过程，其吸附机理与死细胞吸附机理一致。

主动运输是一种与代谢有关的胞内主动吸收过程，需要能量及某些特定的酶参与，是生物活体特有的生物积累途径，可形成许多金属有机物，能有效富集浓度极低的微量元素。主动运输是一个极为复杂的过程，与细胞中的糖、脂、蛋白质和无机盐等的代谢密切相关。

7.3.2 生物吸附

金属离子的生物吸附过程主要发生在生物体的细胞壁上，该过程不依赖于生物体的新陈代谢。生物吸附剂本身的结构和化学组成，在很大程度上决定着其对金属的吸附。革兰氏阳性和阴性细菌的细胞壁都含有复合多糖—肽聚糖，氮和磷的含量都较高。革兰氏阳性细菌胞壁还含有磷壁酸和少量蛋白质，其细胞壁的氨基酸种类比阴性细菌的少，不存在芳香族的或含硫的氨基酸；革兰氏阴性菌的胞壁还含有脂多糖、磷脂和蛋白质。霉菌、酵母和藻类的细胞壁中多糖含量高[2]。少数的低等水生霉菌，其细胞壁成分主要由纤维素组成，与藻类相似。大多数较高等的陆生霉菌，其细胞壁主要由几丁质组成；酵母菌细胞壁的主要成分有葡聚糖、磷酸甘露聚糖、蛋白质，此外还含有脂类、少量几丁质和灰分[3]。藻类细胞壁主要成分为纤维素，细胞壁间质中含有 D-甘露糖醛酸和 L-葡萄糖醛酸组成的异型多糖，称为藻酸，Kloareg 等[4]分离了 8 种褐藻的细胞壁，发现其中不溶的纤维素占 19%～41%，碱溶性组分藻酸盐占 47%～49%，酸溶性组分褐藻糖胶占 4%～45%。一般认为，生物吸附剂上的某些特定组成物质上的基团，如几丁质上的乙酰胺基团，蛋白质上的胺基、巯基和羧基，多糖上的羟基，海藻多糖上的羧基和硫酸盐[5]能够与金属离子结合。

金属离子的性质也是影响生物吸附过程的一个重要因素。1963 年，Pearson 等根据金属离子配位能力的不同将金属离子分为三类：硬离子、软离子和边缘离子。一般来说，硬离子，如 Na(Ⅰ)、Mg(Ⅱ)、Ca(Ⅱ)等，易与含有氧原子的配位基配合，如 OH^-、HPO_4^{2-}、$RCOO^-$等。而软离子，如 Hg(Ⅱ)、Cd(Ⅱ)、Pb(Ⅱ)等，则易与 CN^-、RS^-、SH^-、NH_2^-等的配位基以共价键配合。边缘离子的配位能力介于上述二者之间。根据上述理论，Tsezos

等把不同类型的金属离子两两组合成五组，进行竞争吸附的系统研究。通过研究发现，同类金属离子之间发生显著的竞争吸附，不同类的金属离子间的竞争吸附作用不明显，其他离子对边缘离子的吸附有影响。

王琳等[23]选用由金矿废水中分离筛选得到的气单胞菌SH10，对SH10和海带吸附Ag(Ⅰ)的机制进行了研究。从SH10菌体和海带粉与$AgNO_3$溶液接触后溶液中K(Ⅰ)、Na(Ⅰ)、Mg(Ⅱ)增加的结果表明，在SH10和海带吸附Ag(Ⅰ)过程中存在离子交换机制。海带和SH10表面的羧基、氨基和脂类基团经化学修饰后，对Ag(Ⅰ)的吸附量明显下降，结合红外(FTIR)光谱分析结果，确定氨基、羧基为SH10和海带络合银离子的主要官能团。在pH为2的溶液中，SH10对负电基团$[Ag(S_2O_3)_2]^{3-}$的吸附量远大于对正电离子Ag(Ⅰ)的吸附量；在pH为6时则相反，说明SH10吸附银离子的过程存在静电吸附机制。能量散射光谱(EDS)分析结果表明，海带表面含有可溶性S、Cl、I元素，在吸附过程中可以和Ag(Ⅰ)形成微沉淀从而沉积在细胞表面。X射线光电子能谱(XPS)、透射电子显微镜(TEM)、扫描电子显微镜(SEM)和紫外—可见光光谱(UV-Vis)表征的结果表明，海带和SH10能吸附Ag(Ⅰ)并将其还原，形成金属纳微晶体(10～1000 nm，部分是纳米尺度如10～100 nm)而沉积在细胞表面。

当生物吸附剂和目标吸附离子一定时，生物吸附机理主要有静电吸附、离子交换、络合和氧化还原等作用。一种生物吸附剂可以通过上述机制中的一种或多种吸附某一金属离子，而对不同的金属离子的吸附机制也可能不同。

(1)静电吸附作用。静电吸附是一种物理吸附作用，金属离子可通过静电作用而被生物吸附。Kuyucak等[6]在用死的漂浮马尾藻吸附金的研究中发现，在有其他金属离子Pb(Ⅱ)、Zn(Ⅱ)、Ag(Ⅰ)存在时，pH为2.5的溶液中，漂浮马尾藻能选择性地吸附金。他们认为在较低的pH条件下，氯亚金酸盐水解生成不同的金属阴离子基团，而在此pH下，漂浮马尾藻细胞表面的功能基团，如胺基和羰基使细胞表面带正电荷。因此，漂浮马尾藻吸附金是其细胞表面所带的正电荷与带负电荷的金离子基团之间的静电作用的结果[6]。死的藻类、丝状真菌和酵母菌体在pH为4～5时，吸附U(Ⅳ)、Cd(Ⅱ)、Zn(Ⅱ)、Cn(Ⅱ)和Co(Ⅲ)，被认为是吸附剂表面所带的负电荷与溶液中的金属阳离子之间的静电作用的结果。静电吸附作用已被证明是细菌(如生枝动胶菌(*Z. ramigera*))和藻类(如普通小球藻(*Chlorellavul garis*))

吸附 Cu(Ⅱ)[7]的主要机制。静电吸附作用也是真菌(如透明灵芝(*G. cidum*))和黑曲霉(*A. niger*))吸附 Cr(Ⅵ)[8],无根根霉(*R. arrhizus*)吸附 Cu(Ⅱ)、Ni(Ⅱ)、Zn(Ⅱ)、Ca(Ⅱ)、及 Pb(Ⅱ)[9]的主要机制。

(2)离子交换作用。一般认为在生物快速吸附金属离子的过程中,离子交换起了主要作用。微生物和植物细胞壁的主要成分是多糖,多糖可以被看作是一种生物树脂结构,它能够通过离子交换作用吸附溶液中的金属离子。金属离子通常能够与微生物细胞表面的糖醛酸的羧基或木糖、半乳糖的硫酸基上对应阳离子发生交换作用。海藻细胞表面的藻酸盐通常以 Na(Ⅰ)、K(Ⅰ)、Ca(Ⅱ)、Mg(Ⅱ)盐的形式存在,当发生吸附作用时,Na(Ⅰ)、K(Ⅰ)、Ca(Ⅱ)、Mg(Ⅱ)通常会与对应价态的离子发生离子交换[10]。

(3)络合作用。微生物和植物细胞壁含有巯基、羟基、羧基、咪唑基、胺基、胍基、亚胺基等活性基团,这些基团中的 N、O、P、S 等均可提供孤对电子与重金属离子在细胞表面形成络合物或螯合物,使溶液中的金属离子被吸附。

(4)微沉淀作用。生物沉积金属,分为主动沉积和被动沉积。主动沉积依赖于细胞代谢,常常伴随被吸附金属离子的价态改变,微生物通过沉积有毒的重金属,来减少重金属对细胞的毒性。

(5)氧化还原作用。一般来说,氧化还原作用是生物微沉淀作用的一部分。氧化还原反应需要有代谢活性的细胞参与,但也有微生物死细胞能吸附金属离子并将其还原为元素态的报道。例如,静息的巨大芽孢杆菌(活细胞)、啤酒酿造工业的啤酒酵母废菌体(死细胞)和金霉素发酵的金霉素链霉菌废菌丝体(死细胞)不仅能吸附 Au(Ⅲ),而且能使 Au(Ⅲ)还原,并形成不同形状和大小的金晶体。死的巨大芽孢杆菌和地衣芽孢杆菌能分别吸附金和钯并将其还原[11~13]。

7.3.3 生物吸附的吸附模型

7.3.3.1 Langmuir 吸附等温线

(1)Langmuir 吸附等温线模型

有关 Langmuir 吸附等温线模型见第三章。它是单分子层吸附模型,可很好地描述类型Ⅰ吸附等温线。该模型的假设(见第三章)并不是严格成立的,它对实验条件的变化比较敏感,一旦 pH 值或其他条件变化,其模型参数则要作相应的改变，因此该模型只能解释单分子层吸附（化学吸附）的情况[14~16]。

(2)Langmuir 模型在生物吸附领域的应用

郜瑞莹等[17]研究了 Ni(Ⅱ)在酿酒酵母上的生物吸附特性，吸附等温线研究结果表明，Ni(Ⅱ)在酿酒酵母上的吸附可用 Langmuir 和 Freundlich 方程来描述，且与 Langmuir 模型吻合得更好。李志东等[18]采用啤酒酵母吸附重金属离子时，分别以 Langmuir 和 Freundlich 方程进行拟合，发现 Langmuir 方程比 Frundlich 方程拟合的相关系数高。蒋新宇等[19]以毛木耳(*A. polytricha*)子实体为生物吸附材料，研究起始 pH 值、反应时间与重金属浓度这 3 个因素对毛木耳子实体吸附 Cd(Ⅱ)、Cu(Ⅱ)、Pb(Ⅱ)和 Zn(Ⅱ)的影响及其吸附特性，结果表明，Langmuir 模型能较好地拟合毛木耳子实体对 4 种重金属的等温吸附过程。于明革等[20]综述了茶废弃物对溶液中重金属的生物吸附研究进展，发现 Freundlich 和 Langmuir 等温曲线都能够很好地拟合茶废弃物对 Cu(Ⅱ)和 Pb(Ⅱ)的吸附平衡过程。

Langmuir 等温线对应优势离子交换机制，而 Freundlich 等温线为吸附配位反应机制[21]。在 Langmuir 模型中，吸附饱和量 Q_{max} 与固定表面位点的饱和相一致，因此理论上独立于温度。然而实际上，在一些试验中，随着温度的变化，饱和能力有所增减。这说明吸附饱和极限与表面官能团不是唯一独立对应的关系。在生物吸附过程中，生物材料的饱和极限受位点数量、位点的可接近性、位点的化学状态（如可获得性）以及位点和金属的亲和性等因素的影响[22]。

7.3.3.2　Freundlich 吸附等温线

(1)Freundlich 吸附等温线模型

有关 Freundlich 吸附等温线模型见第三章。其假定：吸附是可逆的且吸附过程仍为无限吸附量的吸附模式[25]。该模型适合吸附量变化范围较宽的情况。

生物吸附领域主要涉及固液体系，固体于液相中进行吸附时，其 Freundlich 公式为

$$a=\frac{x}{m}=kc^{\frac{1}{n}} \qquad \text{其对数形式为} \lg\frac{x}{m}=\lg k+\frac{1}{n}\lg c$$

式中，a 为吸附量，m 为吸附剂质量，x 为吸附质质量，通过吸附前后溶液浓度(c)的变化及溶液体积(V)计算得到，$x=V(c_0-c)$，k 和 n 为经验常数，可

分别从直线的截距和斜率得到。

Freundlich 吸附方程并未限定是单层吸附，可用于不均匀表面情况，是较理想的经验等温吸附方程，作为不均匀表面的一个经验吸附等温式是非常合适的，对低浓度的吸附结果比较令人满意，它往往能够在相当广的浓度范围内很好地吻合实验结果。Freundlich 吸附方程的缺点是没有一个最大吸附量，不能在得出参数的浓度范围以外用来估计吸附作用[26]。

(2)Freundlich 模型在生物吸附领域的应用

Ahluwalia 等[27]研究发现，用 Freundlich 等温式模拟茶废弃物吸收重金属的吸附平衡，其相关性很高，说明废茶叶具有很好的吸附能力，对金属的亲和力很强。对于 Cu(Ⅱ)和 Cd(Ⅱ)吸附体系内，用 Freundlich 等温式拟合结果最好[21]。然而，也有不少研究得出了相反结论。对于茶废弃物吸附 Pb(Ⅱ)的平衡，Langmuir 等温式的拟合效果优于 Freundlich 等温式[28]。不同温度下，Langmuir 等温式拟合茶废弃物对 Ni(Ⅱ)、Cr(Ⅵ)的吸附平衡比 Freundlich 等温式更理想[29,30]。Mozumder 等[31]研究表明，Langmuir 等温线拟合茶废弃物对 Cr(Ⅵ)的吸附优于 Freundlich 等温线。

刘刚等[32]研究了黄孢展齿革菌菌丝球对 Cd(Ⅱ)的吸附行为，用 Freundlich 模型方程对吸附等温线数据进行了拟合，结果表明该生物吸附平衡曲线可以用 Freundlich 模型进行描述。

7.3.3.3 生物吸附动力学模型

(1)准一级动力学方程模型

准一级动力学模型为 $\dfrac{dq_t}{dt}=K_1(q_e-q_t)$

其中 q_e 和 q_t 分别是平衡吸附量和时间 t 时的吸附量，K_1 是准一级吸附速率常数。

(2)准二级动力学方程模型

准二级动力学模型为 $\dfrac{dq_t}{dt}=K_2(q_e-q_t)^2$

其中 K_2 是准二级吸附速率常数。

准一级模型基于假定吸附过程受扩散步骤控制，吸附速率正比于平衡吸附量与 t 时刻吸附量的差值。准二级模型是基于假定吸附过程受化学吸附控制，这种化学吸附涉及吸附剂与吸附质之间的电子共用或电子转移。于明革等[20]对茶废弃物吸附重金属的准一次动力学模型和准二次动力学模型进行过总结，结果表明，茶废弃物对重金属的吸附动力学过程表现为初期的快速吸附和后期的缓慢吸附，最终达到饱和。

7.4　生物吸附的影响因素

生物吸附过程的影响因素很多，如 pH、温度、生物质用量、金属离子浓度、共存金属离子、生物质的生理状态及培养基组成等都会对生物吸附产生复杂的影响[33～36]。

7.4.1　pH 值

溶液的 pH 值会影响金属离子的溶解性及生物吸附剂表面功能基团的离子化状态，从而对重金属离子的生物吸附产生影响[33]。重金属在生物吸附剂上的吸附都有其最佳 pH，许多研究都已经证实了这一点[37～39]。生物吸附剂不同，其吸附重金属的最佳 pH 值也有所不同（表 7-4），如 Cr(Ⅵ)在黑曲霉上吸附的最佳 pH 值为 5[36]，而在人苍白杆菌(*O. anthropi*)[33]和长白松(*P. sylvestris*)球果[40]生物质上吸附的最佳 pH 值为 2；Cu(Ⅱ)和 Cd(Ⅱ)在活性少根根霉和黑曲霉上富集的最佳 pH 值分别为 4.5、3.3 和 5.0、3.0，pH 大于或小于最佳 pH 值，吸附量都会降低[41]。

pH 值过低，会导致溶液中的 H^+ 与重金属离子对活性吸附位点的竞争，从而降低重金属离子在吸附剂上的吸附量；当 pH 上升超过细胞表面的等电点，细胞表面负电荷增加，同时细胞内大多数酶的活性增加，这对金属载体协助运输等作用机制起重要影响，因而吸附量上升；pH 过高，容易产生金属微沉淀，影响细胞酶等载体的协助运输作用，导致吸附量的降低；当溶液呈碱性时，金属离子的去除率反而会升高，这是由于溶液中生成金属氢氧化物沉淀而导致的，并非生物吸附的结果[34,39]。刘刚[32]认为黄孢展齿革菌对镉离子吸附效果受到了重金属溶液 pH 值的影响，当 pH<4.5 时，生物质对镉离子的吸附量随 pH 值的降低而急剧下降，当 pH>5.5 时，生物吸附量则随 pH 增加而明显下降，在 4.5<pH<5.5 之间时，吸附量随 pH 值的变化不大。这是因为溶液的 pH 值不但决定了金属溶液中的离子组成情况，而且影响了真菌细胞壁表面的多种官能团如羧基、羟基、氨基或酰胺基团。

表 7-4 不同生物吸附剂吸附不同重金属的最佳 pH 值

重金属	生物吸附剂	最佳 pH 值	文献来源
Cr(Ⅵ)	黑曲霉	5	[37]
	人苍白杆菌	2	[34]
	长白松球果	2	[41]
Cu(Ⅱ)	活性少根根霉	4.5	[42]
	黑曲霉	3.3	[42]
	产朊假丝酵母	4.49～5.04	[2]
Cd(Ⅱ)	活性少根根霉	5.0	[42]
	黑曲霉	3.0	[42]
	钝顶螺旋藻	4	[7]
U	蓝藻	5.0、7.0	[8]

7.4.2 共存离子

吸附体系中其他金属离子的存在往往会使目标金属离子的吸附受到抑制。Williams 等[42]认为生物吸附剂达到饱和吸附才会体现出对金属离子吸附的选择性。也有研究表明有些金属共存离子不仅会使吸附剂总吸附能力比其对某些特定金属吸附时大,甚至一些共存金属离子会对某些目标金属的吸附起到促进作用,如 Cr(Ⅵ)、Pb(Ⅱ)、Cu(Ⅱ)在 *Bacillus sp*. 上进行生物吸附,Cr(Ⅵ)、Cu(Ⅱ)的存在促进了生物质对 Pd(Ⅱ)的吸附,而三种离子共存时其对 Cr(Ⅵ)、Cu(Ⅱ)的吸附量却较单独吸附时少[43]。

7.4.3 金属离子浓度

对于生物吸附来说,随着目标吸附金属离子的起始浓度的增大,吸附平衡时生物吸附剂的比吸附率会升高直至达到饱和值,但重金属去除率会降低。如 Cr(Ⅵ)在长白松(*P. sylvestris*)球果生物质上的吸附,当 Cr(Ⅵ)的浓度由 50 mg/L 上升到 300 mg/L 时,其比吸附量虽然由 50 mg/g 生物质干重升高到 201.8 mg/g,但是其金属去除率却由 100%降至 67.26%[40]。

也有学者研究了离子强度对吸附的影响,研究结果表明,离子的最大去除率是与离子强度密切相关的,认为离子强度降低,则去除率提高。试验中以高氯酸钠调节离子强度分别为 0.005、0.05、0.5 mol/L,发现离子强度自

0.5降至0.005时，去除率由80%提高到了95%。从这些结果可以推断，在藻类对金属的吸附中，金属离子与其他离子之间对功能基的竞争是重要因素。当pH一定时，功能基吸附位点数确定，随着离子强度的提高，金属离子获得的吸附位点数减少，因而去除率提高，而水合氧化物吸附金属离子时则相反，其去除率随着离子强度的提高而提高。因为水合氧化物吸附金属离子关键是静电双电层的形成。

7.4.4 温度

生物吸附机制不同，温度的影响也不相同。一般对于依赖能量的吸附机制，温度对其生物吸附能力的影响较大而对于不依赖能量的吸附机制，温度对吸附能力的影响较小[38]。用失活和活性固定化的黄孢原毛平革菌(*P. chrysosporium*)的生物质吸附Hg(Ⅱ)和Cd(Ⅱ)，温度在15～45 ℃变化时，其吸附能力没有太大变化[39]。对于牛草分枝杆菌(*M. phlei*)，随着温度的升高对Pb(Ⅱ)、Cu(Ⅱ)、Zn(Ⅱ)的吸附量减少，而对Ni(Ⅱ)的吸附量则增大，朱一尼等[34]认为牛草分枝杆菌(*M. phlei*)对Pb(Ⅱ)、Cu(Ⅱ)、Zn(Ⅱ)的吸附是放热过程，而对Ni(Ⅱ)的吸附则是吸热过程。Dilek等[44]在研究Ni(Ⅱ)在失活的白腐真菌(*P. versicolor*)上吸附时，同样发现温度升高，菌体对Ni(Ⅱ)的吸附能力增大，当温度由20 ℃上升到35 ℃时其吸附能力有较大的提高。Mameri等[45]在研究失活龟裂链霉菌(*S. rimosus*)对Zn(Ⅱ)的吸附时发现，随着温度的升高，龟裂链霉菌(*S. rimosus*)对Zn(Ⅱ)的吸附能力会下降，并认为这是由于大部分生物吸附过程是放热过程所致。

7.4.5 生物质生理状态

生物质的生理状态(失活生物质或活性生物质)不同，其对金属离子的吸附能力也不同。Srinath等[46]研究了环状芽孢杆菌(*B. circulans*)和巨大芽孢杆菌(*B. megaterium*)对Cr(Ⅵ)的吸附时发现，发现失活菌株(通过酸处理)对Cr(Ⅵ)的吸附能力要高于活菌5%～20%，并认为这是由于低pH值使得菌体细胞壁破裂，暴露出更多的吸附位点。但Terry等[47]在研究多棘栅藻(*S. abundans*)处理含Cd(Ⅱ)和Cu(Ⅱ)的废水时却发现，活性生物质的吸附效果优于失活生物质。

利用失活生物质或活性生物质进行吸附各有其优点。利用失活生物质进行生物吸附具有的优点为：(1)金属毒性对失活细胞不起危害作用；(2)可以在对活细胞生长不利的环境里操作;(3)比较经济,不需考虑为细胞生长提供营养等[39]。而利用活菌进行生物吸附或富集也具有失活生物质所不具备的优点并且可以边富集边生长以实现连续处理[41]。因此对于具体的废水处理过程,需综合分析,采取相应的处理工艺。

7.4.6 生物质用量

当生物质用量提高时,其比生物吸附率会降低,一般认为这是由于溶液中的金属离子不足或由于生物质的聚集导致吸附位点的屏蔽造成比吸附量的降低[35,48]。与此相反的是当生物质用量减少时,其比吸附率会提高。但是在低 pH 值的条件下,生物质用量的提高反而会使最大比吸附率提高,这可能是由于低 pH 值阻止了生物质的聚集,并且水解了生物质的细胞壁,暴露了更多的吸附功能基团,从而造成比吸附率的升高[48]。Kefala 等[49]研究了放线菌菌株 AK61 和 JL322 的失活和非失活生物质对 Cd(Ⅱ)的生物吸附,发现在一定浓度金属溶液中,生物质用量的提高会降低比吸附率。Sekhar 等[35]在研究生物质用量对吸附影响时发现,在给定金属浓度的溶液中,生物质用量的提高会使吸附量上升直至达到饱和吸附,而其比吸附率却会随生物质用量的提高而降低。Esposito 等[48]在研究球衣菌(*S. natans*)对 Cu(Ⅱ)和 Cd(Ⅱ)在不同 pH 条件下生物质用量对吸附的影响时发现,当 pH 值为 6 时 Cu(Ⅱ)在生物吸附剂上的比吸附率随生物质用量的增加而降低,在 pH 为 3 时情况正相反;而在相同条件下对 Cd(Ⅱ)的吸附时,生物质用量对其影响不如对 Cu(Ⅱ)的明显,生物质在金属离子浓度为 0.5 mg/L 与 1.0 mg/L 时比吸附量差别不大,当生物质为 2.0 mg/L 时差别就比较明显,且由生物质用量变化引起的比吸附量变化趋势与其对 Cu(Ⅱ)吸附时的情况相反;Esposito 等[48]认为该现象是因为 Cd(Ⅱ)与 Cu(Ⅱ)相比离子半径较大,由于空间位阻的作用,Cd(Ⅱ)离子可能只与外表的一些可以接触到的位点作用,受到因细胞聚集或酸解造成的活性位点变化的影响较小而造成的。

此外,提高生物质用量还可以消除一些金属离子之间的竞争吸附现象,如 Cd(Ⅱ)和 Cu(Ⅱ)在多棘栅藻(*S. abundans*)上吸附时,当生物质用量为 15 mg/L 时,Cd(Ⅱ)和 Cu(Ⅱ)之间存在竞争吸附现象;而当生物负载量提高到 62.0 mg/L 时,竞争吸附现象就消失了[47]。

7.4.7 其他影响因素

培养基碳源及其组成也会对生物吸附量产生影响，啤酒酵母（*S. cerevisiae*）对 Cr(Ⅵ)进行吸附时，以葡萄糖和蔗糖作为碳源生长的生物质其吸附能力比以果糖作为碳源的生物质的大；在培养基里加入半胱氨酸、葡萄糖、硫酸铵、氯化铵可以在生物质细胞表面引入相应的吸附功能基团，其中加入半胱氨酸对提高吸附能力的效果最好[36]。此外通过对生物质进行化学改性也可提高其吸附能力，如通过 1 mol/L 的 NaOH 处理的土霉菌（*S. rimosus*）对 Zn(Ⅱ)的吸附能力由原来的 30 mg/g 提高到 80 mg/g[45]。

总之，生物吸附机理复杂，影响因素很多，因金属种类及生物吸附剂种类的不同而不同，对于每种金属都有其特定生物吸附适宜条件，在利用生物质对重金属污水处理前都要仔细研究其生物吸附特性[47]。

7.5 生物吸附在纳米材料制备中的应用——生物还原法

7.5.1 微生物还原法

(1)活的微生物

(a)细菌

由于金属离子被生物吸附的同时，可能会被还原成金属单质，这给了相关研究人员一个全新的启示，因此生物吸附除了在重金属废水处理方面具有应用前景，在金属纳米材料的制备中也具有潜在的应用价值。我们将这种基于生物吸附过程的纳米材料制备方法称为生物还原法，按吸附剂的不同，可分为微生物还原法和植物还原法两种。

Klaus 等[50]首次报道了细菌还原制备银纳米颗粒，开辟了纳米材料制备的微生物还原法。不久以后，微生物还原法得到了广泛的重视，细菌最先获得关注[51]。众所周知，Ag(Ⅰ)具有广谱杀菌能力，极易杀死微生物。然而，Klaus 等[50]却在较高的 Ag(Ⅰ)浓度(50 mM)条件下培养施氏假单胞菌(*P. stutzeri* AG259)细胞 48 h，发现菌体细胞在周质空间内累积了大量的银(图 7-1)，颗粒粒度从几个纳米至 200 nm，甚至更大，银纳米颗粒的形成归功于该菌种对 Ag(Ⅰ)的抵御能力(silver-resistance)。以往有关施氏假单胞菌的研究表明,该菌种对 Ag(Ⅰ)的抵御能力主要是通过吸附还原银离子并累积单质银实现的[50]。Klaus 等[50]认为所得银颗粒粒度有所不同,可能是菌体细胞培养和生物还原条件的差异造成的。Nair 等[52]利用酪乳中生长的乳酸杆菌(*Lactobacillus*)还原制备银纳米颗粒,获得的银颗粒粒度较大,Nair 等认为乳酸菌上蛋白质吸附并还原银离子,且还原所得的银颗粒不断生长以降低银纳米颗粒的比表面积,从而降低了 Ag(Ⅰ)和银纳米颗粒对乳酸杆菌的毒害,使乳酸杆菌存活。然而,细菌对 Ag(Ⅰ)的抵御机制一直是悬而未决的问题。直到最近,Parikh 等[53]同样利用能够抵御 Ag(Ⅰ)的摩根氏菌(*Morganella sp.*)胞外制备了银纳米颗粒,并且在 *Morganella sp.* 中发现了三个同源基因 silE、silP 和 silS,其中 silE 的核苷序列与以往文献报道的具有 99%的类似性,silP 和 silS 与以往文献报道具有高度类似性,在一定程度上揭示了细菌抵御 Ag(Ⅰ)的分子机制,对于筛选用于还原制备银纳米颗粒的微生物具有一定的指导作用。

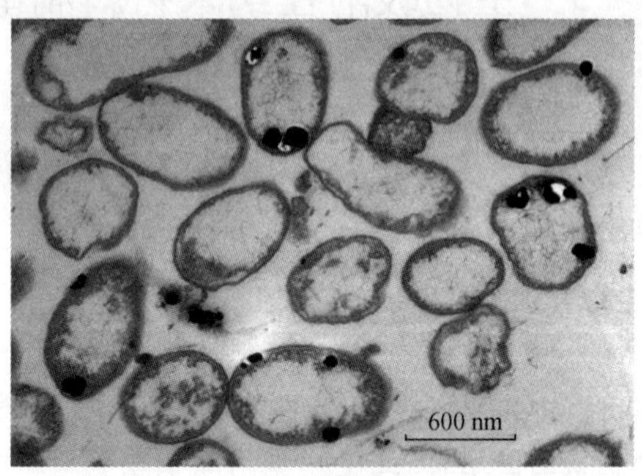

图 7-1 含银纳米颗粒的施氏假单胞菌(*P. stutzeri* AG259)细胞切片的 TEM 图片[50]

与 Ag(Ⅰ)所不同的是,Au(Ⅲ)对细菌的毒害作用较低。目前利用细菌还原制备金纳米颗粒的研究较多。一些细菌能够在吸附 Au(Ⅲ)的同时,直接还原 Au(Ⅲ)获得金纳米颗粒,例如 Nair 等[52]利用乳酸菌还原 Au(Ⅲ)制备金纳米颗粒,是活细菌还原制备金纳米颗粒较早的一个例子;Nair 等[52]认为,细胞壁上的糖和酶可能吸附还原 Au(Ⅲ),菌体细胞外面绝大多数为粒度较小的金纳米颗粒,较为稳定,而菌体细胞内的金纳米颗粒易于粗化成粒度较大的金颗粒。又如 Ahmad 等[54]利用高温单孢菌(*Thermomonospora*)在 50 ℃条件下还原制备金纳米颗粒,结果表明,分子量在 80~10000 的蛋白质对 Au(Ⅲ)起还原作用,高于常温的条件不仅能够促进 Au(Ⅲ)的还原,而且有利于高温单孢菌的生存,而很多细菌则在高于常温的条件下不易存活。Ahmad 等[55]报道了红球菌(*Rhodococcus*)在胞内制备粒度为 5～15 nm 的金纳米颗粒,利用 TEM 观察菌体细菌的微切片表明,细胞质膜和细胞壁上分布着大量高单分散性的金颗粒,金纳米颗粒更多地分布在细胞质膜上,细胞质膜和细胞壁上的酶对 Au(Ⅲ)起吸附还原作用,还原后的菌体细胞能够进一步繁殖,证明 Au(Ⅲ)对该菌体细胞的毒害程度较低。然而,有些细菌不能够直接还原 Au(Ⅲ),必须在电子供体的存在下或者调节反应液的 pH 值,才能获得金纳米颗粒,如 Konishi 等[56]在 H_2 供给电子的条件下,利用海藻希瓦氏菌(*S. algae* ATCC 51181)快速还原制备金纳米颗粒,金纳米颗粒在周质空间内形成。He 等[57]利用荚膜红细菌(*R. capsulata*)的代谢产物(离心除去菌体细胞)制备金纳米带,在较高 Au(Ⅲ)浓度条件下,近球形金纳米颗粒易于串接而形成金纳米带。

对于目前的有关细菌还原制备钯纳米颗粒的报道中,细菌还原 Pd(Ⅱ)必须在电子供体存在的条件下进行,仅有电子供体存在时,或者仅有细菌存在时,无法获得钯纳米颗粒。例如,Yong 等[58]用脱硫弧菌 NCIMB 8307 把 Pd(Ⅱ)还原为钯纳米颗粒,电子供体为甲酸盐或氢气,菌体细胞的作用有三个方面:首先,菌体细胞提供了酶催化剂;其次,菌体细胞提供了成核位点,利于随后的 Pd 单质晶体长大;最后,菌体细胞作为钯颗粒生长的脚手架,能够捕捉电子供体甲酸或氢气,使颗粒继续生长。Mabbett 等[59]将丙酮酸钠、甲酸或 H_2 作电子供体,利用脱硫弧菌 ATCC 29577 将 Pd(Ⅱ)还原为纳米级的钯单质颗粒,氢化酶和细胞色素 C3 可能参与了 Pd(Ⅱ)的还原过程。

相对于 Ag(Ⅰ)、Au(Ⅲ)和 Pd(Ⅱ),细菌还原 Pt(Ⅳ)的研究报道较少。与 Pd(Ⅱ)类似,细菌还原 Pd(Ⅳ)必须在电子供体存在的条件下进行,才能获得铂纳米颗粒。Yong 等[60]以 H_2 为电子供体,利用脱硫弧菌(*D. desulfuricans* NCIMB 8307)制备了铂纳米颗粒,并将这种 Pt/菌体复合材料可用作燃料电池的电极催化剂。Konishi 等[61]以乳酸钠为电子供体,利用海藻希瓦氏菌(*S. algae* ATCC 51181)制备了铂纳米颗粒,菌体细胞周质空间累积了大量的铂纳米颗粒。

虽然 Yong 等[60]将细菌还原所得的 Pt/菌体复合材料直接用作催化剂,然而,细菌还原法获得的纳米颗粒大多数分布在菌体细胞内部,给纳米颗粒的下游加工带来了一定的困难,大大限制了纳米颗粒的应用范围。因而,如何控制各种反应条件和因素，使得纳米颗粒在胞外形成，是细菌还原法不容回避的问题。下面先关注一下真菌和酵母用于纳米材料制备的相关研究进展。

(b)真菌和酵母菌

在 Klaus 等[50]有关细菌还原法的报道之后，真核微生物也随即成为制备纳米材料的一大类微生物，Mukherjee 等[62,63]首次报道了利用真核微生物轮枝菌（*Verticillium sp.*）制备金属纳米颗粒（图 7-2）。Mukherjee 等[62,63]认为 Au(Ⅲ)或 Ag(Ⅰ)与存在于菌丝细胞壁内的酶上带电基团（如赖氨酸残留物）发生静电相互作用，导致 Au(Ⅲ)或 Ag(Ⅰ)被囚禁于细胞表面上，细胞壁内的酶将 Au(Ⅲ)或 Ag(Ⅰ)还原，促使金属原子的聚集从而形成纳米颗粒，该菌体细胞能够通过将 Ag(Ⅰ)还原成单质银，以达到降低 Ag(Ⅰ)的毒害作用，还原后该菌体细胞仍能进一步繁殖。然而，与上述细菌还原法类似，真菌在胞内还原制备的纳米颗粒同样面临着难以分离出来的问题，那么是否存在能够在胞外还原制备纳米颗粒的菌种呢？

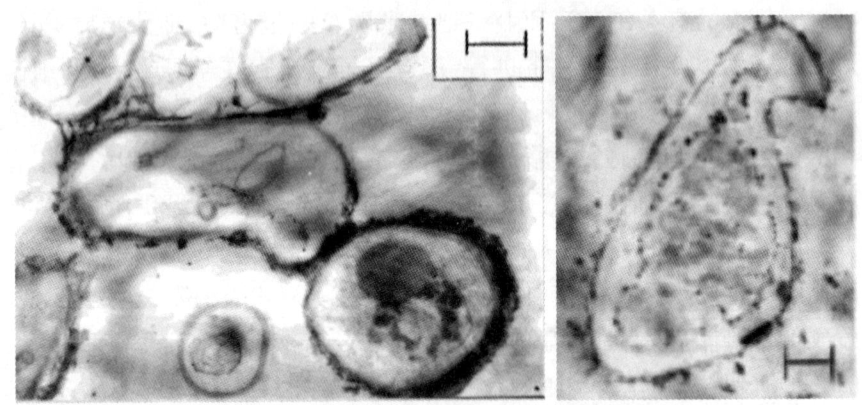

图 7-2　含金属纳米颗粒的轮枝菌(*Verticillium sp.*)细胞切片的 *TEM* 图片

(a)还原 Ag(Ⅰ)后；(b)还原 Au(Ⅲ)后

Mukherjee 等[64]首次报道了利用真菌尖孢镰刀菌（*F. oxysporum*）胞外合成金纳米颗粒，证明了确实存在着能够在胞外还原制备纳米材料的真菌。Mukherjee 等[64]的研究结果还表明了，胞外还原的关键在于 *F. oxysporum* 能够释放出大量的以辅酶(NADH)为主的还原性蛋白质，将 Au(Ⅲ)还原，这样的还原酶是 *F. oxysporum* 所特有的，而另一镰刀菌种 *F. moniliforme* 无法在胞内或胞外还原 Au(Ⅲ)，蛋白质通过半胱酸残留物和赖氨酸残留物上的氨基与金纳米颗粒结合，该作用使得金纳米颗粒能够长期保持稳定。

总的来说，微生物还原制备纳米材料的过程都可以归结为微生物的酶催化还原机理。微生物体所产生的生物酶在离子的还原过程中起催化剂的作用，作为电子传递体将还原性物质（如还原酶、还原糖、常用作电子供体的H_2等）的电子转移给金属离子将其还原。许多微生物都具有还原溶液中金属离子的能力，酶催化还原的位点可以在细胞周质中、细胞外表面上和细胞体外，不同微生物参与金属离子催化还原过程的酶也不同[65]。

(2)死的微生物

国内学者则对微生物非酶还原过程的研究较多，非酶还原过程不依赖于微生物的生物活性，死菌体表面的一些有机官能团能够与金属离子发生氧化还原反应，同时菌体表面和金属颗粒产生相互作用，阻止其迁移与团聚，从而获得纳米颗粒。Ag(Ⅰ)的杀菌特性对于死菌毫无影响，我校的傅锦坤等研究了乳酸杆菌A09干菌粉吸附还原Ag(Ⅰ)的特性，认为Ag(Ⅰ)和A09细胞肽链中的C═O基团通过C═O—Ag键发生键合，A09表面肽链中的半胱氨酸在转化为胱氨酸时通过电子转移系统，将电子授予吸附在细胞表面上的Ag(Ⅰ)，使其还原成为银纳米颗粒。张昊然等发现SH09干菌体能在一定条件下将$[Ag(NH_3)_2]^+$中的Ag(Ⅰ)还原为银纳米颗粒，具粒度为15～20 nm左右。傅谋兴等[65]经研究发现在碱性条件下，细菌SH10能快速还原$[Ag(NH_3)_2]^+$中的Ag(Ⅰ)制备粒度为10 nm左右的银颗粒，并将该方法拓展到多个菌种。

林种玉等利用光谱方法研究了巨大芽孢杆菌D01分别与Ag(Ⅰ)、Au(Ⅲ)、Pd(Ⅱ)、Pt(Ⅳ)等离子的相互作用，从中总结出D01吸附还原金属离子的共性规律，认为生物吸附是菌体细胞累积金属离子的主要机理，细胞壁酰胺基及羧基为络合或螯合贵金属离子或原子的活性基团，胞壁肽聚糖层的多糖化合物的水解产物—单糖所含的醛基及酮基为电子供体。林种玉等研究地衣芽孢杆菌R08吸附和还原Pd(Ⅱ)过程，细胞壁肽聚糖层多糖化合物的羟基、离子化羧基等基团与$[PdCl_4]^{2-}$配位结合，在酸性介质中，肽聚糖层部分多糖化合物的水解产物—醛糖作为还原剂，将Pd(Ⅱ)原位还原为钯纳米颗粒。刘月英等发现金霉素链霉菌废菌丝体吸附$[AuCl_4]^-$明显依赖于溶液的pH值，吸附作用是一种快速而不依赖于温度的过程，吸附过程中有H^+释放，金霉素链酶菌菌丝体残渣吸附$[AuCl_4]^-$过程有金纳米颗粒生成。

与酶催化还原过程所不同的是，非酶催化过程能够保证金属纳米颗粒在菌体外或菌体表面上形成，且死菌体经干燥后易于保存和定量操作。

7.5.2 植物还原法

Gardea-Torresdey 等[67]利用紫花苜蓿生物质制备了金纳米颗粒，观察并统计了所得金纳米颗粒的形貌和粒度分布，这是植物还原法制备纳米颗粒的首次报道。之后，Gardea-Torresdey 等[68]又报道了活的紫花苜蓿内生成具有面心挛晶结构的金纳米颗粒，利用 X 射线近边结构光谱(XANES)、扩展 X 射线吸收精细结构光谱(EXAFS)等分析方法研究了紫花苜蓿从土壤中吸附 Au(Ⅲ)或 Ag(Ⅰ)以及生成金纳米颗粒或银纳米颗粒的过程，该工作对于利用活植物修复土壤重金属污染具有重要意义。

近年来，植物还原法制备纳米材料得到了一定的重视，例如，紫花苜蓿能够用于 Au[67]等纳米颗粒的制备；值得一提的是，Shankar 等[69]利用柠檬香草煮液制得单晶三角金纳米片(图 7-3)，其产率高于一般的物理法和化学法，植物还原法制备金纳米片也因此成为一种独特的方法，得到了广泛的关注。因而，对于三角金纳米片以及近球形纳米颗粒的制备，相对于化学法来说，植物还原法具有较强的竞争优势。

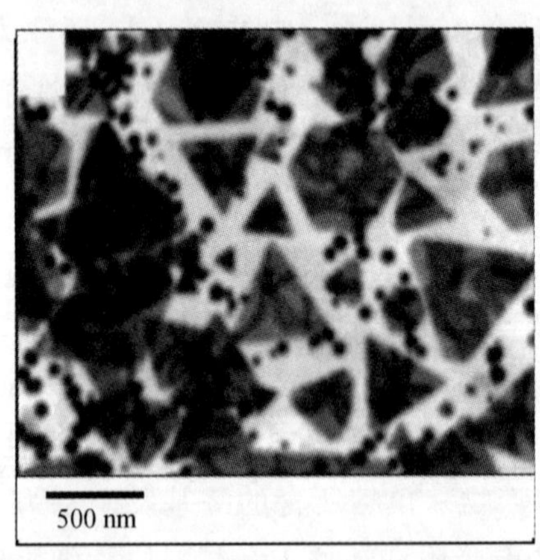

图 7-3 柠檬香草煮液还原制备的三角金纳米片的 TEM 图片[69]

微生物还原法是纳米颗粒制备的有效方法，然而还原速度慢是微生物还原法的共同缺点，这将在一定程度上限制微生物还原法制备纳米颗粒的工业放大，从 Gardea-Torresdey 等的研究工作可以看出，植物生物质用于纳米颗粒的制备比较简单方便，具有更好的工业应用前景；而活植物由于只能在土壤中生存，因而也无法用于纳米颗粒的大规模制备。基于植物生物质的植物还原法用于金属纳米颗粒的制备，具备了微生物还原法的许多优点，如原料来源广泛、反应条件温和、纳米颗粒产物稳定性高等。与微生物还原法相比，植物还原法的优势在于不仅可利用现有的植物资源，避开微生物还原法繁琐的筛选和培养过程，而且能够保证金属离子的还原完全是在胞外进行的，其还原速度一般也比微生物还原法快[68]。

纳米材料形貌的控制是纳米技术中最具挑战性的课题之一，已有的化学法能够可控制备多种多样形貌的纳米颗粒。然而，植物还原法作为新兴的纳米颗粒制备方法，关于其可控制备纳米颗粒的研究并不多，目前仅有近球形、纳米片等形貌纳米颗粒的制备报道[51]。虽然目前利用植物生物质或提取液制备纳米颗粒得到一定的关注，然而迄今为止，这方面仍然缺乏系统的且具有导向性的研究，已有的研究侧重于针对个别植物生物质或提取液，形成了对植物生物还原法的一些初步认识。李清彪等在这方面做了大量的研究工作，采用几十种植物生物质还原贵金属前驱体，在室温条件下制得了近球形纳米颗粒、银纳米线、银纳米片和金纳米片。其中一些有趣的结果值得关注，如可制得单晶银纳米线(有别于化学法所得的五重孪晶银纳米线)；所制得的金纳米片的一次性产率高于化学法等。另外，李清彪等率先开展了贵金属纳米颗粒的连续流动生物质还原制备技术的研究。在管式反应器中利用植物提取液还原 Ag(Ⅰ)制得了银纳米颗粒，初步考察了反应器材质、管径、温度、流速等条件对银纳米颗粒制备过程的影响，获得了一些关于生物法连续流动制备技术的感性认识。

7.5.3 生物还原法的应用潜力

7.5.3.1 电子电器方面的潜在应用

Joerger 等[70]将还原 Ag(Ⅰ)后的施氏假单胞菌 AG259 菌体涂覆铝基体，经过热处理后具有强的光选择吸收性能，有望应用于太阳能收集器的涂层和一些滤光器件。Nair 等[52]将乳酸杆菌还原制备的银纳米类用作表面增强拉曼光谱(SERS)的基底，取得较好的增强效果。

Ankamwar 等[71]研究了罗望子叶提取物合成的三角金纳米片的气敏性能，将三角金纳米片暴露于不同蒸气中，通过测定三角金纳米片的伏安特性曲线，三角金纳米片的电阻是纳米片厚度的函数。暴露于极性溶剂丙酮蒸汽前后，三角金纳米片的伏安特性发生了较大的变化，而对于极性较小的甲醇和苯，暴露前后三角金纳米片的伏安特性保持一致。可见，罗望子叶子合成的三角金纳米片可基于蒸气分子极性的差异，可望用于感应蒸气。

7.5.3.2 催化方面的潜在应用

目前已有少量研究报道了将微生物酶催化还原获得的Pd/菌体催化剂(Pd纳米颗粒原位负载于菌体细胞周质内和菌体细胞表面)直接用于催化持久性污染物多氯联苯的脱氯过程[58]和Cr(Ⅵ)还原为Cr(Ⅲ)的过程[59],其中Windt等[72]的研究结果还表明其催化性能优于已商业化的Pd催化剂。

傅锦坤等将细菌非酶还原过程引入到负载型贵金属催化剂制备工艺中,分别用巨大芽孢杆菌D01原位还原载体α-Fe_2O_3上的Au(Ⅲ)为Au(0),地衣芽孢杆菌R08原位还原预先吸附在载体γ-Al_2O_3上的Pd(Ⅱ)为Pd(0),制备出分散度较高的负载型Pd、Au催化剂,对CO催化氧化为CO_2呈现较好的催化性能。李清彪等利用细菌非酶还原制备了负载型银催化剂,可用作乙烯环氧化制备环氧乙烷过程的催化剂。与常规浸渍法制备负载型催化剂比较,微生物还原法的优点是可避免由于高温分解还原而引起的载体表面上贵金属颗粒的迁移、聚集及分散度降低,同时还可减小贵金属负载量,并可避免或减少制备贵金属催化剂过程中高温处理带来的环境污染。

植物还原法制备催化剂也有报道。Sharma等[73]以田菁树苗根还原获得的植物组织细胞负载的金纳米颗粒(粒度在6～20 nm之间)用作以硼氢化钠为还原剂的4-硝基酚向4-氨基酚转化反应的催化剂。最近,Vilchis-Nestor等[74]采用茶提取液制备Au(AgAu)/SiO_2-Al_2O_3催化剂,该催化剂对CO的氧化和加氢反应表现出较好的催化性能。

7.5.3.3 贵金属的回收

贵金属因其特有的化学稳定性高,工业应用范围日益扩大,同时贵金属资源稀缺性凸显,因而贵金属的回收问题一直都得到高度重视。生物还原法是贵金属回收的一种潜在途径,微生物还原法在贵金属回收方面的应用已有文献,而尚未见植物还原法回收贵金属的报道。Mabbett等[75]采用了微生物酶还原法从工业废弃物中回收贵金属,并获得菌体负载的贵金属催化剂,直接可用作污染物转化反应的催化剂。Macaskie等[76]将含多种贵金属离子的微生物还原体系拓展到废弃电路板的沥出液,可用于废弃电路板中贵金属的回收。

参考文献

[1]王建龙.生物固定化技术与水污染控制.北京:科学出版社,2002

[2]俞大绂,李季伦.微生物学.北京:科学出版社,1985

[3]杨汝德.现代工业微生物学.广州:华南理工大学出版社,2001

[4]陈云弟,秦俊法.海带细胞壁及细胞壁多糖中 Sr,Ca,Mg,P 分布.广东微量元素科学,1996,3(11):63～65

[5]Fourest E, Volesky B. Contribution of sulfonate groups and alginate to heavy metal biosorption by the dry biomass of *Sargassum fluitans*. *Environ Sci Technol*, 1996, **30**(1):277～282

[6]Kuyucak N, Volesky B. Biosorbents for recovery of metals from industrial solutions. *Biotechnol lett*, 1988, **10**(2):137～142

[7]Aksu Z, Sag Y, Kutsal T. The biosorption of copper(Ⅱ) by *Chlorella vulgaris* and *Zoogloea ramigera*. *Environ Technol*, 1992, **13**(6):579～586

[8]Venkobachar C. Metal removal by waste biomass to upgrade wastewater treatment plants. *Water Sci Technol*, 1990, **22**(7/8):319～320

[9]Fourest E. Roux JC. Heavy metal biosorption by fungal mycelial by-products: mechanisms and influence of pH. *Appl Microbiol Biot echnol*, 1992, **37**(3):399～403

[10]Veglio F, Beolchini F. Removal of metals by biosorption: a review. *Hydrometallurgy*, 1997, **44**(3):301～316

[11]刘月英,傅锦坤.细菌还原 Au^{3+} 制备金催化剂的研究.微生物学报,1999,**39**(3):260～263

[12]刘月英,傅锦坤,李仁忠.细菌吸附 Pd^{2+} 的研究.微生物学报,2000,**40**(5):535～539

[13]刘月英,李仁忠,薛茹.固定化地衣芽孢杆菌 R08 吸附 Pd^{2+} 的研究.微生物学报,2002, **42**(6):700～705

[14]陈国华.应用物理化学.北京:化学工业出版社,2008

[15]叶振华.化工吸附分离过程.北京:中国石化出版社,1992

[16]Langmuir I. The constitution and fundamental properties of solids and liquids. *J Am chem Soc*, 1916, **38**(11):2221～2295

[17]郜瑞莹,王建龙. Ni^{2+} 生物吸附动力学及吸附平衡研究.环境科学,2007,**28**(10):2315～2319

[18]李志东,李娜,张洪林,等.啤酒酵母吸附重金属离子铬的研究.中国酿造,2006,(**10**):38～41

[19]蒋新宇,黄海伟,曹理想,等.毛木耳对 Cd^{2+}、Cu^{2+}、Pb^{2+}、Zn^{2+} 生物吸附的动力学和吸附平衡研究.环境科学学报,2010,**30**(7):1431～1438

[20]于明革,陈英旭.茶废弃物对溶液中重金属的生物吸附研究进展.应用生态学报,2010,**21**(2):505～513

[21]Cay S, Uyanik A, Ozasik A. Single and binary component adsorption of copper(Ⅱ) and cadmium(Ⅱ) from aqueous solutions using tea-industry waste. *Sep Purif Technol*, 2004,

38(3):273～280

[22]Amarasinghe B M W P K, Williams R A. Tea waste as a low cost adsorbent for the removal of Cu and Pb from wastewater. *Chem Eng J*, 2007, **132**(1－3):299～309

[23]王琳.细菌SH10和海带吸附还原银离子的研究.厦门大学学位论文,2004

[24]孙道华.细菌R08对Ag(Ⅰ)的吸附与还原及其应用研究.厦门大学学位论文,2007

[25]Müller E. Uber die adsorption in lasungen. *Russ J Phys Chem*, 1906, **57**:385～389

[26]张宏,张敬华.生物吸附的热力学平衡模型和动力学模型综述.天中学刊.2009, **24**(5):19～22

[27]Ahluwalia S S, Goyal D. Removal of heavy metals by waste tea leaves from aqueous solution. *Eng Life Sci*, 2005, **5**(2):158～162

[28]Gupta S, Kumar D, Gaur J P. Kinetic and isotherm modeling of lead(Ⅱ)sorption onto some waste plant materials. *Chem Eng J*, 2009, **148**(2－3):226～233

[29]Malkoc E, Nuhoglu Y. Potential of tea factory waste for chromium(Ⅵ)removal from aqueous solutions: Thermodynamic and kinetic studies. *Sep Purif Technol*, 2007, **54**(3):291～298

[30]Malkoc E, Nuhoglu Y. Investigations of nickel(Ⅱ)removal from aqueous solutions using tea factory waste. *J Hazard Mater*, 2005, **127**(1－3):120～128

[31]Mozumder M S I, Khan M M R, Islam M A. Kinetics and mechanism of Cr(Ⅵ)adsorption onto tea-leaves waste. *Asia-Pac J Chem Eng*, 2008, **3**(4):452～458

[32]刘刚.黄孢展齿革菌生物吸附镉离子和同时吸附镉离子与铅离子的研究.厦门大学学位论文,2001

[33] Ozdemir G, Ozturk T, Ceyhan N, et al. Heavy metal biosorption by biomass of Ochrobactrum anthropi producing exopolysaccharide in activated sludge. *Bioresour Technol*, 2003, **90**(1):71～74

[34]朱一尼,魏德洲. *Mycobacterium phlei* 菌对重金属Pb^{2+}、Zn^{2+}、Ni^{2+}、Cu^{2+}的吸附规律.东北大学学报(自然科学版).2003, **14**(1):87～92

[35]Sekhar K C, Subramanian S, Modak J M, et al. Removal of metal ions using an industrial biomass with reference to environmental control. *Int J Miner Process*, 1998, **53**(1－2):107～120

[36]Goyal N, Jain S C, Banerjee U C. Comparative studies on the microbial adsorption of heavy metals. *Adv Environ Res*, 2003, **7**(2):311～319

[37]Chang J S, Hong J. Biosorption of mercury by the inactivated cells of *Pseudomonas aeruginosa* PU21(Rip64). *Biotechnol Bioeng*, 1994, **44**(8):999～1006

[38]Kacar Y, Arpa C, Tan S, et al. Biosorption of Hg(Ⅱ)and Cd(Ⅱ)from aqueous solutions: Comparison of biosorptive capacity of alginate and immobilized live and heat inactivated *Phanerochaete chrysosporium*. *Process Biochem*, 2002, **37**(6):601～610

[39]王亚雄，郭瑾珑，刘瑞霞．微生物吸附剂对重金属的吸附特性．环境科学，2001，**22**(6)：72～75

[40]Ucun H, Bayhan YK, Kaya Y, et al. Biosorption of chromium(Ⅵ) from aqueous solution by cone biomass of *Pinus sylvestris*. *Bioresource Technol*, 2002, **85**(2): 155～158

[41]Dursun AY, Uslu G, Tepe O, et al. A comparative investigation on the bioaccumulation of heavy metal ions by growing *Rhizopus arrhizus* and *Aspergillus niger*. *Biochem Eng J*, 2003, **15**(2): 87～92

[42]Williams C J, Aderhold D, Edyvean R G J. Comparison between biosorbents for the removal of metal ions from aqueous solutions. *Water Res*, 1998, **32**(1): 216～224

[43]Nourbakhsh M N, Kilicarslan S, Ilhan S. Biosorption of Cr^{6+}, Pb^{2+} and Cu^{2+} ions in industrial waste water on Bacillus sp. *Chem Eng J*, 2002, **85**(2－3): 351～355

[44]Dilek F B, Erbay A, Yetis U. Ni(Ⅱ) biosorption by Polyporous versicolor. *Process Biochem*, 2002, **37**(7): 723～726

[45]Mameri N Boudries N, Addour L, et al. Batch zinc biosorption by a bacterial nonliving *Streptomyces rimosus* biomass. *Water Res*, 1999, **33**(6): 1347～1354.

[46]Srinath T, Verma T, Ramteke P W, Garg S K, *et al.* Chromium(Ⅵ) biosorption and bioaccumulation by chromate resistant bacteria. *Chemosphere*, 2002, **48**(4): 427～435

[47]Terry P A, Stone W. Biosorption of cadmium and copper contaminated water by *Scenedesmus abundans*. *Chemosphere*, 2002, **47**(3): 249～255

[48]Esposito A, Pagnanelli F, Lodi A. Biosorption of heavy metals by *Sphaerotilus natans*: an equilibrium study at different pH and biomass concentrations. *Hydrometallurgy*, 2001, **60**(2): 129～141

[49]Kefala M I, Zouboulis A I, Matis K A. Biosorption of Cadmiumions by *Actinomycetes* and separation by flotation. *Environ pollut*, 1999, **104**(2): 283～293

[50]Klaus T, Joerger R, Olsson E, Granqvist C G. Silver-based crystalline nanoparticles, microbially fabricated. *P Natl Acad Sci USA*, 1999, **96**(24): 13611～13614

[51]Mohanpuria P, Rana N K, Yadav S K. Biosynthesis of nanoparticles: technological concepts and future applications. *J Nanopart Res*, 2008, **10**(3): 507～517

[52]Nair B, Pradeep T. Coalescence of nanoclusters and formation of submicron crystallites assisted by *Lactobacillus* strains. *Cryst Growth Des*, 2002, **2**(4). 293～298

[53]Parikh RY, Singh S, Prasad B L V, et al. Extracellular synthesis of crystalline silver nanoparticles and molecular evidence of silver resistance from *Morganella* sp.: Towards understanding biochemical synthesis mechanism. *Chembiochem*, 2008, **9**(9): 1415～1422

[54]Ahmad A, Senapati, S, Khan M I, et al. Extracellular biosynthesis of monodisperse gold nanoparticles by a novel extremophilic actinomycete, *Thermomonospora* sp. *Langmuir*, 2003, **19**(8): 3550～3553

[55] Ahmad A, Satyajyoti S M, I slam K, et al. Intracellular synthesis of gold nanoparticles by a novel alkalotolerant actinomycete, *Rhodococcus* species. *Nanotechnology*, 2003, **14** (7):824～828

[56] Konishi Y, Tsukiyama T, Ohno K, et al. Intracellular recovery of gold by microbial reduction of $AuCl_4^-$ ions using the anaerobic bacterium *Shewanella* algae. *Hydrometallurgy*, 2006, **81**(1):24～29

[57] Mukherjee P, Roy M, Mandal B P, et al. Green synthesis of highly stabilized nanocrystalline silver particles by a non-pathogenic and agriculturally important fungus *T-asperellum*. *Nanotechnology*, 2008, **19**(7):075103

[58] Yong P, Rowson N A, Farr J P G, et al. Bioreduction and biocrystallization of palladium by *Desulfovibrio desulfuricans* NCIMB 8307. *Biotechnol Bioeng*, 2002, **80**(4):369～379

[59] Mabbett A N, Yong P, Farr J P G, et al. Reduction of Cr(Ⅵ) by "Palladized"-Biomass of *Desulfovibrio desulfuricans* ATCC 29577. *Biotechnol Bioeng*, 2004, **87**(1):104～109

[60] Yong P, Paterson-Beedle M, Mikheenko I P, et al. From bio-mineralisation to fuel cells: biomanufacture of Pt and Pd nanocrystals for fuel cell electrode catalyst. *Biotechnol Lett*, 2007, **29**(4):539～544

[61] Konishi Y, Ohno K, Saitoh N, et al. Bioreductive deposition of platinum nanoparticles on the bacterium *Shewanella* algae. *J Biotechnol*, 2007, **128**(3):648～653

[62] Mukherjee P, Parischa R, Ajayakumar P V, et al. Fungus-mediated synthesis of silver nanoparticles and their immobilization in the mycelial matrix: A novel biological approach to nanoparticle synthesis. *Nano Lett*, 2001, **1**(10):515～519

[63] Mukherjee P, Ahmad A, Mandal D, et al. Bioreduction of $AuCl_4^-$ ions by the fungus, *Verticillium* sp. and surface trapping of the gold nanoparticles formed. *Angew Chem Int Edit*, 2001, **40**(19):3585～3588

[64] Mukherjee P, Senapati S, Mandal D, et al. Extracellular synthesis of gold nanoparticles by the fungus *Fusarium oxysporum*. *Chembiochem*, 2002, **3**(5):461～463

[65] 傅谋兴. 微生物还原法制备水溶性纳米银粉及其催化和抗菌应用. 厦门大学学位论文, 2006

[66] 黄加乐. 银纳米材料和金纳米材料的植物生物质还原制备及应用初探. 厦门大学学位论文, 2009

[67] Gardea-Torresdey J L, Tiemann K J, Gamez G, et al. Gold nanoparticles obtained by bio-precipitation from gold(Ⅲ) solutions *J Nanopart Res*, 1999, **1**(3):397～404.

[68] Gardea-Torresdey J L, Peralta-Videa J R, Parsons J G. Metal nanoclusters in catalysis and materials science: the issue of size control. Production of metal nanoparticles by plants and plant-derived materials. *Amsterdam: Elsevier* (2008)

[69] Shankar S S, Rai A, Ankamwar B, et al. Biological synthesis of triangular gold nanoprisms. *Nat Mater*, 2004, **3**(7):482～488

[70] Joerger R, Klaus T, Granqvist C G. Biologically produced silver-carbon composite materials for optically functional thin-film coatings. *Adv Mater*, 2000, **12**(6):407～409

[71] Ankamwar B, Chaudhary M, Sastry M. Gold nanotriangles biologically synthesized using tamarind leaf extract and potential application in vapor sensing. *Synth React Inorg Me*, 2005, **35**:19～26

[72] Mafune F, Kohno J, Takeda Y, et al. Formation of gold nanoparticles by laser ablation in aqueous solution of surfactant. *J Phys Chem B*, 2001, **105**(22):5114～5120

[73] Sharma N C, Sahi S V, Nath S, et al. Synthesis of plant-mediated gold nanoparticles and catalytic role of biomatrix-embedded nanomaterials. *Environ Sci Technol*, 2007, **41**(14): 5137～5142

[74] Vilchis-Nestor A R, Avalos-Borja M, Gómez S A, et al. Alternative bio-reduction synthesis method for the preparation of Au(AgAu)/$SiO_2-Al_2O_3$ catalysts: Oxidation and hydrogenation of CO. *Appl Catal B-Environ*, 2009, **90**(1－2):64～73

[75] Mabbett A N, Sanyahumbi D, Yong P, et al. Biorecovered precious metals from industrial wastes: Single-step conversion of a mixed metal liquid waste to a bioinorganic catalyst with environmental application. *Environ Sci Technol*, 2006, **40**(3):1015～1021

[76] Macaskie L E, Creamer N J, Essa A M, et al. A new approach for the recovery of precious metals from solution and from leachates derived from electronic scrap. *Biotechnol Bioeng*, 2007, **96**(4):631～639

第 8 章　反胶团萃取技术

 8.1　反胶团的形成与特点

反胶团(reversed micelles)(1～100 nm)是一种双亲物质(表面活性剂)在非极性有机溶剂中浓度超过临界胶团浓度(critical micelle concentration,CMC)时自发形成的疏水尾向外,溶于有机溶剂,而亲水头部向内的纳米级聚集体(如图 8-1 所示),又称为反胶束、逆胶束(inverse micelles),是一种低水含量的油包水(W/O)微乳液。Hoar 和 Schulman 最早报道了反胶团的存在,并将其命名为“Oleopathic hydromicelles”。表面活性剂的这种胶团化过程的自由能变化主要来源于表面活性剂分子之间偶极子—偶极子相互作用。除此之外,平动能和转动能的丢失以及氢键或金属配位键的形成等都可能参与这种胶团化过程。反胶团是一种外观清亮、透明或半透明,在没有 Tyndall 效应和可见光下,用超显微镜观察系统的各部分呈同向、均匀一致、流动性好的热力学稳定单相分散系统。反胶团的形成是表面活性剂分子自聚集的结果,是热力学稳定体系,在有机相中,反胶团高速生成和破灭,不断地交换形成反胶团的表面活性剂分子和水。它的形成依赖于系统中各个物质的浓度,以水-AOT-异辛烷系统的三元相图为例(图 8-2),应用于反胶团萃取的区域为图中的灰色区域,在这区域的三元混合物分为平衡的两相:一相是含有极少量有机溶剂和表面活性剂的水相,另一相是异辛烷有机相,表面活性剂排列在两相界面以及有机相的反胶团中。

反胶团的形状多为球形或者近似球形,有时候也呈现片状或者柱状结构,其大小一般为 5～20 nm,表面活性剂亲水基向内、疏水基向外相互聚集

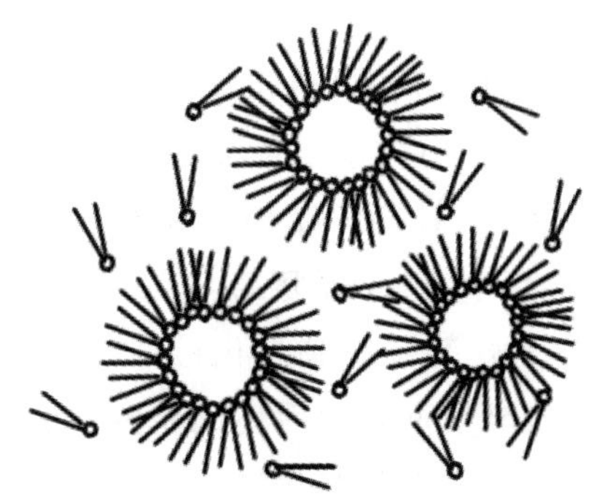

图 8-1　表面活性剂在非极性溶剂中形成的反胶团

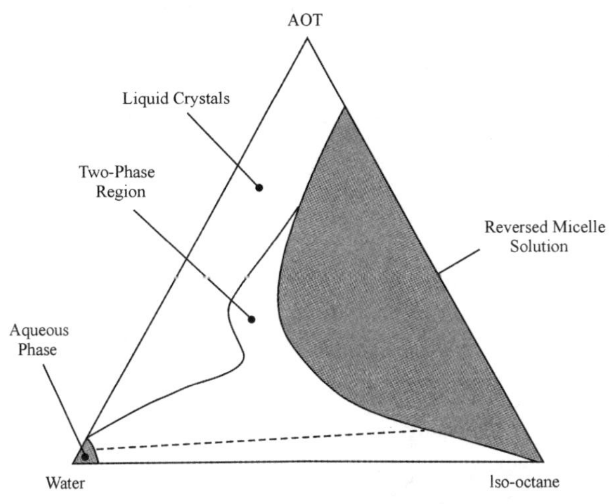

图 8-2　水-AOT-异辛烷系统的三元相图

形成的“极性核”(polar core)溶解一定量水后，微观上恰似纳米级大小微型“水池”(water pool)[1]，可以增溶蛋白质等极性物质，而且还可以溶解一些原来不能溶解的物质，因此具有二次增溶作用。由于胶团的屏蔽作用，溶解在“水池”中的蛋白质、核酸等生物物质不与有机溶剂直接接触，起到了保护生物物质的活性的作用。对于增溶了物质(如水，蛋白质等)的反胶团基本上都认为是单层双亲分子聚集的近似球体，并忽视反胶团之间的相互作用。事实上，反胶团体系处于不停的运动状态，反胶团之间的碰撞频率为 $10^9 \sim 10^{11}$ 次/s，而且反胶团中的增溶物在频繁地交换，这一过程符合二级反应动力学，速率常数约为 $10^6 \sim 10^7\ m^3/(kmol \cdot s)$[2,3]。通常用于形成反胶团系统的表面活性剂主要有阴离子型、阳离子型和非离子型三种。常用的阴离子型表面活性剂有二(2-乙基己基)琥珀酸酯磺酸钠(AOT),它在异辛烷中形成反胶团时不需助表面活性剂,且含水率(有机相中水与表面活性剂的摩尔比)W_0较大(50～60),适于小分子蛋白质萃取(分子量＜30 kDa),但不能萃取分子量较大的蛋白质,而且往往在两相界面上形成不溶性凝胶状物质。常用的阳离子型表面活性剂有三辛基甲基氯化铵(TOMAC)、十六烷基三甲基溴化铵(CTAB)、双十六烷基二甲基溴化铵($2C_{16}$QA)等季铵盐,它们的结构如图 8-3 所示。利用非离子型表面活性剂单独形成反胶团的研究很少,主要有 Span-60、Tween-85 等表面活性剂[3]。

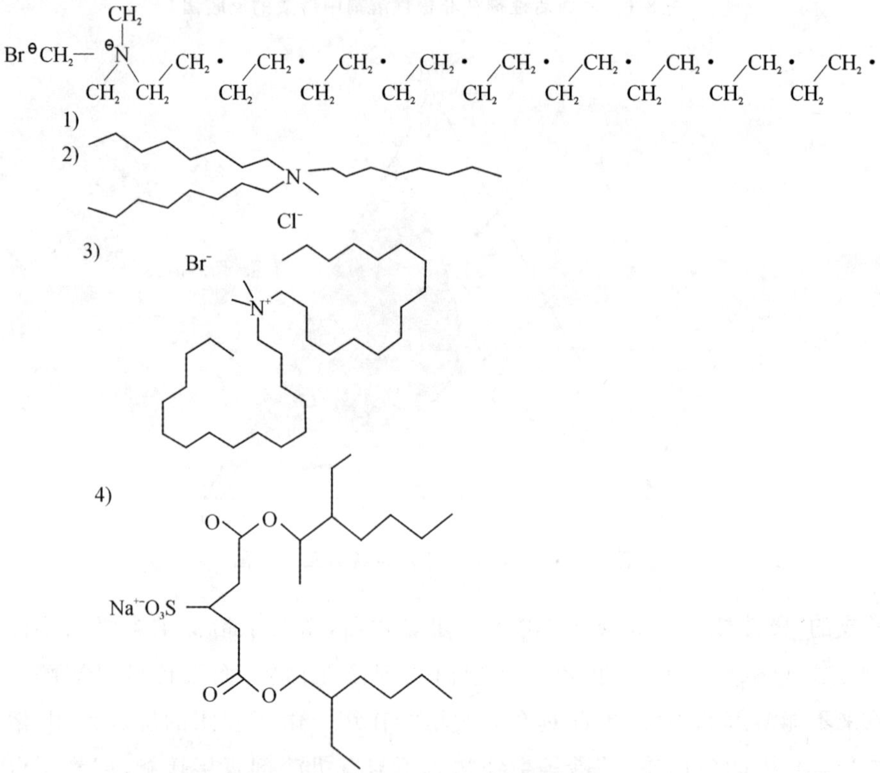

图 8-3 反胶团萃取的常用表面活性剂

(1)十六烷基三甲基溴化铵(CTAB);(2)三辛基甲基氯化铵(TOMAC);(3)双十六烷基二甲基溴化铵($2C_{16}$QA);(4)二(2-乙基己基)琥珀酸酯磺酸钠(AOT).

最简单的反胶团体系是由一种表面活性剂溶解在有机溶剂中构成的单一反胶团体系。在单一反胶团体系的基础上又逐步发展了混合反胶团体系和亲和反胶团体系。混合反胶团体系由两种或两种以上的表面活性剂构成,与单一反胶团萃取体系相比,在活性、产率和选择性方面有明显的优势。亲和反胶团体系是指在反胶团中加入与目标提取物有特异性亲和作用的助表面活性剂,加入少量亲和配基,通过亲和配基与目标分子的亲和结合作用,促进目标产物在反胶团相的分配,提高目标产物的分配系数和反胶团萃取分离的选择性,现已成为反胶团萃取研究的热点[4]。

8.2 表征参数及测量

8.2.1 临界胶团浓度

临界胶团浓度是表面活性剂溶液中开始大量形成胶团或反胶团时的浓度,反胶团临界胶团浓度是表面活性剂的重要参数。当低于临界胶团浓度的时候,形成的只是表面活性剂的溶液,一旦超过临界胶团浓度,即开始大量形成反胶团,体系中单体的浓度不再上升,体系的物理化学性质出现突变。表面活性剂溶液的溶水作用、胶团萃取作用、胶团催化作用、分隔性介质以及作为化学反应和生化反应微反应器的作用都只在临界胶团浓度以上才能实现。只要检测表面活性剂溶液的物理化学性质变化就可以确定临界胶团浓度。比如测定在不同表面活性剂浓度下表面张力、电导率、加入染料分子后吸光度和光散射强度的变化,作图找到突变点,就可以找到临界胶团浓度。然而不同性质随浓度变化的机理有所不同,随浓度变化的改变率也不同,因而,利用不同性质和方法测出的临界胶团浓度值也会有一定的差异,目前常用的方法主要有以下几种:

(1)表面张力法。表面活性剂溶液的表面张力在浓度很低的时候随浓度增加而急剧下降,达到一定浓度(即临界胶团浓度)后则变化缓慢或不再改变。因此,可以用表面张力—浓度对数图确定其临界胶团浓度。

(2)电导法。只能应用于离子型表面活性剂,通过利用电导率对浓度或摩尔电导率对浓度的方根作图,得到的转折点处表面活性剂的浓度即为临界胶团浓度。

(3)光散射强度法。由于胶团为几十个或更多的表面活性剂分子或离子的聚集体,其尺寸在光波波长范围,具有较强的光散射。因此,可以通过测定散射光强度随溶液浓度的变化来测定溶液的临界胶团浓度。

8.2.2 含水率

含水率(W_0)是反胶团的另一个重要参数,即"水池"中溶入的水与表面活性剂的摩尔比。W_0显示了反胶团的尺寸以及每个反胶团结构中表面活性剂数目。受表面活性剂的种类、助表面活性剂、水相中盐的种类和浓度的影响,W_0呈现不同的值。反胶团水池内的理化性质不同于正常水,尤其当 W_0 较小时,这是反胶团微水相的水分子受表面活性剂亲水基团强烈束缚的结果。在 $W_0<10$ 时,水分子被束缚在反胶团的壁上,形成结合水,它的凝固点下降、黏度增大、疏水性上升、共价键参数改变、氢键破坏;只有在 W_0 较大时,才存在自由水。例如,以 AOT 为表面活性剂,当 $W_0<6\sim8$ 时,水池内的表观粘度为正常水的 50 倍,疏水性也较大。随着 W_0 的增大,二者的差别逐渐减弱,当 $W_0>16$ 时,水池内的水与正常水接近。

有机相中的水含量通常可以使用水分分析仪来测定,测定后再结合加入有机相中的表面活性剂的量便可计算出反胶团体系的含水率。

8.2.3 粒径及聚集数

反胶团的大小和表面活性剂的种类、浓度以及溶剂的种类、温度、离子强度等因素等有密切的关系,反胶团的大小决定了可以萃取的物质的大小。反胶团的聚集数是指缔合成一个反胶团的表面活性剂分子的数目,该参数与反胶团的大小有关。虽然反胶团的形状和大小均会随表面活性剂浓度的改变而改变,但一般来说,在小于十倍临界胶团浓度时反胶团的形状和大小基本不变。反胶团的粒径与聚集数可以用激光光散射仪来测定。

反胶团内水池的粒径 d 可以用下式计算:

$$d=\frac{6W_0M}{a_{surf}N\rho}$$

其中:W_0——含水率

M——水的相对分子量

ρ——水的密度

a_{surf}——界面处一个表面活性剂分子的面积

N——阿弗加德罗常数

8.3　反胶团萃取技术

基于反胶团体系的特殊性质，反胶团萃取技术(reverse micellar extraction)应运而生，该技术是近年发展起来的分离和纯化生物物质的新方法，为科研和生产提供了强有力的技术支持。该技术一般包括两个过程，即萃取过程(forward extraction)，目标产物从主体溶液转移至反胶团溶液中的过程和反萃取过程(backward extraction)，目标产物从反胶团溶液中转移至第二水相或以固体的形式游离出来的过程。目前，已经可以通过调节酶和蛋白质萃取的主要操作参数(如pH值和离子强度)来实现蛋白质的正向萃取、反相萃取和高选择性分离。反胶团萃取的本质仍是液—液有机溶剂萃取，实现生物物质通过油水相界面的作用力主要来源于静电作用、范德华力、疏水作用和氢键作用等。反胶团萃取具有处理量大、容易规模化放大、可连续操作，萃取率和选择性高、操作简单方便、条件温和、流程设备简单、反胶团可循环使用、成本低、正萃与反萃可同时进行、分离与浓缩同步进行、高热力学稳定性、萃取过程易精确控制、萃取剂可重新利用等优点，并能有效防止生物分子如蛋白质、胞内酶在非细胞环境中迅速失活变性，对细胞发酵液中的胞外产物和细胞破碎液中的胞内产物均具有良好的萃取分离效果[5]。反胶团中加入与目标生物物质有特异亲和作用的亲和配体还可以进一步提高目标产物的提取率和选择性，因此特别适合于生物产品的初级分离乃至高度纯化。与一般的有机溶剂萃取有所不同的是，反胶团萃取利用表面活性剂在有机相中形成反胶团，从而在有机相内形成分散的亲水微环境，使得溶于其中的生物分子不与有机相发生直接作用，避免了生物分子难于溶解在有机相中或在有机相中易发生不可逆变性的现象。与其他分离方法相比，反胶团分离生物物质具有以下特点[6]：

(1)反胶团选择性好、分离效率高。离心、沉淀、双水相萃取只能获得粗产品，而运用反胶团技术能得到纯度较高的产品。例如，凝胶过滤层析法分离分子量相近的蛋白质时无能为力，但用反胶团法可通过调节料液的pH值和离子强度将它们分离。反胶团的极性核粒径比较灵活，能溶进分子量很大的生物物质，而层析往往受到填料孔的限制无法分离。

(2)反胶团分离速度快，兼具分离、提纯和浓缩作用。如常用的离子交换层析法，由于蛋白质的分子量大，树脂枝孔道对其空间排阻大，也阻碍其他蛋白质进入未交换的离子基区域，使离子交换活性中心不能被充分应用。蛋白质带多价电荷，可与多个离子基发生作用，洗脱困难，浓缩效果差。反胶团体积小，比表面积大，故能和料液充分接触，以较快的速率将生物物质浓缩于反胶团内。

(3)反胶团分离条件温和，能使生物物质保持较高的活性收率。电泳技术分离生物物质，虽然纯度高，但其过程却产生大量热，不仅损害生物物质的活性.而且过程难于放大。电泳槽的长时间使用，也会发生缓冲液的严重漏电。反胶团分离生物物质条件温和，分离时生物物质始终处于有水环境中，所以能保持较高活性。

(4)反胶团分离料液处理简单，操作方便。尽管超滤被视为分离生物产品的有效途径，但一般局限于两种物质的分子量相差 10 倍以上。超滤的膜污染和极化现象还没有得到很好的解决，不仅降低生物物质的通量，膜材料也损害严重，所以分离前必须分析料液的特性，除去有害物质。采用反胶团分离生物物质，预处理简单，有机溶剂可循环使用，降低了成本。

8.3.1 反胶团萃取机理

一般认为，反胶团同生物物质之间的静电作用力是生物物质溶解的主要推动力，在有机溶剂相和水相两宏观界面间的表面活性剂层，同邻近的生物分子发生静电吸引而变形。另外，由于处于反胶团中的生物物质的屏蔽作用可有效降低静电作用自由能，从而使带有与反胶团内表面同种电荷的生物物质也有可能被溶入反胶团中。因此两界面能形成含有生物物质(如蛋白质)的反胶团，然后扩散到有机相中，从而实现了生物物质的分离，如图 8-4 所示。通过改变水相条件(如 pH 值、离子种类或离子强度)，又可使蛋白质从有机相中返回到水相中，实现反萃取过程。

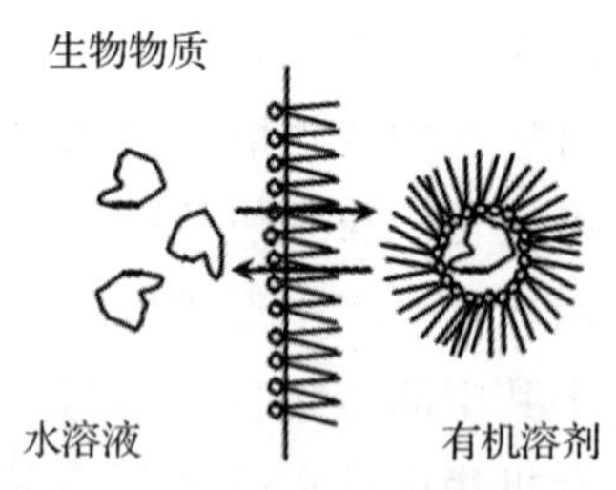

图 8-4 反胶团萃取机理

制备含有生物物质的反胶团相有三种方法[7]。第一、相转移法。一般把含有表面活性剂的有机相与含有生物物质的水相接触并通过搅拌，生物物质在各种作用力的综合作用下通过界面传质从水相转移到有机相中。这种方法形成的最终体系是稳定的，且可能在低含水量 W_0 下得到高浓度的生物物质。第二、注射法。这是最常用的方法。将生物物质溶液直接注入含有表面活性剂的有机相中，搅拌成光学澄清的溶液。这种方法易控制水的含量和水核的尺寸。第三、溶解法。用反胶团溶液与固体生物分子粉末接触来使生物物质进入反胶团。这种方法适用于水不溶性生物物质，且含水率可保持在初期设定的数值不变，有利于反胶团萃取平衡的研究。

8.3.2　影响反胶团萃取的因素

反胶团萃取生物物质时，水相的生物物质分子进入反胶团的微水相，反胶团与生物物质之间的静电相互作用是主要推动力，此外，反胶团和生物物质之间的空间相互作用和疏水性相互作用对生物物质的分配平衡也有重要影响。其中，空间相互作用取决于反胶团和生物物质的相对尺寸。因此，任何能够影响静电引力和反胶团尺寸的因素，都可能影响影响反胶团萃取效率，主要包括表面活性剂种类与浓度、助表面活性剂的种类和浓度、生物物质的结构、大小和带电情况、水相pH值、水相离子强度、水相盐的种类、有机溶剂的种类以及温度。

8.3.2.1　表面活性剂

表面活性剂是反胶团萃取的一个关键因素，不同结构的表面活性剂形成的反胶团含水量和性能有很大的差别。在反胶团萃取过程中，通常希望所选择的表面活性剂能形成体积较大反胶团，以利于萃取生物物质，且生物物质与反胶团间相互作用不应太强，以减少生物物质功能的丢失以及反萃取过程的麻烦。表面活性剂的化学结构对反胶团也有影响。随着表面活性剂链长度的增加，其内部作用强度和界面密度降低，导致胶团的交换速度和渗透速率降低，而通常渗透能提高液滴内部的作用及物质交换速度。不适宜的表面活性剂或表面活性剂浓度会造成油水相分离困难，或者不能使生物物质溶于有机相。

表面活性剂的浓度还直接影响界面膜的稳定性和萃取效率。浓度太低，体系难以形成均一稳定的微乳液。当浓度增大，反胶团的数量增加，待萃取物质增溶到反胶团中的机会增多，萃取效率不断提高。表面活性剂的浓度过高(含水量不变)时，W_0值过小，致使反胶团的尺寸小于被萃取的生物物质分子的体积，生物物质分子受到空间阻碍的作用不能进入反胶团中，萃取率反而降低。另一方面，表面活性剂浓度过高(含水量过高)时，引起油相中夹带的水量过大，发生溶胀，降低液膜的稳定性，增加泄漏率。另外，表面活性剂在有机溶剂中的溶解有限，太高，则不能完全溶解，反胶团萃取率降低[8]。

在利用阳离子表面活性剂 TOMAC、$2C_{16}$ QA 和 CTAB 与正戊醇/异辛烷构成的反胶团体系萃取质粒 pUK21CMV β1.2 时，表面活性剂的种类和浓度对反胶团萃取的影响如图 8-5 所示。结果显示，TOMAC 和 $2C_{16}$ QA 两种反胶团体系对质粒的萃取具有相似的变化趋势，即在阳离子型表面活性剂浓度较低时，随着表面活性剂浓度的增加，质粒 DNA 的萃取率逐渐增大。其原因是表面活性剂浓度增大，有机相中反胶团的数量增多，从而使质粒 DNA 的萃取率和萃取速率提高。但是当表面活性剂达到一定浓度时，继续提高表面活性剂的浓度，对质粒的萃取率并没有影响，这与李祥村[6]用 CTAB/异辛烷/正戊醇系统萃取 BSA 时的研究结果相似，即表面活性剂浓度存在一临界值，小于此临界值时，增大表面活性剂浓度可提高生物物质的萃取率，大于临界值时，则继续增大表面活性剂浓度对萃取率无明显影响。与 TOMAC 和 $2C_{16}$ QA 萃取情况相反，表面活性剂 CTAB 形成的反胶团对质粒的萃取稳定性差，虽然当 CTAB 浓度较低时有较高的萃取率，但随 CTAB 浓度增加，该体系形成白色乳化物，萃取率急剧降低。

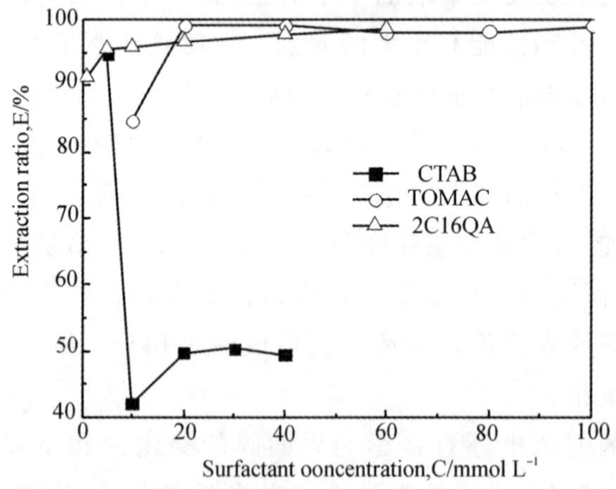

图 8-5 表面活性剂种类和浓度对质粒 pUK21CMV β1.2 萃取率的影响

8.3.2.2 助表面活性剂

生物物质，如核酸和蛋白质的相对分子质量往往很大，使表面活性剂形成的反胶团的大小不足以包容大的生物物质，由于空间排阻作用，使蛋白质的萃取率降低或无法实现萃取。此时，加入一些非离子表面活性剂（助表面活性剂),使它们插入反胶团的结构中,增大反胶团的尺寸,并且削弱表面活性剂分子之间的作用力,增加反胶团体系的稳定性,从而溶解相对分子质量较大的生物物质。例如在利用反胶团萃取蛋白质时,由于蛋白质的相对分子量较大,仅由表面活性剂形成的反胶团的大小不足以包含大的蛋白质分子,添加一些另一种离子型的或非离子型的助表面活性剂,可以增大反胶团的尺寸,进而分离出相对分子质量较大的蛋白质。但助表面活性剂的浓度过高时,表面活性剂极性头之间的斥力减弱,导致反胶团变小,形成空间阻碍,导致无法包裹蛋白质分子,降低萃取率[13]。

8.3.2.3 水相 pH 值

水相 pH 值对反胶团萃取的影响主要体现在改变生物物质的表面电荷及其电离状态。对于蛋白质来说,在离子强度一定时,通过 pH 值的改变可以实现不同性质(不同等电点)蛋白质间的分离,一般说来,蛋白质分子量越大,其在反胶团中达到最大溶解度时所对应 pH 值与其等电点偏离也越大。但是 pH 值的变化不能过于剧烈,否则由于强烈的静电作用,表面活性剂吸附于蛋白质表面,在两相界面形成蛋白质—表面活性剂不溶凝聚物,导致蛋白质失活。例如:当用阳离子表面活性剂十六烷基三甲基溴化铵(CTAB)构成反胶团时,其内壁带正电荷,若水相的 pH 值高于蛋白质的等电点 pI,则蛋白质带负电荷,在静电引力的作用下,使蛋白质进入反胶团而实现了萃取。相反,当 pH 低于 pI 时,由于静电斥力,使溶入反胶团的蛋白质反向萃取出来,实现了蛋白质的反萃。

黄翠云等[9]研究了两种阳离子表面活性剂 TOMAC 和 $2C_{16}QA$ 形成的反胶团在水相不同 pH 时,对质粒 pUK21CMV β1.2 和 pPhyt148 萃取率的变化(图 8-6)。水相 pH 对反胶团萃取的影响主要体现在改变核酸的表面电荷状态上。质粒 DNA 是一种两性电解质,水相 pH 决定了 DNA 分子表面可电离基团的离子化程度,两种体系对两种质粒 DNA 的萃取速率均随着水相 pH 的升高而增大。当由阳离子表面活性剂(TOMAC 或 $2C_{16}QA$)构成反胶团时,其内核表面带正电荷,这时水相 pH 值若高于质粒 DNA 的等电点(一般核酸的等电点在 4~5 之间),使质粒 DNA 带更多负电荷,则可促进质粒 DNA 在静电引力作用下向反胶团中的转移,有利于实现质粒 DNA 的萃取。

8.3.2.4 水相离子强度

水相中离子强度是影响反胶团萃取的一个重要因素。在进行反胶团

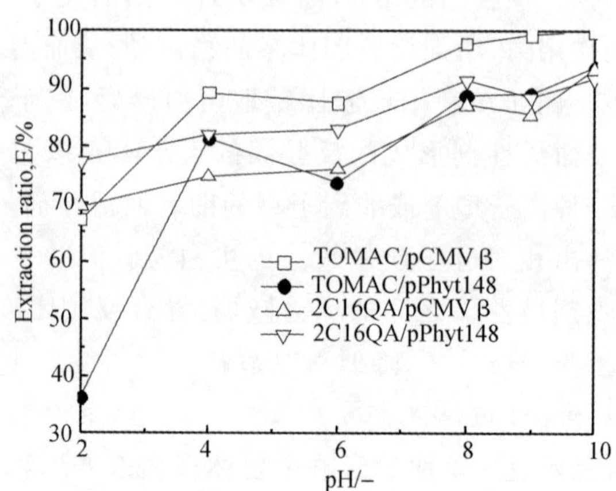

图 8-6 水相 pH 值对质粒 DNA 萃取率的影响

液—液萃取时，水相必须含有一定的离子强度以防止两相间的乳化，从而保证离心后两相分离。

离子影响生物物质如蛋白质的表面电荷分布及表面活性剂的电离程度。一般认为，增大离子强度将减弱与反胶团内表面间静电引力，使生物物质溶解度减小。另外，离子强度增大后，将减弱表面活性剂极性头间排斥，导致反胶团变小，使生物物质不能进入反胶团中。这两方面的效应都会使蛋白质的溶解性下降，甚至引起已溶解的蛋白质从反胶团中反萃出来。

根据 Debye-Hückel 静电屏蔽效应理论，带电物体表面的双电层厚度 k^{-1}与离子强度 I 之间有如下关系：

$$k^{-1} \propto I$$

即双电层厚度随离子强度的增加而降低，离子强度增大，反胶团与生物物质之间的静电相互作用减弱，从而导致萃取率降低。以蛋白质萃取为例，通常随着离子浓度增大，蛋白质与反胶团内壁的静电作用变弱，萃取率减小。该理论也反映了离子浓度增加，表面活性剂极性头间的斥力减小，导致反胶团系统变小，影响了其对生物物质的萃取。

离子强度对反胶团的影响还因阴、阳离子的种类不同而不同。在考察不同阳离子浓度（Na^+，K^+，Ca^{2+}）对 TOMAC 和 $2C_{16}QA$ 形成的反胶团系统萃取质粒 pUK21CMV β1.2 的过程中发现，DNA 的萃取受盐的抑制非常严重（图 8-7），随阳离子浓度增大，质粒 DNA 的萃取率均急剧减小，原因是质粒 DNA 和反胶团内壁都带有电荷，它们间的作用力会受到带电离子的影响。高盐浓度屏蔽了质粒 DNA 同表面活性剂极性头间的静电作用，削弱了质粒 DNA 进入反胶团的推动力，导致萃取率的减小。其中 Ca^{2+} 的影响最大，并且在 40～80 mmol/L 的范围内，萃取率出现显著下降。而质粒萃取率则随 Na^+ 和 K^+ 离子浓度增加较缓慢下降，直至离子浓度达到 400 mmol/L，才使质粒 DNA 的萃取率降至 20%以下。

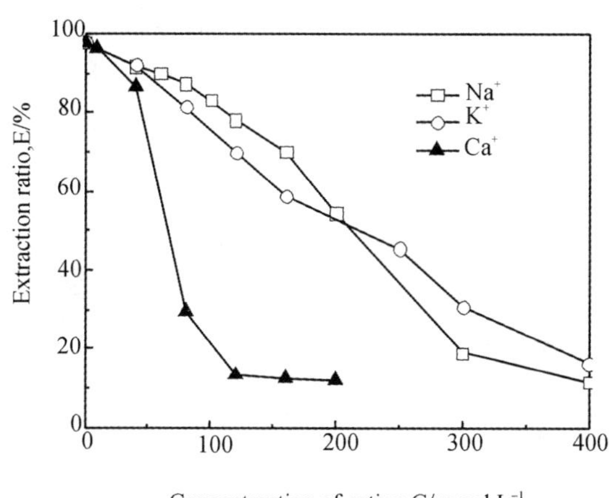

图 8-7　阳离子种类和浓度对 pUK21CMV β1.2 萃取率的影响

在阳离子表面活性剂构成的反胶团体系中，阴离子种类对含水率有显著影响，从而影响生物物质的分配系数。阴离子 Cl^-、Br^- 以及 NO_3^- 对质粒 pUK21CMV β1.2 反胶团萃取的影响见图 8-8。阴离子的作用符合 Hofmei

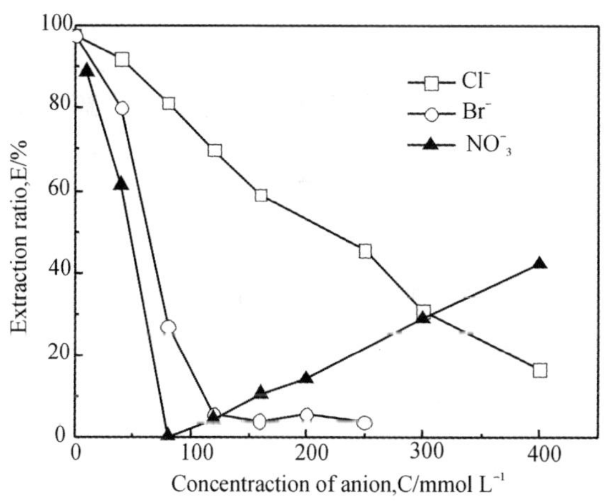

图 8-8　阴离子种类和浓度对 pUK21CMV β1.2 萃取率的影响

ster阴离子序列，即随着阴离子水化半径的增大（水化半径，$Cl^- < Br^- < NO_3^-$），表面活性剂的亲水亲油值（HLB）下降，利用水化半径最大的 NO_3^- 调节水相离子强度对含水率和核酸分配系数下降程度的影响最大。

8.3.2.5 温度的影响

温度是影响生物物质在反胶团相溶解度的另一个重要因素，一般来说，升高温度将使反胶团的含水率下降，不利于生物物质的溶解。此外，温度升高，萃取过程中有机相挥发，不利于反胶团萃取，但升高温度有时有利于生物物质的反萃取。由于蛋白质对温度变化较为敏感，并且，当萃取生物活性物质时，过高的温度可能导致其失活。

8.3.2.6 相比的影响

相比即有机相与水相的体积比，关系到目标生物物质萃取的浓缩程度，并可能影响生物物质的活性，是影响反胶团萃取过程的一个重要因素。Nishiki 等[10]用 AOT/异辛烷萃取溶菌酶和肌红蛋白时，增加相比，有机相中的蛋白质浓度先增加，到达最大值后又下降。这说明增加相比而提高蛋白质萃取率存在最佳值。黄翠云等[9]用 $2C_{16}$ QA/正戊醇/异辛烷反胶团体系萃取质粒，发现当油水相比例大于 1.0 时，萃取过程比较稳定，萃取率变化不大（>90%）。当油水体积比小于 1.0 时，萃取率逐渐下降，说明此时油相的量不足，导致反胶团数量有限，仍有大量质粒 DNA 残留在水相中，所以萃取率较低。此外，生物物质的溶解方法及其在原料相中的初始浓度也是影响其萃取的重要因素。

8.4 反胶团萃取在生物物质分离纯化中的应用

反胶团萃取生物物质的研究始于 20 世纪 70 年代末期，并逐渐发展成为生物产品分离技术研究的一个新兴领域，广泛用于各种生物物质的分离纯化，包括蛋白质、氨基酸、抗生素、核酸等。

8.4.1 蛋白质和酶

反胶团萃取蛋白质可以采用 3 种形式，即注入法、液—固萃取法和液—液萃取法，增溶于反胶团溶液中。前两种方法主要应用于与反胶团体系中酶的催化反应有关的领域，而且对于疏水性较强的酶常采用液—固萃取法；而反胶团萃取分离纯化蛋白质主要是以液—液萃取的形式进行，它形成的最终体系是稳定的，是反胶团技术应用于生化分离的基础。

蛋白质溶解于“水池”中（正萃，或称萃取），其周围有一层水膜及表面活性剂极性头的保护，使其避免与有机溶剂接触而失活。改变 pH、水相离子强度、盐浓度等条件蛋白质又可回到水相（反萃），实现了蛋白质的萃取分离和纯化目的。当几种蛋白质间等电点差别不大时，利用反胶团相中蛋白质溶解度达到最低时所对应最小离子强度也不相同的差别，能够有效的实现蛋白质间的分离和浓缩。反胶团萃取蛋白质的机理目前尚不十分清楚。一般认为，萃取过程是静电力、疏水力、空间力、亲和力或几种力协同作用的结果，其中蛋白质与表面活性剂极性头间的静电相互作用是主要推动力，同时，蛋白质分子与双亲分子间的疏水性作用也是其中的一个重要因素。蛋白质增溶于反胶团溶液的传质过程，主要存在两种观点：一种观点认为反胶团与蛋白质分子在两相界面直接作用，完成质量转移过程，同时伴随水和离子的增溶；另一种观点认为，蛋白质分子首先与游离的双亲分子（未参与形成反胶团的）在两相界面结合，形成蛋白质—双亲物质复合物[11～16]。

Woll 等[17]发现在 AOT 反胶团相中加入辛基/3-D-葡萄糖苷（总表面活性剂浓度的 2%～10%）能够提高模型蛋白—伴刀豆凝聚素 A（con A）的提取率，该提取率的提高源于凝聚素和碳水化合物（糖）特殊的相互作用。葡萄糖和伴刀豆凝聚素 A 之间结合位点的竞争导致葡萄糖抑制伴刀豆凝聚素 A 的溶解。

Goto 等[18]在反胶团中自然和热变性处理（80 ℃处理 30 min）的 α-糜蛋白酶萃取行为的研究中，发现通过反胶团溶液的正萃和反萃，自然 α-糜蛋白酶得到纯化；DOLPA（dioleyl phosphoric acid）和 AOT 的混合反胶团对活性蛋白质具有高选择性；自然蛋白质的萃取度不依赖于该混合物的混合比例，而这个比例却明显地影响变性蛋白质的萃取过程。

Frutos 等[19]在有机介质中构建低盐浓度反胶团体系，成功溶解了来自古生盐菌 Halobacterium salinarum 的 P-硝基苯磷酸盐磷酸酶（极端嗜盐酶），而且该酶在含阴离子表面活性剂（二辛酯磺酸钠）或阳离子表面活性剂（十六烷基三甲基溴化铵），并加入 1-丁醇作为助表面活性剂的环己烷反胶团中仍保留催化活性。

Sun 等[20]采用单次单因素和响应面法，对 KCl、AOT 和异辛烷形成的反胶团体系中 pH、AOT 浓度、KCl 浓度、脱脂小麦胚芽蛋白（DWGF）含量、含水率 W_0、萃取时间和温度等条件对 DWGF 正萃的影响进行研究，结果表明该反胶团体系不仅可以溶解 DWGF，而且在 pH8、0.06 g/mL AOT、0.1 mol/L KCl、DWGF 含量为 0.500 g、W_0 为 25、36 ℃下萃取 30 min，萃取率可达 37%。

Liu 等[21]在以汽巴克隆蓝 F3G-A（Cibacron Blue F3G-A）为亲和配体的山梨醇酐油酸酯（Span 85）反胶团体系萃取纯化鸡卵清蛋白中溶菌酶的研究中发现，加入 3%（v/v）己醇，可使溶菌酶的萃取效果大大提高到 6.38 mg/mL，是卵清蛋白的 7 倍，且纯化因子达 20 以上，反胶团溶液可回收三次应用于分离纯化，回收后纯化因子仍在 20 左右。

Hebbar 等[22]研究了 CTAB/异辛烷/正己醇/正丁醇反胶团体系和 AOT/异辛烷反胶团体系从菠萝废弃物（果核、果皮、冠部和延伸茎）提取菠萝蛋白酶。在 CTAB/异辛烷/正己醇/正丁醇反胶团体系从菠萝果核中提取菠萝蛋白酶的提取效率、活性回收率和纯化倍数分别为 45%、106%和 5.2 倍；从果皮、冠部和延伸茎中提取菠萝蛋白酶的纯化倍数分别为 2.1、3.5 和 1.7 倍。

8.4.2 抗生素

反胶团萃取抗生素在宏观两相，即有机相与水相界面上的表面活性剂与邻近的抗生素分子发生相互作用，在两相界面上逐步形成包含有抗生素分子的反胶团，此反胶团扩散进入有机相，从而实现了抗生素的提取，通过改变水相条件可实现反萃。反胶团可以从发酵液中直接提取抗生素，操作简单，可实现连续化生产，并且反胶团可以重复使用，从而降低了生产消耗[4]。

Mohd-Setapar 等[23]研究了青霉素 G 的 AOT 反胶团体系萃取，发现其萃取效率受初始青霉素 G 浓度，水相中盐的类型和浓度，pH 值，表面活性剂浓度的影响；青霉素是依赖于 pH 值和表面活性剂浓度交互关联，与 AOT 交互作用的活性物质；当$[P]_{aq}/[S]$比例高时，青霉素沉淀下来，在 AOT 浓度中等时，青霉素倾向于转移到反胶团内；从转移水的测量看，反胶团的大小在 3 nm 左右，每个反胶团的 AOT 分子量大约 360。

Hu 等[24]研究发现，二(2-乙基己基)磷酸钠反胶团体系用于萃取氨基糖甙类抗生素、新霉素和庆大霉素；通过反萃，抗生素可以很容易回到二价阳离子水溶液中；其中的转移效率和反萃率很大程度上依赖于水溶性料液中的pH值和盐浓度。动态光散射和红外光谱研究佐证了在萃取时，抗生素分子在静电作用下正向转移到反胶团内“水池”；在反萃时，二价阳离子溶液打破反胶团，抗生素分子重新释放到水相中。

Su等[25]在研究利用异辛烷的二(2-乙基己基)琥珀酸酯磺酸钠反胶团体系提取万古霉素中发现，低盐和低pH值有利于万古霉素的正向萃取，相反，高pH值则利于万古霉素的反萃；通过添加含D-丙氨酰-D-丙氨酸二肽或消旋的DL-丙氨酰-DL-丙氨酸二肽的胆固醇甲酰氯的亲和反胶团体系，可以进一步提高万古霉素的萃取效率和反萃的高选择性。

8.4.3　氨基酸

反胶团对氨基酸具有相当强的萃取能力；氨基酸可以通过静电或疏水性作用以带电离子的形式增溶于反胶团中被萃取；同种氨基酸不同电离状态的离子被萃取能力各不相同；具有不同结构的氨基酸分布于反胶团体系的不同部位，疏水性氨基酸主要存在于反胶团界面，亲水性氨基酸主要溶解在反胶团的极性“水池”中；通过改变氨基酸在水溶液中的电离状态会影响氨基酸的总分配比。利用氨基酸与反胶团作用的差异，可以选择性分离某些氨基酸。当氨基酸离子与形成反胶团的表面活性剂离子之间的静电作用越强，氨基酸的萃取率越高；而水溶液中的盐浓度越大，氨基酸的萃取率越低[26~28]。

反胶团萃取氨基酸的研究中，用于形成反胶团的表面活性剂主要有阴离子表面活性剂AOT和阳离子表面活性剂TOMAC等，一般适用于低盐浓度氨基酸料液，对盐浓度高的氨基酸料液则不能适用。翁连进等[29~30]采用二(2-乙基己基)磷酸铵作为表面活性剂形成反胶束萃取氨基酸，可解决上述问题。此种反胶束具有较其他反胶束更强的萃取能力，且具有良好的吸水性能，适合于从高盐浓度的水溶液中萃取出氨基酸。萃取之后可直接用盐酸破坏反胶束以达到反萃目的。他们在盐浓度高达4.5 mol/L的胱氨酸母液中成功获得满意的萃取率。此外，还有不少学者研究了不同的反胶团体系萃取氨基酸的结果[26]。Dovyap等[31]采用反胶团技术将溶解在NaOH溶液中的L-异亮氨酸转移到反胶团相。Adachl等[32]通过分析氨基酸在水相及微乳相中的分布及色氨酸的荧光光谱探讨了AOT/正庚烷微微乳液萃取氨基酸的机制。实验表明，氨基酸在微乳液内的存在位置受到其电荷和亲水性的影响。甘氨酸等亲水性氨基酸只存在于微乳滴的“水池”内，而色氨酸等疏水性较强的氨基酸则主要存在于微乳滴的界面上，前者主要是依赖静电相互作用，后者是通过疏水作用力。他们考察了甘氨酸、色氨酸、苯丙氨酸、亮氨酸、精氨酸、6-氨基已酸共6种氨基酸在水相和有机相中的分配系数。实验表明，水溶液的pH值、离子浓度以及盐的浓度和类型对氨基酸的分配系数均有影响。

8.4.4 核酸

近年来，核酸(主要是质粒DNA)在基因治疗和基因疫苗的研究中作为活性生物药物(active pharmaceutical ingredients，API)的重要性和需求量逐年上升。质粒DNA作为作为一种新的非病毒转基因载体，具有安全可靠、稳定、对外源基因的容纳量不限、不会引起免疫系统反应及易于生产等优点；缺点是基因表达的时间短、转染效率较低等[33]。此外，质粒DNA已用于细胞膜上和动物体内表达特异性抗原以激发和增强免疫应答和记忆，由此提供了产生新一代安全疫苗—核酸疫苗的潜力。目前，裸质粒DNA疫苗已经在许多难治性感染性疾病、自身免疫性疾病、过敏性疾病和肿瘤性疾病的预防及治疗领域显示出广泛的应用前景。

质粒DNA作为生物药剂的应用对生产过程及产品质量提出了很高的要求。提纯的产品必须高度均一，超螺旋DNA总量必须超过95%，不含细菌杂质和有害物质。此外，细胞中的杂质如RNA，蛋白质，内毒素等必须从产品中完全分离出去，因为这些物质可能直接引起免疫反应[34]。表8-1列出了欧美采用的作为生物药物质粒DNA的质量控制标准及推荐的分析方法[35]。质粒DNA载体转染细胞的效率比病毒载体低，持续时间短。因而其用药剂量大，如质粒DNA疫苗的剂量在0.1～1.0 mg，是甲肝疫苗剂量50 ng的2000～20000倍。估计提供给细胞的每1000个质粒DNA分子仅有一个能够到达细胞核并被表达，若要彻底治愈疾病，需要毫克级的质粒DNA，一般都采用重组大肠杆菌发酵的方法制备。因此，随着基因治疗和DNA疫苗从实验室进入临床研究和批准上市，必须开发出一个经济、简单以及高重复性的质粒分离纯化生产工艺，使其质量达到临床应用的标准。

表 8-1　基因治疗和基因疫苗质粒 DNA 的临床应用标准及推荐的分析方法

项目	推荐的分析方法	认可的规格
蛋白质	BCA(二辛可宁酸)蛋白质分析	<10 μg/mg 质粒
RNA	凝胶电泳	测不出
基因组 DNA	Southern Blot(DNA 印迹),PCR	<50 μg/mg 质粒
内毒素	LAL 分析	<100 E. U. (内毒素单位)mg^{-1}质粒
超螺旋形质粒同种型质粒 (线型、松弛型、变性 DNA)	>90% <5%	琼脂糖凝胶电泳 琼脂糖凝胶电泳
生物学活性和鉴别	限制性核酸内切酶	与质粒限制性内切图谱一致的片断
	琼脂糖凝胶电泳	观察到由分子大小和超螺旋引起的预期迁移
无菌度	TB-琼脂培养基平板	21 天检不出克隆
转染效率	转染实验	可与质粒标准品比较

大规模质粒 DNA 的分离纯化，一般包括利用机械法、碱裂解法等破碎细胞释放质粒，离心或过滤分离细胞碎片、变性蛋白和核酸，醋酸铵、醋酸钾和聚乙二醇澄清和浓缩质粒 DNA 提取液，然后通过电泳、反相色谱、离子交换色谱、分子筛色谱，三链 DNA —亲和色谱等技术纯化超螺旋质粒 DNA (图 9)[36]。由于目前市售的色谱介质均是为纯化蛋白质而设计，对分离 DNA 存在很强的空间位阻作用，并且树脂大分子的扩散限制使 DNA 只能吸附在色谱介质颗粒的表面，导致色谱法分离纯化质粒 DNA 的容量比纯化蛋白质至少低 50 倍[37]。而且，RNA 分子小到足够可以容纳在树脂颗粒的孔中，缓慢地在树脂孔和色谱柱中扩散，被色谱柱截留，从而污染了质粒组分，并由于它们的竞争性吸附导致色谱介质吸附 DNA 的容量进一步降低，且使 RNA 不能从质粒中完全除去，必须反复纯化[38]。因此首先从细胞裂解澄清液中去除最主要的污染物 RNA，以消除 RNA 与 DNA 之间的竞争性吸附，恢复色谱树脂对质粒 DNA 的吸附容量，显得十分必要。但是，如果使用牛或其他动物来源的 RNaseA 降解 RNA，不可避免地增加了被动物提取物污染的危险，会引起质粒纯化的极大困难，因此大规模加工纯化超螺旋质粒 DNA 作为人体治疗用 API 时，通常不允许使用动物来源的 RNases[38]。为此，发展了一些移除 RNA 的方法，如特殊沉淀技术、双水相萃取技术、分子排阻色谱技术和三链 DNA —亲和色谱技术等。但这些技术都有各自的

缺点，如双水相萃取产物损失大[39]；采用特殊沉淀技术时，在接下来的分离过程中，离心和过滤产生的高剪切力对质粒构象的完整保持是个问题[40]；分子排阻色谱法费时、纯化质粒 DNA 产量低，较高的稀释因子在有限的检测水平下导致质粒的损失，应将其作为质粒 DNA 下游加工的最后纯化步骤[41]；三链 DNA —亲和色谱技术对变性的质粒 DNA 具有浓缩作用，且内毒素的含量仅减小到原来的一半，色谱柱固定相工作性能较差，从而限制了其在分离质粒 DNA 的工业化应用[42]。

核酸较难溶于有机相，利用反胶团溶液可以实现核酸向有机相中的“溶解”，而且核酸构象不发生变化。因此，为简化质粒 DNA（特别是基因治疗载体）的分离纯化难度，人们尝试了反胶团分离纯化药用级质粒 DNA 的可行性和工艺，取得了一些进展。

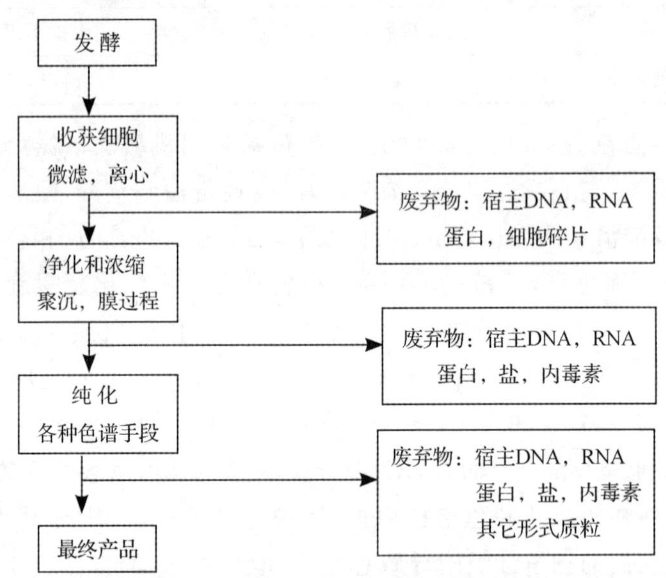

图 8-9　大规模纯化超螺旋质粒 DNA 流程

Streitner 等[43]研究了在 TOMAC（甲基三辛基氯化铵）/乙基己醇/异辛烷反胶团体系中，不同种类的盐对质粒 pUT649 和大肠杆菌 RNA 在体系中分布情况的影响以及使核酸反萃的阴离子浓度。研究发现反胶团萃取系统不仅可以用于核酸的提取，还可以分离出 DNA/RNA 混合物中的 RNA，有些反胶团体系甚至可以选择性地提取出超螺旋的核酸；并且因为 DNA 和 RNA 反萃时所需要的离子浓度不同，所以可以在较大的阴离子浓度范围内除去 RNA；同时，化学工业的发展，提供了各种可用于反胶团萃取的安全的溶剂和设备，因此，反胶团萃取可能成为更加环境友好和具有经济可行性的萃取方式。

黄翠云等[9]采用新的 TOMAC(甲基三辛基氯化铵)/2-乙基己醇/异辛烷反胶团体系，对该反胶团萃取质粒 pUT649 进行了研究。实验发现，该反胶团体系能有效地萃取质粒 DNA。他们考察了表面活性剂浓度、离子浓度等对质粒 DNA 萃取的影响。当采用 1.0%(v/v)2-乙基己醇/异辛烷为有机相，TOMAC 浓度为 40 mmol/L，水相初始 DNA 浓度为 50 μg/mL 时，质粒 pUT649 的萃取率可达 90%以上。实验表明表面活性剂和离子浓度对该萃取过程都有重要影响。随表面活性剂甲基三辛基氯化铵浓度增加，核酸的萃取率逐渐升高，离子主要通过屏蔽核酸分子和反胶团间静电作用影响萃取率，离子浓度增加，屏蔽作用增强，萃取率下降。在反萃取时，通过调节水相中的离子浓度，可以实现反胶团相中 DNA 和 RNA 的分离。应用此体系，在 30 min 内萃取就可达到平衡。

8.5 反胶团萃取的反萃方法

为了得到生物物质产品，必须考虑如何将反胶团相中的生物物质反萃到另一水相中，在萃取过程中，传质阻力主要集中在靠近油—水界面的水相边界层内，界面阻力通常可忽略；而在反萃过程中，传质阻力则主要集中于油—水界面上。因为反萃过程中生物物质必须克服很高的传质界面阻力，所以反萃过程一般比较缓慢。因此，简单地依靠调节反萃相的物性(主要是 pH 和离子强度等)，不能有效回收目标产物，甚至不能得到有活性的物质。为了提高反萃速率，一方面要降低反胶团的界面阻力，另一方面要降低表面活性剂和生物物质的相互作用。目前，研究人员提出了以下几种方法：

(1)添加醇类物质

Hong 等向 AOT/异辛烷中加入不同的醇，不仅显著提高了 BSA 的反萃速率和反萃率，还阻止了界面不溶物的形成。醇的加入不仅抑制了反胶团结构的形成，还改变了界面膜的性质，减小了反胶团和界面膜对蛋白质进入反萃相的阻力[44]。

(2)添加相反电荷的表面活性剂

Mathew 等[45]通过在 AOT 反胶团中加入带有相反电荷的表面活性剂

TOMAC反萃回收木瓜蛋白酶时发现，与传统方法相比，该方法反萃率更高，反萃的pH接近中性，离子强度低，酶活损失较少。这是由于反萃时，带有相反电荷的AOT和TOMAC之间的静电作用使反胶团迅速破裂，蛋白质从反胶团相转移的水相。

(3)改变体系温度

提高温度会降低反胶团的含水率，不利于生物物质的溶解，但利于反萃。此外，提高温度会使反胶团中的表面活性剂层松散，有利于生物物质的释放。

(4)脱水法

利用分子筛，加压气体等脱水剂的脱水作用，将生物物质以很高的浓度或固体形式从反胶团相中释放出来。如：Lesser等[46]用硅胶吸收反胶团相中的水分，使蛋白质的反萃率接近100%。但是，表面活性剂在硅胶表面的吸附及硅胶中蛋白质的洗脱困难限制了此法的应用。

参考文献

[1] Moran P D, Bowmaker G A, Cooney R P, et al. Vibrational spectroscopic study of the structure of sodium bis(2-ethylhexyl) sulfosuccinate reverse micelles and water-in-oil microemulsions. *Langmuir*, 1995, **11**(3): 738～743

[2] Sanchez F A, Garacia C F. Biocatalysis in reverse self-assembling structures: reverse micelles and reverse vesicles. *Enzyme Microb Technol*, 1994, **16**(5): 409～415

[3] 赵喜红，何小维，杨连生. 反胶团萃取蛋白质研究进展. 食品工业科技, 2009, **30**(2), 326～329

[4] 王赟，闫永胜，胡仕平. 抗生素提取技术及研究进展. 中国抗生素杂志, 2009, **34**(11): 641～649

[5] 夏传波，杨延钊. 反胶团萃取蛋白质技术的反萃过程研究进展. 中国生物工程杂志, 2009, **29**(1): 134～138

[6] 李祥村. 反胶团萃取牛血清白蛋白的研究. 大连理工大学研究生论文, 2004

[7] 姜竹茂，刘德臣. 一种新型的蛋白质分离技术—反胶团萃取. 山东化工, 1999, **2**: 28～29

[8] 刘晓艳，闫杰. 反胶束体系在蛋白质萃取中应用的研究进展. 食品工业科技, 2010, **31**(4), 374～380

[9] 黄翠云，郑淑真，何宁，等. 反胶团法萃取质粒DNA. 厦门大学学报(自然科学版), 2007, **46**(1): 82～86

[10] Nishiki T, Sato I, Kataoka T, et al. Partitioning behavior and enrichment of proteins

with reversed micellar extraction: 1. forward extraction of proteins from aqueous to reversed micellar phase, *Biotechnol Bioeng*, 1993, 42(5): 596～600

[11] Yan C, Yua Y C, Ji J Y. Study of the factors affecting the forward and back extraction at yeast lipase and its activity by reverse micelles. *J Colloid Interface Sci*, 2003, **267**: 60～64

[12] Dungan S R, Bauch T, Hatton T A, et al. Interfacial transport processes in the reversed micellar extraction of proteins. *Interface Sci*, 1991, **145**: 33～50

[13] Carlson A, Nagarajan R. Release and recovery of porcine pepsin and bovine chymosin from reverse micelles: a new technique based on isopropyl alcohol addition. *Biotechnol Progr*, 1992, **8**: 85～90

[14] Adachi M, Harda M. Solubilization mechanism of cytochrome C in sodium bis(2-ethylhexyl) sulfosuccinate water/oil microemulsion. *J Phys Chem*, 1993, **97**: 3631～3640

[15] Paradkar V M, Dordick J. Mechanism of extraction of chymotrypsin into isooctane at very low concentrations of aerosol OT in the absence of reversed micelles. *Biotechnol Bioeng*, 1994, **43**: 529～540

[16] Goto M., Ono T, Nakashio F, et al. Design of new surfactants suitable for protein extraction by reversed micelles. *Biotechnol Bioeng*, 1997, **54**(1): 26～32

[17] Woll J M, Hatton T A, Yarmush M L. Bioaffinity separations using reversed micellar extraction. *Biotechnol Progr*, 1989, **5**: 57～62

[18] Goto M, Ono T, Nakashio F, et al. Reversed micelles recognize an active protein. *Biotechnol Technol*, 1996, **10**: 141～144

[19] Frutos C M E, Sonsoles P V, Chiquinquira C, et al. An extreme halophilic enzyme active at low salt in reversed micelles. *J Biotechnol*, 2002, **93**: 159～164

[20] Sun X H, Zhu K X, Zhou H M. Protein extraction from defatted wheat germ by reverse micelles: Optimization of the forward extraction. *J Cereal Sci*, 2008, **48**: 829～835

[21] Liu Y, Dong X Y, Sun Y. Protein separation by affinity extraction with reversed micelles of Span 85 modified with Cibacron Blue F3G-A. *Sep Purif Technol*, 2007, **53**: 289～295

[22] Hebbar H U, Sumana B, Raghavarao K S M S. Use of reverse micellar systems for the extraction and purification of bromelain from pineapple wastes. *Bioresour Technol* 2008, **99**: 4896～4902

[23] Mohd-Setapar S H, Wakeman R J, Tarleton E S. Penicillin G solubilisation into AOT reverse micelles. *Chem Eng Res Des*, 2009, **87**: 833～842

[24] Hu Z Y, Erdogan G. Extraction of aminoglycoside antibiotics with reverse micelles. *J Chem Technol Biotechnol*, 1996, **65**(1): 45～48

[25] Su W D, Lee C K. Reversed micellar extraction of vancomycin: Effect of pH, salt concentration, and affinity ligands. *Sep Sci Technol*, 1999, **34**(8): 1703～1715

[26]郭晓歌,赵俊廷.反胶束萃取氨基酸的研究进展.食品工程,2007,**4**:12～14

[27]Cardoso M M, Barradas M J, Kroner K H, et al. Mechanisms of amino acid partitioning in cationic reversed micelles. *Bioseparation*, 1998, **7(2)**:65～78

[28]Cardoso M M, Barradas M J, Kroner K H, et al. Amino acid solubilization in cationic reversed micelles: factors affecting amino acid and water transfer. *J Chem Technol Biotechnol*, 1999, **74**:801～811

[29]翁连进,王士斌,蔡晓,等.二(2-乙基己基)磷酸铵反胶束萃取氨基酸特性.华侨大学学报,2000,**21**(2):187～189

[30]翁连进,王士斌,蔡晓,等.混合氨基酸的分离技术.化工进展,2000,**2**:51～52

[31]Dovyap Z, Bayraktar E, Mehmetoglu U. Amino acid extraction and mass transfer rate in the reverse micelle system. *Enzymme Microb Technol*, 2006, **38**:557～562

[32]Adachi M, Harada M, Shioi A, et al. Extraction of amino acids to microemulsion. *J Phys Chem*, 1991, **95**(20):7925～7931

[33]Mountain A. Gene therapy: the first decade. *Trends Biotechnol*, 2000, **18**:119～128

[34]Schleef M, Schmidt T, Flaschel E. Plasmid DNA for pharmaceutical applications. In: Brown F, Cichutek K, Robertson J, (eds). Development of clinical progress of DNA vaccines. *Dev Biol*, Switzerland: Basel, Karger, 2002, 25～31

[35]FDA. Points to consider on plasmid DNA vaccines for preventive infectious disease indications. *US FDA Center for Biologics Evaluation and Research*. USA: Rockville, MD, 1996.

[36]Ferreira G N M, Prazeres D M F, Cabral J M S, et al. Plasmid manufacturing-an overview. In: Schleef M (ed). *Plasmids for therapy and vaccination*. Weihheim: Willey-VCH, Germany, 2001, 193～236

[37]Prazeres D M F, Ferreira G N M, Monteiro G A, et al. Large-scale production of pharmaceuticalgrade plasmid DNA for gene therapy: problems and bottlenecks. *Trends Biotechnol*, 1999, **17**:169～174

[38]FDA. FDA Guidance for Industry: Guidance for human somatic cell therapy and gene therapy. *US FDA Center for Biologics Evaluation and Research*. USA: Rockville, MD, 1998

[39]Ribeiro S C, Monteiro G A, Cabral J M S, et al. Isolation of plasmid DNA from cell lysates by aqueous two-phase systems. *Biotechnol Bioeng*, 2002, **78**:376～384

Wahlund P-O, Gustavsson P-E, Izumrudov V A, et al. Precipitation by polycation as capture step in purification of plasmid DNA from a clarified lysate. *Biotechnol Bioeng*, 2004, **87**:675～684

Lemmens R, Olsson U, Nyhammar T, et al. Supercoiled plasmid DNA: selective purification by thiophilic/aromatic adsorption. *J Chromatogr B*, 2003, **784**:291～300

[42]Wils P, Escriou V, Warney A. Efficient purification of plasmid DNA for gene trans-

fer using triple-helix affinity chromatography. *Gene Ther*, 1997, **4**: 323～330

[43] Streitner N, Voss C, Flaschel E. Reverse micellar extraction systems for the purification of pharmaceutical grade plasmid DNA. *J Biotechnol*, 2007, **131**: 188～196

Hong D-P, Lee S-S, Kuboi R. Conformational transition and mass transfer in extraction of proteins by AOT-alcohol-isooctane reverse micellar system. *J Chromatogr B: Biomedical sciences and application*, 2000, 743(1－2): 203～213

Mathew D S, Juang R S. Improved backward extraction of papain from AOT reverse micelles using alcohols and a counter-ionic surfactant. *Biochem Eng J*, 2005, **25**(3): 219～225

[46] Lesser M E, Luisi P L. Applicaion of reversed micelles for the extraction of amino and proteins. *Biotechnol Bioeng*, 1990, **41**: 270～282

第9章 离子交换

 9.1 离子交换发展简史及最新进展

19世纪末期,人们开始较系统地研究离子交换这种自然现象。当时研究工作主要停留在自然界存在的黏土、沸石、煤炭等具有离子交换能力的物质上。

离子交换树脂面世于1935年,在其发展史上有三个重要阶段:1933年Adams和Hofms发明了缩聚类酚醛型阳、阴离子交换树脂;在第二次世界大战中,美国获得了苯乙烯系和丙烯酸系加聚型离子交换树脂合成的专利,首开创了离子交换树脂制造方法;20世纪50年代以后,开展了膜状离子交换树脂的研究,又研制出耐压、耐磨、高交换速度、能交换高分子量化合物的大孔离子交换树脂以及其他特种树脂。

随着现代有机合成工业技术的迅速发展,研制了许多种性能优良的离子交换树脂,并开发了多种新的应用方法和拓展了应用领域。目前,国内外生产的树脂品种达数百种,年产量数十万吨。近年来,在离子交换树脂与吸附树脂方面的研究取得了许多引人注目的进展,研究内容涉及基础理论、合成技术和在各个领域的应用。

在基础理论和合成技术方面,Patel等[1]通过溶胶凝胶方法合成了一种新型的混合阳离子交换树脂TiDETPMP,同时阐明了该树脂中H^+与Mg^{2+}、Ca^{2+}、Sr^{2+}和Ba^{2+}等金属离子的离子交换机制,并且进一步研究了在最佳离子扩散控制条件下该树脂的热力学和动力学参数。Siminiceanu等[2]将离子交换剂Amberlite IRA-67和LA-2溶解于正己烷中,用来还原酒石

酸，并对该新型树脂的各种指标进行了研究，同时测定该树脂在离子交换过程中相应的动力学参数。Picart 等[3]描述了羧酸基树脂颗粒内部离子交换过程的特征，并构建了这一离子交换过程的动力学模型。

在工业应用方面，离子交换树脂的优点主要是处理能力大、交换容量高、适用于各种不同的离子、可再生使用、使用周期长、运行费用低廉。以离子交换树脂为基础的多种新技术，如色谱分离法、离子排斥法、电渗析法等，各具特色。

在水处理工业中，周本省[4]介绍了锅炉用水处理中所采用的离子交换树脂、相应系统的设备及其运行等。Ye 等[5]采用离子交换树脂处理开放式可循环冷却水系统中的碳酸盐，从而起到防腐蚀的作用。目前离子交换树脂在工业用水的水处理技术方面十分成熟。

在冶金工业中，离子交换是冶金工业的重要单元操作之一，用于铀、钍等超铀元素、稀土金属、重金属、轻金属、贵金属以及过渡金属的分离、提纯和回收。李华昌等[6]报道了大孔弱碱性叔胺型阴离子交换树脂吸附金的研究成果，在盐酸介质中，BK 弱碱性阴离子交换树脂对金吸附性能很好，金交换容量高，树脂吸附选择性好，可从大量贱金属中吸附富集金。Wolowicz 等[7]研究了离子交换树脂 Dowex M 4195 对二价钯化合物的选择性吸附。

在化学工业中，离子交换树脂用作化学反应催化剂，可大大提高催化效率，简化后处理操作，避免设备的腐蚀。Zhang 等[8]使用经 $ZnCl_2$ 改性的离子交换树脂在微波条件下催化合成乙酸乙酯，取得了不错的效果。Du 等[9]在离子液体中使用离子交换树脂催化果糖转化为 5-羟甲基糠醛，产物得率可达 70.8%。

在制药工业中，离子交换树脂可应用在药物的脱盐、吸附分离、提纯、脱色、中和及中草药有效成分的提取等。陈飞等[10]进行了离子交换树脂与黄连提取物制备盐酸小檗碱树脂复合物的研究，综合提取法所制得的药物树脂复合物在所尝试的方法中载药量最高，杂质含量最少。Patra 等[11]将药物依他昔布与阳离子交换树脂 Indion 204 制成药物树脂复合物，从而掩盖依他昔布的苦味。

在环保行业中，离子交换树脂在废水和废气的浓缩、处理、分离回收及分析检测上都有重要的应用，已普遍用于电镀废水、矿冶废水、生活污水、影片洗印废水、工业废气等的治理。徐灵等[12]介绍了离子交换树脂处理含铬废水的原理，讨论了影响离子交换树脂处理能力的因素，通过 pH 值静态实验和流量动态实验找出了最佳反应条件。Leyva-Ramos 等[13]分别使用天然的和经过改性的沸石通过离子交换去除废水中过量的铵盐。Duignan 等[14]使用球形间苯二酚甲醛离子交换树脂去除萨凡纳河水中的铯离子。

由于离子交换树脂具有物理化学性质稳定、吸附选择性独特、抗污染性、解吸条件温和、再生简便、使用周期长、节省费用等诸多优点，使得该技术在工业上的应用越来越广泛，各国对于该技术的研究也在日益增多。

9.2 离子交换树脂简介

9.2.1 离子交换树脂的结构

离子交换树脂是带有官能团的网状结构的高分子材料，不溶于酸、碱和有机溶剂，具有离子交换特性。

如图 9-1 所示，离子交换树脂由骨架和离子交换功能基团组成，而离子交换功能基团由固定离子和活性离子组成。其中骨架是具有三维立体空间结构的高分子聚合物，不参与离子交换，使树脂具有化学稳定性和机械强度，最常用的是苯乙烯—二乙烯苯的聚合物，微观空间结构见图 9-2。功能基团中的固定离子则通过共价键与骨架结合，活性离子是带有与固定离子相反电荷的可移动离子，可以在树脂骨架中进进出出，发生离子交换现象。以阳离子交换树脂为例，离子交换树脂基本结构如图 9-3。

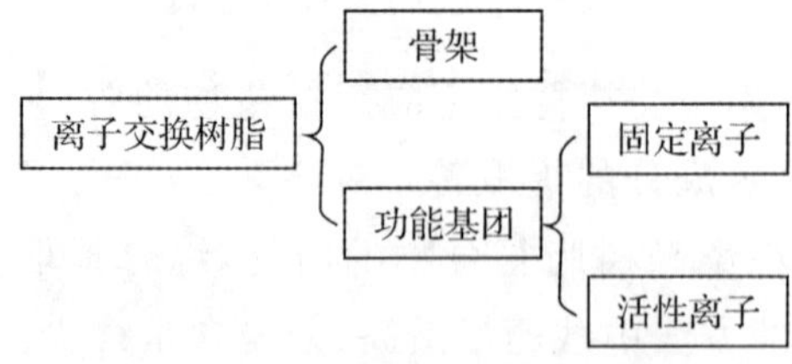

图 9-1　离子交换树脂基本组成

如前所述，离子交换树脂是一种人工合成的有机高分子聚合物，在聚合物骨架上带有可进行离子交换的功能基团，在树脂被水溶剂化的条件下，功能基团可以在树脂内部部分或全部电离，此时的离子交换树脂，可以看成是固态的电解质溶液，对离子交换树脂的基本要求是：

(1)离子交换树脂必需不溶于水，也不会因被水溶剂化而分解。

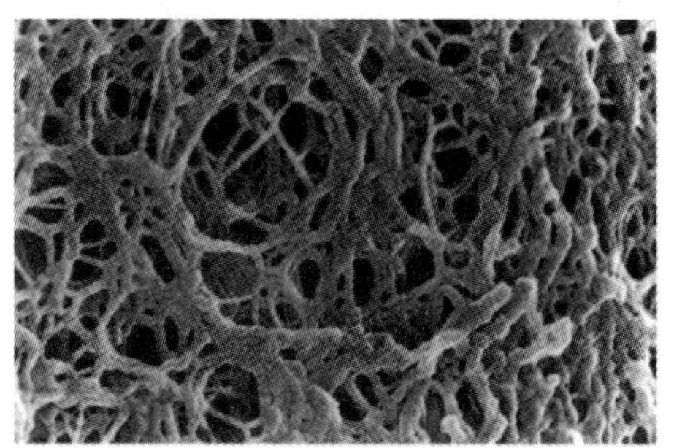

图 9-2　离子交换树脂骨架微观空间结构

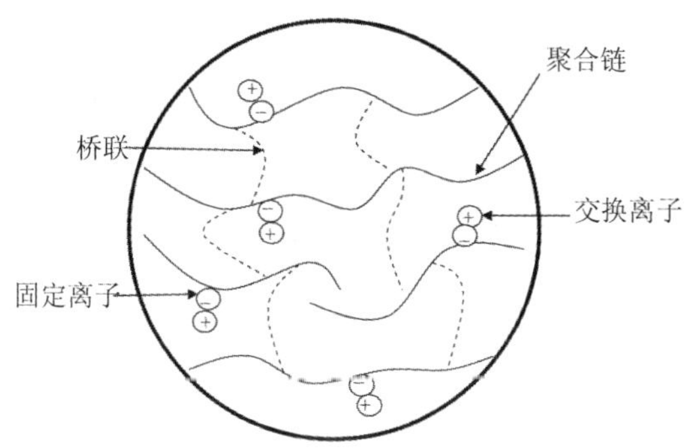

图 9-3　离子交换树脂基本结构

(2)离子交换树脂的骨架上应当有足够数量的功能基团，在树脂被水溶剂化的条件下功能基团能电离，生成能自由移动的活性离子。

(3)在溶剂化的条件下，树脂内部应当有足够的空间，活性离子与外部溶液中的同电荷的离子可以不受任何阻碍地自由扩散，进行交换。

(4)树脂必须具有化学稳定性，应当不溶于无机酸、碱、盐的水溶液，也不溶于各种有机溶剂。

(5)树脂必须具有物理稳定性，应当具有足够的机械强度和使用寿命。

9.2.2　离子交换树脂的分类

9.2.2.1　按物理结构分类

离子交换树脂按物理结构分为凝胶型、大孔型和载体型三种。图 9-4 为这三种树脂的物理结构图。

(1)凝胶型离子交换树脂

凝胶型离子交换树脂具有均相高分子凝胶结构、外观透明、表面光滑、

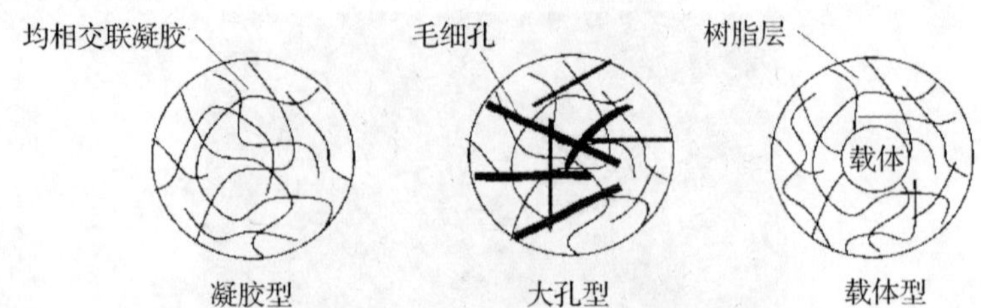

图 9-4 不同物理结构离子交换树脂结构模型

球粒内部没有大的毛细孔、在水中会溶胀成凝胶状，并呈现大分子链的间隙孔。大分子链之间的间隙约为 2～4 nm，而无机小分子的半径在 1 nm 以下，可自由地通过离子交换树脂内大分子链的间隙。这类离子交换树脂在干燥条件下或油类中将丧失离子交换功能。因为在无水状态下，凝胶型离子交换树脂的分子链紧缩、体积缩小、无机小分子无法通过。

(2)大孔型离子交换树脂

针对凝胶型离子交换树脂的缺点，研制了大孔型离子交换树脂。大孔型离子交换树脂外观不透明、表面粗糙、为非均相凝胶结构。即使在干燥状态，内部也存在不同尺寸的毛细孔，因此可在非水体系中起离子交换和吸附作用。大孔型离子交换树脂的孔径一般为几纳米至几百纳米，比表面积可达每克树脂几百平方米，因此其吸附能力十分显著。因此，相比于凝胶型离子交换树脂，大孔离子交换树脂内部的孔隙又多又大，表面积很大，活性中心多，离子扩散速度快，离子交换速度也快很多，约比凝胶型树脂快约十倍。使用时的作用快、效率高，所需处理时间缩短。

(3)载体型离子交换树脂

载体型离子交换树脂是一种特殊用途树脂，主要用做液相色谱的固定相。一般是将离子交换树脂包覆在硅胶或玻璃珠等表面上制成。它可经受液相色谱中流动介质的高压，又具有离子交换功能。

9.2.2.2 按功能基团分类

按照离子交换树脂的功能基团的类型，可以将离子交换树脂分为阳离子交换树脂、阴离子交换树脂。阳离子树脂又分为强酸性和弱酸性两类，阴离子树脂又分为强碱性和弱碱性两类。

(1)强酸性阳离子树脂

这类树脂的功能基团是强酸性基团(如—SO_3H)，能在水溶液中离解出大量 H^+ 使溶液呈强酸性。离解后留在骨架上的固定离子为负电基团，能吸附结合溶液中的其他阳离子，从而发生阳离子交换反应。由于强酸性树脂的离解能力很强，在不同 pH 下都能正常工作。

(2)弱酸性阳离子树脂

这类树脂的功能基团是弱酸性基团(如—COOH)，与强酸性树脂类似，能在水溶液中离解出 H^+ 使溶液呈酸性。离解后留在骨架上的固定离子为负电基团，能与溶液中的其他阳离子吸附结合，从而产生阳离子交换作用。但这种树脂的离解性较弱，在低 pH 下难以离解，只能在碱性、中性或微酸性溶液中(如 pH5～14)发生离子交换反应。

(3)强碱性阴离子树脂

这类树脂的功能基团是强碱性基团(如—$N(CH_3)_3Cl$)，能在水溶液中离解出大量 OH^- 而使溶液呈强碱性。离解后留在骨架上的固定离子为正电基团，能与溶液中的其他阴离子吸附结合，从而产生阴离子交换作用。这种树脂的离解性很强，在不同 pH 下都能正常工作。

(4)弱碱性阴离子树脂

这类树脂的功能基团是弱碱性基团(如—$NH(CH_3)_2OH$)，与强碱性树脂类似，在水溶液中能离解出 OH^- 而使溶液呈碱性。离解后留在骨架上的固定离子为正电基团，能与溶液中的其他阴离子吸附结合。但由于其离解能力较弱，只能在中性、酸性或微碱性条件(如 pH 1～9)下发生阴离子交换反应。

9.2.2.3　按基体的种类分类

根据离子交换树脂基体的种类分为苯乙烯系树脂和丙烯酸系树脂。

(1)苯乙烯系离子交换树脂

苯乙烯系离子交换树脂的基体是用苯乙烯和二乙烯苯进行共聚制得。

一个二乙烯苯分子上的两个乙烯基可以将两个苯乙烯聚合键交联起来，所以二乙烯苯称为架桥物质，离子交换树脂的交联度就是指聚合时所用二乙烯苯的质量占苯乙烯总质量的百分率，交联度的大小直接影响到树脂的机械强度和密度。

由苯乙烯和二乙烯苯聚合制得的高分子化合物聚苯乙烯只是树脂的基体(即骨架)，还没有可交换离子的基团，需将基体作进一步处理，引入带有可交换离子的基团后才能得到离子交换树脂。

将聚苯乙烯用浓硫酸处理，引入活性基团-SO_3H 即可制得磺酸型阳离子交换树脂；先将聚苯乙烯氯甲基化，用无水氯化铝或氧化锌为催化剂，用氯甲醚处理(称为傅氏反应)，然后进行胺化，如用叔胺进行胺化即得季铵型强碱性阴离子交换树脂,如用仲胺或伯胺进行胺化即得弱碱性阴离子交换树脂。

强碱性阴离子交换剂分Ⅰ型和Ⅱ型。Ⅰ型是用三甲胺{$(CH_3)_3N$}胺化而得,Ⅱ型则是用二甲基乙醇基胺{$(CH_3)_2NC_2H_4OH$}胺化而得。Ⅰ型的碱性比Ⅱ型强,Ⅱ型的交换容量比Ⅰ型的大。

(2)丙烯酸系离子交换树脂

丙烯酸系树脂的基体是由丙烯酸甲酯(或甲基丙烯酸甲酯)和二乙烯苯共聚而成。将上述基体进行水解,所得到的是丙烯酸系羧酸树脂。羧酸型树脂是弱酸性阳离子交换树脂。而将上述基体用多胺进行胺化时,所得到的是丙烯酸系弱碱性阴离子交换树脂,由于它的每一个活性基团中有一个仲胺基和一个伯胺基,故其交换容量很大。除了以上两种树脂外,基于基体组成的不同,还有酚醛型和环氧型等多种离子交换树脂。

9.2.2.4 其他类型的离子交换树脂

此外,为了特殊的需要,已研制成多种具有特殊功能的离子交换树脂,分别介绍如下。

(1)螯合树脂。该类能与金属离子形成多配位络合物,有选择地螯合特定金属离子。螯合树脂吸附金属离子的机理是树脂上的功能原子与金属离子发生配位反应,形成类似小分子螯合物的稳定结构,与依靠静电作用吸附金属离子的普通离子交换树脂相比,螯合树脂与金属离子的结合力更强,选择性也更高,可广泛应用于各种金属离子的回收分离、氨基酸的拆分以及湿法冶金、公害防治等方面。

(2)两性离子交换树脂。该类树脂同时含有阳离子活性基团和阴离子活性基团,既能进行阳离子交换、又能进行阴离子交换。

(3)氧化还原树脂。该树脂是一类具有氧化还原性能的高分子化合物。因在适当的反应条件下它们能与其他分子或离子发生可逆的电子得失反应,故又称电子交换树脂。

(4)萃淋树脂。该类树脂含有液态萃取剂,如TBP(磷酸三丁酯)萃淋树脂,可用于处理工业废水中的六价铬离子等。

9.2.3 离子交换树脂命名

9.2.3.1 离子交换树脂的全称

有机合成离子交换树脂的全名称,由分类名称、骨架名称、基本名称三部分按顺序依次排序组成。

(1)分类名称。按有机合成离子交换树脂本体的微孔形态分类,分为凝胶型、大孔型等。

(2)骨架名称。按有机合成离子交换树脂骨架材料命名,分为苯乙烯系、丙烯酸系、酚醛系、环氧系等。

(3)基本名称。基本名称为"离子交换树脂"。

凡属酸性反应的在基本名称前冠以"阳"字。

凡属碱性反应的在基本名称前冠以"阴"字。

按有机合成离子交换树脂的活性基团性质,分成强酸性、弱酸性、强碱性、弱碱性、螯合性等,分别在基本名称前冠以"强酸"、"弱酸"、"强碱"、"弱碱"、"螯合"等字样。

(4)全名称举例。微孔形态为凝胶型;骨架材料为"苯乙烯—二乙烯苯"共聚体;活性基团为"强酸"性磺酸基团($-SO_3H$)的阳离子交换树脂,全名称为"凝胶型苯乙烯系强酸阳离子交换树脂"。

9.2.3.2 离子交换树脂的型号

(1)有机合成离子交换树脂产品型号的命名原则。有机合成离子交换树脂产品型号,以三位阿拉伯数字表示,凝胶型树脂的交联度值,用连接符号所联系的第四位阿拉伯数字表示。

凡属大孔型树脂,在型号前加"大"字的汉语拼音首位字母"D"。

凡属凝胶型树脂,在型号前不加任何字母。

(2)各位数字所代表的意义。各位数字所代表的意义如下:

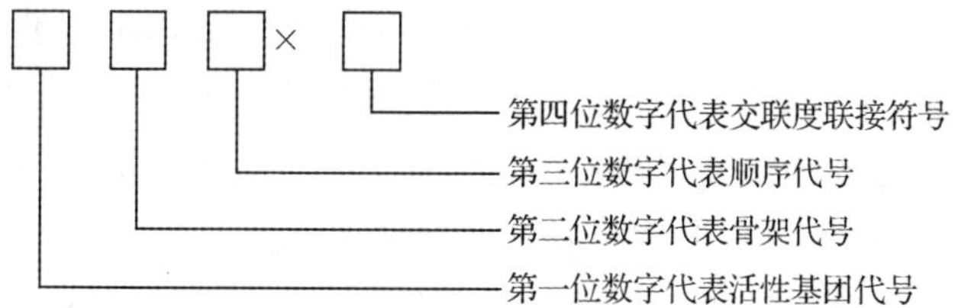

①第一位数字活性基团代号见表9-1。

表9-1 第一位数字活性基团代号

代号	0	1	2	3	4	5	6
活性基团	强酸性	弱酸性	强碱性	弱碱性	螯合性	两性	氧化还原性

②第二位数字骨架代号见表9-2。

表9-2 第二位数字骨架代号

代号	0	1	2	3	4	5	6
活性基团	苯乙烯系	丙烯酸系	酚醛系	环氧系	乙烯吡啶系	脲醛系	氯乙烯系

③产品型号举例：001×7-凝胶型苯乙烯系强酸阳离子交换树脂，交联度为7%，产品旧型号“732”；D311-大孔型丙烯酸系弱碱阴离子交换树脂，产品旧型号为“703”。

9.2.4 离子交换操作方式

一般来说，离子交换的操作方式有两种：静态交换和动态交换。

9.2.4.1 静态交换

静态法是一种最简单、最原始的方法。操作的方法是把一定量的树脂与一定体积的溶液放在合适的容器中，用搅拌或震荡的方式混合均匀，一直到离子交换反应在两相间达到平衡为止。然后，用过滤、倾析、离心等方法分离树脂与溶液。分别分析树脂相与溶液相中被研究离子的浓度。这类方法的交换效率比较低，一次操作树脂往往不能完全交换，需要多次重复操作才能使一定量的树脂达到吸附饱和状态(或完全转型)。因此，这种方法相当消耗时间。在实际应用中，这种方法的使用是有限的，一般只是在探索性试验、测定平衡分配系数(离子交换平衡研究)或交换动力学的研究方面使用。

对于一些不适合动态交换的情况，例如：溶液黏度太大、溶液中含有悬浮固体、在离子交换过程中会放出气体或形成沉淀等特殊情况，可以使用这种方式。

9.2.4.2 动态交换

如图9-5所示，动态交换是指样品溶液与树脂发生相对移动，在相对移动过程中，溶液与树脂间发生离子交换。该法分离效率高，操作简便。

一般来说，离子交换反应是可逆的平衡反应，为了保证反应进行完全，必须不断用新溶液取代已经进行反应并达到平衡的溶液，采用动态交换可以达到这个目的。通常，无论是在实验室进行试验，还是在工业上应用，采用的离子交换设备都是柱式(或塔式)设备。

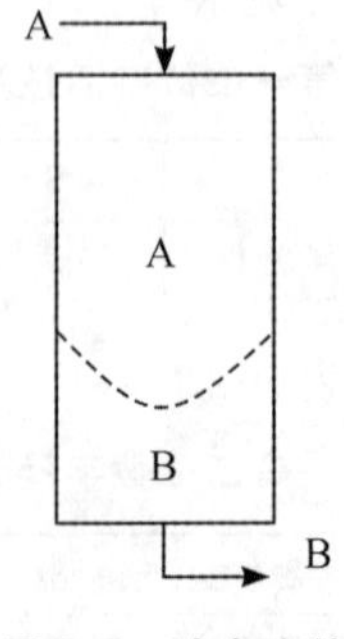

图9-5 动态交换

动态交换的基本步骤主要为：①交换。将待分离的溶液以适当的流速流过离子交换柱，发生离子交换，如图 9-6 所示；②洗涤。一般用水，将留在柱内没发生离子交换的溶液洗下；③洗脱。用洗脱液将被交换的离子洗脱下来，如图 9-7 所示，最后得到纯组分。

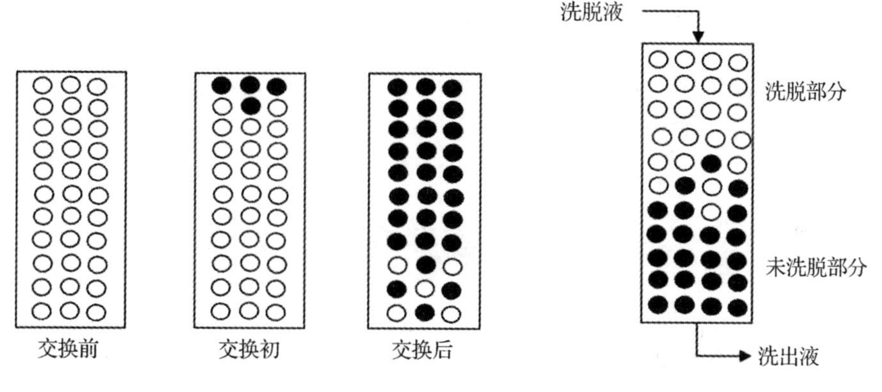

图 9-6　离子交换过程　　**图 9-7　洗脱过程**

在洗脱过程中，根据洗脱液强度(酸、碱、盐浓度或组成变化)是否变化，洗脱过程分为等度洗脱、分步洗脱和梯度洗脱。

等度洗脱：在洗脱过程中洗脱液强度不变，操作简单，但会使弱吸附物质之间不能分离，强吸附物质需较长的洗脱时间。

分步洗脱：分别用不同强度的洗脱液从弱到强分阶段洗脱。

梯度洗脱：在洗脱过程中，按一定规律(如线性)连续改变洗脱液的强度，从而使不同物质达到分离。

9.2.5　影响离子交换分离的因素

9.2.5.1　影响上样交换的因素

影响交换的因素较多，主要有以下几个：

①树脂颗粒。颗粒细，交换快。

②溶液流速。流速慢，交换彻底。

③温度。温度高，交换作用快。

④柱形状。高径比大，交换彻底。

⑤溶液 pH。pH 会影响溶质和树脂活性离子的电离状态，进而影响它们之间的交换。

9.2.5.2 影响洗脱的因素

洗脱是交换的逆过程，主要影响因素如下：

①树脂颗粒。树脂颗粒越大，不容易洗脱，达到相同洗脱效果，需要更多量的洗脱液。

②流速。流速过大，不容易洗脱，达到相同洗脱效果，也需要更多量的洗脱液。

③洗脱液浓度。浓度低，洗脱效率太低，浓度高，分离效果不好，所以一般洗脱采用分步或梯度洗脱。

9.3 离子交换动力学

离子交换过程的七个步骤[15]：①交换离子在树脂颗粒外部主流液体中的对流扩散运动；②交换离子在树脂颗粒周围滞流液膜中的扩散运动；③交换离子在树脂颗粒内部的扩散运动；④交换离子在树脂固定基团上的交换反应；⑤被交换离子在树脂颗粒内部进行的扩散运动；⑥被交换离子穿过滞流液膜时的扩散运动；⑦被交换离子在主流液体中的对流扩散运动，如图9-8所示。

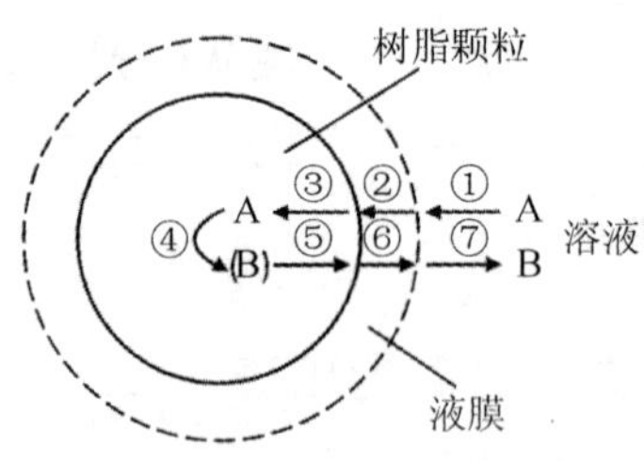

图 9-8 离子交换过程示意图

这七个步骤中，①与⑦、②与⑥、③与⑤是性质相同的过程；离子交换过程可概括为：对流扩散、液膜扩散、颗粒扩散和化学反应这四个性质不同的步骤。其中离子交换的化学反应速率一般比固液两相中的扩散速率要快得多(也有例外，如一些螯合型树脂应用于某些过渡金属离子时其络合反应速率就比较慢)。因此，通常认为离子交换过程是传质过程而非化学反应过程。通常条件下进行的离子交换过程的主流液体中存在混合与对流作用，所有离子的对流速度也基本上相同且较快。例如，离子在普通离子交换设备中的对流速度约为 $10^{-2}\,m\cdot s^{-1}$，而在液膜中的扩散速度则要慢得多，约为 $10^{-5}\,m\cdot s^{-1}$。离子交换树脂中普遍存在的微孔结构给对流造成了极大的阻力，通常树脂颗粒内的传质只能通过扩散发生。树脂交联的微孔结构对交换离子的运动同样具有不可忽视的阻力作用，因此，交换离子在树脂颗粒内的扩散速度与液流主体中的扩散速度相比要慢很多。

离子交换过程的总速率主要由液膜扩散或颗粒扩散速率决定。所以在依次进行此两种扩散的过程中，较慢速率的扩散成为限速步骤并决定了总速率。了解离子交换过程的限速步骤对设备设计、强化操作、选择与确定相应的工艺参数等都具有重要意义。

在一个特定的离子交换过程中应用 Helfferich 准数判断交换速率的限速步骤究竟是液膜扩散还是颗粒扩散[16]。根据液膜扩散控制与颗粒扩散控制两种模型得到的半交换周期，即交换率达到一半所需时间之比，即是 Helfferich 准数：

$$He=\frac{Q\overline{D}\delta}{(D_0 DR_\alpha)(5+2\rho)} \tag{9-1}$$

式中：D、$\overline{D}$ 分别为液相与树脂相离子的扩散系数，$m^2\cdot s^{-1}$；

δ——液膜厚度，m；

$R\alpha$——树脂颗粒半径，m；

Q——树脂交换容量，$mol\cdot m^{-3}$；

$C\alpha$——液相初始浓度，$mol\cdot m^{-3}$；

ρ——分离因数。

如 $He\gg 1$，则为液膜扩散控制；如 $He\ll 1$，则为颗粒扩散控制；如 $He\approx 1$，则为两种扩散同时控制。

当离子交换过程会伴随化学反应时就不能将离子交换简单地看成传质过程。例如：H^+ 型或游离酸型阳离子交换树脂被碱中和、螯合树脂吸入过渡金属离子。显然这些反应会极大地影响离子交换的速率。

大孔离子交换树脂中的离子交换过程，颗粒扩散包括大孔中的扩散和微球内的扩散两个步骤。

交换速率方程可以用来描述离子交换的动力学行为，是离子交换过程模拟与设备设计的基础。离子交换动力学模型可按不同角度区分出各种类型。按表达交换过程动力学定律的性质可划分为化学动力学型和物理动力学型两类。后者又包括膜扩散型、孔扩散型和表面扩散型等不同类型。按理论基础可划分为机理模型和经验模型两类。机理模型是由交换过程的微观反应机理入手导出的，如 Fick 模型、Nernst-Planck 模型、Stefan-Maxwell 模型和缩核模型等。机理模型概念清晰且有明确的物理意义，但模型与实验条件存在差别及限制，直接将其应用于复杂的实际交换体系并不方便。经验模型则是由实验数据直接回归得到的，如简单线性推动力模型、平方推动力模型、修正平方推动力模型、双参数模型及多项式模型等。此类模型具有推导容易、应用方便的优点，但缺乏明确的物理意义，不具普适性。本书根据树脂类型把离子交换动力学模型分为凝胶型和大孔型。凝胶型再按是否存在化学反应区分为扩散模型和缩核模型；其中扩散模型又可再分为拟均相和非均相扩散模型。大孔型根据扩散路径的不同可划分为并行扩散模型和连续扩散模型。

9.3.1 拟均相扩散模型

拟均相扩散模型包括 Fick 模型、Nernst-Planck 模型、Stefan-Maxwell 模型。称这些模型为拟均相扩散模型，是因假定它们功能基上的反离子是全部解离并均匀分散在树脂颗粒相。

9.3.1.1 Fick 模型

Fick 模型是一种较为简单的离子交换动力学模型，模型假定离子在扩散时满足 Fick 定律：

$$J_i = \overline{D}_i grad(C_i) \tag{9-2}$$

式中：J_i——扩散通量；

$\overline{D}_i$——树脂相离子的扩散系数；

(C_i)——离子浓度，$mol \cdot m^{-3}$。

Fick 模型假定离子在树脂颗粒中的扩散系数为常数，且扩散通量 Ji 与离子浓度梯度成正比。除了在组成恒定条件下的同位素离子交换以外，这些要求很少能达到。有一个例外是交换的是痕量离子时，树脂相的组成可保持不变，交换速度只与痕量离子的扩散系数有关，当所研究的离子浓度变化较小且选择性系数变化不大时，可应用 Fick 模型。

9.3.1.2 Nernst-Planck 模型

不同性质离子间的交换，迁移速率会有差别，Fick 模型将不再适用，需要应用 Nernst-Planck 方程，Nernst-Planck 模型是离子交换动力学中通用性最好的，即便与某些新理论相比，它也是最常用的一个模型。它是包含了浓度梯度与电势梯度的简化模型。该模型不考虑活度系数、对流效应以及同离子等因素对交换过程的影响，但如果综合权衡其复杂程度和精度两方面，Nernst-Planck 模型则是最好的选择。

$$J_i = -\overline{D}_i gradC_i - \overline{D}_i Z_i C_i (F/RT) grad\varphi \tag{9-3}$$

式中：J_i——扩散通量；

$\overline{D}_i$——树脂相离子的扩散系数，$m^2 \cdot s^{-1}$；

Z_i——离子价数；

C_i——离子浓度，$mol \cdot m^{-3}$；

R——气体常数；

φ——电势强度。

如果要考虑离子活度系数的影响，特别是离子交换过程要考虑选择性系数受液相组成的影响时，还可应用更为复杂的 Nernst-Planck 方程。

9.3.1.3　Stefan-Maxwell 模型

Nernst-Planck 模型是假定离子的单独扩散系数是常数，并且这一常数可用示踪剂实验测量。然而，非平衡热力学的研究证明，上述概念只能是一种近似。因此，Nernst-Planck 模型只适用于稀溶液。在高浓度离子交换系统中，组分的扩散系数与溶液成分有关，特别是在具有离子强度较高的树脂相中，离子间的相互作用是不可忽视的。

Stefan-Maxwell 模型考虑了离子间相互作用这一因素，通过引入相互扩散系数，使 Nernst-Planck 方程具有了新的形式[16]：

$$J_1 = -\overline{D}_{12} C_1 \nabla \mu_1' / RT \tag{9-4}$$

$$J_2 = -\overline{D}_{21} C_1 \nabla \mu_2' / RT \tag{9-5}$$

其中，树脂相的相互扩散系数$\overline{D}_{12}$、$\overline{D}_{21}$分别为：

$$\overline{D}_{12} = [\frac{X_0}{a_{10}} + \frac{Z_a}{Z_2} X_a (\frac{1}{a_{12}} + \frac{Z_2}{a_1 a Z_a})]^{-1} \tag{9-6}$$

$$\overline{D}_{21} = [\frac{X_0}{a_{20}} + \frac{Z_a}{Z_1} X_a (\frac{1}{a_{21}} + \frac{Z_1}{a_2 a Z_a})]^{-1} \tag{9-7}$$

μ_1'，μ_2'为离子 1、2 的电化学势。

$$\nabla \mu_i' = \nabla \mu_i + Z_i F \nabla \phi \tag{9-8}$$

式中：μ_i'为 i 离子的化学势；

a_{ij} 为相互作用系数，$m^2 \cdot h^{-1}$；

X 为摩尔分数。

下标 1、2、0、a 分别代表离子 1、离子 2，溶剂（即水）与树脂的固定离子基团。

在极稀的水溶液中，Stefan-Maxwell 方程就是 Nernst-Planck 方程。离子 i 与溶剂 0 的相互作用系数 a_{i0}，就是离子 i 的单独扩散系数 D_i。

Stefan-Maxwell 模型在应用中得到了实验验证。例如，在 Na^+-Cs^+ 交换系统中，无论是对于水合离子，还是未水合离子，都有良好的结果。

9.3.2 非均相扩散模型

1992 年，Bhandari 等人对弱碱离子交换树脂吸附强酸的离子交换过程进行了研究。研究发现，H^+ 被排斥在树脂相外的程度比预想的要小得多。Bhandari 分析其原因，认为可能是由于树脂相中的反离子未全部解离，而是以双电层的形式分布在孔道中。

1996 年，Hasnat 等[17]人对强酸离子交换树脂的离子交换动力学进行了深入研究。并在 Bhandari 等人的基础上，进一步完善了非均相扩散模型，如图 9-9 所示。

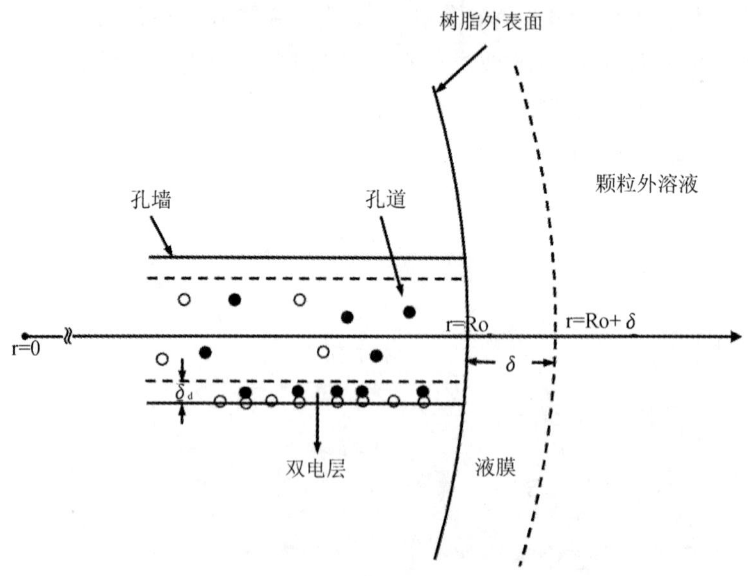

图 9-9 树脂颗粒的微孔示意图[17]

Hasnat 等人把树脂颗粒中复杂曲折的孔道简化成从颗粒外表面一直到中心处的直孔，扩散系数用无限稀释溶液中的扩散系数除以曲折因子。把孔道分成环状的双电层和呈电中性的孔中心区域两部分。在双电层内，大部分的反离子与骨架上的功能基团紧密结合在一起，形成紧密层。紧密层中的反离子不直接参与扩散过程，只有分散层中的反离子可以自由移动。紧密层和分散层中的反离子保持动态平衡。扩散通量由分散层和孔中心区域两部分离子的扩散组成。另外，Hasnat 等人认为反离子在树脂相与溶剂相的分配界限不在树脂颗粒的外表面，而是在树脂颗粒内部双电层的外边界处。Hasnat 利用动力学实验回归了一些一价反离子在强酸离子交换树脂中的解离度，大约在 4%～10%之间。

1997 年，Hasnat 等人再次利用非均相颗粒扩散模型对多价反离子在强酸离子交换树脂中的扩散过程进行了研究，用动力学实验数据回归的多价反离子的解离度大约在 8‰左右。

9.3.3　缩核模型

许多离子交换过程常伴随着化学反应，这对于离子交换平衡与离子交换动力学都有显著影响[18,19]。缩核模型认为，起始时的离子交换反应只在树脂颗粒外表面进行。随着交换过程的不断进行，反应位置逐渐向树脂颗粒内部推移。即交换离子通过反应层以后，在未反应核的表面逐渐进行，如图 9-10 所示。

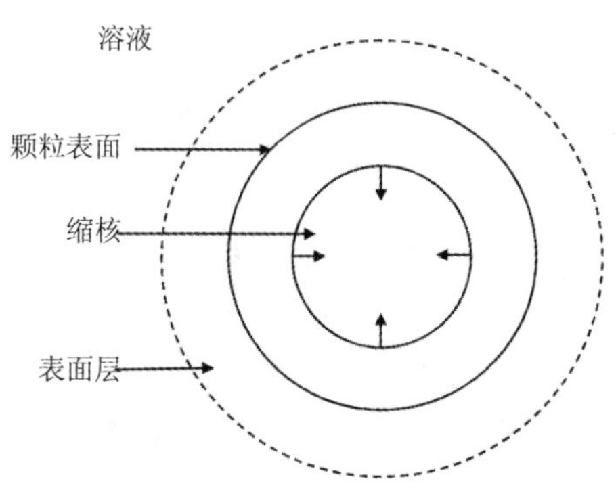

图 9-10　缩核模型

Helffrich 用浅床技术研究了用弱碱性阴离子树脂吸附酸时，树脂颗粒内部反应符合壳层增长机理，树脂颗粒内部由两部分构成，中心为未反应核，其外为反应后的壳层。对于弱酸性阳离子树脂，也可观察到类似的现象。将 H^+ 型弱酸性阳离子树脂 R-COOH 置于碱液中，其表面立即被中和，

转变为 Na^+ 型 R-COONa，若要此 H^+ 型树脂进一步转化为 Na^+ 型，溶液中的 Na^+ 必须扩散通过这一转化为 Na^+ 型的壳层，未转化的 R-COOH 核与已转化的 R-COONa 壳之间有一明显边界。

9.3.4 大孔型动力学模型

大孔离子交换树脂是 20 世纪 60 年代在凝胶型树脂的基础上发展起来的一类新型树脂。它的特点是在整个树脂内部，无论干、湿或收缩、溶胀都存在着比一般凝胶型树脂更多、更大的孔道。因而在离子交换过程中具有交换速度快、应用范围广的特点。

大孔离子交换树脂按其内部结构可分为大网(Macroreticular)型树脂和大孔(Macroporous)型树脂两种。在制备过程中，如果所用的致孔剂是单体的溶剂，那么将形成由微球状的簇所组成的大网树脂，如图 9-11 所示。如果用的致孔剂不是单体的溶剂，将形成内部有许多大孔的凝胶颗粒(大孔型树脂)。在这两种树脂中大网型树脂比较常见，本文所提到的大孔离子交换树脂都是指大网型的。

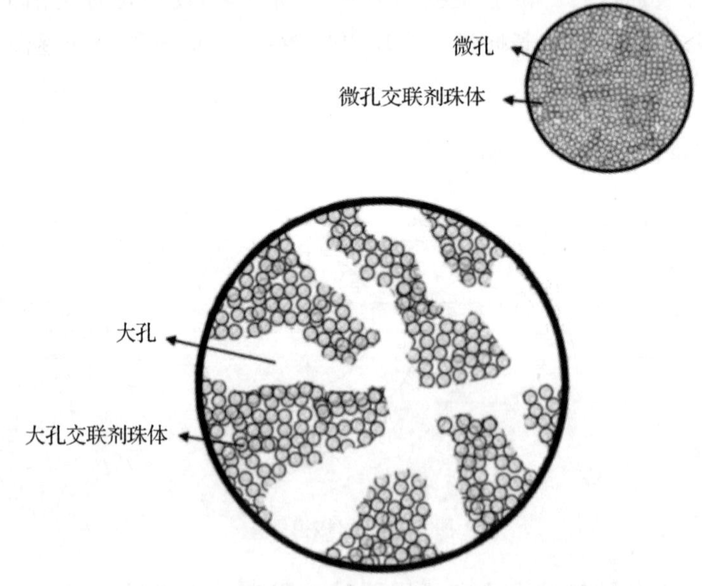

图 9-11 大孔离子交换树脂的结构示意图

离子在大孔树脂中的扩散过程既包括大孔中的扩散也包括微球内的扩散，因此动力学模型更复杂一些。Bricio 等人曾利用浅床技术，分别用六种适合凝胶型离子交换树脂的动力学模型对 K^+-H^+ 在大孔离子交换树脂中的交换过程进行了研究，发现按这些模型计算的结果与实验数据均不相符。通常，大孔离子交换树脂内的扩散模型可分为并行扩散模型和连续扩散模型两种。

9.3.4.1　并行扩散模型

并行扩散模型认为，反离子在固相（微球）和大孔内并行扩散，并在固相和大孔间保持平衡。

其数学模型为：

$$\theta\frac{\partial C_b}{\partial t}+(1-\theta)\frac{\partial q}{\partial t}=\frac{\overline{D}_p\theta}{r^2}\frac{\partial}{\partial r}\left(r^2\frac{\partial C_b}{\partial r}\right)+\frac{\overline{D}_g(1-\theta)}{r^2}\frac{\partial}{\partial r}(r^2\frac{\partial q}{\partial r}) \tag{9-9}$$

式中：$\overline{D_p}$、$\overline{D_g}$ 分别为离子在大孔和固相中的扩散系数。q 为固相中反离子的浓度，C_b 为大孔中反离子的浓度，θ 为孔隙率。

假定反离子在固相和大孔间保持平衡，即：

$$q=KC_b \tag{9-10}$$

将式(9-10)代入式(9-9)，式(9-9)简化为：

$$\frac{\partial q}{\partial t}=\frac{\overline{D}_e}{r^2}\frac{\partial}{\partial r}(r^2\frac{\partial q}{\partial r}) \tag{9-11}$$

式中：

$$\overline{D}_e=\frac{\overline{D}_p\theta+\overline{D}_g(1-\theta)K}{\theta+(1-\theta)K} \tag{9-12}$$

由于数学处理方便，并行扩散模型的应用比较普遍。但是，Helfferich 指出了该模型的两个缺点：一是按并行扩散模型的假定，可推导出较快的扩散速率将成为整个扩散的控制步骤，而这与实际情况是相反的；二是模型自相矛盾，一方面模型认为离子在固相中的扩散较慢，另一方面又要求离子在固相和大孔间保持平衡。

9.3.4.2　连续扩散模型

连续扩散模型认为，离子首先经过大孔，然后进入微球进行扩散。连续扩散模型的推导基于微元内的质量守恒，如图9-12所示。

微元内的质量守恒方程为：

$$\frac{1}{\eta^2}\left(\frac{\partial}{\partial\eta}\left(\frac{\eta^2\partial x_a}{\partial\eta}\right)\right)=\alpha(\frac{\partial x_b}{\partial\gamma})\gamma=1+\frac{\partial x_a}{\partial\tau} \tag{9-13}$$

式中：

$$\alpha=\frac{C_{1T}\cdot 3(1-\theta)\cdot R_a^2D_b}{C_{aT}\cdot\theta\cdot R_b^2D_a} \tag{9-14}$$

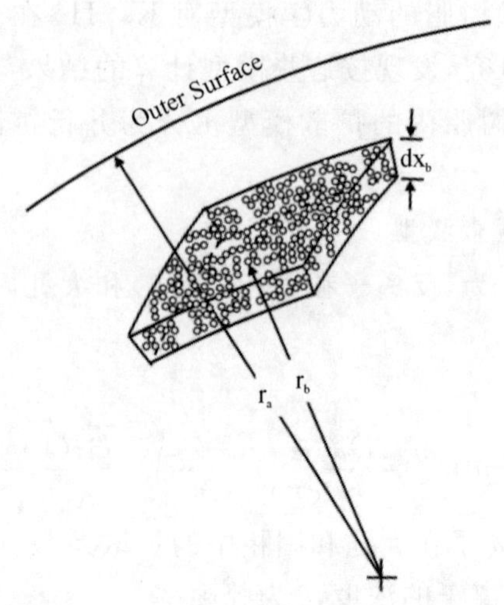

图 9-12 大孔离子交换树脂微元示意图

$$\eta = r_a / R_a \tag{9-15}$$

$$\gamma = r_b / R_b \tag{9-16}$$

$$\tau = D_a \cdot t / R_a^2 \tag{9-17}$$

微球内的质量守恒方程为：

$$\frac{\partial x_b}{\partial \tau} = \beta \cdot \frac{1}{\gamma^2} \cdot \frac{\partial}{\partial \gamma}\left(\gamma^2 \cdot \frac{\partial x_b}{\partial \gamma}\right) \tag{9-18}$$

$$\beta = \frac{D_i / R_b^2}{D_a / R_a^2} \tag{9-19}$$

研究表明，在大孔中交换离子的自扩散系数要比在溶液中的扩散系数低，但两者的差别不大。在微球体内的扩散系数甚至比在高交联凝胶型树脂中的扩散系数还要低。为了全面了解大孔树脂内的扩散，应同时考虑在大孔中的扩散和在微球中的扩散两个方面。如果参数 α 大，表明大孔扩散是速率控制阶段；相反，意味着微球内的扩散控制了整个交换速率。α/β 表明平衡时大孔和微球的相对吸附比，当 $\alpha=0$ 时，表明微球没有吸附，模型可简化为简单的均相扩散模型。

9.4 离子交换实例

9.4.1 化工产品离子交换实例—反应精馏制四氢呋喃

四氢呋喃(THF)是一种重要的有机溶剂和精细化工产品的中间体,在化工、制药及有机合成中有着广泛的应用。国际上,特别是西欧和美国,四氢呋喃主要是由1,4-丁二醇(1,4-BD)脱水生产。浓硫酸催化1,4-BD脱水环化制THF具有技术成熟、工艺简单的优点,但该方法腐蚀设备,污染严重,产品后处理复杂,不适宜连续生产。固体酸催化1,4-BD脱水合成THF的反应,具有产品单一、产率较高、不腐蚀设备、污染少等优点。刘庆林等人[20]采用含硅离子交换树脂为催化剂,对1,4-BD脱水合成THF的反应进行了研究,尝试采用反应精馏制备THF,并同时利用反应物1,4-BD作为萃取剂,制得较高纯度的THF。

含硅强酸性阳离子交换树脂对1,4-BD脱水制THF有较高的催化活性,且比常规离子交换树脂使用温度范围宽,但机械稳定性应进一步提高,方可考虑工业化。反应精馏能较好地达到分离反应产物THF和水的效果。塔顶产品THF的纯度可以达到98%以上。1,4-BD在塔中段进料,作为原料的同时可起到萃取剂的效果,使塔顶产品THF的纯度进一步提高。

9.4.2 发酵化学品离子交换实例—柱层析分离、纯化木糖醇脱色液的研究

木糖醇发酵液经脱色后仍然含有一定浓度的色素、发酵未耗完的底物如木糖及其他总还原糖、蛋白质等。考察一种有效分离脱色液中的木糖和木糖醇且能同时去除其他杂质的方法,对木糖醇的分离纯化及残存木糖的回收利用、提高产品纯度、降低生产成本具有极重要意义。

色层分离法是样品混合液中各组分在固定相和流动相之间的一类差别分离。其机理是当流动相以一定的流速推动样液流过固定相,由于易与固定相相结合的物质移动速度较慢,而易与流动相相结合的物质移动速度较快,因而不同的物质受到了不同程度的差别阻滞作用,混合物便得到分离。按溶质分子与固定相相互作用的机理不同,可分为吸附色层分离法、分配色

层分离法等。它比经典的单元操作如多级蒸馏、多级萃取、结晶等具有较高的分辨率、操作简单方便等优点。

方柏山课题组[21,22]考察氢型与钙型两种不同活性基团的 001×7 聚苯烯—二乙烯基层析剂吸附层析分离木糖和木糖醇的效果，应用均匀设计法安排实验考察洗脱液的流速、洗脱液的 pH、进样量、进样浓度、层析温度、高径比等因素对分离度的影响。然后用多元逐步回归方法分别就上述两种类型的层析剂不同操作条件对分离度及木糖醇回收率的影响建立数学模型，从中分析主要影响因素及其影响效果。

9.4.2.1 氢型 732 阳离子层析剂分离纯化木糖醇脱色液

研究了洗脱液(蒸馏水)pH、进样量、进样浓度、洗脱液流速、层析柱高径比这五个主要因素对氢型 732 阳离子层析剂分离木糖醇与木糖、去除杂质的影响。根据实验数据，以五个影响因素的多种组合形式为自变量，分别以木糖醇回收率及木糖醇与木糖的分离度为应变量，采用多元逐步回归了解五个影响因素对两个应变量的影响方式和影响显著性。根据因素和水平数，采用均匀设计表 $U_{10}(10^{10})$ 安排实验方案，实验结果如表 9-3 所示：

表 9-3 均匀设计法安排的实验方案及实验结果

序号	洗脱液 pH	进样量 (ml)	进样浓度 (g/l)	洗脱液流速 (ml/min)	高径比	分离度 R_s*100	木糖醇回收率(%)
1	3.5	15	24.7	2.0	14	0	93.9
2	3.8	25	28.5	3.6	6	12.5	88.3
3	4.5	40	35.0	1.8	20	0	100
4	5.0	60	17.4	3.3	12	16.7	99.2
5	5.5	80	26.7	1.5	5	0	91.1
6	5.8	10	30.8	3.0	18	10.5	52.8
7	6.0	20	35.0	1.3	10	5	79.6
8	6.5	30	24.4	2.8	4	0	91.1
9	7.0	50	27.7	1.0	16	5.3	94.1
10	8.0	70	34.1	2.5	8	22.2	100

上表中分离度的计算公式为 $R_s=2(tr_2-tr_1)/(w_1+w_2)$，式中 tr_1，tr_2 分别代表木糖和木糖醇的保留时间；w_1，w_2 分别代表木糖和木糖醇的色谱峰底宽。木糖醇回收率(%)$=\dfrac{\sum n_i c_i}{VC_0}$，式中 V 为进样量，C_0 为进样浓度，n

代表回收级分数，C_i 为各级对应的浓度。从表9-3可知，采用氢型732阳离子层析剂虽可得到接近100%的回收率，但却不能使木糖和木糖醇得到好的分离。为了提高分离度，有待考察更好的层析剂。

另外，采用多元逐步回归法考察了各因素对分离度的影响显著性。以洗脱液pH(x_1)、进样量$Q(x_2)$、进样浓度$C(x_3)$、洗脱液流速$u(x_4)$、装柱的高径比$H/D(x_5)$五个因素为自变量，以木糖和木糖醇的分离度为应变量，用y表示，采用多元逐步回归法，设定引入变量的显著性检验标准 $f_1=0.5$，剔除方程中原有的自变量的显著性检验标准 $f_2=0.5$，建立多元二次回归方程。逐步回归情况如表9-4。

表9-4 采用多元逐步回归法考察各因素对分离度的影响情况

自变量引入次序	引入或剔除的自变量	自变量在方程中的显著性 F	引入或剔除的判断依据	引入或剔除	方程显著性 f	相关系数	离差平方和
1	x_1x_4	6.67	$F>f_1$	引入	* *	0.674	6.23
2	x_2x_4	1.52	$F>f_1$	引入	* *	0.743	6.04
3	x_1x_5	1.42	$F>f_1$	引入	* *	0.798	5.87
4	x_2x_5	2.06	$F>f_1$	引入	* *	0.862	5.41
5	x_1x_4	0.112	$F<f_2$	剔除	* *	0.859	4.99
6	x_3x_4	0.832	$F>f_1$	引入	* *	0.880	5.07
7	x_{52}	2.31	$F>f_1$	引入	* *	0.926	4.51
8	x_2x_5	0.0578	$F<f_2$	剔除	* *	0.925	4.06
9	x_5	61.0	$F>f_1$	引入	* * *	0.996	1.13
10	x_1x_4	24.2	$F>f_1$	引入	* * *	1.00	0.43
11	x_2	3.55	$F>f_1$	引入	* * *	1.00	0.32
12	x_{32}	2.16	$F>f_1$	引入	* *	1.00	0.25

通过逐步回归得到的方程如下：

$$y=-30.7-0.0393x_2+0.000576{x_3}^2+2.77x_5-0.155{x_5}^2-0.365x_1x_4+0.219x_1x_5+0.0896x_2x_4+0.241x_3x_4$$

该回归方程的相关系数 $R=1.00$，显著性 $f=1115.1$，离差平方和 $sy=0.253$。从表9.4和该方程可知，五个因素对分离度的影响存在较大的交互作用，影响形式及强弱为：$x_2x_4>x_1x_5>x_3x_4>x_5^2>x_5>x_1x_4>x_2>x_3^2$。

同样，采用多元逐步回归法，设定引入变量的显著性检验标准 $f_1=1.0$，剔除方程中原有的自变量的显著性检验标准 $f_2=1.0$，建立各因素对木糖醇回收率的多元二次回归方程如下：

$$木糖醇回收率(\%)=143.9-2.054x_2+0.006901{x_2}^2-0.5506x_3 +0.1550x_1x_2-0.8698x_1x_5-0.08249x_2x_4 +0.1132x_2x_5+0.01744x_3x_5$$

该回归方程的相关系数 $R=1.00$，显著性 $f=1121.1$，离差平方和 $sy=0.448$。由此回归方程可知，五个因素对木糖醇回收率的影响也存在较大的交互作用，影响形式及强弱为 $x_2^2>x_1x_5>x_2x_5>x_1x_2>x_2>x_2x_4>x_3>x_3x_5$。

9.4.2.2 钙型732阳离子层析剂分离纯化木糖醇脱色液的研究

以浓度为31.06 g/L的100 mL木糖醇脱色液为进样样品，研究洗脱液(蒸馏水)pH、洗脱液流速、层析柱高径比、层析温度四个主要因素对钙型732阳离子层析剂分离木糖醇与木糖、去除杂质的影响。采用均匀设计法安排实验，用多元逐步回归分析四个影响因素对木糖醇回收率及木糖醇和木糖的分离度影响的形式和强弱。根据因素和水平数，采用均匀设计表 $U_{10}(10^{10})$ 安排实验方案，实验结果如表9-5所示。

表9-5 均匀设计法安排的实验方案及实验结果

序号	洗脱液 pH	洗脱液流速(ml/min)	高径比	层析温度	分离度 R_s*100	木糖醇回收率(%)
1	2.0	1.2	20	65	21.1	74.24
2	2.0	2.0	32	35	31.6	89.95
3	4.0	2.8	14	80	10.5	83.34
4	4.0	3.6	32	50	28.6	100
5	6.0	4.4	14	20	0	84.29
6	6.0	0.8	26	80	0	98.94
7	8.0	1.6	8	50	10	88.33
8	8.0	2.4	26	20	20	83.21
9	10.0	3.2	8	65	0	91.44
10	10.0	4.0	20	35	8.7	90.02

比较回收结果可知，采用钙型732阳离子层析剂可得到近100%的回收率，且在方案2及方案4的条件下可使木糖和木糖醇得到较好的分离。

以洗脱液 $pH(x_1)$、洗脱液的流速 $u(x_2)$、装柱的高径比 $H/D(x_3)$、层析温度 $T(x_4)$ 四个因素为自变量，以木糖和木糖醇的分离度为应变量，用 y 表示，采用逐步回归法，设定引入变量的显著性检验标准 $f_1=0.5$，剔除方程中原有的自变量的显著性检验标准 $f_2=0.5$，建立多元二次方程。结果如下：

$$y=21.3-2.94{x_2}^2-0.119x_3+0.695x_1x_2-0.101x_1x_3-0.0305x_1x_4 +0.485x_2x_3+0.0123x_2x_4$$

该回归方程的相关系数 $r=1.00$，显著性 $f=358.1$，离差平方和 $sy=0.704$。从方程中可知四个因素对木糖醇和木糖的分离度影响存在着交互作用，其影响形式和强弱依次为：$\mathrm{pH}\times T>H/D>v^2>v\times(H/D)>\mathrm{pH}\times(H/D)>\mathrm{pH}\times v>v\times T$。

9.4.2.3 结果分析与比较

本例采用的层析剂主要是靠范德华力、氢键引力、金属离子的螯合作用对样品组分中的木糖醇及木糖产生吸附作用，根据吸附力的差别而产生分离。从实验数据结果分析可知，层析剂的功能基团对分离度有明显的影响，跟氢型比较，钙型层析剂使木糖和木糖醇两组分的分离系数和容量因子增大、色谱峰形较尖锐、没有拖尾现象，分离效果比氢型好。可见，对糖液体系的分离采用重金属为活性基团的层析剂较好。

参考文献

[1]Patel P, Chudasama U. Thermodynamics and kinetics of ion exchange using titanium diethylene triamine pentamethylene phosphonate-a hybrid cation exchanger. J Sci Ind Res, 2010, **69**(10):756～766

[2] Siminiceanu I, Marchitan N, Duca G, et al. Mathematical models based on thermodynamic equilibrium and kinetics of an ion exchange process. Rev Chim, 2010, **61**(7):623～626

[3] Picart S, Ramiere I, Mokhtari H, et al. experimental characterization and modelization of ion exchange kinetics for a carboxylic resin in infinite solution volume conditions. Application to monovalent-trivalent cations exchange. J Phy Chem B, 2010, **114**(34): 11027～11038

[4]周本省．工业水处理技术．北京：化学工业出版社，2002

[5] Ye C S, Lin J Y, Yang H, et al. Ion exchange equilibrium carbonate treatment for anticorrosion in open recirculating cooling water system. Ind Eng Chem Res, 2010, **49**(20):9625～9630

[6]李华昌，符斌，周春山，等．大孔弱碱性叔胺型阴离子交换树脂吸附金的研究．有色金属，2003，**55**(3):41～45

[7] Wolowicz A, Hubicki Z. Selective Adsorption of palladium(Ⅱ) complexes onto the chelating ion exchange resin dowex M 4195 kinetic studies. Solvent Extr Ion Exch, 2010, **28**(1):124～159

[8] Zhang F, Jiang X Y, Hong J J, et al. Preparation of $ZnCl_2$-modified ion exchange resin and its catalytic activity for esterification of ethanol and acetic acid under microwave. Chinese J Catal, 2010, **31**(6):666～670

[9] Du F, Qi X H, Xu Y Z, et al. Catalytic conversion of fructose to 5-hydroxymethylfurfural by ion-exchange resin in ionic liquid. Chem J Chinese Un:v, 2010, **31**(3):548～552

[10]陈飞,郡可书,李继忠,等.离子交换树脂与黄连提取物制备盐酸小檗碱树脂复合物的研究.中国新药杂志,2008,**17**(6):502～505

[11]Patra S, Samantaray R, Pattnaik S, et al. Taste masking of Etoricoxib by using ion-exchange resin. Pharm Dev Technol, 2010, **15**(5):511～517

[12]徐灵,王成端,姚岚.离子交换树脂处理含铬废水的研究.工业安全与环保 2007, **33**(11):12～13

[13] Leyva-Ramos R, Monsivais-Rocha J E, Aragon-Pina A, et al. Removal of ammonium fromaqueous solution by ion exchange on natural and modified chabazite. J Environ Manage, 2010, **91**(12):2662～2668

[14] Duignan M R, Nash C A. Removal of cesium from savannah river site waste with spherical resorcinol formaldehyde ion exchange resin: experimental tests. Sep Sci Technol, 2010, **45**(12－13):1828～1840

[15]姜志新,竞清,宋正孝.离子交换分离工程.天津:天津大学出版社,1992:77～79

[16]靳朝辉.离子交换动力学的研究.天津大学学位论文,2004

[17] Abul Hasnat, Vinay A. Juvekar. Ion-exchange kinetics: heterogeneous resin-phase model. AIChE J, 1996, **42**(1):161～175

[18] HelfferichF. Ion-exchange kinetics. V. ion exchange accompanied by reactions. J Phys Chem, 1965, **69**(4):1178～1187

[19]Abul Hasnat, Vinay A. Juvekar. Kinetics of ion exchange accompanied by neutralization reaction. AIChE J, 1996, **42**(8):2374～2376

[20]刘庆林,张锋,高浩其.反应精馏制四氢呋喃.化学工程,2002,**30**(2):75～79

[21]谢晓兰.发酵法生产木糖醇的工艺研究.华侨大学学位论文,1999

[22]梅余霞.由木糖醇发酵液制备木糖醇结晶体的研究.华侨大学学位论文,2002

第 10 章　精馏过程的先进设计

化工生产装置(厂)设计一般分为化工过程设计(基础设计)和装置工程设计(详细设计)两部分。化工工艺过程设计通常为生产方法选择、工艺流程设计、流程图绘制、典型自控方案确定、物料衡算、热量衡算、主设备计算设计与选型等;装置工程设计通常为装置(车间)布置、化工管路、工艺设计与非工艺设计的关系及接口等。

分离是化工过程重要操作之一,利用计算机软件进行过程单元的数值模型分析和计算是化工先进设计的基础。

本章以化工模拟软件包为工具,从精馏过程概念设计、简单精馏设计到复杂精馏设计,详细介绍计算机辅助精馏(气液分离)稳态过程设计。

10.1　计算机辅助精馏过程设计

随着计算机运行速度的提高、化工过程数值模型及计算水平的进步,化工数值模拟计算技术已广泛应用于化工系统设计和操作调控中。精馏作为最常见的化工单元操作之一,其数值模型和相应的计算技术已相当成熟,在精馏过程设计及调控中得到了广泛的应用。

对于精馏塔的每一平衡理论级可以得到组分物料衡算(M)、相平衡关系(E)、各组分摩尔分率加和方程(S)和热量衡算(H)共四组方程,通常简称为 MESH 方程组,精馏过程的严格计算即为求解全塔联立的 MESH 方程组,以便精确确定各级上的温度、压力、流率及气液相组成。自从上世纪 50 年代以来,随着数值计算技术和计算机硬件的发展,全塔 MESH 方程组的求解方法日益成熟,目前通用的化工系统商业模拟软件包,如 Aspen Plus、

Invensys Simsci/ProⅡ、Hysys 等,均带有精馏过程计算模块及其相应的数据库、相平衡计算模型等,可方便的进行精馏过程稳态和动态模拟运算,确定工艺设计参数及控制方案。

在 Aspen Plus、Invensys Simsci/ProⅡ、Hysys 等通用化工模拟软件包中,精馏塔设计涉及的参数选取和设定,及其在软件包中的计算,可参考其软件手册。各种通用化工模拟软件包中内置了常用的塔板和填料配置参数,及其相应的流体力学计算方法,可在设计精馏塔时选择设置,以计算满足精馏塔设计要求的塔径和塔高。

针对某一特定精馏过程,如需自行编制软件对精馏过程进行模拟计算,可利用计算机程序语言编制模拟计算软件。通常,此类计算软件的编制需收集模拟计算过程所需的汽液物性数据、相平衡数据等基础数据;建立包括物料平衡方程、热量平衡方程、相平衡方程、及压降计算模型等模拟精馏过程的数学模型,然后利用计算机程序语言编制可运行程序,并将计算结果与工业生产装置数据或实验数据进行对比,修改计算精度直至达到要求为止。自行编制的软件通常针对某一特定精馏过程具备较高精度和可靠性,但其适用范围窄,难以推广。

本文将以化工商用模拟软件包为工具,以算例为核心,从精馏过程概念设计、简单精馏设计到复杂精馏设计,详细介绍计算机辅助精馏稳态过程设计。

10.2 精馏过程汽—液相平衡(VLE)分析

精馏过程涉及物系的物性基础数据及热力学相平衡数据,作为精馏过程最重要的基础数据,其可靠性决定了精馏过程设计计算的精度。商业化工过程模拟软件包自身携带了大量的常用化合物基础数据,以及精馏计算中常用的热力学相平衡计算模型和参数值,如 NRTL、Wilson、UNIFAC、SRK、Chao-Seader、Braun K-10、Peng-Robinson 等,可广泛的处理各种化工和石化行业常见化合物。

在使用商业化工模拟软件时,首先应确定适合待设计精馏体系的热力学方法,使之能够准确描述体系的 VLE 行为,对于精馏过程中可能产生液相分层的体系,热力学方法应能描述体系的 VLLE(气—液—液平衡)行为。商业模拟软件通常允许针对不同操作单元采用不同的热力学方法,可以在精馏计算中对不同单元采用不同的热力学方法，使之符合计算需要。例如，塔顶蒸汽采出冷凝后如在塔顶层析器中分层，可在精馏塔计算中使用最好的 VLE 热力学模型，而在层析器中使用最好的 LLE(液—液平衡)热力学模型描述其分层行为。

通过化工模拟软件，根据选用的热力学方法，可以对精馏分离体系绘制各种相图、精馏曲线和残余曲线相图，分析体系的 VLE 行为。分析结果将有助于进行初步的精馏概念设计，筛选精馏分离方案，提高设计效率。

通常，商用化工软件包中热力学数据根据公开的实验数据及文献整理所得，可靠性较高，但应用时仍应小心，最好能够同有可靠来源的基础数据对比，验证其可靠性。如果使用的化工模拟软件包中不包含待设计的精馏过程物系相平衡数据或模型，应通过查阅文献或实验研究，获取精馏体系相平衡数据，加入到软件的数据模块中供计算使用，以保证精馏过程设计计算的可靠性。常用的热力学相平衡数据几个来源有 Kertes 等主编的 *Solubility Data Series*，Reid、Prausnitz 和 Poling 主编的 *Properties of Gases and Liquids*，Gmehling 等编辑的 *Vapor-liquid Equilibrium Collection*，以及马沛生编著的化工数据，以上著作包括了各项化工数据的定义、测定、收集及整理、评审、关联、估算。除此之外，公开出版的科技期刊和会议论文中也有大量的数据和关联式，读者可根据需要，酌情选用。

10.2.1　双组分 VLE 相图

广泛使用的两种类型的汽液平衡相图用来表达双组分汽液相平衡数据，一种是 T-x-y 图，其表达了汽液相平衡组成 y、x 与温度之间的关系；另一种是 x-y 图，表达了汽液相平衡组成 y、x 之间的对应关系。这两种相图均可以明确体现二元汽液平衡的非理想性，如共沸物的出现及其组成，这对精馏系统的设计至关重要。另外这两种相图是在恒定压力下绘制的，而精馏塔压力变化在大多数情况下是不大的，因此这两种相图可以基本代表精馏塔中的汽液平衡组成状况。特别是 x-y 图，近似表达了二元精馏塔内从塔顶到塔底之间的平衡浓度分布，可用于计算精馏分离所需的理论级数，用于分析二元精馏系统十分方便。

这两种相图可以通过查阅文献数据，手工绘制。在商业模拟软件包中，通常提供直接绘制双组分汽液平衡相图的功能，方便快捷，可大大提高精馏塔分析和设计的效率。在 Aspen Plus 中，通过 Tools 主菜单，然后选择 A-

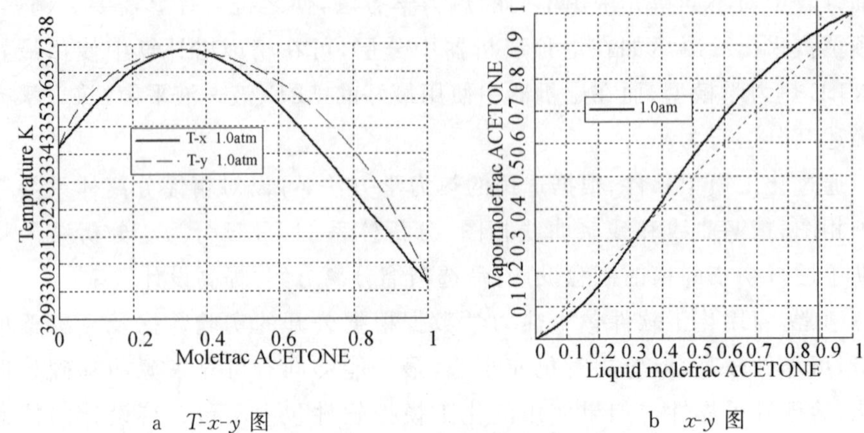

a T-x-y 图　　　　b x-y 图

图 10-1　丙酮—氯仿系统 VLE 相图

nalysis、Property 和 Binary，可以自动绘制选定双组分物质的汽液平衡相图，也可以通过指定不同压力，将不同压力下的平衡数据绘制在同一张图表中，用于分析压力对精馏系统的影响。例如，对于丙酮—氯仿系统，其利用 Aspen Plus 产生的相图如图 10-1 所示，明确体现了共沸物的出现和组成。

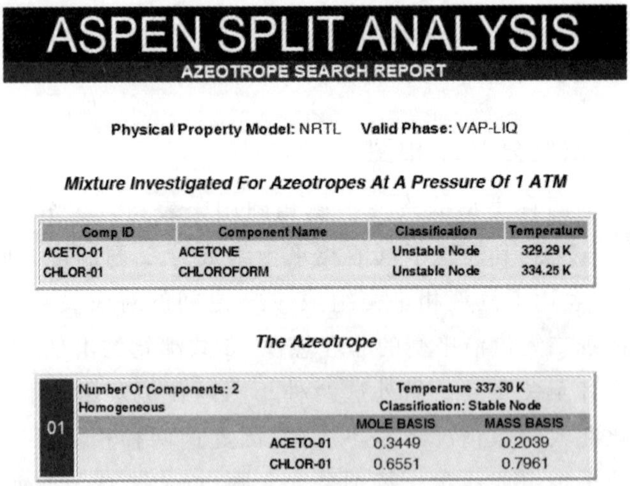

ASPEN SPLIT ANALYSIS

AZEOTROPE SEARCH REPORT

Physical Property Model: NRTL　**Valid Phase:** VAP-LIQ

Mixture Investigated For Azeotropes At A Pressure Of 1 ATM

Comp ID	Component Name	Classification	Temperature
ACETO-01	ACETONE	Unstable Node	329.29 K
CHLOR-01	CHLOROFORM	Unstable Node	334.25 K

The Azeotrope

01	Number Of Components: 2	Temperature 337.30 K	
	Homogeneous	Classification: Stable Node	
		MOLE BASIS	MASS BASIS
	ACETO-01	0.3449	0.2039
	CHLOR-01	0.6551	0.7961

图 10-2　丙酮—氯仿系统 Aspen Split 共沸物计算结果

对于双组分精馏系统，如果没有共沸物出现，通常只需要一个精馏塔即可达到分离目的。共沸物的出现，意味着精馏极限的出现，一个塔已不能完成分离任务，势必将增加分离的难度和成本，同时也提高了精馏设计的难度。使用 Aspen Plus，通过 Tools 主菜单，选择 Aspen Split-Azeotropic Search，可以计算双组分、三组分以及多组分系统中出现的共沸物组成，包括均相和非均相共沸物，并且可直接给出数据，供设计参考。利用此项功能，对丙酮—氯仿系统进行分析的结果如图 10-2 所示，计算的结果与文献符合良好。

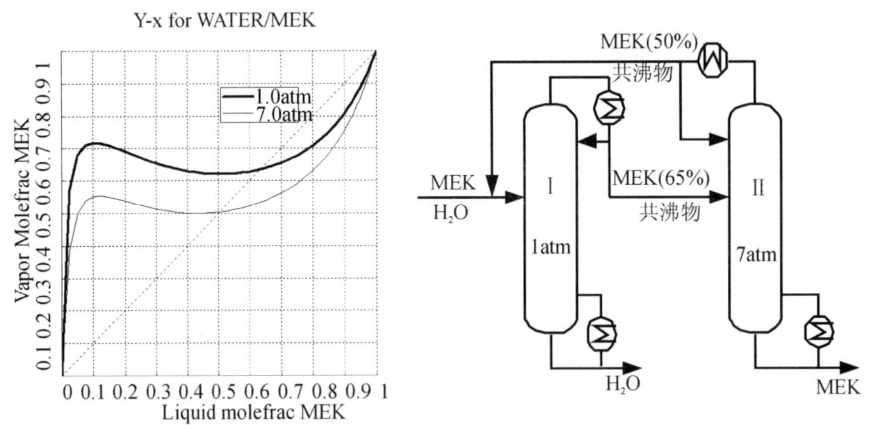

a　x-y 相图　　　b　精馏分离概念设计流程图

图 10-3　甲乙酮(MEK)—水(H_2O)体系 x-y 相图及其相应的精馏分离概念设计

双组分汽液平衡相图对于双组分精馏设计十分重要，可以从中快捷筛选精馏可行方案，提高设计效率。例如，甲乙酮(MEK)—水(H_2O)体系在常压下形成二元正偏差共沸物，其共沸组成为甲乙酮 65 mol%，如欲分离此二元体系，单个精馏塔不能完成分离任务。通过 Aspen Plus，利用 UNIQUAC 热力学方法可绘制此二元系统在不同压力下的 x-y 相图。如图 10-3a 所示，在 7 atm 压力下，体系共沸组成变化为甲乙酮 50 mol%。由于共沸组成随压力的变化十分显著，可以充分利用此二元共沸系统的热力学特性，不必加入第三组分，采用双压精馏即可将其分离，由此产生的概念流程如图 10-3b 所示，如果原料中含甲乙酮小于 65 mol%，则在常压塔Ⅰ进料，塔Ⅰ塔釜出料为纯水，塔Ⅰ塔顶溜出液为含甲乙酮 65 mol%的共沸物，将其作为高压塔Ⅱ进料，塔Ⅱ塔釜可得到纯甲乙酮，塔Ⅱ塔顶则得到含甲乙酮 50 mol%的馏出液，可将其循环到塔Ⅰ作为进料。注意，此时水在塔Ⅰ中是难挥发组分，在塔Ⅱ中甲乙酮则是难挥发组分。如果没有通过相图充分了解此二元物系的热力学特性，而采用加入第三组分分离的方案，将不得不筛选第三组分，进而研究三元物系的热力学特性，较之双压精馏方案，将极为烦琐。

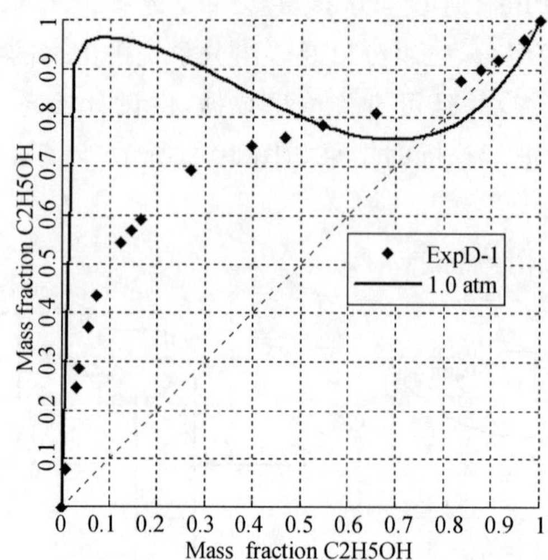

图 10-4 乙醇—水系统 *x-y* 相图(—:Peng-Robinson 方程预测曲线,◆:实验值)

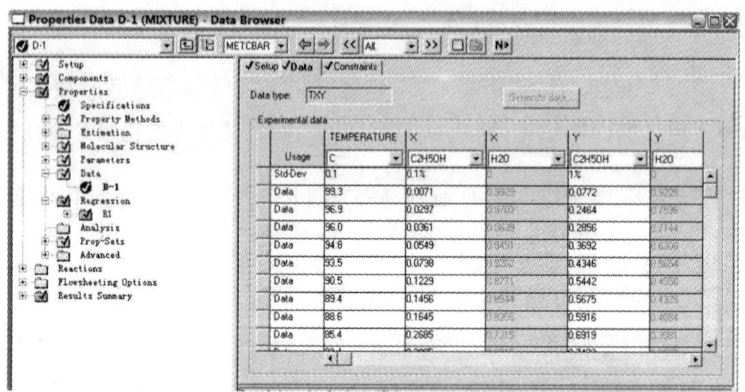

图 10-5 Aspen Plus 中 Data Regression System 实验数据输入窗口

必须注意,尽管 Aspen Plus 提供的热力学方法及其数据库十分丰富,但如果有可靠的实验数据可利用,应尽可能地将实验数据与选定的热力学方法计算结果比较,校核选定热力学方法的可靠性,如果有较大偏差,可利用 Aspen Plus 中的 Data Regression System 功能,调整选定的热力学方程参数,使其计算尽可能的符合实验值。

例如,在 Aspen Plus 如选用 Peng-Robinson 状态方程计算乙醇—水汽液相平衡,Aspen Plus 从 EOS-LIT 数据库中获取的交互系数 $k_{E,W}=0$。使用 Binary Phase Diagrams 功能,可将使用 Peng-Robinson 状态方程绘制的 x-y 相图和 Rieder 所做的实验数据点绘制于同一张图中,进行比较。图 10-4

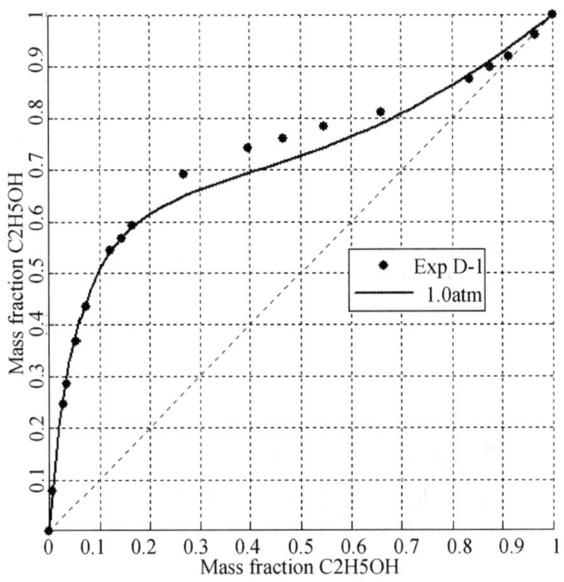

图 10-6　乙醇—水系统 *x-y* 相图

（—：调整参数后 Peng-Robinson 方程预测曲线，●：实验值）

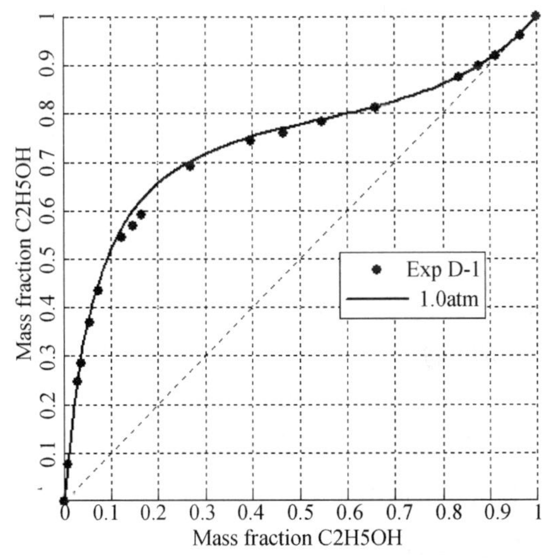

图 10-7　乙醇—水系统 *x-y* 相图（—：NRTL 方程预测曲线，●：实验值）

明显表明，Peng-Robinson 状态方程计算结果与实验结果有很大偏差。如欲对此方法进行修正，如图 10-5 所示，可将 Rieder 实验数据输入 Aspen Plus，利用 Data Regression System 功能，针对 Peng-Robinson 状态方程参数，进行回归计算，获取适合实验值的方程参数。经回归计算调整后的 Peng-Robinson 状态方程参数为：$k_{E,W}=-0.114$，$\omega_E=0.6429$，$\omega_W=0.3239$，图 10-6 即为使用 Peng-Robinson 状态方程利用回归后新参数计算得到的 x-y 相图，与实验数据比较，较之回归调整前的计算结果，已大为改善，但仍有较大误差，不能令人满意。

在工程设计计算中，选择适合设计体系条件的热力学方法十分重要。对于低压条件下的极性化合物混合物，使用一个状态方程对汽液两相进行计算，将导致较大误差，因此即使针对 Peng-Robinson 状态方程参数做了调整，此方法仍不适合乙醇—水体系常压条件下的精馏过程计算；对于乙醇—水体系，液相非理想性较强，可选用 NRTL 活度系数方程计算液相的平衡数据，结果如图 10-7 所示，NRTL 方程预测结果十分令人满意。

10.2.2 三组分精馏曲线

三组分精馏体系在全回流塔内的浓度分布可以使用绘制在三角相图上的精馏曲线表示。如图 10-8 所示，在一全回流精馏塔内，塔顶无产品采出，由物料恒算可知，在塔内任意两块塔板之间的汽液流率及其组成相同。基于平衡理论级的设定，离开塔板 k 的蒸汽和液体达到相平衡，如以下标 i 代表组分，已知离开塔板 k 的全部液相组成 $x_{i,k}$，通过泡点计算则可得到离开塔板 k 的全部汽相组成 $y_{i,k}$，由于在两块塔板间的汽液相组成相同，即 $x_{i,k-1}=y_{i,k}$，由 $x_{i,k-1}$ 经泡点计算可得 $y_{i,k-1}$，由此通过一系列的泡点计算可得塔板 k 以上每块塔板的汽液相组成；同样，由 $y_{i,k+1}=x_{i,k}$，可通过一系列的露点计算，得到塔板 k 以下每块塔板的汽液相组成。通过一系列的泡点和露点计算，可以得到一全回流精馏塔内的浓度分布，连接此浓度分布的光滑曲线即为精馏曲线。

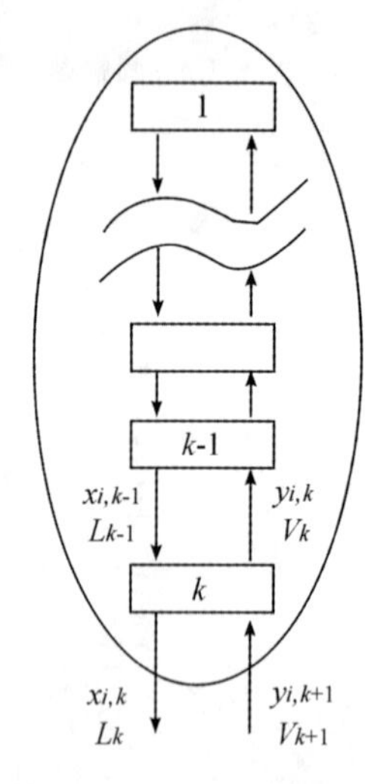

图 10-8 全回流精馏塔示意图

三组分精馏曲线在三角相图中的绘制可以从三角相图中任意一组成点开始，进行一系列的泡点、露点计算，即可得到由通过此点的精馏曲线。通过选取不同的点进行计算，即可得到通过不同组成点的精馏曲线，每条精馏曲线的箭头方向指向温度升高的方向，即指向是由塔顶到塔底。

精馏曲线体现了精馏体系在全回流精馏塔内的组成分布，可用于分析三组分体系精馏过程，例如对于丙酮—氯仿—苯三元精馏分离体系，其精馏曲线如图10-9所示，精馏曲线 *a* 揭示塔顶可得到挥发度最大的丙酮，而塔底得到挥发度最小的苯；精馏曲线 *b* 则揭示塔顶可得到氯仿，而塔底得到苯；氯仿—苯二元体系形成最大泡点共沸物，通过三角相图上此二元共沸点的精馏曲线 *c* 将三角相图分离成两个区域，在左侧区域的精馏曲线由丙酮指向苯，而右侧区域的精馏曲线则由氯仿指向苯，两侧的精馏曲线不能跨越精馏曲线 *c*；精馏曲线 *c* 即为精馏边界，操作于其两侧的精馏塔浓度分布不会跨越此边界，此边界的存在限制了精馏分离的设计操作区域，在精馏塔设计时应特别注意。

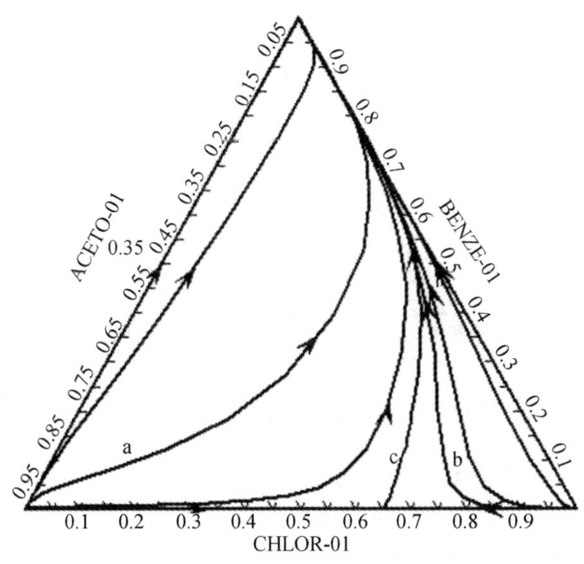

图10-9　丙酮—氯仿—苯三元体系精馏曲线

全回流操作条件对于精馏塔提供了最大的分离可能性，精馏曲线能够体现精馏塔内的浓度分布和热力学非理想性造成的共沸点等特性，是分析三元体系的汽液相平衡特性和精馏方案的便捷工具，尤其适合于分析非理想三元体系，可直观地揭示由于体系热力学非理想性对精馏分离过程的影响。由于精馏曲线的绘制需要进行一系列的泡点、露点计算，手工绘制极为烦琐，利用化工模拟软件包 Aspen Plus 可快速准确绘制此类曲线，通过选择菜单 Tools-Aspen Split-Ternary maps，即可绘制与图 10-9 类似的精馏曲线图，获知精馏分离限制区域和可能出现的塔内浓度分布。

精馏曲线在三角相图上遵循杠杆规则，三组分精馏塔的进料点、塔顶出料点和塔釜出料点应位于同一条直线上，并且其各点之间线段比例应符合同进料量和出料量相关的杠杆规则。绘制于精馏曲线三角相图上的组成点可辅助三元物系精馏分离设计，例如欲通过精馏方式分离 36 mol%丙酮—24 mol%氯仿—40 mol%苯的三元物系，初步判断可认为至少应使用 2 个塔，而且由于共沸物的存在增加了分离难度，所使用的精馏塔数目还可能增加。

通过利用图 10-9，可以快速产生丙酮—氯仿—苯精馏分离概念设计方案，供设计参考。在概念设计中假设所使用的所有精馏塔均有很多塔板，例如 100 块，使用很高的回流比，例如 50，近似于全回流，故使用的精馏塔可提供最大的分离可能性。

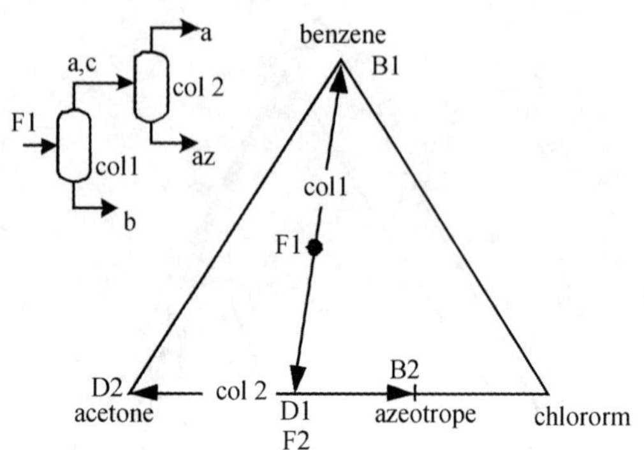

图 10-10　丙酮—氯仿—苯三元体系精馏分离概念设计方案 1

对于丙酮—氯仿—苯体系，如图 10-9 所示，进料组成点位于精馏边界的左侧，精馏分离的操作范围将限制在此区域内，因此可设计如图 10-10 所示的常规精馏分离概念流程，首先通过塔 col 1 在塔底将纯苯分离采出，此时塔顶为丙酮和氯仿的二元混合物，然后通过塔 col 2 在塔顶得到纯丙酮，在塔底得到丙酮—氯仿的共沸物。对于此流程，尚需找到分离丙酮—氯仿共沸物的方法，如变压精馏、共沸精馏、萃取等方法，才能完成三组分的完全分离，但至少需要三个塔才能完成分离任务。

在图 10-9 中，纯氯仿组成点位于精馏边界的右侧，而进料组成点在精馏边界的左侧，如欲通过精馏手段得到三个纯组分，至少有一个塔要操作于精馏边界的右侧，这意味着整个的精馏过程要跨越精馏边界，必须使用精巧的

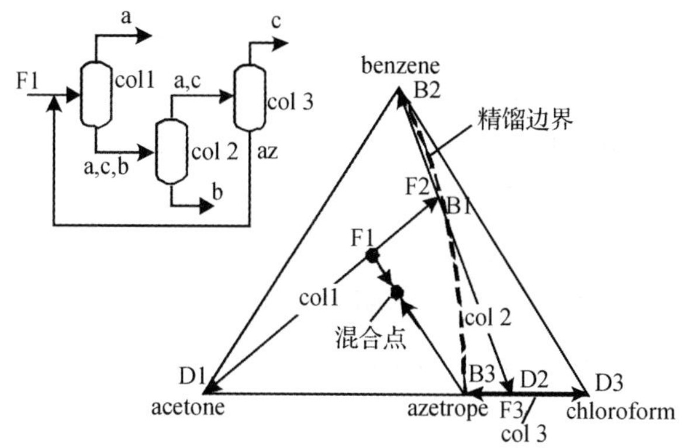

图 10-11　丙酮—氯仿—苯三元体系精馏分离概念设计方案 2

设计才能达到分离要求。由于在多组分精馏塔中进料浓度组成不会与塔内某一塔板浓度组成相同,故可利用精馏边界曲线的弯曲使精馏过程跨越精馏边界。由此产生的概念设计方案如图 10-11 所示,在塔 col 1 中,分离出部分纯丙酮,并使塔釜出料组成点 B1 尽可能的靠近精馏边界,然后将其作为塔 col 2 进料 F2,在塔底分离出纯苯,塔顶得到氯仿和丙酮混合物 D2,D2 已位于精馏边界的右侧,将此二元混合物进入塔 col 3 分离,在塔顶得到纯氯仿,塔釜得到丙酮—氯仿的共沸物,然后将其循环至塔 1 进料,从而完成三个组分的完全分离。塔 2 尽管进料点在精馏边界左侧,但是其实际塔内浓度分布均在精馏边界的右侧,实际上并没有违背精馏边界不可穿越的准则,其利用了多组分精馏塔中进料浓度组成不会与塔内某一塔板浓度组成相同的特性,使塔 col 2 操作于精馏边界的右侧。

对于待设计的丙酮—氯仿—苯三组分精馏分离过程,第一个设计方案为常规方案,借助于精馏曲线特性获取的第二个设计方案,显然需要非常精巧的设计,这个例子也展示了精馏过程设计的多样性和创造性。

10.2.3　三组分残余曲线

另外一种常用的三组分精馏系统热力学分析工具是绘制于三角相图上的残余曲线,其形状和使用方法同精馏曲线极为类似。在 Aspen Plus 中,残留曲线的绘制方法同精馏曲线相同,通过选择菜单 Tools-Aspen Split-Ternary maps,即可绘制三组分残留曲线图。

在敞口容器内,三组分液体混合物在恒压下缓慢沸腾蒸发,将容器内随时间变化的残余三元液体组成点标绘于三角相图，并且光滑连接，即可得到一条残余曲线。随着轻组分的不断蒸发，容器内残余液体组成将富含重组分，并且其沸腾温度不断升高。残余曲线的方向同精馏曲线类似，箭头指向温度升高的方向。

图 10-12 敞口容器内液体沸腾过程

如图 10-12 所示，对于在一定压力下，置于敞口容器内的液体缓慢沸腾过程，其不断移除的蒸汽组成与容器内液体组成处于相平衡状态，其总质量衡算方程为：

$$\frac{\mathrm{d}M}{\mathrm{d}t}=-V$$

其中，M 为容器内液体摩尔数，mol；V 为离开容器的蒸汽流率，mol · s^{-1}；t 为时间，s。

对于容器内组分 i 做质量衡算：

$$\frac{\mathrm{d}x_iM}{\mathrm{d}t}=x_i\frac{\mathrm{d}M}{\mathrm{d}t}+M\frac{\mathrm{d}x_i}{\mathrm{d}t}=x_i(-V)+M\frac{\mathrm{d}x_i}{\mathrm{d}t}=-y_iV$$

如设 $\tau=\dfrac{t}{M/V}$，为无因次时间，由上式可得：

$$\frac{\mathrm{d}x_i}{\mathrm{d}\tau}=x_i-y_i \tag{10-1}$$

对上式积分即可得到残余组成 x_i 在容器内随时间变化的值，进而可在三角相图中标绘连接，得到残余曲线。

如图 10-8 所示，在一全回流精馏塔内，设进入塔板 k 的液相组成为 $x_{i,k-1}$，定义变量 h 为从塔顶到塔底的距离，此时塔内从塔顶到塔底液相组成在塔板上的离散变化可以用如下的微分方程近似：

$$\frac{\mathrm{d}x_i}{\mathrm{d}h}\approx x_{i,k}-x_{i,k-1}$$

在一全回流精馏塔中，任意两块塔板之间的汽液流率和组成相同，有 $x_{i,k-1}=y_{i,k}$，故在全回流塔中有：

$$\frac{\mathrm{d}x_i}{\mathrm{d}h}=x_{i,k}-y_{i,k} \tag{10-2}$$

比较式(10-1)和式(10-2)，可以看到，残余曲线大致反映了全回流塔内的浓度分布，此点同精馏曲线十分类似。三元物系的热力学特性，如共沸物的出现，以及精馏分离的可能区域和精馏边界，在残余曲线图上同精馏曲线类似，也可以得到充分体现。残余曲线图的使用方式也与精馏曲线相同，在残余曲线图上，塔顶组成点、塔底组成点和进料组成应位于一条直线上，其各点之间距离应符合与进料量和出料量有关的杠杆规则，并且塔顶出料点和塔釜出料点应大致位于同一条残留曲线上。

10.3　简单精馏过程设计

10.3.1　丙烷—异丁烷精馏分离过程

本节将通过利用化工模拟软件 Aspen Plus，对丙烷（C3）-异丁烷（IC4）双组分分离精馏塔进行稳态模拟计算，介绍 Aspen Plus 在精馏塔工艺设计中的应用。

对于待分离的 C3-IC4 物系，流量为 1 kmol・s^{-1}，温度为 322 K，组成为 C3：40 mol%，IC4：60 mol%，分离要求为塔底产品中 C3 含量小于 1 mol%，塔顶产品中 IC4 含量小于 2 mol%。因 Chao-Seader 方法适用于大多数烃类化合物的 VLE，在 Aspen Plus 模拟计算中采用 Chao-Seader 方法描述 C3-IC4 二元热力学特性；Aspen Plus 中精馏单元操作模型中的 Radfrac 模型可对精馏过程进行严格模拟计算，因此采用 Radfrac 模块建立分离精馏塔；此外建立进料、出料流股，并配置相应的调节阀和泵，最终在 Aspen Plus 中建立的流程图，以及各个流股和设备的名称，如图 6.1-13 所示。对于稳态模拟而言，此流程图上的泵和调节阀没有作用，但是因 Aspen Plus 稳态模拟文件可以直接导入 Aspen 动态模拟包，如欲对此精馏分离流程进行动态模拟考察其动态控制特性，则必须配置压力调节单元，以适应压力驱动的动态模拟需要。

对于 C3-IC4 分离体系，精馏塔塔顶产品为 C3，需冷凝作为回流液。由于通常可利用的冷却水温度为 305 K，而冷凝器合理的换热温度差为 20 K，因此塔顶 C3 蒸汽的温度应大致为 325 K。在 325 K 时 C3 的蒸汽压为 14 atm，据此可认为此塔应操作于 14 atm 下，可不必采用耗资巨大的深冷冷凝方式。

流股 1 进塔压力应略高于塔压 14 atm，故在 Aspen Plus 中设定调节阀 VF 的出口压力为 14.2 atm，进料流股 F1 压力设定为 20 atm。此外设定泵 PD 和泵 PB 均增加 6 atm 的压差，而泵后的两个调节阀 VD 和 VB 均导致 3 atm 的压力降。

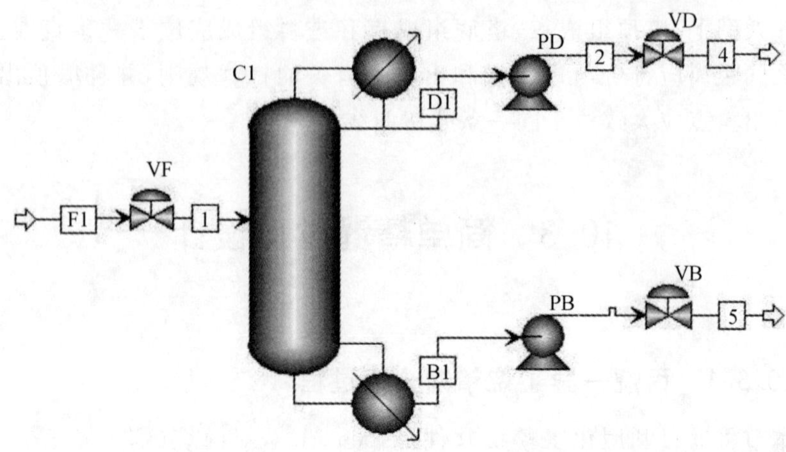

图 10-13　C3-IC4 二元精馏 Aspen Plus 模拟流程图

对于 C3-IC4 分离精馏塔 C1，塔板数设定为 32，Aspen Plus 塔板计数从塔顶到塔底，包括塔顶冷凝器和塔底再沸器，因此实际塔板数为 30；进料板设定为第 16 块板，塔顶选择 Total，采用全凝器，塔底选择 Kettle 再沸器；由于此轻烃混合物接近于理想物系，使用 Standard 方法作为计算收敛方法，注意此方法对于强非理想体系不适用；塔顶回流罐压力设定为 14 atm，合理的单板压力降设定为 0.0068 atm。

对于一双组分精馏塔，一旦确定进料、压力、塔板数和进料板位置，此塔只有两个自由度，对于精馏模拟，通常选择塔顶馏出液流率和回流比作为操纵变量；对于此 C3-IC4 精馏塔，C3 组成为 40 mol%，而进料流率为 1 kmol/s，因此设定塔 C1 馏出液流率为 0.4 kmol・s^{-1}；由于 C3-IC4 体系不属于难分离体系，初始设定塔 C1 回流比为 2。

至此，可以运行 Aspen Plus，得到此精馏塔模拟运算初步结果，如图 10-14 所示，可知塔顶馏出液中 IC4 含量为 12 mol%，塔底产品 C3 含量为 8 mol%，不能达到分离要求。通过改变回流比为 3，改善分离效果，重新计算的结果为塔顶馏出液中 IC4 含量为 2 mol%，塔底产品 C3 含量为 1.5 mol%，十分接近分离要求。在 Aspen Plus 中通过改变回流比和馏出液流率两个操纵变量，不断进行试差可得到所需的结果，但为避免烦琐试差和快速精确的达到设计要求，在 Aspen Plus 中可使用 Design Spec/Vary 功能，通过自动调整操纵变量，以达到设计指定目标，例如在精馏塔中可自动调整回

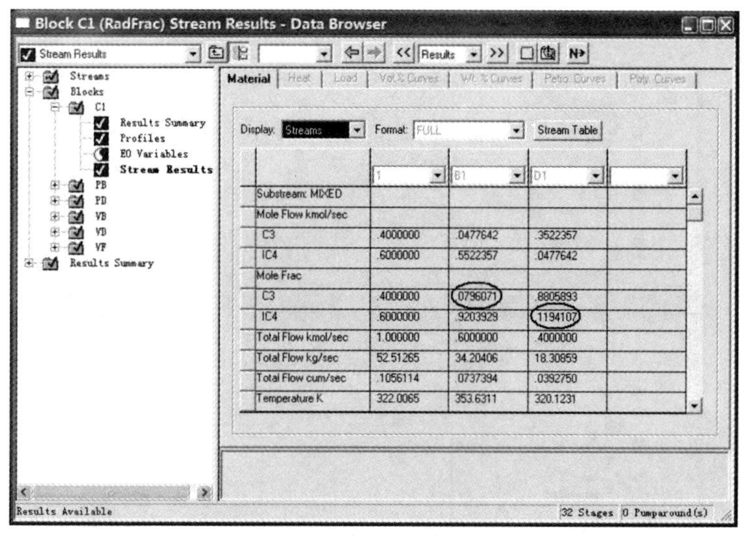

图 10-14　Aspen Plus 模拟运算结果

流比和馏出液流率，进行精馏模拟计算，找到符合塔顶和塔底浓度要求的回流比和馏出液流率。

通常精馏塔的模拟计算涉及大量非线性方程的求解，目前数值求解方法的可靠性和稳定性尚不能保证得到收敛解，利用 Design Spec/Vary 功能需要提供良好的计算初始值。精馏塔模拟计算也需要良好的工程判断，如果没有提供真实可达到的目标值，模拟不可能找到真实存在的解；另外由于模拟计算涉及求解的非线性方程组可能存在多重解，即使没有给出可行的设计条件，程序也可能给出计算结果，如不能对计算结果做出正确的判断，错误的依据此结果进行工程设计，将造成严重后果。

通常在精馏塔模拟中使用 Design Spec/Vary 功能时，不要一次将全部操纵变量和设计要求同时求解，建议一次只增加处理一个操纵变量，这将有助于模拟计算的快速收敛。由于较之改变回流比，塔顶馏出液流率变化对全塔浓度分布影响要大，因此在此例中，首先通过调整塔顶馏出液，以满足塔顶馏出液浓度要求，在得到计算收敛结果后，再设定调整回流比，以满足塔底浓度要求，然后将两个 Design Spec/Vary 同时求解，可获取达到设计要求的回流比为 3.095，塔顶馏出液流率为 0.4021 kmol · s^{-1}。在 Aspen Plus 中两个 Design Spec/Vary 设定及计算结果如图 10-15～17 所示。

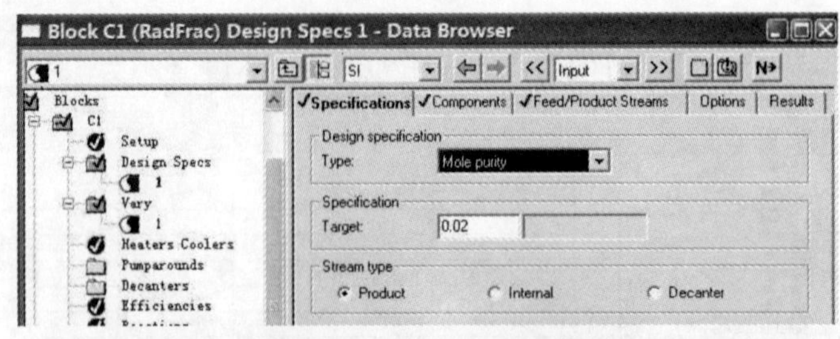

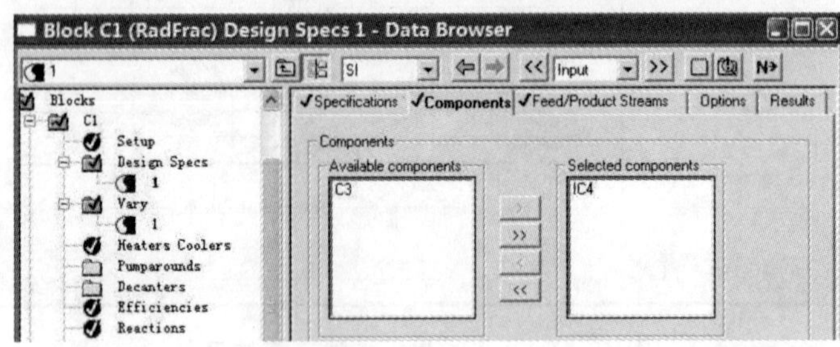

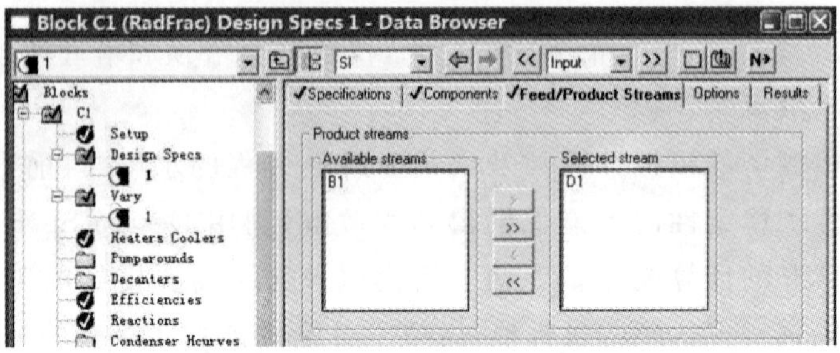

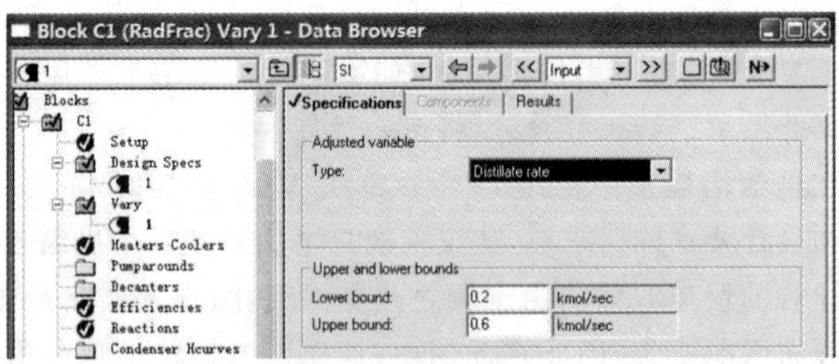

图 10-15 第一个 Design Spec 和 Vary

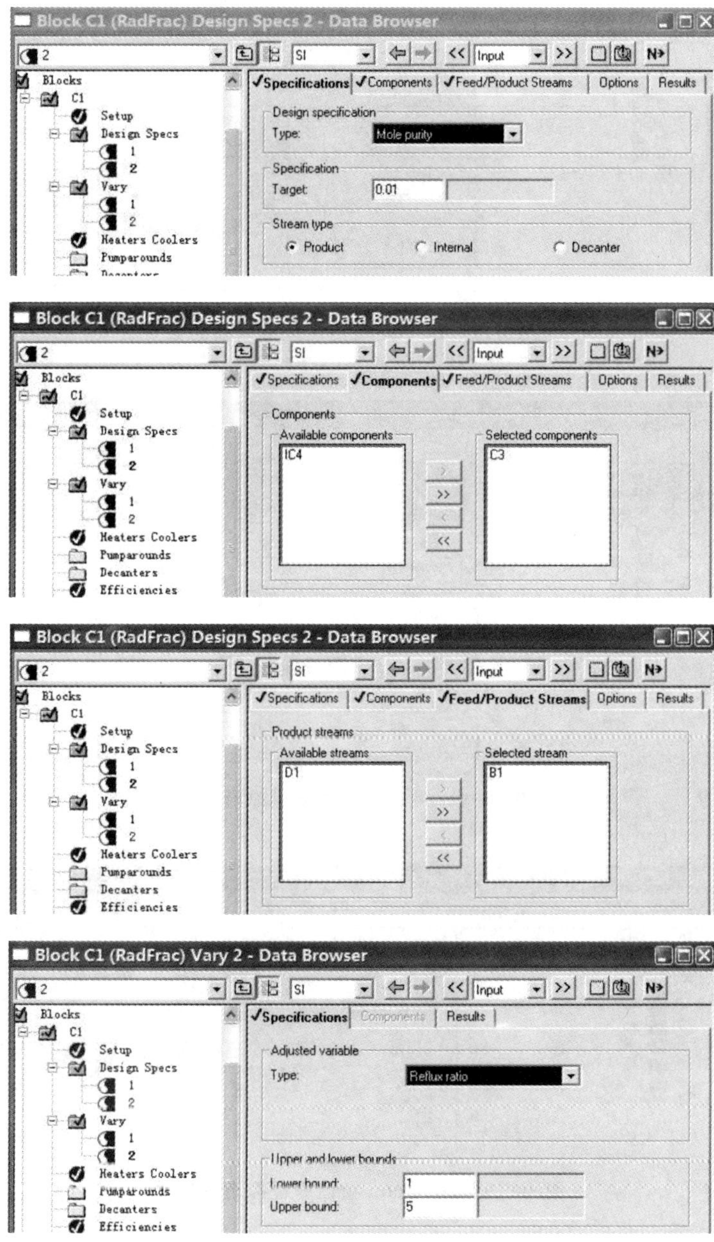

图 10-16　第二个 Design Spec 和 Vary

在图10-17中可以获知塔顶冷凝器热负荷为－22.29 MW，在塔顶压力

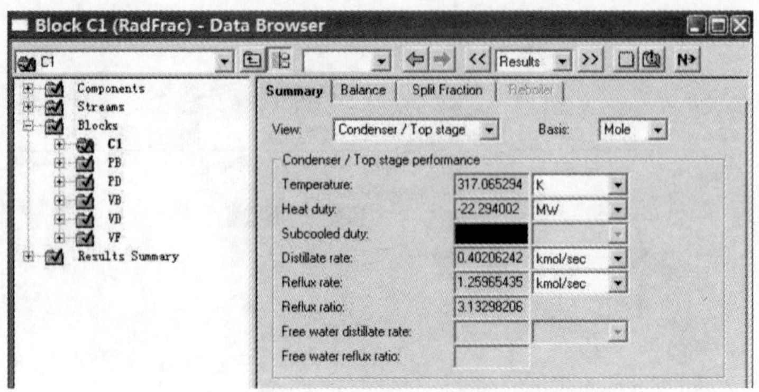

图 10-17　14 atm 精馏塔模拟塔顶结果

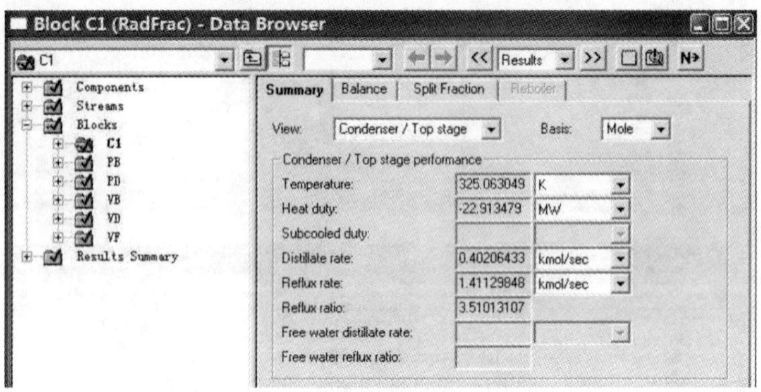

图 10-18　16.8 atm 精馏塔模拟塔顶结果

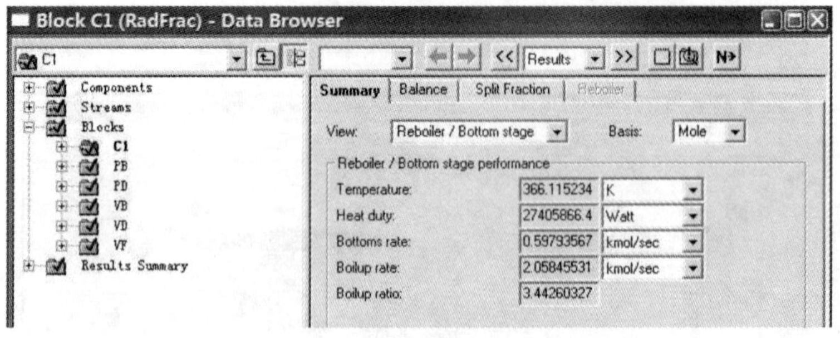

图 10-19　16.8 atm 精馏塔模拟塔底结果

14 atm 时，回流罐温度为 317.06 K，在此温度下，普通冷却水难以利用，回流罐温度没有达到如前文分析所需的 325 K，因此重新设定塔压至 16.8 atm，并修改调节阀 V1 出口压力为 16.9 atm，再次进行模拟计算，如图 10-18 所示,可获知塔顶回流罐温度为 325.06 K,满足了冷却要求。在此压力下,分离所需的回流比增大至 3.511,体现了压力对相对挥发度的副作用,因此为节省能量,精馏塔操作压力应尽可能低。如图 10-19 所示,在 16.8 atm 下,此精馏塔塔底再沸器热负荷为 27.409 MW,温度为 366.11 K,因此塔底再沸器可使用价格低廉的 3 atm 蒸气作为热源,其温度为 406 K,此时再沸器冷热两侧温度差为 40 K。

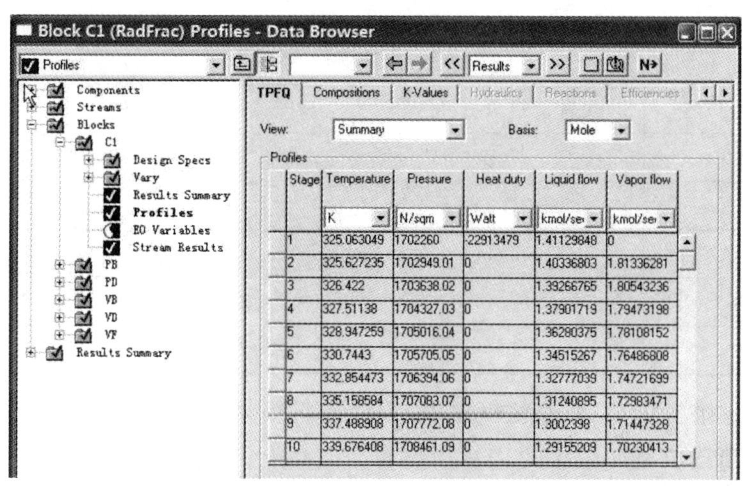

Stage	Temperature	Pressure	Heat duty	Liquid flow	Vapor flow
	K	N/sqm	Watt	kmol/sec	kmol/sec
1	325.063049	1702260	-22913479	1.41129848	0
2	325.627235	1702949.01	0	1.40336803	1.81336281
3	326.422	1703638.02	0	1.39266765	1.80543236
4	327.51138	1704327.03	0	1.37901719	1.79473198
5	328.947259	1705016.04	0	1.36280375	1.78108152
6	330.7443	1705705.05	0	1.34515267	1.76486808
7	332.854473	1706394.06	0	1.32777039	1.74721699
8	335.158584	1707083.07	0	1.31240895	1.72983471
9	337.488908	1707772.08	0	1.3002398	1.71447328
10	339.676408	1708461.09	0	1.29155209	1.70230413

图 10-20　16.8 atm 精馏塔塔内温度、压力、汽液相流量结果

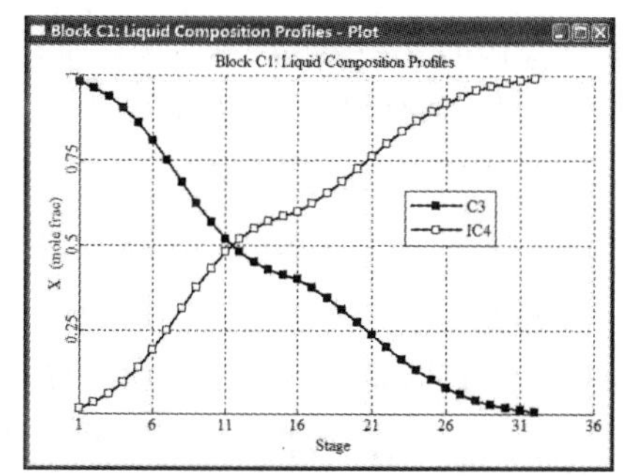

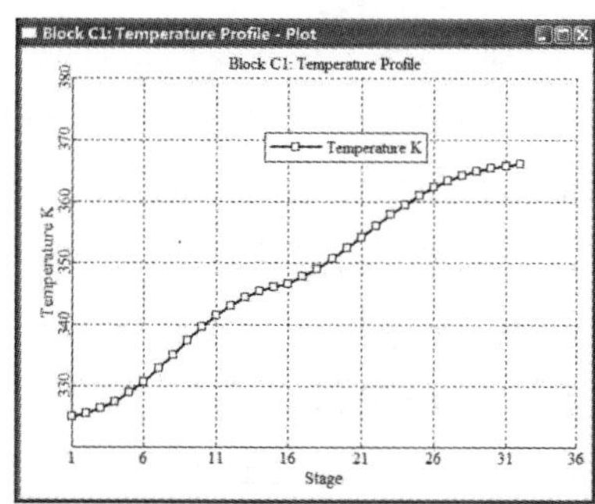

图 10-21　16.8 atm 精馏塔塔内浓度、温度分布

Aspen Plus 对计算结果提供了丰富的报告功能,利用 Plot 功能可绘制各种图表,直观表述流股、单元设备的浓度、温度、压力等工艺参数,对于精馏塔,则可提供塔内浓度、流量、温度、压力等各项指标,供设计参考。对于目前设计的在 16.8 atm 下操作的 C3-IC4 精馏塔,其部分工艺参数如图 10-20 和图 10-21 所示。

截至目前，通过 Aspen Plus 模拟运算只获取了一个可供选择的 C3-IC4 精馏塔设计方案，对于精馏塔设计，尚需获取最优的进料板位置、最小回流比和最小理论板数，以供设计及操作参考。

尽管精馏塔的最终设计优化应进行技术经济分析，但在大多数的精馏塔中，除非在塔顶使用深冷冷凝器，主要的操作费用来源于再沸器的能量消耗，因此对于本例中的 C3-IC4 精馏塔，可以其再沸器热负荷最小为目标进行优化设计。

表 10-1　最优进料板位置

进料板位置	再沸器热负荷/MW	冷凝器热负荷/MW	回流比
12	27.94	23.45	3.616
13	27.39	22.90	3.508
14*	27.17	22.68	3.463
15	27.18	22.64	3.465
16	27.41	22.92	3.511

通过维持塔顶、塔底浓度要求，改变进料板位置，进行模拟运算，可以发现使再沸器热负荷最小的进料板位置，计算结果如表 10-1 所示，在第 14 块上进料可使能量消耗最小。

尽管可以利用 Underwood 方程预测最小回流比，利用 Fenske 方程可计算最小理论板数，但考虑到精馏物系可能出现的非理想性，应使用严格算法的模拟计算获取最小回流比和最小理论板数，此种计算方法获取的结果更为可靠。

在维持塔顶、塔底浓度要求的情况下，将进料板级数与全塔板数维持固定比率，通过增加理论板数，进行模拟运算，使回流比减少，直到回流比减小到一个稳定值，即可得到分离 C3-IC4 所需的最小回流比；计算结果如表 10-2 所示，得到的最小回流比大约为 2.9。同样在维持塔顶、塔底浓度要求的情况下，将进料板级数与全塔板数维持固定比率，通过减少理论板数，进行模拟计算，使回流比变大，直到回流比变得非常大，可得到分离 C3-IC4 所需的最小理论板数，计算结果如表 10-3 所示，得到的最小理论板数是 15。

表 10-2　最小回流比

理论板数	进料板位置	回流比
32	14	3.463
48	21	2.959
64	28	2.912
96	42	2.908

表 10-3　最小理论板数

理论板数	进料板位置	回流比
32	14	3.463
22	10	6.021
20	9	8.100
18	8	13.56
17	8	20.59
16	7	21.35
15	7	160.8

常用的精馏设计经验准则是理论板数为最小理论板数的2倍，根据此准则，在本节开始设定的包括塔底、塔顶换热器的32块塔板数符合要求；另外一个常用的精馏设计经验准则为实际回流比应为最小回流比的1.2倍，计算得到的最小回流比为2.9，相应的回流比应为3.48，也与32块塔板模拟结果大致相同。经验准则在此C3-IC4精馏塔上应用良好的原因主要在于C3-IC4体系具备良好的理想性热力学行为，如果精馏体系具备很强的非理想性热力学行为，简单地在精馏设计中应用上述经验准则是不可靠的。

在Aspen Plus中，已内置大量常用塔板和填料数据，可以利用Tray Sizing和Packing Sizing功能快速计算需要的塔径，程序自动完成流体力学计算。如对于本节中设计的C3-IC4精馏塔，如采用双流型筛板，在Aspen Plus中的Tray Sizing功能设定界面如图10-22所示，计算结果显示所需塔径为5.91 m；如采用Sulzer Mellapak 250Y型规整填料，在Aspen Plus中的Packing Sizing功能设定界面如图10-23所示，模拟计算估算的塔径为5.1 m。

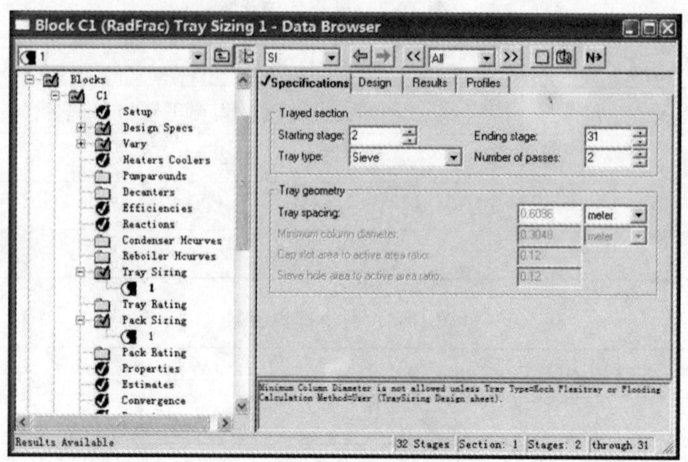

图 10-22　Aspen Plus 中 Tray Sizing 功能估算板式塔塔径输入界面

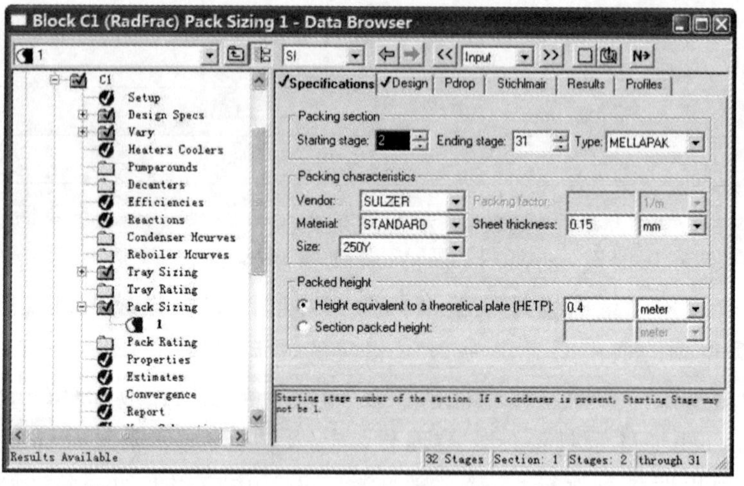

图 10-23　Aspen Plus 中 Packing Sizing 功能估算填料塔塔径输入界面

10.3.2　乙酸甲酯—甲醇—水系统精馏过程

乙酸甲酯(MEAC)—甲醇(MEOH)—水(WATER)三元系统的热力学行为有着显著的非理想性，其中，乙酸甲酯和甲醇二元混合物在 329 K、1.1 atm 条件下形成乙酸甲酯含量为 66.4 mol%的均相最小泡点共沸物，这意味着在常压下，如果采用一个精馏塔分离乙酸甲酯-甲醇二元混合物，塔顶不可能比共沸组成更高的乙酸甲酯产品；另外，乙酸甲酯和水二元混合物在 333.8 K、1.1 atm 条件下也形成一均相最小泡点共沸物，其共沸组成为乙酸甲酯含量 88.84 mol%。

Wilson 热力学方程能够很好地预测乙酸甲酯—甲醇—水三元系统的热力学行为，而对于三组分混合物精馏分离，如前文所述，精馏曲线或残余曲线可以有效地辅助精馏设计。在 Aspen Plus 中，利用 Wilson 方程，通过选择菜单 Tools-Aspen Split-Ternary maps，在 1.1 atm 下，可以产生如图 10-24 所示的三元系统残余曲线图，供精馏设计参考。纯组分和两个二元最小泡点共沸物的温度均标绘在图 10-24 中，残余曲线从最小泡点温度乙酸甲酯-甲醇共沸物开始，指向具有最高泡点温度的纯组分水；注意连接两个二元最小泡点温度共沸物的残留曲线形成了精馏边界，其将三元相图分隔成两个区域，单个精馏塔中的浓度分布必然位于其中一个区域，而不能跨越精馏边界。残余曲线和精馏曲线十分类似，两种曲线均模拟了操纵于全回流状态下精馏塔中浓度分布的状况，使用方法也类似，在 Aspen Plus 中，可根据需要获取两种曲线相图中的一种。

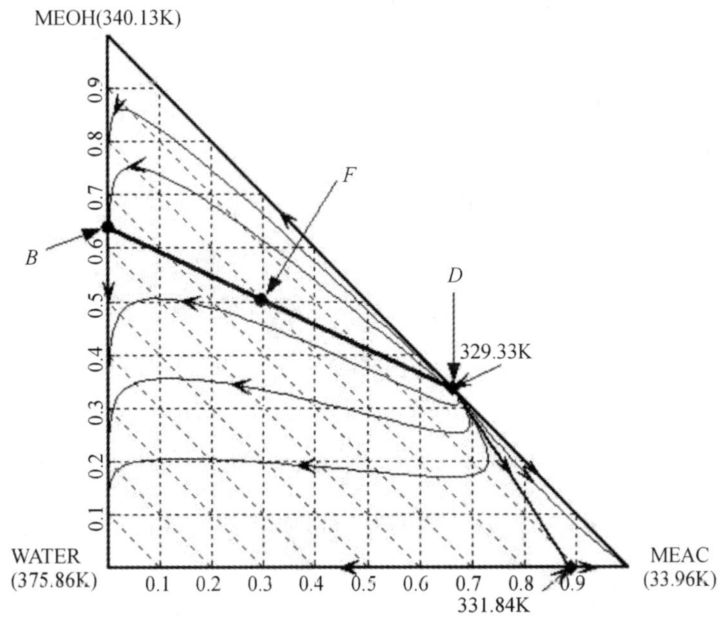

图 10-24　乙酸甲酯—甲醇—水三元混合物残余曲线相图

待分离的三组分混合物组成为：MEAC 30 mol%，MEOH 50 mol%，WATER 20 mol%，其组成点位于三元相图 10-24 中的 *F* 点，其位于精馏边界的左侧。采用单塔分离此三元混合物，因为纯乙酸甲酯(MEAC)端点位于精馏边界的右侧，不可能得到纯乙酸甲酯。由于残余曲线由乙酸甲酯—甲醇最小泡点温度共沸物指向具有最高泡点温度的纯水，采用单塔也难以得到高浓度甲醇，因此可通过单塔将三元混合物分离成两个二元混合物，塔顶为乙酸甲酯—甲醇最小泡点温度共沸物，塔底为甲醇—水混合物。甲醇为中间组分，乙酸甲酯和水分别为轻、重关键组分，在此精馏塔中完全分离；塔顶和塔底产品再进行进一步分离，可分别得到三个化合物的高浓度产品。

将塔顶产品组成点标绘于残余曲线三角相图 10-24 中，其位于 D 点，由于在相图中精馏塔进料组成点、塔顶产品组成点和塔底产品组成点，符合杠杆规则，三点应位于一条直线上，延长图中 DF 连线，可交 MEOH-WATER 轴于 B 点，其 MEOH-WATER 二元塔底产品大致组成为 MEOH62 mol%。同时注意到 B 点和 D 点大致位于同一条残余曲线上，而且位于同一个精馏区域，因此，将三元混合物分离成两个二元混合物的分离方案是可行的。

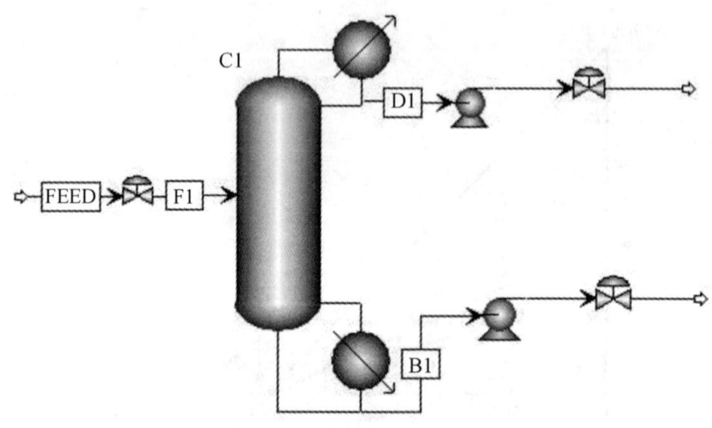

图 10-25　乙酸甲酯—甲醇—水三元混合物单塔精馏 Aspen Plus 流程图

根据以上分析，在 Aspen Plus 中建立如图 10-25 所示的流程，进料流率为 0.1 $kmol \cdot s^{-1}$，进料组成为 30 mol% MEAC，50 mol% MEOH，20 mol% WATER。因为塔顶产品乙酸甲酯—甲醇二元共沸物在 1.1 atm 压力下，泡点温度为 329 K，可以使用循环水冷却，因此塔压设定为 1.1 atm。初始设定此精馏塔有 32 块理论板，进料位置在第 16 块理论板，操作回流比为 2，此精馏塔最终所需的理论板数和进料板位置将根据分离要求和塔能量消耗随后确定。

在 Aspen Plus 模拟中，给出一个合理的初始条件是非常有利于计算收敛的。在此塔中，由于塔顶为乙酸甲酯—甲醇共沸物，其乙酸甲酯含量不可能高于其共沸组成66.4 mol%。由于乙酸甲酯为待分离组分中的轻关键组分，分离要求其全部在塔顶出现，假设其塔顶组成为63%，则塔顶产品精馏液流率的一个初始设定可为：

$$D=\frac{Fz_F}{x_D}=\frac{0.1\times0.3}{0.63}=0.0476\ \mathrm{kmol\cdot s^{-1}}$$

对于具有很强非理想性热力学行为的乙酸甲酯—甲醇—水三元系统精馏塔，其计算收敛方法应在如图10-26所示的界面中选择Azeotropic或Strongly non-ideal liquid方法，这两种方法适合处理非理想性物系精馏系统，如果使用Standard方法，塔模拟计算将很难收敛。为保证轻关键组分—乙酸甲酯的回收，在Aspen Plus中使用Design Spec/Vary功能，通过调整精馏液流率，以保证MEAC在塔底产品中含量为0.1 mol%；同时通过调整回流比，确保重关键组分-水在塔顶产品中的含量为0.1 mol%。Design Spec/Vary功能的使用有时会使塔计算难以收敛，在Aspen Plus中，可暂时设定相应的Design Spec/Vary条目失效，获取一个收敛解，然后再恢复激活其设计指定，使整个模拟计算收敛。另外，在塔计算时切换使用Azeotropic或Strongly non-ideal liquid收敛方法，也有助于塔计算收敛。

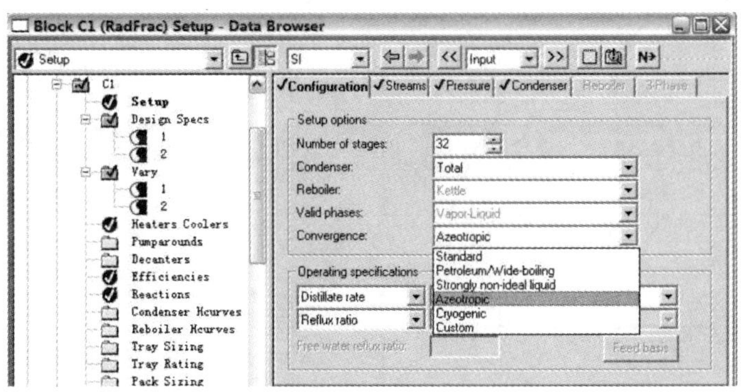

图10-26　Aspen Plus精馏塔模拟计算收敛方法选择

以上建立的乙酸甲酯—甲醇—水三元系统初始设计精馏塔模拟计算的结果为回流比为4.85，塔顶精馏液流率为0.045 kmol·s^{-1}，塔顶得到乙酸甲酯—甲醇共沸物，塔底得到甲醇—水二元混合物。

为使塔底再沸器的热负荷达到最小，在32块塔板总数情况及指定的分离要求下，改变进料板位置，运行模拟计算，通过比较所需的塔底再沸器负荷、回流比、塔顶乙酸甲酯浓度及所需塔径，可以确定最佳的进料板位置。

如图 10-27 所示，不同于前文考察的 C3-IC4 二元理想物系分离精馏塔，此非理想性三元物系分离精馏塔的再沸器负荷和塔顶组分浓度对于进料板位置的改变是非常敏感的。使再沸器负荷最小的进料板位置在第 27 块理论板，非常靠近塔底，但是在第 26 块板进料时，塔顶产品 MEAC 浓度开始急剧下降。因此，如果需要最高的塔顶 MEAC 浓度，进料板应设为第 26 块板；如果对塔顶浓度无要求，进料板则可设为第 27 块板。事实上，对于三组分物系分离精馏塔，不同于二元物系精馏塔的两个设计指定，其设计指定实际上为 3，需要确定进料板位置对塔分离效果的影响。图 10-28 展示了在塔板总数为 17、22、27 及 32 时，变化进料板位置对塔底再沸器负荷及塔顶 MEAC 浓度的影响。在 4 个不同塔板总数情况下，塔顶 MEAC 浓度开始急剧下降的进料板位置分别为：12、17、21 和 26，对应的再沸器负荷分别为：6.611 MW、3.318 MW、3.199 MW 和 4.452 MW。因此增加塔板数直到 27 块，可以减少能量消耗，但是当塔板总数大于 27 块时，能量消耗反而开始变大。尽管最终的精馏塔参数确定和设计需详细的经济评估决定，但图 10-28 直观的表明，22 块或 27 块总塔板数的精馏塔应该是最经济的。

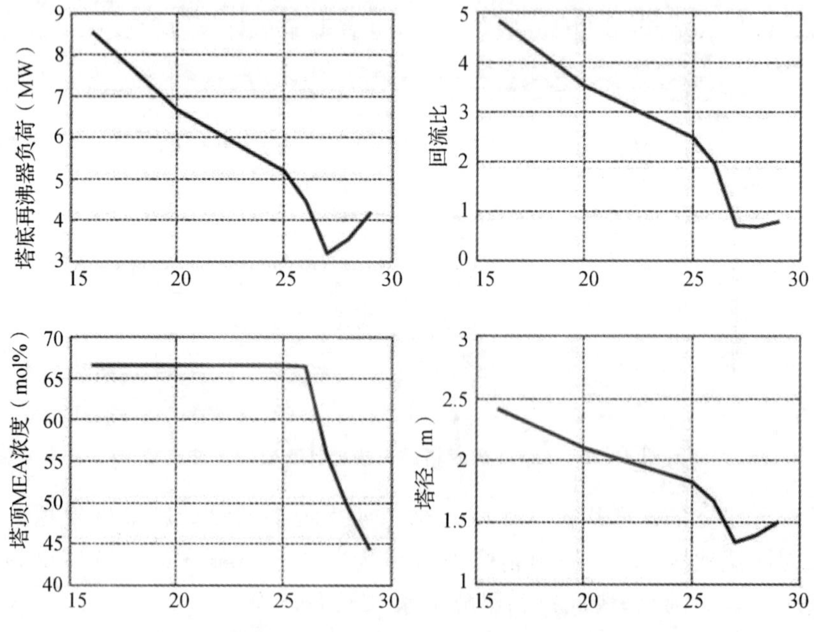

图 10-27 进料板位置对精馏塔的影响(塔板总数 32 块)

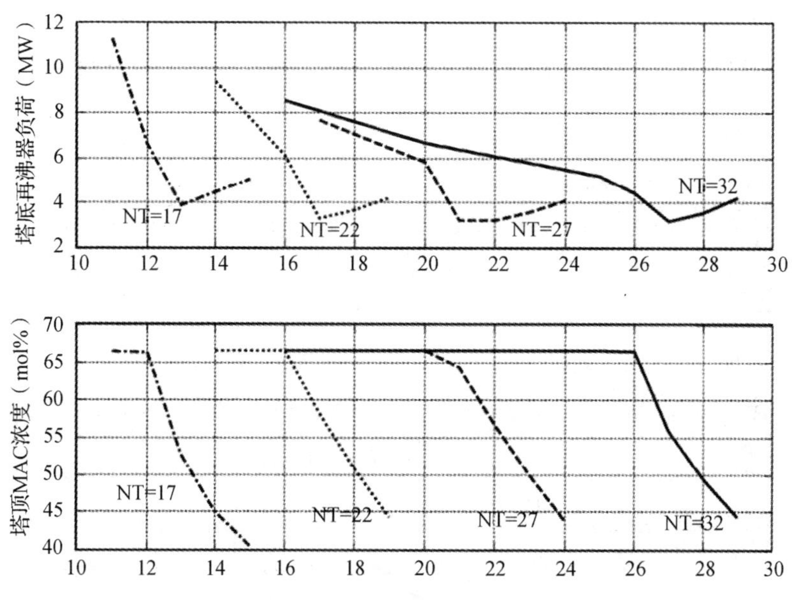

图 10-28　塔板数对精馏塔的影响

10.4　复杂精馏过程设计

10.4.1　乙醇脱水共沸精馏分离过程

乙醇和水在常压、351 K 时形成最小泡点均相共沸物，组成为 90 mol% 乙醇，此意味着乙醇和水二元物系通过精馏分离，在塔顶只能得到此共沸物，无法得到纯乙醇。通常的乙醇提纯工艺为先从发酵液中通过精馏手段将乙醇浓缩到 84 mol%，然后加入共沸剂苯，通过共沸精馏手段可将其提纯至 99 mol%以上。

乙醇—水混合物用苯脱水，涉及三个组分、汽—液—液平衡，热力学行为十分复杂。使用 Aspen Split 工具，利用 UNIQUAC 热力学方法，可以很好的描述其热力学行为。通过 Aspen Split 的共沸物搜索功能，可以得到常压下乙醇—水—苯三元物系中共沸组成情况，如图 10-29 所示，乙醇—水—苯三元物系中任意两个化合物均形成最小泡点二元共沸物，乙醇、水和苯还形成三元非均相最小泡点共沸物，其组成为：乙醇 27.5 mol%，水 19.5 mol%，苯 53 mol%，在

01	Number Of Components: 2 Homogeneous	Temperature 340.90 K Classification: Saddle	
		MOLE BASIS	MASS BASIS
	ETHANOL	0.4457	0.3217
	BENZENE	0.5543	0.6783

02	Number Of Components: 3 Heterogeneous	Temperature 337.17 K Classification: Unstable Node	
		MOLE BASIS	MASS BASIS
	ETHANOL	0.2749	0.2198
	BENZENE	0.5306	0.7194
	WATER	0.1945	0.0608

03	Number Of Components: 2 Homogeneous	Temperature 351.31 K Classification: Saddle	
		MOLE BASIS	MASS BASIS
	ETHANOL	0.8999	0.9583
	WATER	0.1001	0.0417

04	Number Of Components: 2 Heterogeneous	Temperature 342.39 K Classification: Saddle	
		MOLE BASIS	MASS BASIS
	BENZENE	0.7024	0.9110
	WATER	0.2976	0.0890

图 10-29　乙醇—水—苯三元物系共沸组成

此三元共沸物中水与乙醇含量之比高于乙醇—水二元共沸物中水与乙醇含量之比，而且此三元共沸物泡点温度(337.17 K)在所有纯组分泡点温度和二元共沸物泡点温度中是最低的，此意味着当加入适当共沸剂苯精馏时，水将被苯夹带至塔顶，塔顶可得到此三元共沸馏出液，而在塔底得到纯乙醇。

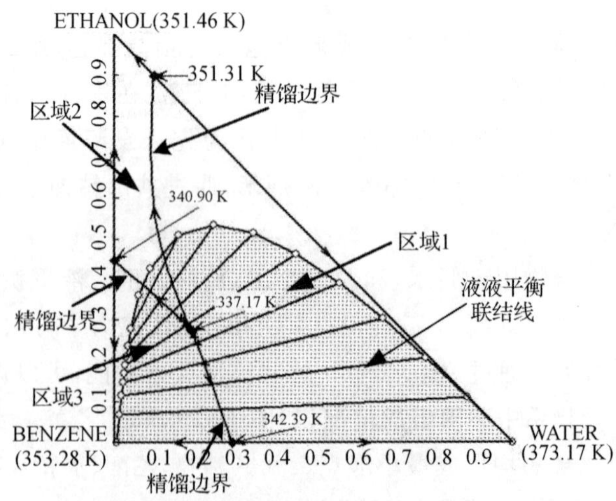

图 10-30　乙醇—水—苯三元物系残余曲线相图

利用 Aspen Split 的 Ternary maps 功能，可以得到如图 10-30 所示的乙醇—水—苯三元物系残余曲线相图，其三元体系中出现的共沸物组成、温度、液-液平衡及精馏边界均标绘于图中，非常有助于分析此三元物系的精馏分离设计方案。在图 10-30 中，三条精馏边界线将相图区域分成三个精馏区域，待分离的乙醇—水混合物组成为乙醇 84 mol%，其位于图中精馏区域 1，期望得到的纯乙醇产品则位于精馏区域 2，两者被精馏边界分隔，此意味着在乙醇—水双组分精馏塔内不可能得到纯乙醇产品。在乙醇—水分离精馏塔中加入适量苯，可使其在精馏区域 2 操作，在塔底得到纯乙醇，塔顶得到乙醇—水—苯三元非均相共沸物，此共沸物位于液—液平衡区域，冷凝分层后两个液相中的苯相可作为此精馏塔塔顶回流使用；注意到三元共沸物冷凝分层后的水相组成点跨越精馏边界，位于精馏区域 1，在此区域内可使用另外一个精馏塔进行分离，在塔釜可得到纯水，塔顶得到的乙醇—水—苯三元馏出液可返回至前一个精馏塔循环分离。

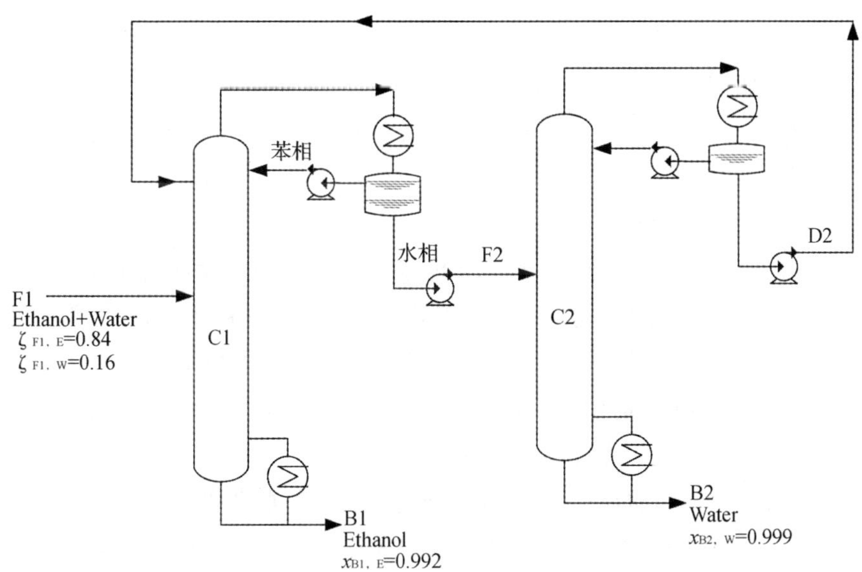

图 10-31　乙醇用苯脱水共沸分离精馏过程示意图

根据以上分析，为达到将乙醇—水混合物完全分离的目的，可建立如图 10-31 所示的乙醇—水—苯共沸精馏过程，首先利用共沸剂苯从塔 C1 塔釜中得到纯乙醇，塔顶蒸汽冷凝分层后，苯相作为 C1 回流使用，水相进入塔 C2，在塔 C2 塔釜中得到纯水，塔顶含苯馏出液送至塔 C1 循环使用。塔 C1、

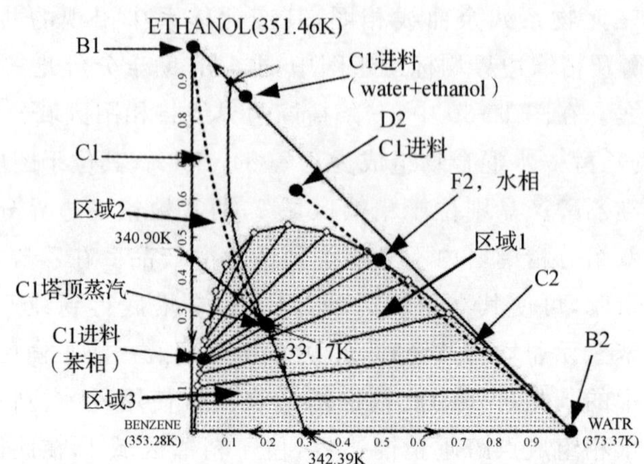

图 10-32　乙醇—水—苯精馏分离组成点相图分布示意图

C2 的进料和出料组成点标绘于三角相图 10-32 中，清晰的表明通过利用乙醇-水-苯三元非均相共沸物的液相分层，可跨越精馏边界，使塔 C1 和塔 C2 操作于不同的精馏区域，分别得到高纯度的乙醇和水。同时，从图 10-32 中也可以看出，此分离过程加入的苯应适量，不但能使塔 C1 在精馏区域 2 操作，同时也要满足分离要求，即在塔 C1 塔顶得到三元非均相共沸物，在塔 C1 塔底得到高纯度乙醇。

如图 10-31 所示，乙醇—水—苯共沸精馏流程中有两个循环物流，分别是塔 C1 塔顶苯相回流和塔 C2 塔顶馏出液至塔 C1 进料物流，两个循环物流的存在，将使 Aspen Plus 对此过程的模拟计算收敛十分困难。对于循环物流，尽管 Aspen Plus 提供了 Tear 功能加速循环物流的收敛，但除非提供很好的初始值，计算收敛是非常困难的，此外乙醇—水—苯三元物系强烈的非理想性热力学行为，也将增加此精馏分离过程计算收敛的难度。

为避免循环物流的初始处理困难和获取良好的初始值，首先在 Aspen Plus 中建立如图 10-33 所示的流程，注意在此流程中，两个循环物流已被人为切断，ORGREC 和 REFLUX 物流均代表苯相至塔 C1 的回流，D2CALC 和 RECYCLE 物流则代表塔 C2 塔顶馏出液至塔 C1 进料的回流，在图中使用虚线将其连接，以表示其虚线连接的两个物流应完全相同，这两对物流将在模拟计算过程中调整至相同。在图 10-33 中，塔 C1 塔顶无冷凝器，使用精馏 Radfrac 模型中的 Stripper 模块；Aspen Plus 中 Separator 模型中的 Decanter 模块可进行严格的液—液分层计算，因此塔顶三元共沸物冷凝后的液相分层使用 Decanter 模块计算，处理后水相物流为 AQUEOUS，苯相物流为 ORGANIC；另外考虑到苯在两塔塔底产品中的流失，设立了 MAKE-UP 纯苯物流，通过混合器 MIX1 与 ORG 物流混合以补充损失的苯，其流量将根据最终计算的物料平衡获取。

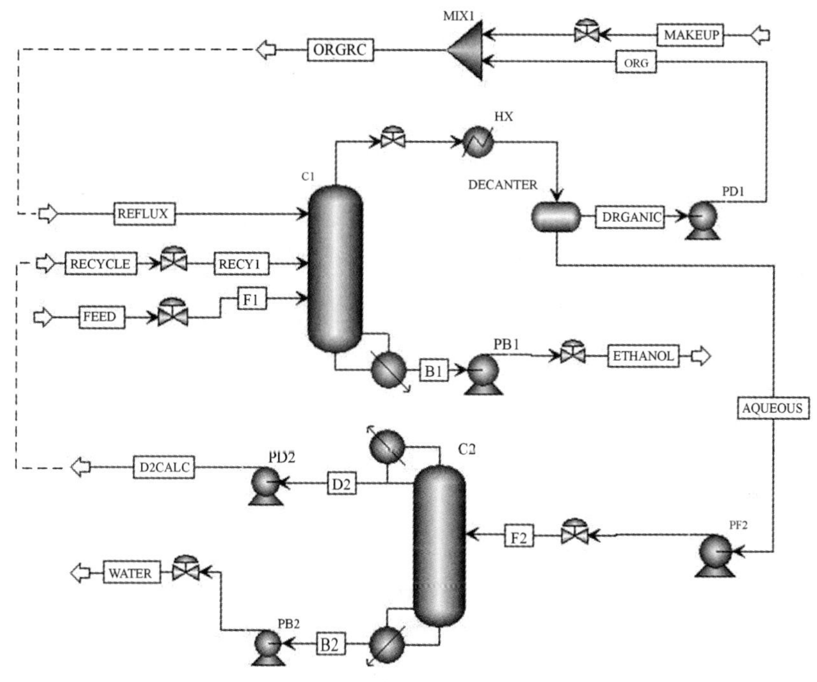

图 10-33　乙醇—水—苯共沸精馏 Aspen Plus 流程图

塔 C1 塔板数设定为 31，注意到其无塔顶冷凝器，其实际塔板数为 30；苯相回流 REFLUX 在塔顶即第 1 块板进料，塔 C2 塔顶循环物流 RECYCLE 在第 10 块板进料，乙醇-水待分离混合物物流 FEED 在第 15 块板进料，由于需要控制塔顶蒸汽，塔压设定为 2 atm。塔顶蒸汽经换热器 HX 冷却至 313 K，进入 Decanter 分层，在 Decanter 中设定 Benzene 为 Identify 2nd liquid phase 的 Key components。塔 C2 设定为 22 块理论板，操作压力为 1 atm，进料位置在第 11 块板。

图 10-33 表示的 Aspen Plus 模拟流程图中，塔 C1 进料物流 FEED 为乙醇-水待分离混合物，组成为乙醇 84 mol%，流量设定为 0.0 6 $kmol \cdot s^{-1}$。

另外两个进料 REFLUX 和 RECYCLE，分别是苯相循环回流和 C2 塔顶循环物流，组成和流量未知，必须提供合理的初始值，才能进行模拟计算。

塔 C1 塔顶蒸汽组成应接近乙醇—水—苯三元非均相共沸物组成：乙醇 27.5 mol%，水 19.5 mol%，苯 53 mol%，将此共沸物组成的三元组分蒸汽冷却至 313 K，在 Aspen Plus 中利用 Decanter 模块可计算得到其分层后两个液相的组成为：

液相组成(mol%)	水相	苯相
乙醇	47.04	14.14
水	45.72	1.51
苯	7.24	84.35

进料物流 REFLUX 的组成应当接近三元共沸物冷凝分层后苯相的组成，塔 C2 的进料组成应接近此三元共沸物冷凝分层后水相组成。塔 C2 塔釜产出高纯度的水，其量应为乙醇-水混合物进料中的水量，即：$0.06\times0.16=0.0096\ \mathrm{kmol\cdot s^{-1}}$，其值较小，因此可初始估计循环物流 RECYCLE 的组成为塔 C2 进料，即三元共沸物冷凝分层后水相的组成。另外从图 10-32 可以看出，RECYCLE 组成点 D2 应在进料点 F2 附近，因此初始估计其组成接近于 F2 组成点是合理的。

塔 C1 的进料 REFLUX 和 RECYCLE 流量设定，可初始估计一个 RECYCLE 流量，计算使塔 C1 塔釜液产出高纯度乙醇的 REFLUX 流量，然后将塔 C1 塔顶蒸汽冷凝分层后的水相进入塔 C2 进行分离，将塔顶馏出液 D2CALC 物流流量、组成同初始设定的 RECYCLE 物流流量、组成对比，同时将塔 C1 塔顶蒸汽冷凝分层后苯相流量、组成同 REFLUX 流量、组成对比，修正猜测的 RECYCLE 流量和组成，再进行模拟计算，直到设定值和计算值相同。

由于乙醇—水混合物进料 FEED 中的乙醇应全部从塔 C1 塔釜产出，因此塔 C1 塔釜流量设定为 $0.06\times0.84=0.0504\ \mathrm{kmol\cdot s^{-1}}$。由于塔 C1 塔顶不设冷凝器，将通过调整 REFLUX 流量实现塔釜产出高纯度乙醇要求。同样，乙醇-水混合物进料 FEED 中的水应全部从塔 C2 塔釜产出，因此塔 C2 塔釜流量初始设定为 $0.06\times0.16=0.0096$ kmol/s，起始设定塔 C2 回流比为 2，此回流比可调整，以保证塔釜产出高纯度水的要求。

起始估计 REFLUX 和 RECYCLE 流量分别为 $0.12\ \mathrm{kmol\cdot s^{-1}}$ 和 0.06

$kmol \cdot s^{-1}$，通过不断改变REFLUX流量，进行模拟计算，可获取REFLUX流量对塔C1分离效果的影响关系，如表10-4所示。由表10-4可以得到，在起始设定的0.12 $kmol \cdot s^{-1}$ REFLUX流量下，苯几乎将体系中的全部水夹带至塔顶，但是在塔底苯浓度过高，显示加入的苯量过大，因此减少REFLUX流量，可减少塔底苯浓度；但是当REFLUX流量由0.09 $kmol \cdot s^{-1}$减少至0.08 $kmol \cdot s^{-1}$时，塔底的水浓度由0.04mol%急剧增加至43.6 mol%，显示REFLUX中的苯量不足以夹带水至塔顶。但是，当REFLUX流量变回0.09 $kmol \cdot s^{-1}$时，模拟运算没有收敛到以前同样流量时的稳态解，直到REFLUX流量增大到0.11 $kmol \cdot s^{-1}$时，才能建立在塔釜液中低水浓度的稳态解。这表明REFLUX流量在0.08 $kmol \cdot s^{-1}$至0.1 $kmol \cdot s^{-1}$之间，塔C1存在多重稳定态，原因在于乙醇—水—苯三元体系高度非理想性的气—液—液平衡关系。

表10-4　REFLUX流量对塔C1分离效果的影响

REFLUX流量($kmol \cdot s^{-1}$)	塔C1塔底苯浓度(mol%)	塔C1塔底水浓度(mol%)
0.12	20.9	7×10^{-4}
0.10	10.1	8×10^{-3}
0.09	4.7	0.04
0.08	3×10^{-17}	43.6
0.09	3×10^{-17}	43.9
0.10	3×10^{-17}	43.8
0.11	15.5	2×10^{-3}

图10-34显示了塔C1在进料流量、组成相同，REFLUX流量为0.082 $kmol \cdot s^{-1}$时，塔C1的两个稳定态解，其中实线代表的稳态解满足了分离要求，体系中的水被苯夹带至塔顶，塔釜能够产出高纯度乙醇，使模拟计算收敛到这个需要的稳态解十分困难。塔C1的多重稳态解非常敏感于其开始计算时的初始值，获取图10-34中实线代表的稳态解，需要在变化REFLUX流量时采用较小的步长，由0.11 $kmol \cdot s^{-1}$逐步过渡至0.082 $kmol \cdot s^{-1}$，方可收敛至需要的稳态解。

在REFLUX流量为0.082 $kmol \cdot s^{-1}$时，将获取的达到分离要求的稳态解同初始循环物流估计设定值比较，可发现REFLUX组成与估计值十分接近，但是RECYCLE物流组成为乙醇41.6 mol%/水53.7 mol%/苯4.7 mol%，与

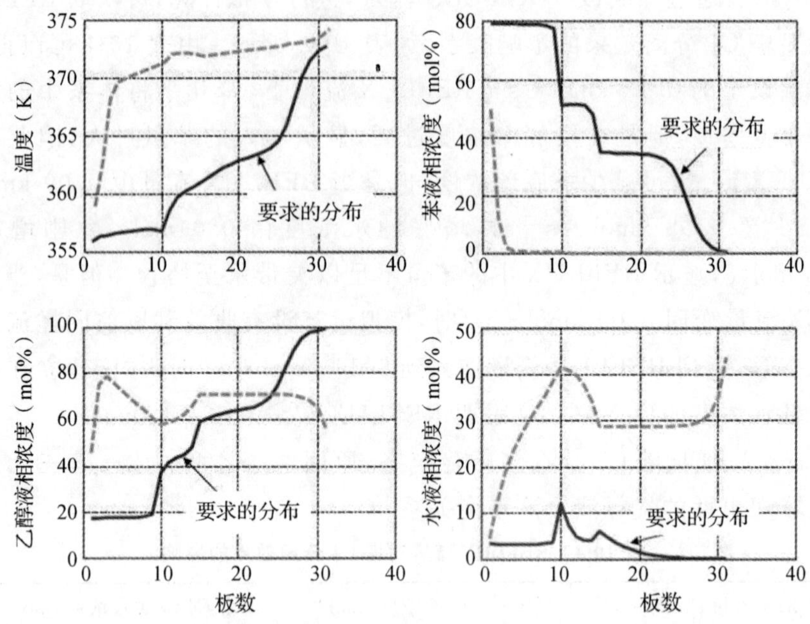

图 10-34 REFLUX 为 0.082 kmol · s^{-1}时塔 C1 的两个稳定态解

乙醇 47.1 mol%/水 45.7 mol%/苯 7.2 mol%的估计值不同，将计算值作为新的 RECYCLE 物流设定值，重新进行模拟计算，塔 C1 塔釜液 B1 组成变为乙醇 98.92 mol%，水 0.157 mol%，苯 0.926 mol%，塔 C2 精馏液 D2CALC 流率为 0.0704 kmol/s，此流率可作为新的 RECYCLE 流量设定值。

塔 C1 达到分离要求的关键在于加入的苯应适量，加入的苯量少，不足以将水夹带至塔顶，加入的苯量多，则苯将会在塔釜中出现，两者均不能完成塔底产出高浓度乙醇的分离任务。因此在塔 C1 中使用 Design Spec/Vary 功能，通过调整 REFLUX 流量，保持塔底苯浓度为 0.5 mol%的设计指定要求。

塔 C2 起始设定回流比为 2，通过模拟计算，塔底部水浓度非常高，模拟计算显示回流比减少至 0.2，仍能够满足塔底产出高浓度水的分离要求。为保证分离要求，在塔 C2 中使用 Design Spec/Vary 功能，通过调整塔底 B2 流量，维持塔底 0.1 mol%的乙醇浓度设计指定要求。

通过模拟计算，将计算所得的 D2CALC 和 ORGREC 物流参数与估计设定的 REFLUX 和 RECYCLE 物流参数对比，不断调整物流 REFLUX 和 RECYCLE 参数，进行模拟计算，使 ORGREC 与 REFLUX 物流参数十分接近，同时使 D2CALC 与 RECYCLE 物流参数也大致相同，即可为封闭循环物流求解计算提供很好的初始解值。在 Aspen Plus 中，通过删除 D2CALC 物流，连接 RECYCLE 物流至泵 PD2，可使循环物流 RECYCLE 封闭，封闭 RECYCLE 循环物流后的 Aspen Plus 流程图如图 10-35 所示，注意塔 C1 塔顶苯相回流，即 REFLUX-ORGREC 循环仍没有封闭。

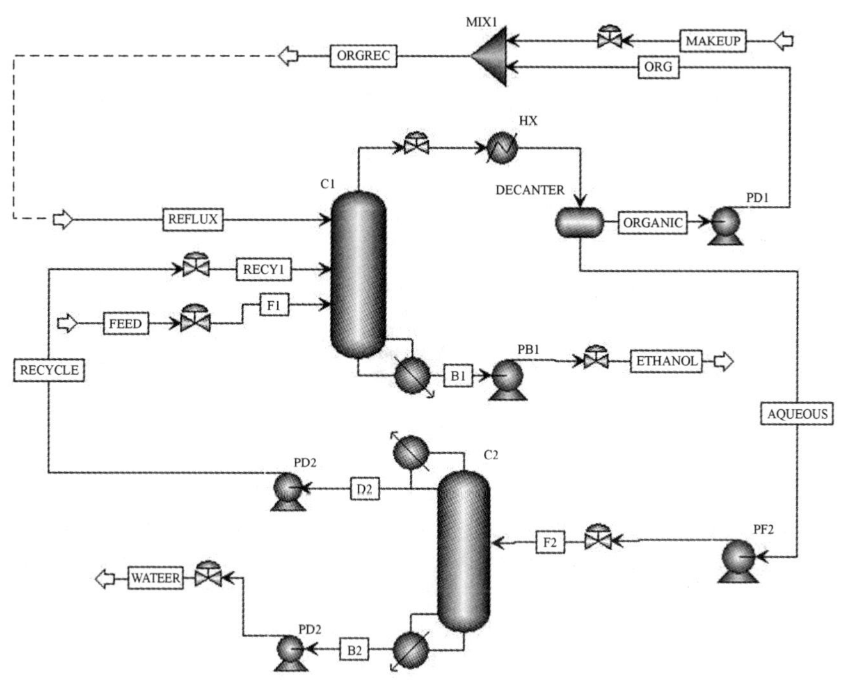

图 10-35　封闭 RECYCLE 物流循环的 Aspen Plus 流程图

由于 RECYCLE 物流为循环物流，在 Aspen Plus 中 Convergence 选项对此物流设定使用 Tear 功能，以加速计算收敛。对图 10-35 所示的流程进行模拟计算，即可使乙醇—水—苯共沸精馏过程收敛于如图 10-36 所示的稳定解。

尽管理论上可以删除 ORGREC，连接 REFLUX 至混合器 MIX1，即可关闭 REFLUX-ORGREC 循环，并通过设定对 REFLUX 物流使用 Tear 功能，可使模拟计算收敛，获取苯在系统内封闭循环使用的稳态解，但是，即使提供非常好的初始设定值，Aspen Plus 仍然不能计算收敛。对于本节计算的乙醇—水—苯共沸精馏过程，得到的 REFLUX 和 ORGREC 物流参数十分接近，可以认为是同一股物流，因此模拟计算结果是可靠的。

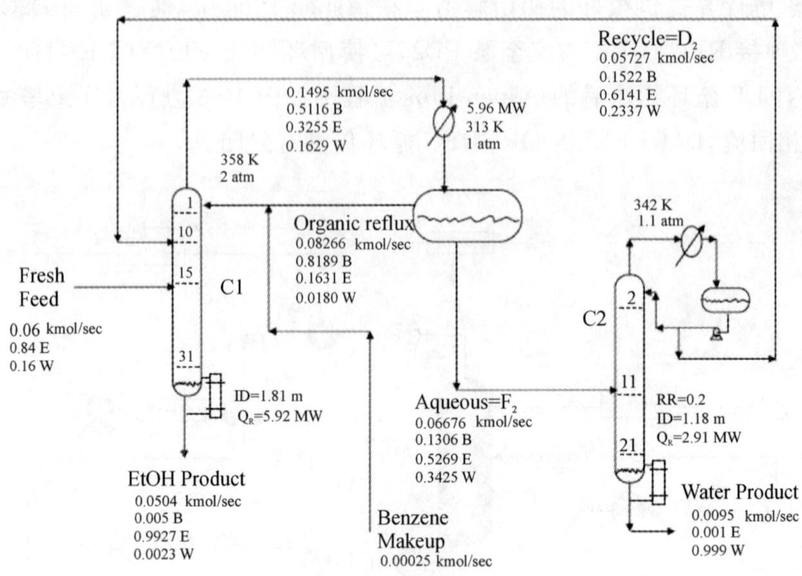

图 10-36 乙醇—水—苯共沸精馏过程稳态解

乙醇—水—苯共沸精馏的 Aspen Plus 模拟过程计算，由于体系强烈的非线性热力学行为，加之体系内循环物流的存在，使模拟的收敛非常依赖于开始模拟计算时的初始设定值。为获取良好的初始解值，应逐塔进行模拟计算，获取各因素影响分离效果的定量关系，方可使模拟计算成功。

10.4.2 甲醇—水热集成精馏分离过程

精馏过程通常消耗巨大的能量，在当前能源紧张的情况下，有效地减少精馏过程能耗，一直是精馏分离研究的重点。多效精馏原理与多效蒸发相似，其原理如图 10-37 所示，各塔操作于不同压力，使用前级高压塔塔顶蒸汽作为下级低压塔塔釜的加热蒸汽，因此只有第一效需要外部加热，末效需要塔顶冷凝，可有效减少能耗。多效精馏的关键是选择适宜的各塔操作压力，以达到热集成的目的，同时该过程受第一效加热蒸汽压力和末效冷却介质温度的限制，一般工业上通常采用双效精馏的方式。

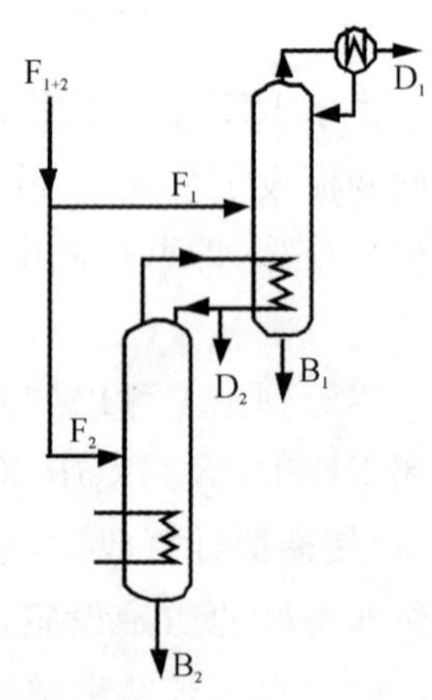

图 10-37 多效精馏原理图

对于待分离的甲醇(MEOH)—水(WATER)热集成精馏分离系统,甲醇—水混合物温度为330 K,流量为1 kmol/s,组成为甲醇60 mol%,水40 mol%;分离要求为塔顶精馏液中甲醇含量为99.9 mol%,塔底馏出液水含量为99.9 mol%。对于如图10-37所示的双效热集成精馏过程,高压塔顶蒸汽冷凝放出热量应与低压塔釜液体蒸发需要的热量相同,因此两塔的进料量应合理分配;其次,为实现两塔之间的换热要求,高压塔顶蒸汽与低压塔釜液体之间应有合理的温度差,这要求合理选择两塔的操作压力以维持传热推动力。

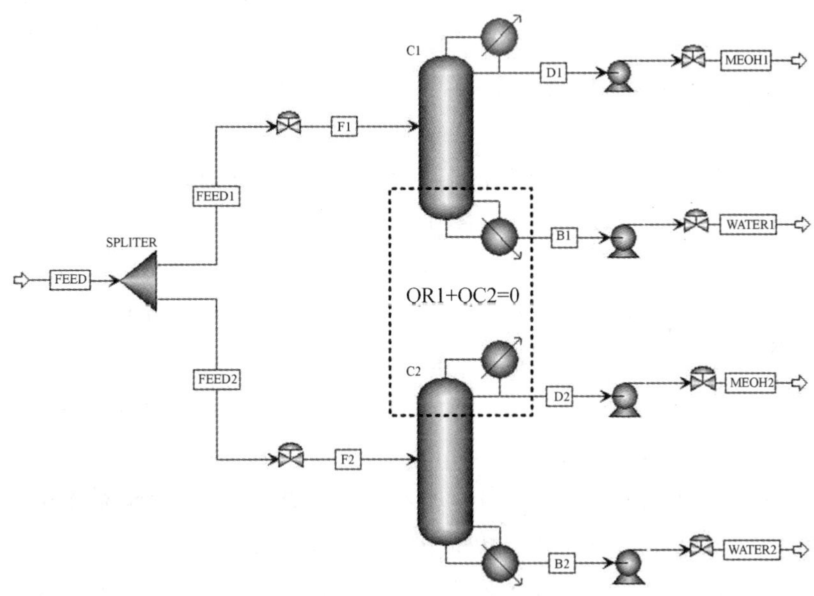

图10-38　甲醇—水热集成精馏分离Aspen Plus流程图

在Aspen Plus中建立的MEOH-WATER热集成精馏分离流程图如图10-38所示,进料首先通过一分流器Spliter分割成两部分,两股分流分别进入两个具有32块理论板的精馏塔,分离成高纯度水和高纯度甲醇。如图10-38所示,如欲达到两塔热集成目的,塔C1塔釜再沸器加入热量QR1与塔C2塔顶冷凝器移除热量QC2之和应为0。

塔C1操作于低压0.6 atm下,此时塔顶冷凝器温度为325 K,可以使用普通循环水冷却,塔釜温度为367 K。通常合理的传热温差为20 K,如果利用塔C2塔顶蒸汽加热塔C1塔釜,塔C2的塔顶温度应为367+20=387 K,

由此可确定塔 C2 操作压力为 5.3 atm，塔顶蒸汽温度为 387 K，塔釜温度为 429 K，可以使用中压蒸汽加热塔釜再沸器。此外，塔 C1 和塔 C2 的单板压降均设为 0.0068 atm。

进料流股在 Spliter 中的分配比例关系可在 Spliter 设定界面中设定，初始设定为两部分流量相同，即同为 0.5 kmol · s^{-1}，分别进入塔 C1 和塔 C2 进行精馏分离。对塔 C1 和塔 C2，均建立两个 Design Spec/Vary 条目，通过调整精馏液流率和回流比，保证塔顶和塔釜产出浓度达 99.9 mol%的甲醇和水。通过初始模拟计算，优化两塔进料板位置以使两塔的再沸器热负荷最小，计算得到的塔 C1 进料位置在第 19 块板，塔 C2 进料位置在第 18 块板。

在获取的最优进料板位置基础上，可通过比较塔 C1 再沸器热负荷和塔 C2 塔顶冷凝器热负荷，重新设定进料流股通过分流器 Spliter 的分配比例，通过试差运算，使塔 C1 再沸器热负荷和塔 C2 塔顶冷凝器热负荷相同，从而实现进料流股在两塔间的合理分配，达到热集成的目的。为避免烦琐的试差运算，在 Aspen Plus 中，可通过 Flowsheeting Options 中的 Design Spec 功能自动完成此项工作。Flowsheeting Options 中的 Design Spec 功能类似于精馏塔设计中的 Design Spec/Vary 功能，但是调整和设计指定的变量可以是模拟流程图中任意一模块的变量，适用范围更广。

Flowsheeting Options 中 Design Spec 的设定为：首先建立一新的 Design Spec 条目 DS-1，在如图 10-39 所示的 Define 输入页面中定义变量 QR1 和 QC2，分别代表塔 C1 塔釜再沸器加入热量和塔 C2 塔顶冷凝器移除热量，在如图 10-40 所示的 QR1 输入页面中定义 QR1，在如图 10-41 所示的 Spec 页面中，定义设计指定 DELTAQ 参数，并输入其设计指定目标值和计算容忍误差；在如图 10-42 所示的 Vary 页面中，定义调整变量为进料流股通过分流器 Spliter 的分配比例，并确定其变化范围；最后则在如图 10-43 所示的 Fortran 页面中，定义设计指定参数 DELTAQ 为 QR1 和 QC2 之和。在

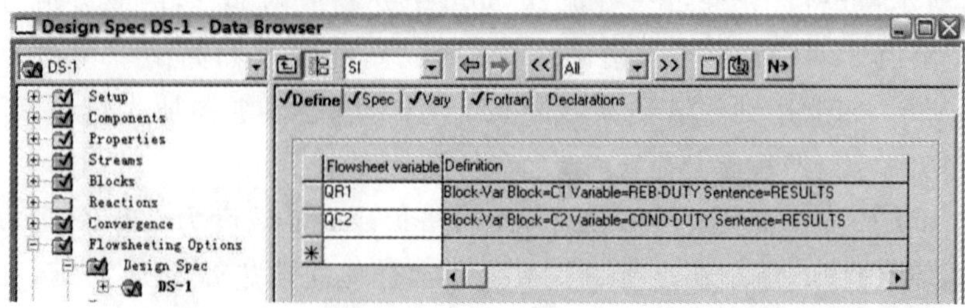

图 10-39 Design Spec 功能中的 Define 输入页面

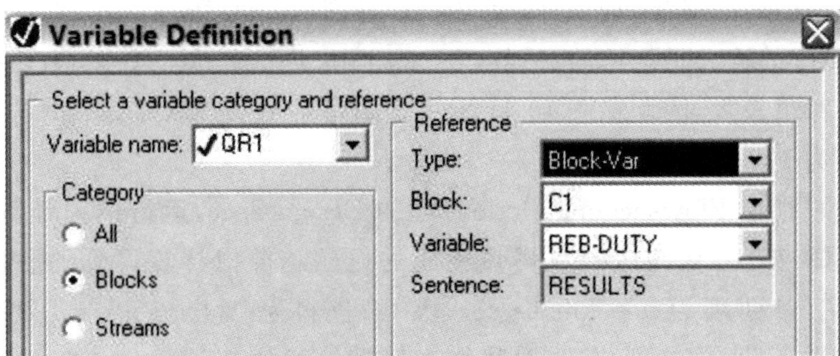

图 10-40 Design Spec 功能中的 QR1 定义页面

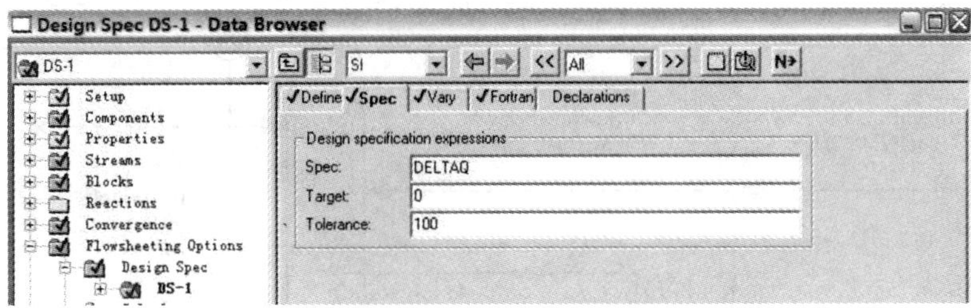

图 10-41 Design Spec 功能中定义设计指定的 Spec 页面

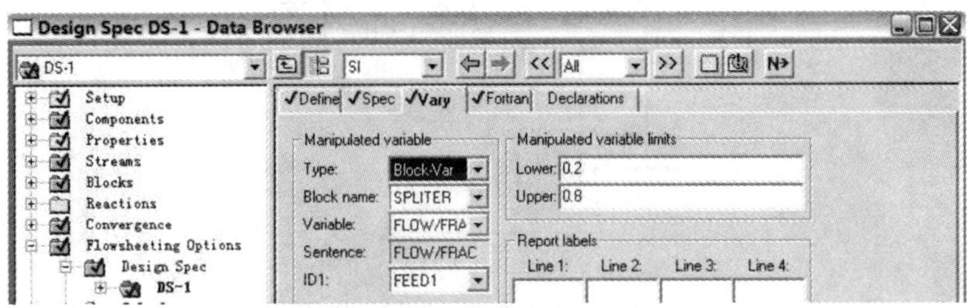

图 10-42 Design Spec 功能中定义调整变量的 Vary 页面

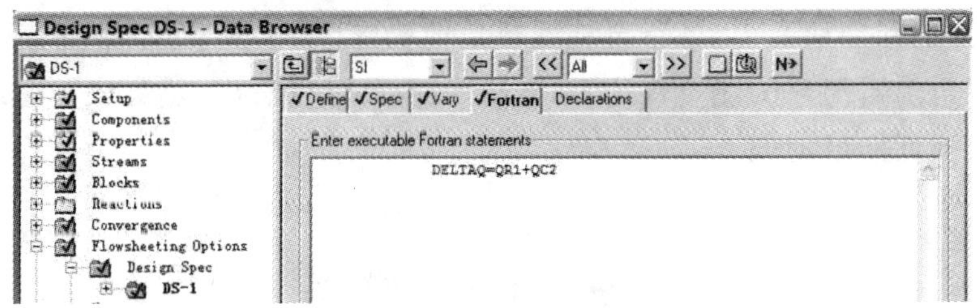

图 10-43 Design Spec 功能中的 Fortran 页面

Aspen Plus中，加入的热量为正值，移除的热量为负值，因此此热集成精馏流程的期望 DELTAQ 值应为 0，这与图 10-41 所示 Spec 页面中的 DELTAQ 的输入是相符的；另外，Aspen Plus 热量单位为 W，导致热量计算的绝对数值较大，因此在图 10-41 所示 Spec 页面中定义 DELTAQ 的计算容忍误差为 100。

通过指定 Flowsheeting Options 中的 Design Spec，运行模拟计算，可使 QR1＋QC2＝0，从而达到双塔热集成的目的。模拟计算得到的收敛结果显示，塔 C1 进料为 0.6 kmol・s^{-1}、塔 C2 进料为 0.4 kmol・s^{-1}，塔 C2 塔底再沸器负荷为 29.2 MW，此热集成精馏过程模拟运算的详细结果如图 10-44 所示。

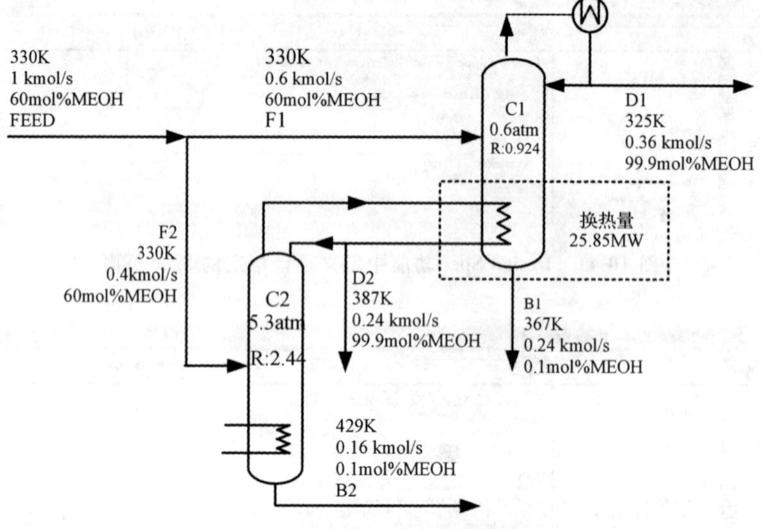

图 10-44　甲醇—水热集成精馏分离模拟计算结果

如在 0.6 atm 压力下，使用 32 块理论板的单个精馏塔分离此甲醇-水混合物，为达到分离要求，塔釜再沸器热负荷为 42.9 MW，而双塔热集成精馏过程中再沸器消耗的能量仅为 29.2 MW，由此可以看出，热集成精馏过程可以有效降低能量消耗。

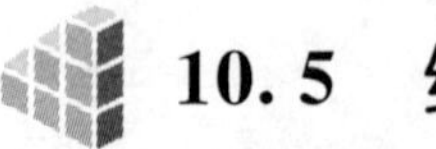

10.5　结语

应用化工模拟软件辅助设计精馏过程，可有效地筛选设计方案，提高工作效率。在成功进行精馏过程稳态模拟的基础上，还可利用动态模拟软件工具进行精馏过程的动态模拟，从而为精馏过程工艺和控制提供完整的方案。

尽管应用化工模拟软件工具进行精馏过程设计方便快捷，但应能对模拟计算结果做出正确判断。化工模拟软件在没有设定正确条件的情况下，有时也能给出似是而非的结果，另外，精馏系统模型强烈的非线性也有可能导致多重解的出现，如果不能对模拟结果做出正确判断，而将错误的计算结果直接应用于工程设计，将造成严重后果。另外，精馏分离过程往往涉及具有很强非理想性热力学行为的物系，以及复杂的分离流程结构，在模拟计算时为达到收敛解，往往需要提供很好的初始设定值，才能使模拟计算成功。以上均需要对精馏过程涉及体系的热力学行为及精馏过程原理有深刻理解，方能使模拟计算收敛，并成功应用于实际工程设计。

参考文献

[1]王树楹.现代填料塔技术指南.北京：中国石化出版社，1998

[2]Biegler L T，Grossmann I E，Westerberg A W. Systematic methods of chemical process design. New Jersey：Prentice Hall PTR，1997

[3]LuybenW L. Distillation design and control using Aspen™ simulation. New Jersey：John Wiley & Sons Inc，2006

[4]Rieder R M，Thompson A R. Vapor-liquid equilibrium measured by a gillespie still. IndEngChem，1949，41(12)：2905

[5]Seider W D，Seader J D，Lewin D R. Process design principles：synthesis，analysis and evaluation，2ed. New Jersey：John Wiley & Sons Inc，2003

第11章 化工分离过程模拟优化及控制

 11.1 概述

过程模拟优化及控制是提高化工分离过程的经济效率、降低生产成本的主要手段之一。原 SetPoint 公司总裁 White 指出，过程模型化、控制和优化具有投资低和收益高的特点。Chemshare 公司研究结果表明，实现过程优化是获得企业经济效益的关键，闭环在线优化所带来的经济效益相当于 DCS 和各种先进控制手段所带来的经济效益的总和，而其投资只有后者的三分之一[1]。

通过建立化工分离过程的的稳态和动态数学模型，进行相关的操作与优化控制仿真研究，继而优化相关操作参数和控制方案，是实现化工分离过程合理改造及挖潜增效的有效手段，并可缩短新型精馏过程的开发周期，大幅度提高从实验室小试到工业规模的放大倍数。

从系统学的观点看，化工过程是具有存储性的过程，过程具有储存能量和质量的能力，当过程的存储量不再变化时，系统达到一种平衡，也就是稳态，但由于外界的扰动总是存在，过程的平衡状态往往是相对的，扰动造成的过程储存量的变化和因此产生的过程运动才是常态，动态模型也就是这种变化和运动的描述，能更准确地描述化工过程的实际状态，在过程仿真和控制中普遍应用。

但这并非说明稳态模型就不重要，反之，在过程的优化中，往往需要先根据稳态模型确定过程的最佳稳态工作点，过程优化控制系统的目标就是使过程系统的运动最终稳定在最佳稳态工作点。

因此化工过程数学模型本质上可以分成静态(或称稳态 Steady State)数学模型和动态(Dynamic State)数学模型。静态数学模型主要用于工艺过程的设计和分析以及静态优化,动态模型主要用于过程优化控制,仿真和软仪表构造。两类模型在应用范围、模型形式和求解方法上尽管有众多不同,但是在内容和模型假设方面有着十分密切的关系。动态模型是对生产过程更一般的描述,它不仅给出了稳定时变量之间的关系,而且还反映了各变量随时间的变化规律,从而可以对过程能否稳定运行进行判断。其稳定时的变量关系就是稳态模型。因此动态模型常常需要借助稳态模型的结果和假设,但是它有其自身的特点和应用时简化的要求,故还需要适应动态模型的假设与方法。

若按照应用目的的不同,还可以将模型分成精确模型和简化模型两大类。精确模型功能齐全、适应性强,能够为系统设计和优化提供更可靠的信息;简化模型随简化程度的不同而功能各异,一般能满足系统的控制、操作、优化、预测或监测的某些要求,但数据的精度与适应性有一定的限制范围。这两种模型通过适当的假设和数学手段可以相互转换。

由于化工分离过程有许多分离体系,数学模型根据不同的分馏体系也很不同,本章将以石油化工的精馏塔为研究对象,介绍分离过程的建模及仿真优化方案。

11.2　精馏模型概述

如第十章所述,传统的精馏数学建模主要通过逐板建立起各组分的物料平衡方程(M 方程)、相平衡方程(E 方程)、各平衡级的能量平衡方程(H 方程)和摩尔分率归一化方程(S 方程),通称 MESH 方程;但由于不少分离物系十分复杂,如石油是由不同的混合馏分组成,难以像单纯组分那样进行分割。

有关精馏塔数学建模的研究经历了由稳态到动态、由平衡级模型到非平衡级的过程。1985 年以前,板式精馏塔的数学模型主要为平衡级模型(equilibrium model),它的两个基本假设是:(1)平衡级假设,(2)全混级假设。平衡级假设一般不能满足,所以必须引入塔板效率的概念[2~7]。

基于平衡级模型的多元精馏过程的模拟计算主要是通过求解全塔的 MESH 方程组,得出每块理论板的气液相组成、温度和流量分布以及完成分离任务所需要的理论板数,并引入全塔效率或者板效率来修正实际过程的非理想因素。由于 Murphree 板效率易于和平衡级模型结合,因而应用最为广泛。但板效率的预测方法还不完善,对于多元系更是如此。为此 Krishnamurthy 和 Taylor[8~11]提出了基于速率方程的非平衡级多元分离模型,该模型假设热力学平衡仅在相界面成立,直接用传质、传热速率方程来表征传递过程,模拟计算塔内实际的传质、传热和流体力学状况,避免了板效率的计算,该思路得到了国内外研究学者的重视。

1995 年 Koojiman 和 Taylor[12]提出一种板式精馏塔的非平衡级动态数学模型,可以直接计算质量和能量传递速率。秦永胜等[13]应用传质理论对每层塔板气液相分别列写了物料、能量衡算和气液相间传质传热方程的非平衡级模型。对于非平衡级模型来说,传质系数是由多元传质理论计算的,徐孝民[14]在其博士论文中提出了直接估计真实蒸馏物系的传质系数的一种方法,在模型假设中认为塔板上气体为全返混,而液体在塔板上按照流动方向被分成数个平衡池,在每个池内,气液全返混并进行着非平衡级传递过程。宋海华[15]在前人的基础之上,总结了 6 类典型的动态精馏模型:平衡级动态精馏模型(Ⅰ),非平衡级动态精馏模型(Ⅱ)(用 Murphree 气相板效率关联),一维活塞流动态精馏模型(Ⅲ),一维涡流扩散动态精馏模型(Ⅳ),带滞止区的二维涡流扩散动态精馏模型(Ⅴ)以及三维非平衡混合池动态精馏模型(Ⅵ)。该文比较了这 6 类动态模型对脱戊烷塔的开环响应过程和模拟计算结果,不同模型的动态响应时间互不相同,模型Ⅰ形式最简单,动态响应时间最短,但误差较大;模型Ⅵ充分考虑了精馏过程中的非平衡效应和惯性效应,但过于复杂,所需计算机时最长;而模型Ⅱ既考虑了精馏塔板上气液两相间传质的非理想性,改善了计算精度,模型形式也较简单,尽管还保留着全混级的假设,但在目前传质传热理论研究还不够成熟的情况下,不失为一种好的建模方法。

可见,非平衡级模型(non-equilibrium model)是建立在化工分离过程传质和传热速率方程基础上的多元模型。非平衡级模型抛弃了平衡级假设,但保留了全混级假设,无需进行塔板效率计算,可以克服平衡级模型的本质不足,得到更加精确的组分、效率和温度分布。且非平衡级模型通过直接计算传质和传热过程反应分离效率,能够更准确的反映出不同操作条件下的对象特性,是目前流程模拟和过程优化领域的前沿技术之一。非平衡级模型引入了传质速率方程,克服了平衡级模型估计分离效率的困难;但对于组分复杂的体系,采用非平衡级模型进行分析仍较困难。

11.2.1 精馏稳态模拟算法

精馏的稳态模拟，既是精馏塔设计和优化的重要手段，也是精馏过程动态模拟的基础。所谓稳态模拟，即求解精馏稳态模型。由于描述精馏过程的MESH方程组庞大和高度非线性，很难获得解析解，必须依靠合适的数值求解算法才能实现精馏系统的严格计算。第十章主要从模拟软件的角度进行介绍，本节则着重算法介绍。

有关精馏模型求解算法方面的论述很多，迄今已比较成熟，概括起来主要可以分成矩阵法（如泡点法、露点法、流率加和法）、逐板计算法、不稳定方程法（如新松弛法）以及结合了前面几种算法长处的联合算法等，表1给出算法的优缺点比较。这些算法通常包括了各种气液平衡数据的计算、复杂的精馏过程的计算及各种能耗的计算，并且涉及了多种矩阵运算和数值算法，如求解三对角矩阵的追赶法、解非线性方程（组）的迭代法，以及在求解热力学性质和物性时所要用到的插值和参数拟合等。

表11-1　典型精馏计算法优缺点比较

算　法	优　点	缺　点	说　明
逐板法（Thiele-Geddes、Lewis-Matheson法）	算法较简单，使用手算时该法是唯一可行的半严格算法	1. 截断误差传递影响大 2. 对沸点差别较大的物系或非理想性较强的物系难收敛	在精馏电算中较少应用
泡点法（BP Method） 露点法（DP Method）	1. 算法简单 2. 初值要求不高 3. 占用内存少	1. 当临近解时收敛速度慢，迭代次数过多 2. 算法包含泡（露）点计算，费机时 3. 对高度非理想物系难收敛	精馏系统最常用的算法
流率加和法（SR Method）	1. 不含泡（露）点计算，收敛速度快 2. 特别适用于吸收塔及宽沸程系统	1. 不适用于窄沸程精馏系统 2. 板数较多时稳定性变差	对烃类吸收塔具有突出的优点
Newton-Raphson法	1. 收敛速度快 2. 无需进行费时的泡点计算 3. 对各类精馏及吸收计算均适用	1. 计算Jacobian矩阵各偏导数时工作量较大 2. 占用内存较大 3. 收敛性易受初值选取的影响	对计算机配置要求高
不稳定方程法（Rose法、石川改进的松弛法、新松弛法）	1. 适用范围宽 2. 对初值要求不高 3. 稳定性好 4. 迭代中间结果具有物理意义	1. 收敛速度较慢 2. 对松弛因子的选取很敏感	当其他算法均不收敛时考虑采用

由表 11-1 可知，三对角矩阵法是目前精馏过程稳态模拟的最主要方法。它是将精馏过程中的 MESH 方程按类别进行分类组合，近似地认为其中一部分方程只与相应的一部分变量相关，从而把方程和与之匹配的变量进行求解的一种方法。这类方法的代表有：流率加和法和泡点法（或露点法）。前者用 M-E 方程组来校正塔板气液相流量，用 H 方程来校正塔板温度；后者则正好相反，通过泡点或露点计算来校正塔板温度，而用 H 方程来校正塔板气液相流量。选择不同校正方案的原则是使 M-E 方程和 H 方程各自和受其影响较大的变量相匹配。

如文献[16]采用 BP 法对原油蒸馏塔进行模拟计算，通过引入实时测量信息、Murphree 气相板效率来校正实际传质过程的非理想性、“内—外”算法来加速相平衡常数 K 值的计算、Kubicek 法来求解不完全三对角矩阵等方法，使算法的收敛性和速度均有所提高。

另外实际计算时也有综合几类算法，如 Lang[17]提出了一种用于原油蒸馏的新算法——BP-SR 联合算法。该法的特点是在精馏段使用 BP 法，提馏段和侧线提馏段使用 SR 法。仿真表明该法具有良好的收敛性，而且对初值要求不高，通常 50～60 次迭代后足以达到工程计算的精度要求，但在解的附近，该法收敛较慢。

目前国外已开发了一些有关精馏计算的商业软件（见第十章），而另一方面，以矩阵或数组为基本数据单元的高效的工程计算语言——Matlab 语言的出现，降低了在精馏系统模拟软件的开发难度，也可以直接 Matlab 等语言直接编程，对算法进行改进[18～19]。

精馏稳态模拟可按下述步骤进行。

首先建立 MESH 方程组：

设精馏塔内组分数为 c，总级数为 N，且假定精馏塔内无化学反应；第 1 级为冷凝器，第 N 级为再沸器。

对图 11-1 所示的通用模型塔的任一平衡级 $j(1 \leq j \leq n)$，可写出经典的 MESH 方程组

①物料衡算式（M-方程）

$$G_{j,i}^{M}=L_{j-1}X_{j-1,i}-(V_j+G_j)Y_{j,i}-(L_j+S_j)X_{j,i}+V_{j+1}Y_{j+1,i}+F_jz_{j,i}=0 \tag{11-1}$$

②相平衡关系式（E-方程）（当板效率＝1 时）

$$G_{j,i}^{E}=Y_{j,i}-K_{j,i}X_{j,i}=0 \tag{11-2}$$

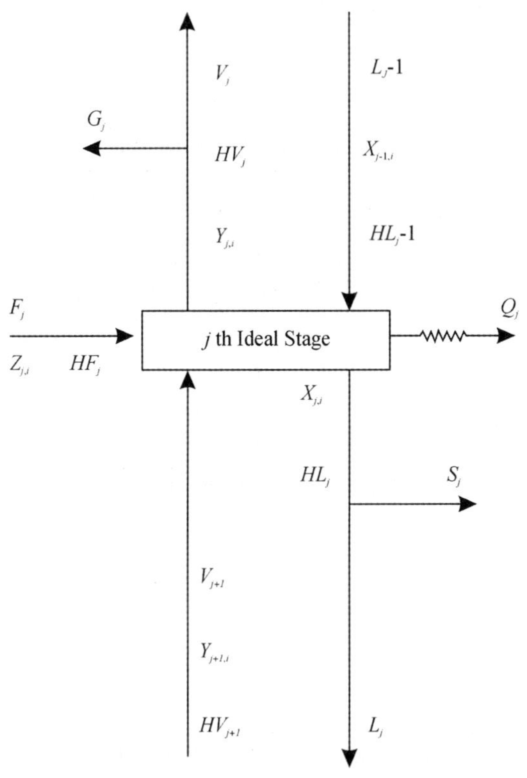

图 11-1　第 *j* 平衡级

③摩尔分率加和式(S-方程)

$$G_j^{SY} = \sum_{i=1}^{c} Y_{j,i} - 1.0 = 0 \quad (3a) \qquad G_j^{SX} = \sum_{i=1}^{c} X_{j,i} - 1.0 = 0 \quad (11\text{-}3)$$

④热量衡算(H-方程)

$$G_j^H = L_{j-1} HL_{j-1} - (V_j + G_j) HV_j - (L_j + S_j) HL_j + V_{j+1} HV_{j+1} + F_j HF_j - Q_j = 0 \quad (11\text{-}4)$$

(11-1)—(11-4)组成了 MESH 方程组,模型中,若 $G_{j,i}^M = 0$,$G_j^H = 0$,即为稳态模型;若 $G_{j,i}^M = M_j \dfrac{dX_{j,i}}{dt}$,$G_j^H = \dfrac{dE_j}{dt}$则为动态模型。

由于方程组中含有高度非线性函数,如相平衡常数 $K_{j,i} = K(T_j, P_j, X_{j,i}, Y_{j,i})$,液相焓 $HL_j = HL(T_j, P_j, X_{j,i})$,气相焓 $HV_j = HV(T_j, P_j, Y_{j,i})$,使得 MESH 方程组往往是一庞大的高度非线性方程组,只能采用迭代的方法或其他数值法逐步逼近求解。算法的核心就是联立求解这些非线性基本方程组,各种算法的不同之处仅在于联立求解这些基本方程组所采用的方法和步骤。基本求解步骤见图 11-2；

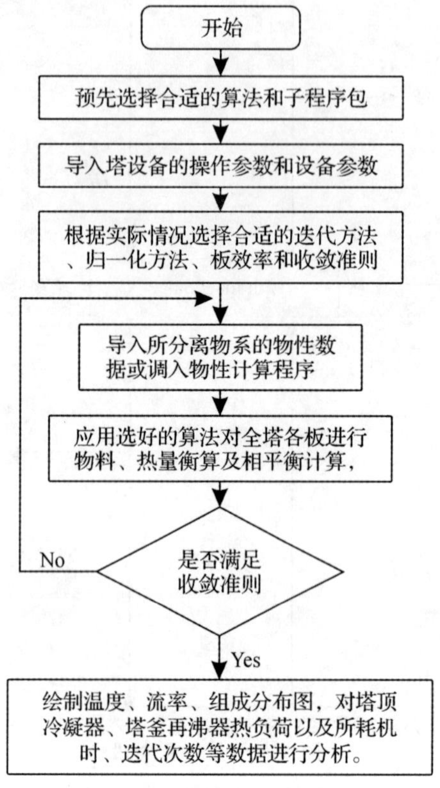

图 11-2 稳态精馏仿真步骤

下面采用 XD-SOD 模拟软件给出几个模拟实例[18~19]，其中塔设备的操作参数和设备参数以及所分离物系的物性数据均直接从文献中查得，见表 11-2

表 11-2 模拟实例说明

实例	分离物系	操作方式	系统特点	选择算法	数据来源
一	乙烷(1)、丙烷(2)、正丁烷(3)、正戊烷(4)、正己烷(5)	精馏	所涉及的组分气液平衡常数的变化范围比较窄	BP 算法	[20]
二	C_2(1)、C_3(2)、C_4(3)、C_5(4)、C_6(5)	精馏	所涉及的组分气液平衡常数的变化范围比较窄	DP 算法	[21]
三	CH_4(1)、C_2H_6(2)、C_3H_8(3)、n-C_4H_{10}(4)、n-C_5H_{12}(5)、n-$C_{12}H_{20}$(6)	吸收	吸收塔系统	SR_X 算法 SR_Y 算法	[22]
四	乙烷(1)、丙烷(2)、正丁烷(3)、正戊烷(4)、正己烷(5)	精馏	所涉及的组分气液平衡常数的变化范围比较窄	松弛——BP 算法	[20]

模拟实例一主要比较了普通的 BP 算法与经 θ 法加速的 BP 算法。两种方法的仿真结果相同，与文献值一致，见图 11-3 和图 11-4，但迭代次数和计算机时不同。表 11-3 是加速前后算法的比较。可见，采用 θ 法来取代简单归一法，一般能显著提高精馏计算的稳定性和收敛速度[23]。

表 11-3　是加速前后算法的比较

	BP 法	BP&θ 法
迭代次数	19	5
所费机时(s)	0.4840	0.3280

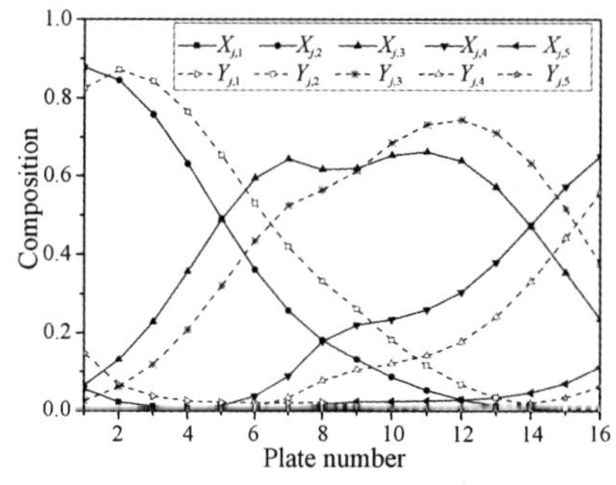

图 11-3　塔内各板气液相浓度分布

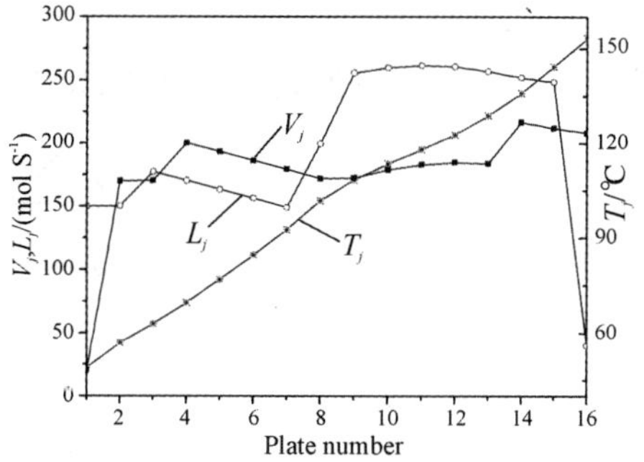

图 11-4　塔内各板气液相流量和温度分布

模拟实例二是应用 DP 法来模拟一个多组分复杂精馏塔，程序中温度的计算分别采用 Newton-Raphson 法和 Muller 法，对两种迭代方法进行了比较。当平衡级数目增大达到 30 级时，前者无法收敛，而 Muller 法则可以收敛，所得到的塔顶温度为 46.49 ℃，塔底温度为 136.19 ℃，温度分布曲线如图 11-5 所示，与文献值[21]相符。

模拟实例三的模拟对象是某吸收塔，共有 30 个平衡级，首先应用 SR_X 子程序包，所得到的仿真结果——塔内气液相流量和温度分布情况见图 11-6，符合吸收塔的操作特点。

在其余条件不变，运行 SR-Y 法时，发现随平衡级数的增加，由于气相流率 V_j 振荡过大而不能收敛(当塔板数大于 16 时，SR-Y 法就无法收敛)——即 SR 法的稳定性随塔板数的增加而变差。因此，可引入校正因子 λ，对 SR-Y 法中的原 V_j 的迭代式

$$V_j^{(k+1)} = V_j^{(k)} \sum_{i=1}^{c} y_{i,j} \tag{11-5}$$

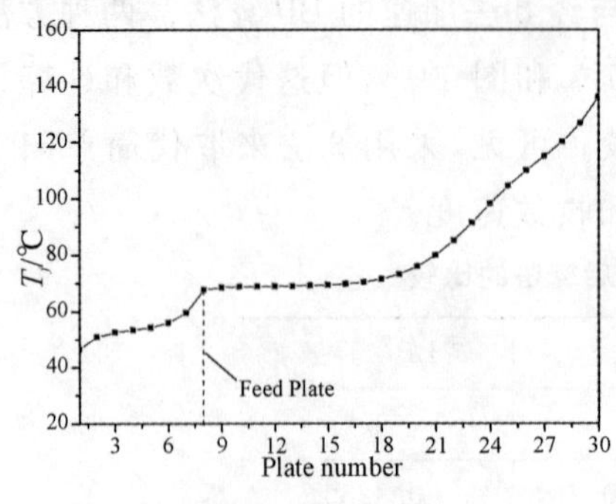

图 11-5 DP_Muller 法所得的精馏塔内温度分布

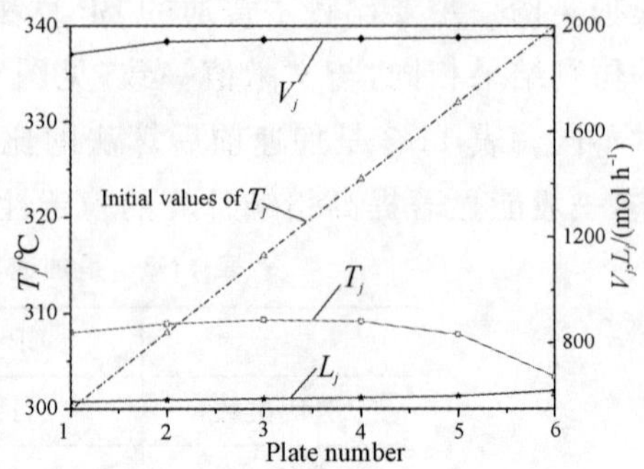

图 11-6 塔内各板气液相流量和温度分布

进行校正，即采用下式以防止 V_j 发散。

$$V_j^{(k+1)} = V_j^{(k)} + \lambda(\sum_{i=1}^{c} y_{i,j} - 1)V_j^{(k)}, 0 < \lambda \leq 1 \tag{11-6}$$

表 11-4 表明随 $\lambda(\lambda \in [0,1])$ 的减小，当平衡级数不变时，计算时间和迭代次数先是减小，后来又增大，同时，能够保证 SR-Y 法收敛。λ 的选取可从对比中进行优化。

表 11-4 模拟结果随校正因子和塔板数的变化的比较

λ	平衡级数	计算时间，s	迭代次数	λ	平衡级数	计算时间，s	迭代次数
1	6	0.9820	10	0.2	6	1.4420	16
	15	3.0440	15		15	3.1040	16
	17	—*	—		51	—	—
0.5	6	0.7910	8	0.8	6	0.9710	10
	15	1.7120	8		15	2.2140	11
	25	3.0950	9		17	2.5240	11
	34	—	—		25	—	—

模拟实例四采用松弛法的改进算法[18]来重新模拟实例一。松弛法[24]是不稳定方程法的代表，主要适用于求解用于描述不稳定状态物料平衡关系的微分方程. 该算法简单，稳定性好，不受所设初值影响，只要松弛因子取得合适，一般均能顺利收敛，因此可用于理想物系或非理想物系，简单塔或具有多股进料、多股侧线采出、多个中间换热器的复杂精馏塔的模拟计算；与矩阵法和逐板计算法等算法相比，具有更为广泛的适应性；同时该法迭代

计算的中间结果具有一定的物理意义，利用这一点，可进行精馏塔系统的动态过程模拟[24]，如以进料组成作为各板液相组成的初值，则中间结果可近似地表示成该塔由开工初的动态状况到稳定状态的过程。但由于松弛法收敛缓慢，对某些精馏系统迭代次数可多达数千甚至上万次，因此推广应用受到限制，通常只有在其他算法均不能收敛时才开始考虑使用该法。经过后人的不断改进[25]，现在应用于精馏计算的新松弛法通过利用最新的计算量，加大松弛因子取值等手段，已有效地改善了收敛缓慢的致命弱点，因此重新受到关注；

松弛法作为一种典型的非稳态算法，针对式(11-1)给出的物料连续性方程，利用差分近似法，经多次迭代逐步逼近求解得到稳态时的塔内组成、温度和流率的分布。

原始的松弛法如下

$$X_{j,i}^{k+1}=X_{j,i}^{k}+\mu_j[V_{j+1}Y_{j+1,i}+L_{j-1}X_{j-1,i}-(L_j+S_j)X_{j,i}-(V_j+G_j)Y_{j,i}+F_jz_{j,i}]^k \tag{11-7}$$

其中，$\mu_i=\dfrac{h}{M_j}$称为松弛因子，h 为步长，M_j为 j 塔板蓄液量，通常松弛因子取值相同，即 $\mu_j=\mu$。式中$[\ *\ ]^k$ 表示第 k 步迭代。

平田等人修正后的松弛法[25]为：

$$X_{j,i}^{k+1}=X_{j,i}^{k}+\mu_j[V_{j+1}Y_{j+1,i}^{k}+L_{j-1}X_{j-1,i}^{k+1}-(L_j+S_j)X_{j,i}^{k}-(V_j+G_j)Y_{j,i}^{k}+F_jz_{j,i}] \tag{11-8}$$

由于(11-8)式把(11-7)式中的 $X_{j-1,i}^{k}$ 以 $X_{j-1,i}^{k+1}$ 来替代，利用了已经算出的最新分量，并且提出了松弛因子的估算式，$\mu=\dfrac{1}{(2\sim5)(F+S)}$，从而加速了求解过程。

新松弛法[25]：

$$X_{j,i}^{k+1}=X_{j,i}^{k}+\mu_j[V_{j+1}Y_{j+1,i}+L_{j-1}X_{j-1,i}-(L_j+S_j)X_{j,i}-(V_j+G_j)Y_{j,i}+F_jz_{j,i}]^{k+1} \tag{11-9}$$

对比(11-9)式和(11-8)、(11-7)式，可知新松弛法由于充分利用了更接近精确解的最新分量，从而显著加快了收敛速度。

在实例四，吴松涛等[18]采用BP法结合新松弛法，并引入能较好地描述板上蓄液量 M_j 与塔内液相流量 L_j 关系的Francis堰方程以优化松弛因子的选取：

$$M_j = A_{Sj}\rho_j\left[h_{W_j} + 0.006\left(\frac{L_j}{\sqrt{g}\,\rho_j L_{W_j}}\right)^{2/3}\right]$$

图 11-7 和图 11-8 分别反映了组分 2(轻组分)和组分 4(重组分)液相组成在第一块塔板、液相侧线出料板、第一块进料板、气相侧线出料板以及塔釜等不同位置随迭代次数的变化而从不稳定状态到稳定时的整个过程,符合实际的运行情况,充分体现了松弛法迭代计算的中间结果具有一定的物理意义的优点。

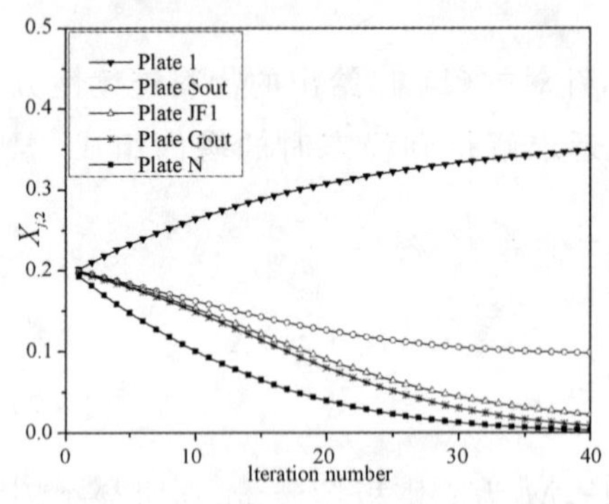

图 11-7　组分 2 的液相组成随迭代次数的变化

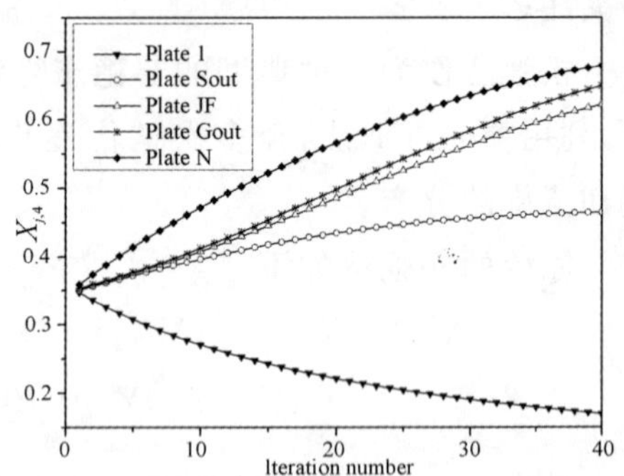

图 11-8　组分 4 的液相组成随迭代次数的变化

11.2.2　精馏模型的简化

在一个模拟系统中,提高模拟精度和模拟计算速度往往是矛盾的。当过程模拟作为过程实时优化的一部分时,模拟速度成为评价过程模拟系统的主要指标,为追求模拟速度而牺牲一定的模拟精度也是经常采用的方法。因此开发易于求解的简化数学模型和高效率的数值计算方法,仍然是非常有意义的。

以炼油厂催化裂化装置的主分馏塔为例,该塔塔板数众多,一般都超过 30 块塔板,对这样的塔所建立的逐板动态数学模型将需要数百个微分方程。这种模型尽管能够比较精确地描述精馏过程的动态行为,但由于具有高阶、非线性等特性,且受计算机运行速度和内存的限制,仿真一次所需时间太长,导致其无法用于实际生产过程的在线计算和控制。为了实现模型计算的实时性,必须对严格模型简化降阶,缩短计算所需时间,才能有实际应用的价值。

精馏模型的简化一般有下述方法

(1)频谱分析法

对微分方程作拉氏变换,然后根据化工过程中信号频率较低的特点,可以去除响应中的高频部分(低通),使方程降阶[26]。这种方法在简化石油化工生产过程中的模型有较好的效果,但只适合线性系统。

(2)多项式正交配置法

多项式正交配置法[27]能够有效地使精馏过程的数学模型在一定的精度范围内简化。它可以将塔的浓度及流量等状态变量近似抽象成空间距离(如沿塔高)的连续可微函数,并运用正交多项式进行描述。见下式:

$$X(t,Z)=\sum_{k=1}^{N}L_k(z)X_k(t) \tag{11-10}$$

其中,$L_k(z)$是正交多项式,N 为配置点数,$X(t,Z)$为配置变量,其中,配置变量比实际变量数少,用其代替实际变量就可以使精馏塔数学模型的维数显著降低。该方法对于一些较为简单的精馏塔来说,降阶幅度较大,在稳态时与原始模型的吻合程度不好,存在着一定的稳态误差。

(3)房室法

房室法(Compartmental Method)[28~31]的基本思想是根据精馏塔中一些相邻塔盘具有近似动态性质的特点,将全塔分为若干个塔段,每一段近似成一块抽象塔板,由于每个塔段可以包含许多结构性质相近的塔板,这样塔段数要远小于塔板数,从而可以大幅度地降低精馏塔的模型阶次。

以催化裂化主分馏塔为例,房室法具体实施方案如下:

①根据生产装置的需要来划分,例如有循环取热涉及的塔盘划分为一个段,有抽出线的塔盘一般可作为塔段的分割点。

②含塔板较多的段应处于无抽出和无泵循环输入的状态。

③将每个塔段最上层板的气相的状态变量以及最下层板的液相的状态变量作为整个塔段的状态变量。各板的空间之和作为塔段的空间;各板的蓄液量之和作为塔段的蓄液量[27]。

用房室法建立的精馏塔模型,不仅可以综合考虑物料平衡、能量平衡、塔板水力学、塔板效率、冷凝器等的动态特性,而且可以大幅度地降低数学模型的维数,显著缩短计算时间,所获得的简化模型的状态变量和参数均具有明显的物理意义。但房室法也具有一定的缺陷,主要表现在动态过程的初始阶段误差较大,尽管如此,它仍然是目前应用最广泛的一种精馏模型的简化方法。

11.3 催化裂化主分馏塔建模及仿真研究[32]

本节以炼油二次加工的重要装置催化裂化装置的主分馏过程建模与仿真研究为例,来说明演示分离过程的建模和仿真优化过程。

催化裂化主分馏塔是催化裂化装置的重要设备,主要产品是汽油、柴油和富气,其流程如图 11-9 所示。分馏塔塔板总数约为 30 层左右,使用舌形塔盘,下部塔径大,上部塔径稍小,以适应塔负荷变化的要求。催化裂化反应部分对一次加工后的重油进行裂化反应,裂化后的反应油气进入分馏塔塔底,在分馏塔中经过脱过热段、中段循环回流以及塔顶循环回流系统取热以后得到不同的产物。催化裂化主分馏塔具有以下工艺特性:

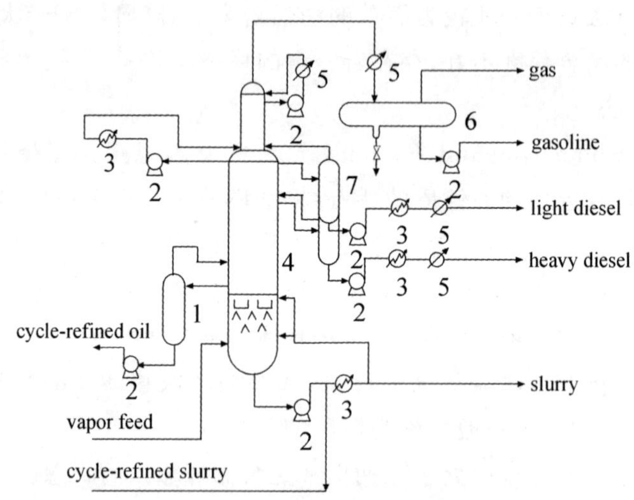

图 11-9 催化裂化主分馏塔流程图

1-回炼油罐 2-泵 3-换热器 4-分馏塔 5-冷却器 6-粗汽油罐 7-汽提塔

(1)塔底的进料为 460~510 ℃的过热油气,是由各种烃类和非烃类化合物组成的复杂混合物,性质难以描述,而且随着反一再部分操作变化而变动;

(2)分馏塔底设有脱过热段,该段用“人”字型挡板,目的是为了防止结焦,水力学方程已不适用;

(3)不设提馏段,塔板数较多;

(4)有侧线抽出及相应的汽提塔;

(5)采用1～3个循环回流来充分回收热量,并可降低塔内气液负荷;

(6)通常用顶循环回流来代替塔顶产品冷回流;

(7)塔内通常使用舌形塔盘以减小塔板压降。

11.3.1　基本假设

为了建立实用的催化裂化主分馏塔模型,依据生产工艺提出以下假设:

(1)全混级假设——每层塔板上的液相和板间的气体都是完全混合;

(2)考虑到实际传质过程的非理想性,利用Murphree气相板效率来关联塔板上气、液相组成;

(3)每层塔板上的气相滞留量忽略不计,气相流量的计算方程为代数方程;

(4)同层塔板内温度均匀;

(5)侧线以液相形式抽出;

(6)由于主分馏塔在低压下运行,每块塔板上的压力处于常压但各不相等,假设压力从塔底到塔顶是线性变化;

(7)只考虑塔板上滞留液相的动态过程,并以离开塔板的液相组成和温度来表征塔板上液相滞留量的组成和温度;

(8)把分馏塔看作是若干个虚拟组分的分馏塔,水蒸气和富气视作惰性组分,只参与热量衡算(具体可见11.3.5模型化简);

(9)用房室法划分全塔,将一些具有近似动态性质的相邻塔板划分成段,兼顾塔板测点与进出料状况(具体可见11.3.5模型化简);

(10)各虚拟组分的气液相焓值经严格计算后再分段线性化,各段的温度范围可由稳态模型求解得到,惰性组分富气和水蒸气的焓值也是根据经验公式计算后再分段线性化,从而得到简便的焓值与各塔段温度的一次项关系式,同时不忽略组分组成的影响(具体可见11.3.2物性计算)。

11.3.2　物性计算

石油及其产品是由各种烃类和非烃类化合物组成的复杂混合物,其组分之多以致无法确切知道其详细的化学组成。现代石油馏分气液平衡和石油精馏的解析计算都是采用虚拟组分的处理方法,即将石油馏分切割成有限数目的组分,每一个组分都可以被当作一个纯组分来处理,称为“虚拟组分(假组分)”。

石油馏分的虚拟组分处理就是利用现测得的数据,如馏分的密度、馏分的恩氏蒸馏(ASTM)或实沸点(TBP)数据,用适当的步骤和关联式来确定各个虚拟组分的物理性质,如沸点、分子量、特性因数、焓值等,从而将复杂的石油体系转化为一个由若干个虚拟组分构成的混合物体系,用多元系的方法进行处理计算。这里采用从石油馏分的恩氏蒸馏数据或实沸点蒸馏数据和密度出发进行虚拟组分处理的方法。

11.3.2.1 *恩氏蒸馏与实沸点蒸馏数据的相互转换*

首先,建立油品恩氏(ASTM)蒸馏温度与实沸点(TBP)蒸馏温度相互转换的关系。ASTM 蒸馏和 TBP 蒸馏转换有成熟的方法,在第一章文献综述中已经作了详细的论述。本节将采用 API 式[33]来完成油品 ASTM 蒸馏温度与实沸点(TBP)蒸馏温度的相互转换。该式如下:

$$TB=a\times(TA\times1.8+491.69)^{b}/1.8-273.16 \qquad (11\text{-}11)$$

$$TA=a^{-(1/b)}\times(TB\times1.8+491.69)^{(1/b)}/1.8-273.16 \qquad (11\text{-}12)$$

式中,TA——ASTM 曲线上 0,10%,30%,50%,70%,90%,95%(体积分率)的馏出温度,℃;

TB——常压 TBP 曲线上 0,10%,30%,50%,70%,90%,95%(体积分率)的馏出温度,℃;

a,b——随体积分率变化的常数,见表 11-5

表 11-5 API 式参数 *a*,*b* 值汇总表

序号	馏出量/V%	a	b	适用范围/℃		平均绝对偏差/℃
				ASTM	TBP	
11.7	0	0.9167	1.0019	23~315		46~324
621	10	0.5277	1.0900	36~306		11~294
432	30	0.7429	1.0425	48~313		37~310
344	50	0.8920	1.0176	59~320		58~320
357	70	0.8705	1.0226	66~327		67~329
464	90	0.9490	1.0110	74~342		83~350
671	95	0.8008	1.0355	72~399		73~423

借鉴[34]中的校正方法,对式(11-12)进行改进,当恩氏蒸馏温度高于

246.85 ℃时，用下式作裂解校正：

$$\lg D = -4.016 + 0.008514 \times (TA + 273.15) \quad (11\text{-}13)$$

式中，D——应加到 TA 上的校正温度，℃

TA——测定或计算出来的 ASTM 蒸馏温度，℃

11.3.2.2　由恩氏蒸馏数据计算馏分各种平均沸点

恩氏蒸馏馏程虽然在原油评价和油品规格上用处很大，但在物性计算中却不能直接应用，要将石油馏分恩氏蒸馏数据转换成各种平均沸点[35~36]，以表示馏分油的沸点特性。平均沸点主要有以下几种：体积平均沸点 T_V、质量平均沸点 T_W、分子平均沸点 T_M、立方平均沸点 T_{CU} 和中平均沸点 T_{me} 等。设

$$S = (T_{en90} - T_{en10})/80 \quad (11\text{-}14)$$

$$T_V = (T_{en10} + T_{en30} + T_{en50} + T_{en70} + T_{en90})/5 \quad (11\text{-}15)$$

S——恩氏蒸馏曲线斜率，℃/%

T_{en10}、T_{en30}、T_{en50}、T_{en70}、T_{en90}——恩氏蒸馏曲线 10%、30%、50%、70%、90%(体积分率)点的温度，℃

$$\Delta_W - \exp(-3.64991 - 0.027060 \times T_V^{0.6667} + 5.16388 \times S^{0.25}) \quad (11\text{-}16)$$

Δ_W——质量平均沸点校正值，℃

$$\Delta_M = \exp(-1.15158 - 0.011810 T_V^{0.6667} + 3.70684 S^{0.3333}) \quad (11\text{-}17)$$

Δ_M——分子平均沸点校正值，℃

$$\Delta_{CU} = \exp(-0.82368 - 0.089970 T_V^{0.45} + 2.45679 S^{0.45}) \quad (11\text{-}18)$$

Δ_{CU}——立方平均沸点校正值，℃

$$\Delta_{me} = \exp(-1.53181 - 0.012800 T_V^{0.6667} + 3.64678 S^{0.3333}) \quad (11\text{-}19)$$

Δ_{me}——中平均沸点校正值，℃

$$T_W = T_V + \Delta_W \quad (11\text{-}20)$$

$$T_M = T_V - \Delta_M \quad (11\text{-}21)$$

$$T_{CU} = T_V - \Delta_{CU} \quad (11\text{-}22)$$

$$T_{me} = T_V - \Delta_{me} \quad (11\text{-}23)$$

同样，当恩氏蒸馏温度高于 246.85 ℃时，也需用式(11 23)进行裂解校正。

11.3.2.3　平均分子量

石油馏分的分子量是各组分分子量的平均值，当已知各组分的中平均沸点 T_{me} 和密度时，分子量的计算可通过图表或经验关联式来求定。这里比

较了五种常用的求算平均分子量的方法，以选取其中最合适的一种。

方法 1 来源于[34]

$$M_n = 219.05\exp(0.003924T_{me})\exp(-3.07d_{15.6}^{15.6})T_{me}^{0.118}{d_{15.6}^{15.6}}^{1.88} \quad (11\text{-}24)$$

$d_{15.6}^{15.6}$——相对密度，101.3 kPa，15.6 ℃的油品密度与 4 ℃的水的密度之比

方法 2 为 Winn 列线图的拟合公式，是根据石油馏分特性因数和分子量图[37]得到的拟合式[35]，适合计算机计算的需要

$$\lg M_n = \sum_{j=1}^{2}\sum_{i=0}^{2} A_{ij}\ (1.8T_{me}+32)^i UOPK^j \quad (11\text{-}25)$$

$UOPK$－虚拟组分特性因数；参数 A_{ij} 的值见表 11-6：

表 11-6 Winn 列线图拟合式参数表

$A_{00}=0.667022$	$A_{01}=0.1552531$	$A_{02}=-5.378496\times10^{-3}$
$A_{10}=4.583705\times10^{-3}$	$A_{11}=-5.75585\times10^{-4}$	$A_{12}=2.500584\times10^{-5}$
$A_{20}=-2.698693\times10^{-6}$	$A_{21}=3.875950\times10^{-7}$	$A_{22}=-1.566228\times10^{-8}$

Riazi-Daubert 关联式[38]

$$M_n = 4.5673\times10^{-5}(1.8\times(273.15+T_{me}))^{2.1962}\times {d_{15.6}^{15.6}}^{-1.0164} \quad (11\text{-}26)$$

改进后的 Riazi-Daubert 关联式[38]

$$M_n = 0.65449\times10^{-4}\times(T_{me}+273.15)^{2.3489}\times(d_{15.6}^{15.6}-0.0045)^{-1.0728} \quad (11\text{-}27)$$

孙昱东式[39]

$$M_n = 0.010726T_b^{1.52849+0.06435\ln\frac{T_b}{1078-T_b/d_{15.6}^{15.6}}} \quad (11\text{-}28)$$

T_b——常压沸点或模拟蒸馏实沸点 50％点温度，K

其拟合范围为 $M_n=76\sim1685$；$d_{15.6}^{15.6}=0.63\sim1.09$；$T_b=30\sim740$ ℃。

5 种方法计算结果相近，经比较，方法 1 偏离 5 种方法的算术平均值最远，而方法 2 则最接近于 5 种方法的算术平均值，因此倾向采用该法来求算虚拟组分的平均分子量。当蒸馏数据缺乏时，可采用方法 5。

11.3.2.4 特性因数

特性因数 $UOPK$ 是表征石油馏分烃类组成的一种特性数据，在关联石油馏分物理性质和热性质方面有着广泛应用，经验公式如下[35]：

$$UOPK = 1.216\frac{\sqrt[3]{(T_{me}+273.15)}}{d_{15.6}^{15.6}} \quad (11\text{-}29)$$

11.3.2.5 密度

水在4℃时密度等于1.0000g cm^{-3}，所以通常取4℃的水为基准。将t℃时的油品密度与4℃时的水密度之比称为相对密度。欧美各国对油品的相对密度经常用比重指数来表示，也可以称为API度。API度与$d_{15.6}^{15.6}$的关系如下：

$$\text{比重指数}(API)=\frac{141.5}{d_{15.6}^{15.6}}-131.5 \tag{11-30}$$

不同油品的比重指数可以通过相关的文献查得。$d_{15.6}^{15.6}$和d_4^{20}（20℃时的油品密度与4℃时的水密度之比）之间可以进行换算：

$$d_4^{20}=d_{15.6}^{15.6}-\Delta d \tag{11-31}$$

Δd的范围为0.0037～0.0051，其具体值可以从文献[36]的附录查得。有了d_4^{20}就可以换算不同温度时油品的相对密度，其计算式如下：

$$d_4^t=d_4^{20}-\gamma(t-20) \tag{11-32}$$

式中的参数γ可从[36]的附录查得。

11.3.2.6 热焓计算

油品的焓值是油品性质、温度和压力的函数，不同性质的油品从基准温度恒压升到某个温度，所需要的热量不同，因而焓值也不同。在同一温度下，密度小、特性因数大的油品具有较高的焓值（kJkg^{-1}）。但若焓值以物质的量为基准，则要考虑油品分子量的影响。如果是工艺计算，纯烃的焓值可以从有关图表中查得，对于石油馏分的焓可以采用纯烃的焓值的加和得到。但这些图表只是适用于手算，为了方便计算机计算，可以采用经验公式或者利用图表回归得到的计算式进行计算。

经验式可以采用将馏分的气液相焓都当作是温度、比重指数API、特性因数和分子量的函数，即$f(T,API,UOPK,M_n)$。这种方式便于求焓对温度的导数。计算式如下：

气相热焓计算

$$HV=2.32758H^g\times M_n \tag{11-33}$$

其中：

$H^g=AH^g+TF\times(BH^g+TF\times CH^g)$

$AV=129.1446+API(0.47303817+API\times 0.54163948\times 10^{-3})$

$BV=0.29203562+API(0.0016850061-API\times 0.11190547\times 10^{-4})$

$CV=2.54908\times 10^{-4}+API(-2.9696766\times 10^{-7}+API\times 5.5655152\times$

10^{-9})

$AH=-228.84486+UOPK(17.300572+UOPK\times0.14742857)$

$BH=0.58698062+UOPK(-0.060631714+UOPK\times0.00098171429)$

$CH=3.86985\times10^{-4}+UOPK(-3.56854\times10^{-5}+UOPK\times2.8342857\times10^{-7})$

$AH^{g}=AV-AH;BH^{g}=BV-BH$

$CH^{g}=CV-CH;TF=T\times1.8+32$

式中,HV——气相摩尔热焓,J mol^{-1},T——相内温度,℃,M_n——分子量,g mol^{-1}

液相热焓计算:

$$HL=2.32758H^{L}\times M_{n} \tag{11-34}$$

其中:

$H^{L}=CF\times[AL+TF\times(BL+TF\times CL)]$

$AL=-0.22621321+API(-0.016310304+API\times0.00026916747)$

$BL=0.35428212+API(0.0024601205-API\times1.175002\times10^{-5})$

$CL=2.52774\times10^{-4}+API(5.2464252\times10^{-7}+API\times3.4880999\times10^{-9})$

$CF=0.35313334+UOPK\times0.053866667$

$TF=T\times1.8+32$

式中,HL—液相摩尔热焓,J mol^{-1}

对于焓值图表,可按下述的回归式计算:

$$Z=\sum_{i=0}^{2}\sum_{j=0}^{2}A_{ij}X^{i}Y^{j}\quad(i+j\leq2) \tag{11-35}$$

上式中,Z 代表气相或者液相的焓值,对于不同的焓值,X,Y 代表不同的含义,A_{ij} 是常数,其具体含义和数值参见[40]。

对主分馏塔而言,温度是最关键的被控变量,油品的切割点主要依据也是温度。压力在计算油品焓值时影响较小,通常会被忽略。为了模型计算的方便,本文虚拟组分的气液相焓值计算将参照式(11-33)和式(11-34),然后再将计算后的焓值分段线性化,各段的温度范围由稳态模型求解得到,拟合得到的一次方程如下:

$$HL_{ji}=AL_{ji}+BL_{ji}T_{j} \tag{11-36a}$$

$$HV_{ji}=AV_{ji}+BV_{ji}T_{j} \tag{11-36b}$$

式中符号说明参见附录A。

11.3.2.7　惰性组分热焓性质

水蒸气和富气在本模型中被视作惰性组分，富气由以下16种组分混合组成：甲烷、乙烷、丙烷、异丁烷、正丁烷、乙烯、丙烯、异丁烯、2-丁烯、反丁烯、顺丁烯、氢气、氧气、氮气、二氧化碳、硫化氢。惰性组分焓值的计算式如下[34]：

$$H = H\_kg \times M_n \tag{11-37}$$

式中 $H\_kg = A + B \times T\_K + C \times T\_K^2 + D \times T\_K^3 + E \times T\_K^4 + F \times T\_K^5$

其中，H——摩尔热焓，J mol^{-1}；H_kg——焓，J. g^{-1}；

T——体系温度，K；相关参数 A,B,C,D,E,F,G 可以查[34]。

11.3.2.8　相平衡常数的计算

低压条件下(<2～3 atm)石油馏分气液平衡常数 K_{ji} 的求取可以按理想体系来计算，即可得到较为满意的结果[24]：

$$K_{j,i} = P_{j,i}'/P_j \tag{11-38}$$

馏分的蒸汽压 P_{ji}' 可由 Maxwell-Bonnell 拟合式来求定：

$$\log P_{j,i}' = \sum_{k=0}^{6} A_k \left(\frac{T_{Bi}'/T_j - 0.0005761 T_{Bi}'}{748.1 - 0.3861 T_{Bi}'}\right)^k \tag{11-39}$$

其中：

P'——蒸汽压，mmHg

T_B'——校正至 $UOPK = 12.0$ 的常压沸点，K

T——体系温度，K　　　A_0——6.769296

A_1——-3.567042×10^3　　　A_2——1.054060×10^6

A_3——-4.538994×10^8　　　A_4——-1.583831×10^{10}

A_5——3.861961×10^{13}　　　A_6——-5.487237×10^{15}

当特性因数 $UOPK_i \neq 12.0$，用下式校正：

$$T_{Bi}' = T_{Bi} - 1.4(UOPK_i - 12.0)\lg(P_{j,i}'/760) \tag{11-40}$$

T_B——常压沸点，K

由于涉及利用特性因数来校正常压沸点，应用 Maxwell-Bonnell 关联式计算蒸汽压需要采用迭代方法。先设馏分 i 的 $T_B' = T_B$，用式11-39)计算 P' 值，再代入式(11-40)算出 T_B' 值，往返迭代，直至 P' 的变化满足一定的精度要求为止，即为所求体系在温度 T 下的饱和蒸气压。

11.3.3 稳态模型

建立稳态模型的意义在于它不仅可以有效地解决动态模拟的积分初值问题,并且可以较准确地估计物性计算式和一些辅助方程式中参数的值,同时稳态模型往往能为动态模型的建立和求解提供借鉴。

为保证模型的通用性和可扩展性,将全塔分成 N 个塔段,由上向下编号,分离 c 个虚拟组分,每个塔段均设有 1 个侧线气相进料 U(如汽提塔返回),1 个侧线液相进料 F(如循环返塔或富吸收油进料),1 个侧线液相抽出 S(如循环抽出或产品抽出),1 个侧线富气进料 VFG 和 1 个侧线水蒸气进料 VFW,见图 11-10。针对第 j 层塔段第 i 个组分,可列出分馏塔的逐板计算稳态模型:

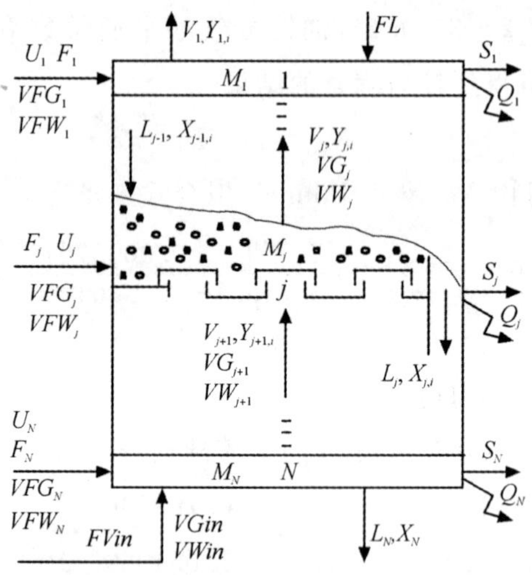

图 11-10 分馏塔各塔段物料流示意图

(1)M 方程组——组分物料衡算方程($j=1,2,\cdots,N$ 段)

$$V_{j+1}Y_{j+1,i}+L_{j-1}X_{j-1,i}-L_jX_{j,i}-S_jX_{j,i}+F_jZ_{j,i}+U_jZU_{j,i}-V_jY_{j,i}=0 \tag{11-41}$$

$j=1$: $V_2Y_{2,i}+FL_{ZFL\,i}-L_1X_{1,i}-S_1X_{1,i}+F_1Z_{1,i}+U_1ZU_{1,i}-V_1Y_{1,i}=0$

…

$j=N$: $FVinZVin_i+L_{N-1}X_{N-1,i}-L_NX_{N,i}-S_NX_{N,i}+F_NZ_{N,i}+U_NZU_{N,i}-V_NY_{N,i}=0$

(2)E 方程组——相平衡方程

$$X_{j,i}=\frac{Y_{j,i}-(1-\eta_{j,i})Y_{j+1,i}}{\eta_{j,i}K_{j,i}} \tag{11-42}$$

(3)S 方程——归一化方程

$$\sum_{i=1}^{c}X_{ji}=1;\quad \sum_{i=1}^{c}Y_{ji}=1 \tag{11-43}$$

(4)H 方程——能量衡算方程($j=1,2,\cdots,N$ 段),设

$V_{j+1}HV_{j+1}$	下层塔板气相带入的热量	V_jHV_j	本层塔板气相带走的热量
$L_{j-1}HL_{j-1}$	上层塔板液相带入的热量	L_jHL_j	本层塔板液相带走的热量
F_jHF_j	本层塔板液相返回带入的热量	S_jHL_j	本层塔板液相抽出带走的热量
U_jHU_j	本层塔板气相返回带入的热量		
$VG_{j+1}HG_{j+1}$	下层塔板富气带入的热量		
VFG_jHFG_j	本层塔板富气进料带入的热量	VG_jHG_j	本层塔板富气带走的热量
$VW_{j+1}HW_{j+1}$	下层塔板水蒸气带入的热量	Q	本层塔板散热损失
VFW_jHFW_j	本层塔板水蒸气进料带入的热量	VW_jHW_j	本层塔板水蒸气带走的热量

由此可得式 H 方程:

$$\begin{aligned}&V_{j+1}HV_{j+1}-V^jHV_j+L_{j-1}HL_{j-1}-L_jHL_j-S_jHL_j+F_jHF_j+\\&U_jHU_j+VG_{j+1}(HG_{j+1}-HG_j)+VFG_j(HFG_j-HG_j)+\\&VW_{j+1}(HW_{j+1}-HW_j)+VFW(HFW_j-HW_j)-Q^j=0\end{aligned} \tag{11-44}$$

其中,$VG_j=VG_{j+1}+VFG_j$;$VW_j=VW_{j+1}+VFW_j$

$$\begin{aligned}&V_2HV_2-V_1HV_1+FL\times HFL-L_1HL_1-S_1HL_1+F_1HF_1+U_1HU_1\\j=1:&+VG_2(HG_2-HG_1)+VFG_1(HFG_1-HG_1)+\\&VW_2(HW_2-HW_1)+VFW_1(HFW_1-HW_1)-Q_1=0\end{aligned}$$

……

$$\begin{aligned}&FVinHVin-V_NHV_N+L_{N-1}\times HL_{N-1}-L_NHL_N-S_NHL_N+F_NHF_N\\j=N:&+U_NHU_N+VG_{in}(HG_{in}-HG_N)+VFG_N(HFG_N-HG_N)+\\&VW_{in}(HW_{in}-HW_N)+VFW_N(HFW_N-HW_N)-Q_N=0\end{aligned}$$

(5)塔板上液相总物料衡算

$$V_{j+1}+L_{j-1}-L_j-S_j+F_j+U_j-V_j=0 \tag{11-45}$$

$$j=1: V_2+FL-L_1-S_1+F_1+U_1-V_1=0$$

…

$$j=N: FVin+L_{N-1}-L_N-S_N+F_N+U_N-V_N=0$$

式(11-40)～(11-45)及其衍生式就是通用的主分馏稳态模型，式中符号说明参见附录A。

11.3.4 动态模型

针对图11.10第j层塔段第i个组分，可列出分馏塔逐板计算动态模型：

M方程——物料组分衡算方程($j=1,2,\cdots,N$)

$$\frac{\mathrm{d}(M_jX_{j,i})}{\mathrm{d}t}=V_{j+1}Y_{j+1,i}+L_{j-1}X_{j-1,i}-L_jX_{j,i}-S_jX_{j,i}+F_jZ_{j,i}+U_jZU_{j,i}-V_jY_{j,i} \tag{11-46}$$

$$j=1: \frac{\mathrm{d}(M_1X_{1,i})}{\mathrm{d}t}=V_2Y_{2,i}+FLZ_{FL\,i}-L_1X_{1,i}-S_1X_{1,i}+F_1Z_{1,i}+U_1ZU_{1,i}-V_1Y_{1,i}$$

…

$$j=N: \frac{\mathrm{d}(M_NX_{N,i})}{\mathrm{d}t}=FVinZVin_i+L_{N-1}X_{N-1,i}-L_NX_{N,i}-S_NX_{N,i}+F_NZ_{N,i}+U_NZU_{N,i}-V_NY_{N,i}$$

E方程——相平衡方程

$$X_{j,i}=\frac{Y_{j,i}-(1-\eta_{j,i})Y_{j+1,i}}{\eta_{j,i}K_{j,i}} \tag{11-47}$$

S方程——归一化方程

$$\sum_{i=1}^{c}X_{ji}=1;\quad \sum_{i=1}^{c}Y_{ji}=1 \tag{11-48}$$

H方程——能量衡算方程($j=1,2,\cdots,N$段)

$$\begin{aligned}\frac{\mathrm{d}E_j}{\mathrm{d}t}=&V_{j+1}HV_{j+1}-V_jHV_j+L_{j-1}HL_{j-1}-L_jHL_j\\&-S_jHL_j+F_jHF_j+U_jHU_j\\&+VG_{j+1}(HG_{j+1}-HG_j)+VFG_j(HFG_j-HG_j)\\&+VW_{j+1}(HW_{j+1}-HW_j)+VFW_j(HFW_j-HW_j)-Q_j\end{aligned} \tag{11-49}$$

其中
$$E_j = M_j HL_j + M_{Pj} C_{Pj} T_j$$
$$VG_j = VG_{j+1} + VFG_j$$
$$VW_j = VW_{j+1} + VFW_j$$

$$j=1:\quad \begin{aligned} \frac{\mathrm{d}E_1}{\mathrm{d}t} = {} & V_2 HV_2 - V_1 HV_1 + FL \times HFL - L_1 HL_1 \\ & - S_1 HL_1 + F_1 HF_1 + U_1 HU_1 \\ & + VG_2(HG_2 - HG_1) + VFG_1(HFG_1 - HG_1) + \\ & VW_2(HW_2 - HW_1) + VFW_1(HFW_1 - HW_1) - Q_1 \end{aligned}$$

$$\cdots$$

$$j=N:\quad \begin{aligned} \frac{\mathrm{d}E_N}{\mathrm{d}t} = {} & FVinHVin - V_N HV_N + L_{N-1} HL_{N-1} - L_N HL_N \\ & - S_N HL_N + F_N HF_N + U_N HU_N \\ & + VG_{in}(HG_{in} - HG_N) + VFG_N(HFG_N - HG_N) + \\ & VW_{in}(HW_{in} - HW_N) + VFW_N(HFW_N - HW_N) - Q_N \end{aligned}$$

塔板上液相总物料衡算

$$\frac{\mathrm{d}M_j}{\mathrm{d}t} = V_{j+1} + L_{j-1} - L_j - S_j + F_j + U_j - V_j \tag{11-50}$$

$$j=1:\quad \frac{\mathrm{d}M_1}{\mathrm{d}t} = V_2 + FL - L_1 - S_1 + F_1 + U_1 - V_1$$

$$\cdots$$

$$j=N:\quad \frac{\mathrm{d}M_N}{\mathrm{d}t} = FVin + L_{N-1} - L_N - S_N + F_N + U_N - V_N$$

塔底段液相方程($j=N$)将涉及塔底段液位控制系统，将在后文讨论。

塔板水力学方程(描述板上积液量与内回流量的关系)($j=1,2,\cdots,N-1$)

$$M_j = A_{Sj}\rho_j\left[h_{Wj} + 0.006\left(\frac{L_j}{\sqrt{g}\rho_j L_{Wj}}\right)^{2/3}\right] \tag{11-51}$$

对于塔釜段($j=N$)，塔板水力学方程已不适用，设塔底段液面高 h_N 受控而保持恒定(详见 11.3.7 附属设备及各控制系统)，则

$$M_N = A_N h_N \rho_N \tag{11-52}$$

气相运动方程($j=1,2,\cdots,N$)

$$V_j = \left(\frac{P_{j+1} - P_j}{K_{Pj}\rho_{Vj}}\right)^{1/2} \times \left(\frac{T_j}{K_{Tj}}\right)^{1/3} \tag{11-53}$$

式(11-46)至(11-53)及其衍生式即动态模型。符号说明参见附录 A。

11.3.5 模型化简

11.3.4 和 11.3.5 节所建立的稳态模型和动态模型是精确模型，包括了物料平衡方程、能量平衡方程、相平衡方程、归一化方程和水力学方程等，若不对其降阶化简，塔段总数 N 与组分总数 c 值会很大，整个模型将由数百个非线性微分方程和代数方程组成，而且刚性比大，高度病态，给模型的求解和仿真带来很大的困难，很难满足工业实时计算的要求。因此有必要对模型进行简化。这里将采用虚拟组分法和房室法来化简精确模型。

虚拟组分法：催化裂化主分馏塔进料可以看成是由有限数量的虚拟组分构成的假多元系混合物，从而可以方便地用计算机进行处理。显然，馏分越窄，虚拟组分越多，假多元系越接近真多元系，计算结果也将越精确，但是计算量将成倍上升。例如，主分馏塔进料的沸程较宽，一般约为 400 ℃，如果按进料的实沸点曲线 10 ℃左右的馏程范围来切割，组分数 $c \approx 40$。c 值较大将导致一个庞大的微分方程组，会给动态模型的求解计算带来很大困难。考虑到动态模型的主要目的是为了能够反映该分离过程最终产品的动态变化趋势，所以依据主分馏塔的产品分布，可将进料依序划分为汽油、柴油、油浆和回炼油 4 个虚拟组分以及富气、水蒸气 2 个惰性组分。

房室法：在 11.2.2 中已讨论了房室法，它是一种十分有效的模型简化方法，主要根据相邻塔板的内回流量、温度等主要变量差别较小的特点将若干块塔板合并成一个塔段来分析建模，并考虑塔的测点和进出料以及模型实际应用的要求。塔上的实际测点及所在塔板上的变量应尽可能成为模型状态直接输出变量，或成为模型干扰输入变量，这样也便于参数估计和模型验证。

例如，某炼油厂催化裂化主分馏塔[38]具有 33 块板，一条轻柴油侧线汽提抽出，三条循环回流，塔顶无回流，根据这些生产实际状况，可以将主塔划分为 6 个塔段，如表 11-7 和图 11-11 所示，这也是针对催化裂化主分馏塔的一种典型房室法分段方法；

表 11-7 某炼油厂塔段划分表

段号 j	段名	塔板号	板数
1	塔顶段(顶循环段)	1,2,3,4,5,6	6
2	柴油抽出段	7,8,9,10,11,12	6
3	一中循环段	13,14,15,16,17,18	6
4	二中循环段	19,20,21,22,23,24,25	7

续表

段号 j	段名	塔板号	板数
5	回炼油抽出段	26,27,28,29,30,31,32	7
6	塔底段	33,脱过热段(人字形塔板)	1

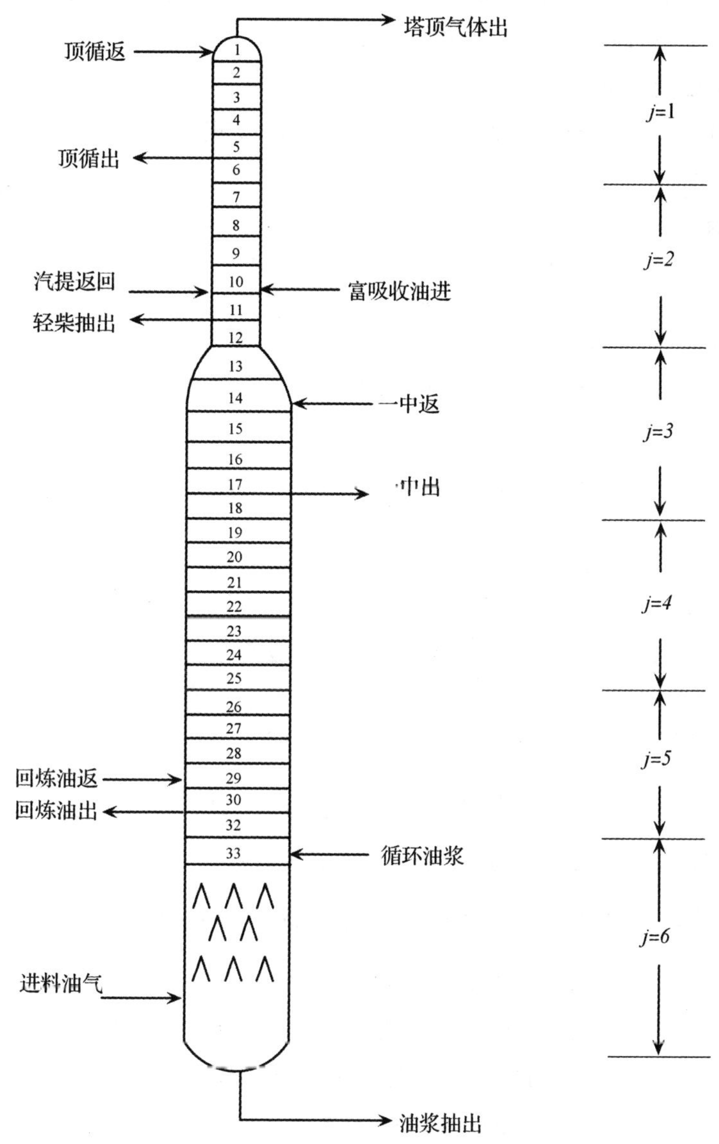

图 11-11　房室法划分全塔示意图

11.3.6 简化模型

化简后的动态模型可通过联立方程来进一步化简，消去一些中间变量，最后可以得到以各塔段温度 T_j 和产品液相组分 X_{ji} 为主状态变量，以各塔段液相滞留量 M_j 和液相流量 L_j 为辅助状态变量的状态方程的一般描述方式：$\dot{x}(t)=f(x_1,x_2,\cdots,x_n,u_1,u_2,\cdots,u_l,t)$。

简化模型如下：

M 方程——物料组分衡算方程$(j=1,2,\cdots,N)$

$$M_j\frac{\mathrm{d}X_{j,i}}{\mathrm{d}t}=V_{j+1}(Y_{j+1,i}-X_{j,i})+L_{j-1}(X_{j-1,i}-X_{j,i})+F_j(Z_{j,i}-X_{j,i})+U_j(ZU_{j,i}-X_{j,i})-V_j(Y_{j,i}-X_{j,i})\tag{11-54}$$

$j=1$：

$$M_1\frac{\mathrm{d}X_{1,i}}{\mathrm{d}t}=V_2(Y_{2,i}-X_{1,i})+FL(Z_{FL\,i}-X_{1,i})+F_1(Z_{1,i}-X_{1,i})+U_1(ZU_{1,i}-X_{1,i})-V_1(Y_{1,i}-X_{1,i})$$

…

$j=N$：

$$M_N\frac{\mathrm{d}X_{N,i}}{\mathrm{d}t}=FVin(ZVin_i-X_{N,i})+L_{N-1}(X_{N-1,i}-X_{N,i})+F_N(Z_{N,i}-X_{N,i})+U_N(ZU_{N,i}-X_{N,i})-V_N(Y_{N,i}-X_{N,i})$$

E 方程——相平衡方程

$$X_{j,i}=\frac{Y_{j,i}-(1-\eta_{j,i})Y_{j+1,i}}{\eta_{j,i}K_{j,i}}\tag{11-55}$$

S 方程——归一化方程

$$\sum_{i=1}^{c}X_{ij}=1;\quad \sum_{i=1}^{c}Y_{ij}=1\tag{11-56}$$

H 方程组——能量衡算方程$(j=1,2,\cdots,N)$

$$\begin{aligned}\frac{\mathrm{d}E_j}{\mathrm{d}t}=&V_{j+1}HV_{j+1}-V_jHV_j+L_{j-1}HL_{j-1}-L_jHL_j\\&-S_jHL_j+F_jHF_j+U_jHU_j\\&+VG_{j+1}(HG_{j+1}-HG_j)+VFG_j(HFG_j-HG_j)+\\&VW_{j+1}(HW_{j+1}-HW_j)+VFW_j(HFW_j-HW_j)-Q_j\end{aligned}\tag{11-57}$$

其中
$$E_j=M_jHL_j+M_{Pj}C_{Pj}T_j;$$

$$VG_j=VG_{j+1}+VFG_j;\quad VW_j=VW_{j+1}+VFW_j$$

根据 11.3.2.6 的热焓性质计算和分段线性化简化方法，各段各组分气液相焓和惰性组分气液相焓可以化作：

$$HL_j = AL_j + BL_j T_j \qquad HV_j = AV_j + BV_j T_j$$

$$HG_j = AG_j + BG_j T_j \qquad HW_j = AW_j + BW_j T_j$$

其中，AL_j，BL_j，AV_j，BV_j 是组分组成的函数，即：

$$AL_j = \sum_{i=1}^{c} AL_{j,i} X_{j,i}; \qquad BL_j = \sum_{i=1}^{c} BL_{j,i} X_{j,i}$$

$$AV_j = \sum_{i=1}^{c} AV_{j,i} Y_{j,i}; \qquad BV_j = \sum_{i=1}^{c} BV_{j,i} Y_{j,i}$$

由式 $E_j = M_j HL_j + M_{Pj} C_{Pj} T_j$ 结合焓值计算式，可以推出，

$$\frac{dE_j}{dt} = (M_j BL_j + M_{Pj} C_{Pj}) \frac{dT_j}{dt} + \frac{dM_j}{dt}(AL_j + BL_j T_j)$$

则 $(M_j BL_j + M_{Pj} C_{Pj}) \frac{dT_j}{dt} = \frac{dE_j}{dt} - \frac{dM_j}{dt}(AL_j + BL_j T_j)$，从而得到下式：

$$\begin{aligned}
\frac{dT_j}{dt} = &((V_{j+1} BV_{j+1} + VG_{j+1} BG_{j+1} + VW_{j+1} BW_{j+1}) T_{j+1} \\
&+ (-V_{j+1} BL_j + V_j BL_j - V_j BV_j - L_{j-1} BL_j - F_j BL_j - U_j BL_j - \\
&VFG_j BG_j - VG_{j+1} BG_j - VFW_j BW_j - VW_{j+1} BW_j) T_j \\
&+ (L_{j-1} BL_{j-1}) T_{j-1} \\
&+ (V_{j+1} AV_{j+1} - V_{j+1} AL_{j+1} + V_j AL_j - V_j AV_j + L_{j-1} AL_{j-1} - L_{j-1} AL_j \\
&+ F_j HF_j - F_j AL_j + U_j HU_j - U_j AL_j \\
&+ VFG_j HFG_j - VFG_j AG_j + VG_{j+1} AG_{j+1} - VG_{j+1} AG_j \\
&+ VFW_j HFW_j - VFW_j AW_j \\
&+ VW_{j+1} AW_{j+1} - VW_{j+1} AW_j - Q_j)) / (M_j BL_j + M_{Pj} C_{Pj})
\end{aligned} \tag{11-58}$$

$j = 1$：

$$\begin{aligned}
\frac{dT_1}{dt} = &((V_2 BV_2 + VG_2 BG_2 + VW_2 BW_2) T_2 \\
&+ (V_2 BL_1 + V_1 BL_1 - V_1 BV_1 - FL \times BL_1 - F_1 BL_1 - U_1 BL_1 - \\
&VFG_1 BG_1 - VG_2 BG_1 - VFW_1 BW_1 - VW_2 BW_1) T_1 \\
&+ (FLHFL + V_2 AV_2 - V_2 AL_2 + V_1 AL_1 - V_1 AV_1 - FLAL_1 \\
&+ F_1 HF_1 - F_1 AL_1 + U_1 HU_1 - U_1 AL_1 + VFG_1 HFG_1 - VFG_1 AG_1 \\
&+ VG_2 AG_2 - VG_2 AG_1 + VFW_1 HFW_1 - VFW_1 AW_1 \\
&+ VW_2 AW_2 - VW_2 AW_1 - Q_1)) / (M_1 BL_1 + M_{P1} C_{P1})
\end{aligned}$$

…

$j=N$：

$$\frac{\mathrm{d}T_N}{\mathrm{d}t}=(-FVinBL_N+V_NBL_N-V_NBV_N-L_{N-1}BL_N-F_NBL_N$$
$$-U_NBL_N-VFG_NBG_N-VG_{in}BG_N-VFW_NBW_N$$
$$-VW_{in}BW_N)T_N+(L_{N-1}BL_{N-1})T_{N-1}$$
$$+(FVinHVin+V_NAL_N-V_NAV_N+L_{N-1}AL_{N-1}-L_{N-1}AL_N$$
$$+F_NHF_N-F_NAL_N+U_NHU_N-U_NAL_N$$
$$+VFG_NHFG_N-VFG_NAG_N+VG_{in}HG_{in}-VG_{in}AG_N$$
$$+VFW_NHFW_N-VFW_NAW_N+VW_{in}HW_{in}-VW_{in}AW_N$$
$$-Q_N))/(M_NBL_N+M_{PN}C_{PN})$$

即可化作主状态变量 T_j 的状态方程形式：

$$\frac{\mathrm{d}T_j}{\mathrm{d}t}=A_TT_{j+1}+B_TT_j+C_TT_{j-1}+D_T \tag{11-59}$$

其中，$A_T=(V_{j+1}BV_{j+1}+VG_{j+1}BG_{j+1}+VW_{j+1}BW_{j+1})/(M_jBL_j+M_{Pj}C_{Pj})$

$$B_T=(-V_{j+1}BL_j+V_jBL_j-V_jBV_j-L_{j-1}BL_j-F_jBL_j-U_jBL_j-VFG_jBG_j-VG_{j+1}BG_j-VFW_jBW_j-VW_{j+1}BW_j)/(M_jBL_j+M_{Pj}C_{Pj})$$

$$C_T=+(L_{j-1}BL_{j-1})/(M_jBL_j+M_{Pj}C_{Pj})$$

$$D_T=(V_{j+1}AV_{j+1}-V_{j+1}AL_{j+1}+V_jAL_j-V_jAV_j+L_{j-1}AL_{j-1}-L_{j-1}AL_j$$
$$+F_jHF_j-F_jAL_j+U_jHU_j-U_jAL_j+VFG_jHFG_j-VFG_jAG_j$$
$$+VG_{j+1}AG_{j+1}-VG_{j+1}AG_j+VFW_jHFW_j-VFW_jAW_j$$
$$+VW_{j+1}AW_{j+1}-VW_{j+1}AW_j-Q_j)/(M_jBL_j+M_{Pj}C_{Pj})$$

塔板上液相总物料衡算

$$\frac{\mathrm{d}M_j}{\mathrm{d}t}=V_{j+1}+L_{j-1}-L_j-S_j+F_j+U_j-V_j \tag{11-60}$$

$$j=1:\frac{\mathrm{d}M_1}{\mathrm{d}t}=V_2+FL-L_1-S_1+F_1+U_1-V_1$$

…

$$j=N:\frac{\mathrm{d}M_N}{\mathrm{d}t}=FVin+L_{N-1}-L_N-S_N+F_N+U_N-V_N=0$$

对塔板水力学方程求导，并结合式(11-60)得到式(11-61)：($j=1,2,\cdots,N-1$ 段)

$$\frac{dL_j}{dt}=352.1127\rho_j^{-\frac{1}{3}}A_s^{-1}L_w^{\frac{2}{3}}L_j^{\frac{1}{3}}(V_{j+1}+L_{j-1}-L_j-S_j+F_j+U_j-V_j) \tag{11-61}$$

气相运动方程（$j=1,2,\cdots,N$ 段）

$$V_j=(\frac{P_{j+1}-P_j}{K_{Pj}\rho_{Vj}})^{1/2}\times(\frac{T_j}{K_{Tj}})^{1/3} \tag{11-62}$$

式(11-54)－(11-62)及衍生式即化简的动态模型。符号说明见附录A。

11.3.7　附属设备模型及各子控制系统建模

催化裂化主分馏塔全塔模型除了上述简化后的主塔模型外，还包括附属设备模型，如塔顶粗汽油罐模型、回炼油罐模型、汽提塔模型、换热器模型等。这些附属设备模型对于准确计算分馏塔的内回流和实施全塔控制有着重要作用。主塔模型结合本节的附属设备模型，就构成了分馏塔全塔的动态数学模型。

11.3.7.1　粗汽油罐模型

分馏塔顶抽出的油气经冷凝器冷凝后在粗汽油罐中分离成液相的汽油和水以及气相的富气，具体的流程见图11-12，由于在最初假设时已将富气和水蒸气视作惰性组分，并忽略粗汽油罐内的分离反应，因此根据质量连续性方程，可得到动态方程如下：

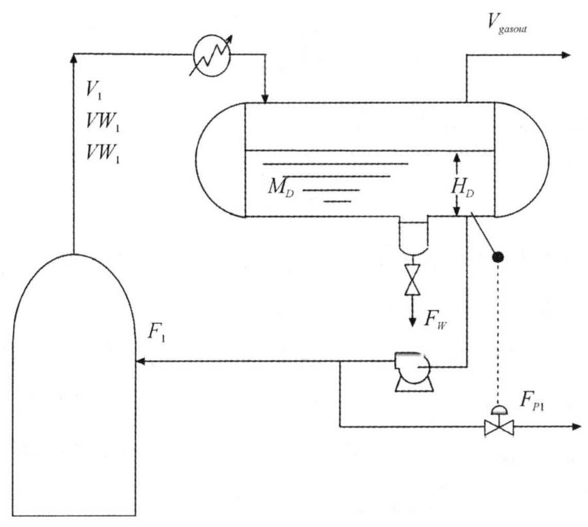

图11-12　粗汽油罐流程示意图

$$\frac{\mathrm{d}(M_D MW_1)}{\mathrm{d}t}=V_1(MW_1)-F_{p1}MW_1-F_1MW_1 \tag{11-63}$$

又因为： $M_D MW_1=V_D\rho_D$，$\mathrm{d}V_D=2L_D\sqrt{R_D^2-(H_D-R_D)^2}\,\mathrm{d}H_D$

令 $A_D(H_D)=2L_D\sqrt{R_D^2-(H_D-R_D)^2}$，则式(11-63)可以改写成，

$$\rho_D A_D\frac{\mathrm{d}H_D}{\mathrm{d}t}=V_1(MW_1)-F_{p1}MW_1-F_1MW_1 \tag{11-64}$$

上述计算式和图 11-12 出现的符号注释如下：

H_D——粗汽油罐液位高度，m；F_1——分馏塔塔顶冷回流量，$\mathrm{mol\cdot s^{-1}}$；

F_{p1}——粗汽油出装置流量，$\mathrm{mol\ s^{-1}}$；F_W——水出装置流量，$\mathrm{mol\cdot s^{-1}}$；

L_D——粗汽油罐长度，m；MW——分子量，$\mathrm{g\ mol^{-1}}$；

M_D——粗汽油罐蓄液量，mol；R_D——粗汽油罐截面半径，m；

V_D——粗汽油罐持液量体积，$\mathrm{m^3}$；V_1——分馏塔顶气相流量，$\mathrm{mol\cdot s^{-1}}$；

VG_1——富气流量，$\mathrm{mol\ s^{-1}}$；VW_1——水蒸气流量，$\mathrm{mol\cdot s^{-1}}$；

V_{gasout}——富气出装置流量，$\mathrm{mol\ s^{-1}}$；ρ_D——粗汽油罐内液体密度，$\mathrm{g\cdot m^{-3}}$。

令 $Q_{out}=F_1+F_{p1}$，且 Q_{out} 与粗汽油罐液位高度有关，液位的增加会导致流出量增加，这种作用将使液位力图恢复平衡，即该系统是有自衡能力的系统。

$$Q_{out}(t)=\frac{H_D(t)}{R_w}+ku(t) \tag{11-65}$$

其中，R_w是线性化水阻，可表示为：

$$R_w=\frac{\sqrt{H_{D0}}}{2\alpha} \tag{11-66}$$

式中，α——比例常数(与阀门开度有关)；H_{D0}——液位工作点高度，m

11.3.7.2 塔顶段温度控制系统模型

催化裂化主分馏塔塔顶段的产品是塔顶馏出气体，由富气、粗汽油和水蒸气组成。粗汽油的质量控制主要是通过控制塔顶段温度 T_1 来实现的，控制塔顶段温度 T_1 的操作变量主要有三个[27]：顶循环的冷热旁路阀开度 u_CH_1，顶循环量 FL 和顶冷回流量 F_1(见图 11-13)。由于操作变量多于被控变量，因此这是一个典型的“胖”系统协调问题，为了选出合适的操作变量或提出一种合适的协调控制结构来调节这三个操作变量，首先要分析它们各

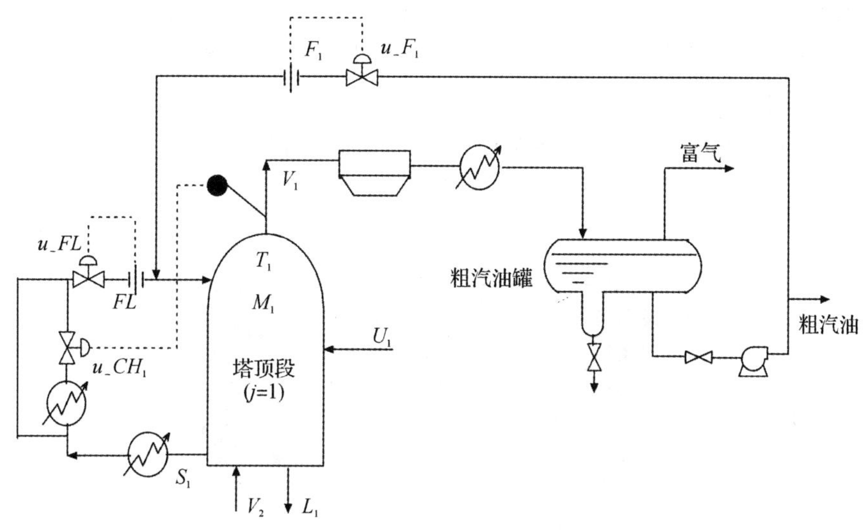

图 11-13　塔顶段温度控制系统

自的特点，具体可见后面章节。

塔顶段温度控制系统的模型见式(11-67)，相关符号说明参见附录 A。

$$\begin{aligned}\frac{\mathrm{d}T_1}{\mathrm{d}t}=&((V_2BV_2+VG_2BG_2+VW_2BW_2)T_2\\&+(-V_2BL_1+V_1BL_1-V_1BV_1-FL\times BL_1-F_1BL_1-U_1BL_1-\\&VFG_1BG_1-VG_2BG_1-VFW_1BW_1-VW_2BW_1)T_1+\\&(FLHFL+V_2AV_2-V_2AL_2+V_1AL_1-V_1AV_1-FLAL_1+\\&F_1HF_1-F_1AL_1+U_1HU_1-U_1AL_1+VFG_1HFG_1-VFG_1AG_1+\\&VG_2AG_2-VG_2AG_1+VFW_1HFW_1-VFW_1AW_1+\\&VW_2AW_2-VW_2AW_1-Q_1))/(M_1BL_1+M_{P1}C_{P1})\end{aligned}\tag{11-67}$$

11.3.7.3　换热器模型

换热器是石油加工过程中最常见的操作单元之一。对于催化裂化主分馏塔系统，温度的调节主要是通过循环取热的手段，而循环取热所要带走的热量主要是通过换热器来实现。

换热器一般可以分成套管式和管壳式两种，管壳式换热器应用更为广泛，其流程示意图如图 11-14 所示。有关换热器的常规计算仍大多限于稳态状况的分析，诸如计算稳态操作时的进出口温度、传热系数、流动阻力以及估计所需要的换热面积等。若考虑动态模型，由于要对管程作微观微分能量衡算，需要应用复杂的偏微分方程来描述，求解困难；然而人们一般只关心出口温度，而不是沿管程的温度分布，故可以用常微分方程来描述出口点温度的变化[27]，应用拉氏变换和一定的简化手段[41~42]，换热器可由一阶加纯滞后模型来近似描述，模型参数依工程经验来确定。

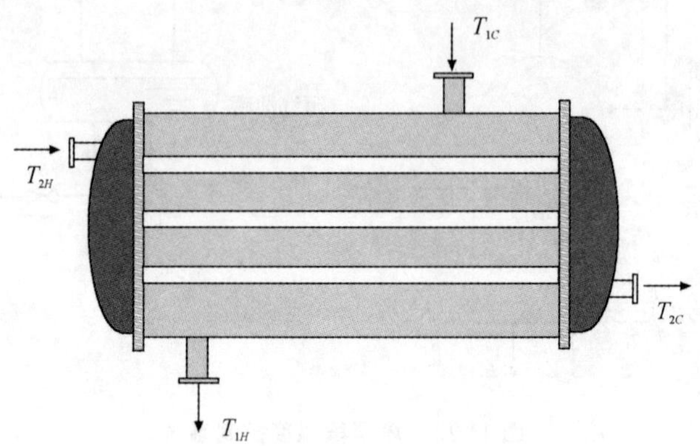

图 11-14 管壳式换热器流程示意图

简化的流程图见图 11-15，两股物流成逆流，从分馏塔出来的热流体走管程，冷流体走壳程，针对主分馏塔系统，循环回流时热流体从塔抽出经过换热后返回塔，换热器所控制的主要变量是热流体的出口温度，这里从简化的动态模型角度出发，采用集中参数方法，根据热平衡方程建立换热器的机理模型。

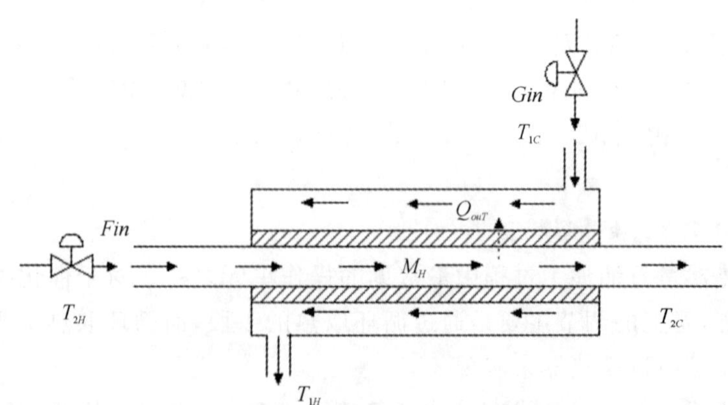

图 11-15 简化后的换热器示意图

如图 11-15，可得，

$$M_H \frac{\mathrm{d}H_{2C}}{\mathrm{d}t} = Fin \times H_{2H} - Fin \times H_{2C} - Q_{OUT} - Q_{ex} \tag{11-68}$$

式中焓值计算参照 11.3.3.6 热焓性质。

M_H——换热器管程热流体蓄液量，mol；

Fin——热流体流量，mol · s^{-1}，与阀位 u_Fin 有关；

Q_{OUT}——管内介质向壳程流体单位时间内的放热量，用来加热冷流体，J s^{-1}，可表示为：

$$Q_{OUT} = K_C \times Gin \times C_C \times (T_{1H} - T_{1C}) \tag{11-69}$$

T_{2H}——热流体入口温度，℃；T_{2C}——热流体出口温度，℃；

Gin——冷流体流量，kg s^{-1}；T_{1C}——冷流体入口温度，℃；

T_{1H}——冷流体出口温度，℃；K_C——转换系数；

C_C——换热器壳程冷流体平均定压比热容，J · kg^{-1} ℃$^{-1}$；

Q_{ex}——换热器热量损耗，J · s^{-1}。

11.3.7.4　侧线气提塔模型

由于塔底段温度较高，通常采用注入蒸气提而不用再沸器产生气相回流。塔底的搅拌蒸汽量和侧线汽提塔的气提蒸气量对于分馏塔产品的数量和质量均有影响。本文已经将塔底注入的搅拌蒸气量作为一个干扰变量，可以对塔的各部分状态变量施加影响。对于侧线气提蒸气量，则通过对侧线汽提塔建模来观察它对塔的各部分状态变量的影响。侧线汽提塔与具有多股进料、侧线出料的普通精馏塔基本类似，其不同点主要表现在：侧线汽提塔只在塔釜含有再沸器，通入蒸气，塔顶液相流直接由与其耦合的塔提供，经逐级气化，其中的轻组分以气相形式重新返回到耦合塔中，塔底采出重组分。侧线气提塔模型的输入为侧线汽提塔所在塔段的液相抽出，通过模型计算得到的输出结果一部分（轻组分）作为分馏塔的一个气相进料，另一部分（重组分）则作为产品馏出，见式(11-70)：

$$\frac{\mathrm{d}_S}{\mathrm{d}t} = \rho_s A_s \frac{\mathrm{d}H_s}{\mathrm{d}t} = (S_2 - U_2 - F_{P2}) MW_s \tag{11-70}$$

其中：

M_s——气提塔蓄液量，mol；ρ_s——气提塔油品密度，g · m^{-3}；

A_s——气提塔截面积，m^2；H_s——气提塔液位高度，m；

S_2——第 2 段液相抽出量，mol s^{-1}；U_2——第 2 段气相进料量，mol · s^{-1}；

F_{P2}——柴油馏出量，$mol \cdot s^{-1}$；MW_s——汽提塔混合油品分子量，$g \cdot mol^{-1}$。

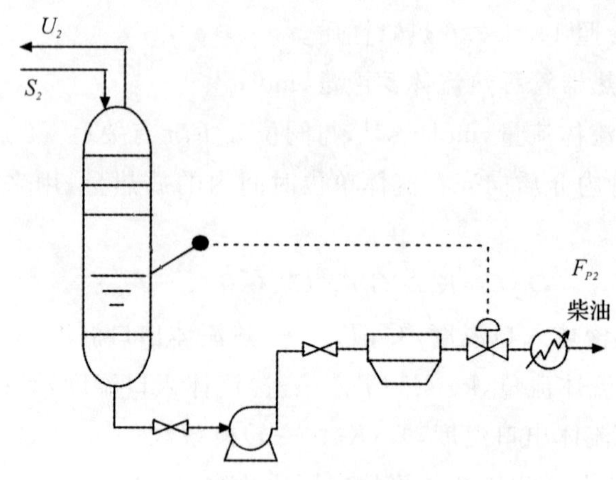

图 11-16 汽提塔流程

11.3.7.5 柴油抽出段温度控制系统模型

柴油抽出段温度控制系统与塔顶段相似，不同的是只有一中循环的冷热旁路阀位 u_CH_2 和一中循环量 F_3 两个操作变量，被控变量为柴油抽出段温度 T_2，也是一个"胖"系统结构，见图 11-17。柴油抽出段温度控制系统模型可依式(11-58)，得：

$$\begin{aligned}\frac{dT_2}{dt}=&((V_3BV_3+VG_3BG_3+VW_3BW_3)T_3+(-V_3BL_2+V_2BL_2-V_2BV_2-\\&L_1BL_2-F_2BL_2-U_2BL_2-VFG_2BG_2-VG_3BG_2-VFW_2BW_2-\\&VW_3BW_2)T_2+(L_1BL_1)T_1+(V_3AV_3-V_3AL_3+V_2AL_2-\\&V_2AV_2+L_1AL_1-L_1AL_2+F_2HF_2-F_2AL_2+U_2HU_2-U_2AL_2+\\&VFG_2HFG_2-VFG_2AG_2+VG_3AG_3-VG_3AG_2+VFW_2HFW_2\\&-VFW_2AW_2+VW_3AW_3-VW_3AW_2-Q_2))/(M_2BL_2+M_{P2}C_{P2})\end{aligned} \tag{11-71}$$

由上式可知，被控变量 T_2 不仅与变量 T_1、T_3 密切相关，还与干扰变量 F_2、U_2、HF_2、HU_2 等也有关，而工业上所采用的操作变量主要是冷热旁路阀位和一中循环返塔量 F_3，通过它们来影响第 3 段温度 T_3 进而对 T_2 进行控制。

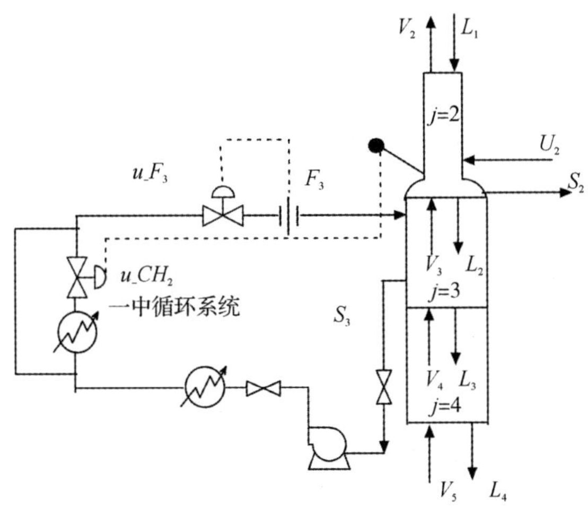

图 11-17　柴油抽出段温度控制系统

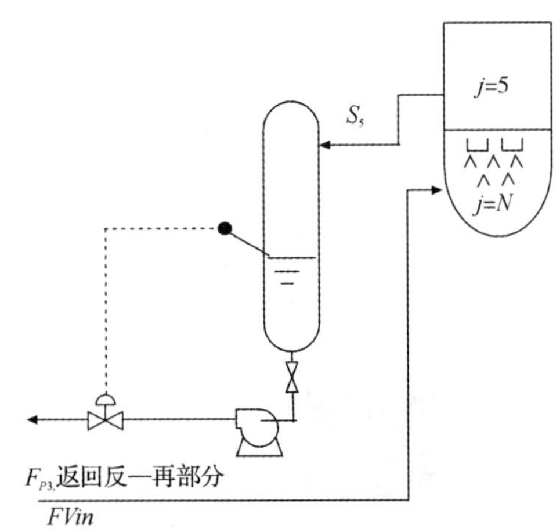

图 11-18　回炼油罐流程示意图

11.3.7.6　回炼油罐液位控制系统模型

本模型主要是为了和反一再部分结合，具体的流程见图 11-18。返回到反一再部分的回炼油流量可以通过回炼油罐液位动态方程来计算，方程为：

$$\frac{\mathrm{d}(M_{cy}MW_{cy})}{\mathrm{d}t}=S_5MW_{cy}-F_{p3}MW_{cy} \tag{11-72}$$

同样，可化为：

$$\rho_{cy}A_{cy}\frac{\mathrm{d}h_{cy}}{\mathrm{d}t}=S_5MW_{cy}-F_{p3}MW_{cy} \tag{11-73}$$

A_{cy}——回炼油罐截面面积,m^2;h_{cy}——回炼油罐液位高度,m;

F_{p3}——回炼油出装置流量,$mol \cdot s^{-1}$;M_{cy}——回炼油罐蓄液量,mol;

MW_{cy}——回炼油罐液体混合分子量,$g \cdot mol^{-1}$;

S_5——第5段侧线液相抽出量,$mol \cdot s^{-1}$;

ρ_{cy}——回炼油罐内液体密度,$g \cdot m^{-3}$。

11.3.7.7 塔底段液位及温度控制系统模型

塔底段温度及液位控制系统的具体流程见图11-19。首先分析塔底段温度T_6的模型,依式(11-58),可得:

$$\begin{aligned}\frac{dT_6}{dt}=&(-FVinBL_6+V_6BL_6-V_6BV_6-L_5BL_6-F_6BL_6\\&-U_6BL_6-VFG_6BG_6-VG_{in}BG_6-VFW_6BW_6-VW_{in}BW_6)T_6+\\&(L_5BL_5)T_5+\\&(FVinHVin+V_6AL_6-V_6AV_6+L_5AL_5-L_5AL_6+\\&F_6HF_6-F_6AL_6+U_6HU_6-U_6AL_6+\\&VFG_6HFG_6-VFG_6AG_6+VG_{in}HG_{in}-VG_{in}AG_6+\\&VFW_6HFW_6-VFW_6AW_6+VW_{in}HW_{in}-VW_{in}AW_6-\\&Q_6))/(M_6BL_6+M_{P6}C_{P6})\end{aligned}\tag{11-74}$$

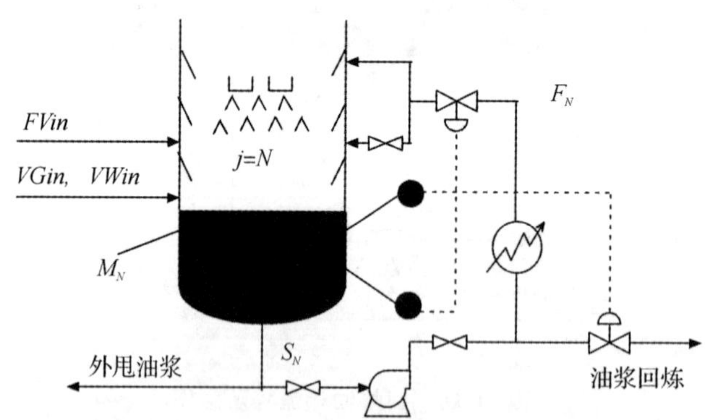

图11-19 塔底段液位及温度控制系统示意图

塔底段液位高度是分馏塔系统重要的操作参数之一,当分馏塔底液面上升过高时,很容易超过塔的进料口,液柱产生的阻力会使反应器压力增高,甚至超压造成事故;液面过低油浆泵会抽空,中断油浆回流,也会造成塔内超温、超压,并影响反一再系统。此外,塔底液面波动也会影响到塔上部的热平衡和气液相负荷,进而影响整个分馏塔的操作。塔底液面动态模型:

$$\frac{dM_6}{dt}=A_6\rho_6\frac{dH_6}{dt}=FVin+L_5-L_6-S_6+F_6+U_6-V_6\tag{11-75}$$

11.3.8 稳态模拟

稳态模拟步骤见图11-20，采用文献[38]给出的某炼油厂催化裂化主分馏塔的工业数据，在各主要单元操作条件变动不大的情况下，采用我们开发的XD-SOD软件对上述主分馏塔简化模型进行稳态模拟，目的是求出各变量的稳态解，作为动态仿真的初始值；

工业数据见表11-8和11-9，按照前述的物性计算方法计算的中各组分的物性数据见表11-10。

表11-8　主分馏塔操作条件

总进料量	ton·h^{-1}	199.5	进料温度	℃	505
富吸收油进料量	ton·h^{-1}	19.49	富吸收油进料温度	℃	40
顶循环回流流量	ton·h^{-1}	230	顶循环抽出/返回温度	℃	152/61
一中回流量	ton·h^{-1}	175	一中回流抽出/返回温度	℃	295/160
底循环回流流量	ton·h^{-1}	280	底循环抽出/返回温度	℃	353/265
搅拌蒸汽流量	ton·h^{-1}	0.8	搅拌蒸汽温度	℃	250
汽提蒸汽流量	ton·h^{-1}	0.8	汽提蒸汽温度	℃	250
塔底压力	kPa	230			

表11-9　进料各组分实沸点流程(℃)

TBP蒸馏	组分1	组分2	组分3	组分4
0%	2.2	172.79	187.3	183.2
10%	18.4	217.1	264.5	383.5
30%	59.7	255.9	331.6	442.1
50%	100.2	294.5	390.2	473.8
70%	134.1	333.2	430.3	525.1
90%	179.5	368.2	469.4	640.8
100%	203.1	391.2	525.9	775.2

表11-10　各组分物性计算结果

	组分1	组分2	组分3	组分4	富气	水蒸气
平均分子量(g·mol^{-1})	107.5	207.5	321.8	339.7	33.8	18.0
中平均沸点(℃)	108.0	270.1	395.1	430.3	—	—
相对密度	0.7308	0.8610	0.9351	1.0021	—	—
*API*值	62.1146	32.8473	19.8262	9.6975	—	—
*UOPK*值	12.0638	11.5239	11.3697	10.7918	—	—

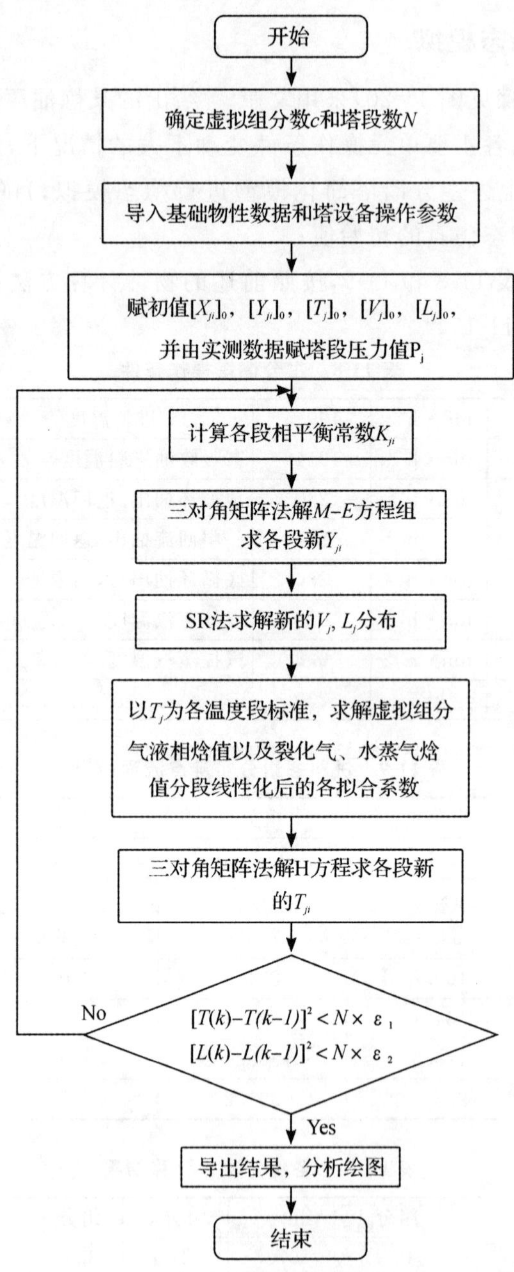

图 11-20 稳态模拟计算框图

图 11-21 给出简化模型塔段温度模拟结果，与文献[38]的塔板模型比较，经房室法分段简化后的 6 段塔段温度计算值与所对应的特征塔段（两端与 4

条虚线)温度设计值吻合较好,变化趋势相近,与[38]的特征段的温度计算值相比,简化模型的计算结果更接近设计值。

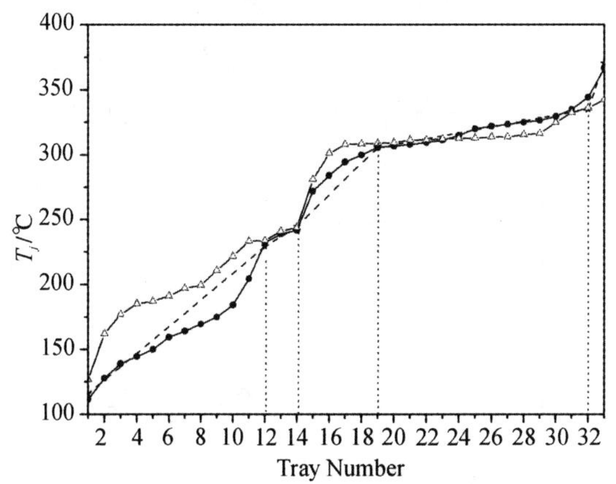

图 11-21 实例一主分馏塔温度分布图

★ ——简化模型塔段温度计算值(两端与 4 条虚线所对应的点)

●——塔板温度设计值 △——文献[38]计算值

图 11-22 给出了分馏塔内简化模型各段气液相负荷稳态模拟结果。各塔段温度、气液相负荷沿塔变化很大,而且气相负荷要大于液相负荷,充分反映了催化裂化主分馏塔在操作上的特殊性。

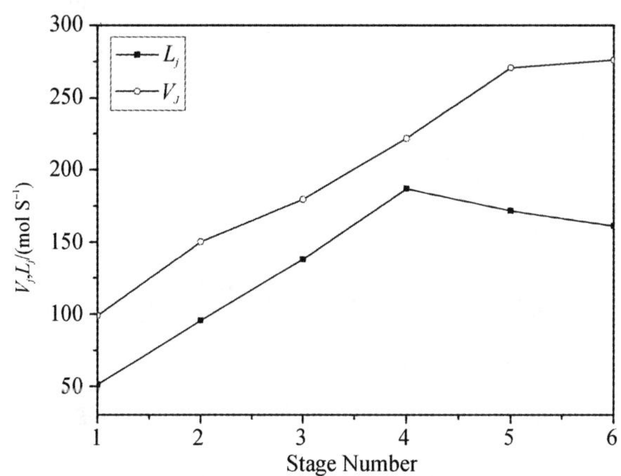

图 11-22 主分馏塔各段气液相负荷分布图

图 11-23,11-24 则分别给出了分馏塔内各段各组分的气液相摩尔组成。由图可知,针对组分 1 汽油,随着温度从塔底至塔顶不断下降,气相组成 Y_{j1}

和液相组成 X_{j1} 逐渐增大，至塔顶段时 $Y_{11}=0.958$，这样，塔顶馏出的气体 V_1 基本上只含有组分 1，经冷凝并在粗汽油罐与两惰性组分分离后可以馏出汽油产品。针对组分 2，液相组成 X_{j2} 在塔中部的 2、3 段达到最高点，此时 $X_{22}\approx 0.817$，侧线液相抽出 S_2 经汽提塔之后馏出柴油产品。由此可见，塔内各段各组分的气液相组成分布基本符合分馏塔主要产品的实际馏出情况。

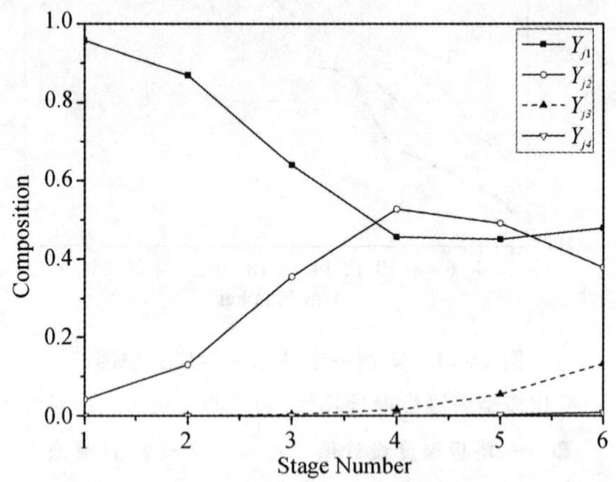

图 11-23　主分馏塔各组分气相组成分布图

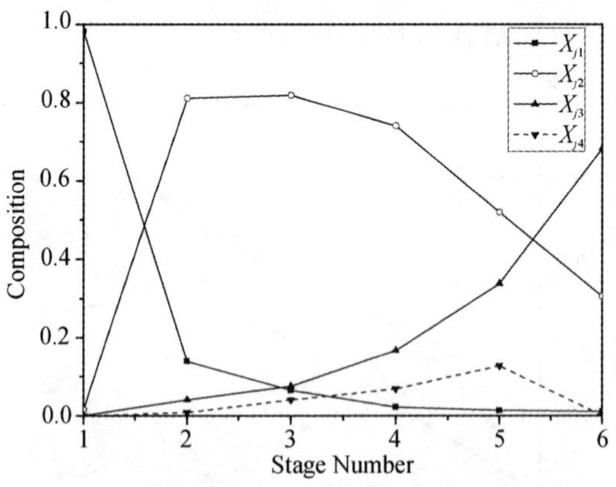

图 11-24　主分馏塔各组分液相组成分布图

稳态仿真结果验证简化模型具有一定的精度和可靠性，另外通过求解稳态模型，获得各塔段的气液相组分，温度，平衡常数等模型关键数据，可以此为依据构建动态仿真平台，进行流程的动态模拟研究。

11.3.9　动态仿真平台

根据11.3.6,11.3.7建立的主分馏塔简化模型及附属设备模型,并带入求解稳态模型所得到的各变量收敛值如 X_{ji},L_j,T_j,以及一些稳态参数值如气液平衡常数 K_{ji} 值(见表11-11),以此确定动态仿真初始稳态点,采用XD-APC软件平台构建催化裂化主分馏塔仿真平台,将其加入催化裂化反应再生仿真系统,便可构建完整的催化裂化装置流程动态仿真平台。

表11-11　组分气液平衡常数 K_{ji} 值

	塔段1	塔段2	塔段3	塔段4	塔段5	塔段6
组分1	0.7866	2.1746	4.4344	10.5475	22.4403	39.9758
组分2	0.0038	0.02564	0.0945	0.4318	1.5345	3.9220
组分3	1.3529e−5	0.0002	0.0016	0.01596	0.1060	0.4164
组分4	2.1167e−6	4.5944e−5	4.0449e−4	5.2198e−3	4.3181e−2	0.1982

XD-APC是我们开发的一套集成工业过程仿真,在线优化,在线软仪表和在线先进控制多种功能的软件平台,它按照实际工业过程设计,可直接连接实际工业流程的DCS控制系统,通过图形组态实现工业过程的先进控制、在线优化、远程监控和数据采集处理、软仪表和故障诊断等项技术,该平台软件同时具备仿真功能,通过图形组态便可组成各种工业流程的仿真系统。

主分馏塔全塔仿真系统采用简化模型,但仍需要联立求解42个非线性微分方程和更多数量的非线性代数方程,此外根据附属设备模型建立了主分馏塔全塔控制仿真系统,采用四阶Gear积分来求解非线性微分方程组。系统提供了一个逼真的交互式虚拟仿真环境,由若干个界面组成,涵盖了分馏塔中常见的控制回路,图11-25为仿真系统主界面。

仿真系统特点:

(1)基于严格动态机理模型进行仿真,比辨识模型准确,各变量具有明确的物理意义,适用范围广。

(2)可对全塔各个子控制系统同时进行仿真,从而反映各个回路之间的相互关联。

(3)可以同时加载多个扰动,方便进行各类操作模拟研究。

(4)可以方便地实施常用的过程控制方案,如单回路及多回路控制、前馈控制、串级控制等,进行控制方案研究。

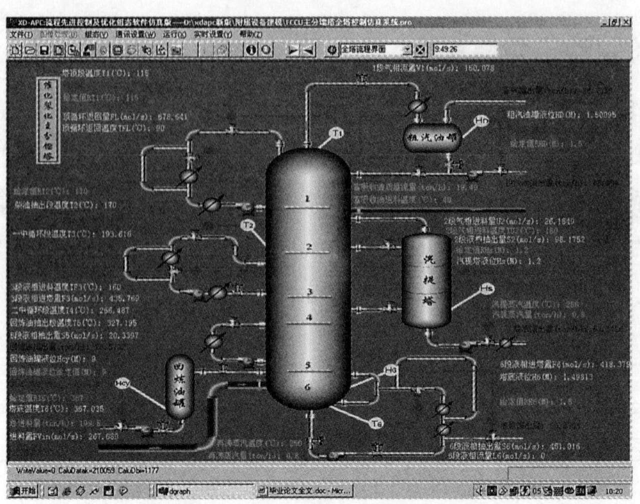

图 11-25 全塔仿真系统主流程界面

表 11-12 出塔物流流量比较

		汽油	柴油	回炼油	油浆
馏出量设计值	$(ton \cdot h^{-1})$	60.412	54.490	20.000	36.250
文献[38]计算值	$(ton \cdot h^{-1})$	65.871	55.516	16.441	36.250
XD-APC 仿真结果	$(ton \cdot h^{-1})$	58.251	54.143	23.570	33.836

以文献中[38]的催化裂化主分馏塔为对象进行仿真，表 11-12 是操作稳定时分馏塔出塔物流的流量与设计值、文献[38]的计算值的比较，可以看出，所建立的分馏塔全塔仿真系统的计算结果与实际的设计数据能够较好地吻合。说明具有一定的仿真精度。

11.3.10 动态仿真研究实例：催化裂化装置优化控制方案研究

传统的催化裂化控制及调优方案是控制反应器出口温度，但事实上，由于催化裂化是一反应过程，对全装置操作及产品分布影响最大的是反应深度。反应温度受各种因素影响，并不能完全代表反应深度。因此用温度调优实际上是一种间接方法，效果也就不大理想。为解决这一问题，袁璞曾提出反应热控制方案，其依据为：在原料性质一定的条件下，反应热可以作为反应深度一种度量。但因反应热本身与原料性质关联，故此种方案并不适合原料性质变化频繁的装置。同时因反应热不可测，也比较抽象，这一方案的实施难度较大。为此，江青茵等提出如图 11-26 所示的以转化率为主要调控量的两级闭环调优方案[43]。转化率是反应深度最直接的度量，控制产品转化率即可有效地控制反应深度；但这一方案与传统的反应温度控制思路完全不同，在这一方案中，反应器出口油气温度是允许在一定范围内变化的，对工业界来说，一个很大的顾虑就是：这是否会对主分馏塔的操作与控制造成影响？对此，我们进行了仿真研究，研究的目标是通过分别考察主分馏塔进口油气(即反应器出口油气)温度变化及转化率变化对主分馏塔全塔热负荷和热平衡的影响，考察不同的反应器优化控制方案对主分馏塔操作的影响。

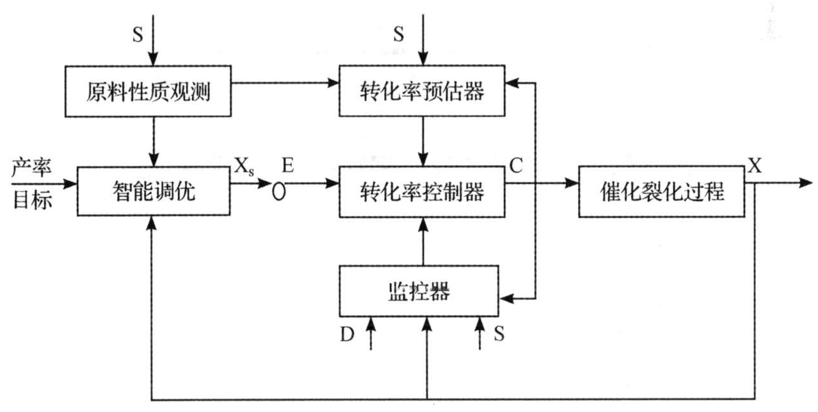

图 11-26　催化裂化优化控制方案

这里反应器进料转化率按下式计算

$$X\_Rate=\frac{\text{进反应器新鲜进料}-\text{新鲜进料中未转化部分}}{\text{进反应器新鲜进料}}$$

图 11-27 和图 11-28 分别为反应油汽温度和反应器进料转化率做同幅度变化时主分馏塔各塔段温度的变化曲线，明显转化率对主分馏塔各段温度影响要更大，可见，维持转化率的稳定，也减小了反应部分对分馏系统的干扰，有利于分馏部分的操作控制。

这一结论已被工业应用证实，在某炼油厂的催化裂化装置，由于换罐的影响，原料性质有很大变化。由于原料变轻使转化率上升，由于转化率优化控制系统的作用，转化率仍基本稳定。虽然反应器出口温度工作点下降了十几度，但分馏、稳定系统并无大的波动，汽油干点也保持平稳。说明转化率优化控制方案对原料性质的变化有较好的适应能力，也有利于主分馏塔的操作控制。

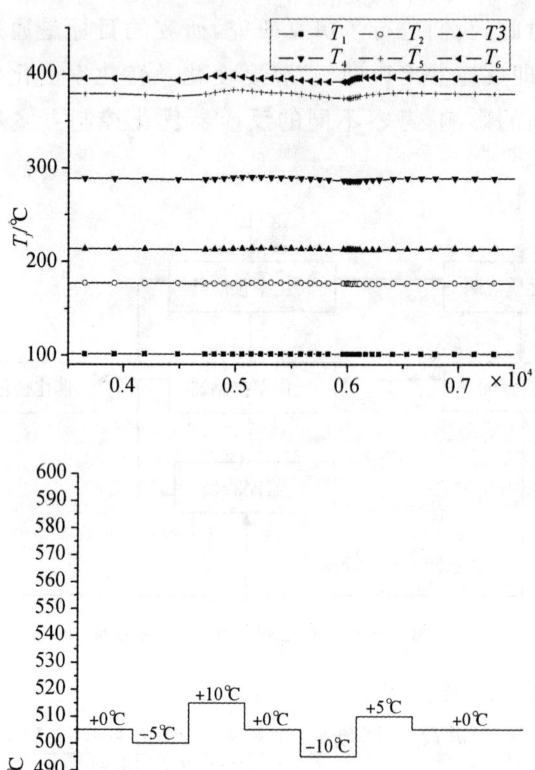

图 11-27 进主分馏塔油汽温度脉动变化对各塔段温度的影响

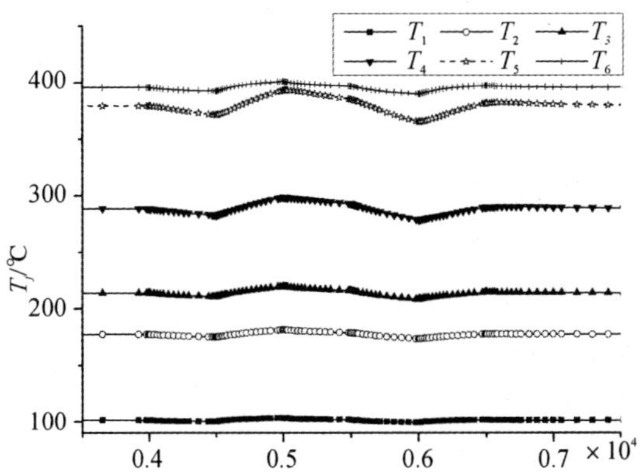

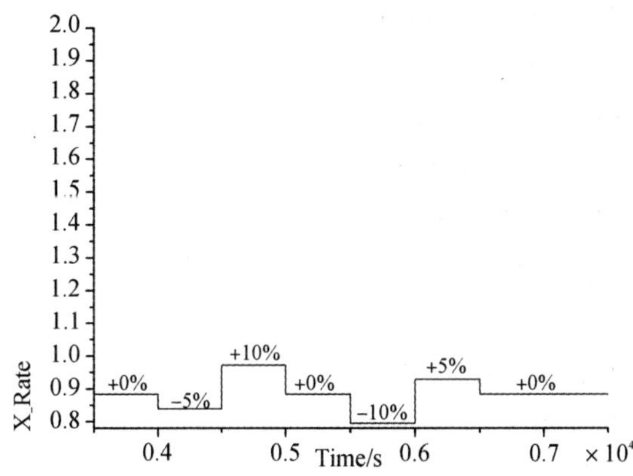

图 11-28　反应器进料转化率脉动变化对各塔段温度的影响

符号说明

A_s	塔段(板)活性面积(m^2)
AG	裂化气焓值参数 1
AL	液相焓值参数 1
AV	气相焓值参数 1
AW	水蒸气焓值参数 1
BG	裂化气焓值参数 2
BL	液相焓值参数 2
BV	气相焓值参数 2

A_s	塔段(板)活性面积(m^2)
BW	水蒸气焓值参数 2
C_P	塔壁及塔板材料比热($J \cdot g^{-1} \cdot K^{-1}$)
E	塔段蓄液总焓 J
F	侧线液相进料流量($mol \cdot s^{-1}$)
FL	顶循环回流量($mol \cdot s^{-1}$)
$FVin$	塔底进料量($mol \cdot s^{-1}$)
g	重力加速度($m \cdot s^{-2}$)
HF	进料摩尔焓($J \cdot mol^{-1}$)
HFG	侧线裂化气进料摩尔焓($J \cdot mol^{-1}$)
HFL	顶循环回流摩尔焓($J \cdot mol^{-1}$)
HFW	侧线水蒸气进料摩尔焓($J \cdot mol^{-1}$)
HG	裂化气摩尔焓($J \cdot mol^{-1}$)
$HGin$	塔底裂化气进料摩尔焓($J \cdot mol^{-1}$)
HL	液相摩尔焓($J \cdot mol^{-1}$)
HU	侧线气相进料摩尔焓($J \cdot mol^{-1}$)
HV	气相摩尔焓($J \cdot mol^{-1}$)
$HVin$	塔底进料摩尔焓($J \cdot mol^{-1}$)
HW	水蒸气摩尔焓($J \cdot mol^{-1}$)
$HWin$	塔底水蒸气进料摩尔焓($J \cdot mol^{-1}$)
h_w	堰高(m)
K	相平衡常数
K_P	气相运动方程压力参数
K_T	气相运动方程温度参数
L	液相流量($mol \cdot s^{-1}$)
L_W	堰长(m)
M	塔段(板)蓄液量(mol)
M_P	塔壁及相应塔板质量(g)
N	全塔段数(板数)
Q	热量损耗($J \cdot s^{-1}$)
S	液相抽出($mol \cdot s^{-1}$)
T	塔段温度(℃)

A_s	塔段(板)活性面积(m^2)
TF	侧线液相进料温度(℃)
TFL	顶循环回流温度(℃)
$TVin$	塔底进料温度(℃)
t	时间(s)
U	侧线气相进料($mol \cdot s^{-1}$)
V	气相流量($mol \cdot s^{-1}$)
VFG	侧线裂化气进料($mol \cdot s^{-1}$)
VFW	侧线水蒸气进料($mol \cdot s^{-1}$)
$VGin$	裂化气塔底进料($mol \cdot s^{-1}$)
$VWin$	水蒸气塔底进料($mol \cdot s^{-1}$)
VG	塔内裂化气流量($mol \cdot s^{-1}$)
VW	塔内水蒸气流量($mol \cdot s^{-1}$)
X	液相组分摩尔分率
Y	气相组分摩尔分率
Z	侧线进料组分摩尔分率
ZFL	顶循环回流组分摩尔分率
ZU	侧线气相进料组分摩尔分率
$ZVin$	塔底进料组分摩尔分率
ρ	液相混合密度($kg \cdot m^{-3}$)
ρ_V	气相混合密度($kg \cdot m^{-3}$)
η	气相段(板)效率
下标	
L	液相
i	组分
j	塔段(板)

参考文献

[1]刘兴高.精馏过程的建模、优化与控制.北京:科学出版社,2007

[2]Gani R,Ruiz C A,Cameron I T.A generalized model for distillation columns-I:Model description and application.*Comp Chem Eng*,1986,**10**(3):181～198

[3]Gani R,Ruiz C A,Cameron I T.A generalized model for distillation columns-Ⅱ:Numerical and computational aspects.*Com Chem Eng*,1986,**10**(3):199～211

[4]Holland C D, Liapis A L. Computer methods for solving dynamic separation problems. *Mc Graw-hill Book. Co*, 1983

[5]阿尼西莫夫 И B,鲍特罗夫 B И,波克罗夫斯基 B B 著.孙义鹤译.精馏设备的数学模拟及最优化.北京:化学工业出版社,1982

[6]Koppel L B. Conditions imposed by progress statics on multivariable process dynamics. *AIChE J*, 1985, **31**(1):70～75

[7]卢伊本 W L 著.张竹波,王开正译.化学工程师使用的过程模型化模拟和控制.北京:原子能出版社,1987

[8]Krishnamurthy R, Taylor R. A nonequilibrium stage model of multicomponent separation process-Part Ⅰ:Model description and method of solution. *AIChE J*, 1985, **31**(3):449～455

[9]Krishnamurthy R, Taylor R. A nonequilibrium stage model of multicomponent separation process-Part Ⅱ:Comparision with experiments. *AIChE J*, 1985, **31**(3):456～465

[10]Krishnamurthy R, Taylor R. A nonequilibrium stage model of multicomponent separation process-Part Ⅲ:The influence of unequal component efficiences in process design problem. *AIChE J*, 1985, **31**(12):1973～1985

[11]Krishnamurthy R, Taylor R. A nonequilibrium stage model of multicomponent seperation process-Part Ⅳ: Absorber simulation staged and design using a nonequilibrium staged model. *Can J Chem Eng*, 1986, **64**(1):96～105

[12]Koojiman H A, Taylor R. A nonequilibrium model for dynamic simulation of tray distillation column. 1995, *AIChE J*, **41**(8):1852～1863

[13]秦永胜.多元精馏过程非平衡级动态模型.化工学报,1997,**48**(2):166～173

[14]徐孝民.蒸馏塔内两相传质系数的估计及多元分离过程模拟—传递速率法研究.石油大学学位论文,1988

[15]宋海华,余国琮,王秀英.精馏过程动态模拟.化工学报,1994,**45**(4):413～420

[16]丁云,于静江,周春晖.原油蒸馏塔的质量估计和优化管理.石油炼制与化工,1994,**5**:23～28.

[17]Lang P, Szalmas G, Chikany G, et al. Modeling of Crude Distillation Column. *Comp Chem Eng*, 1991, **15**(2):133～139

[18]吴松涛,江青茵,曹志凯,等.精馏模拟计算的改进新松弛—泡点法.计算机与应用化学,2005,**22**(8),655～658

[19]吴松涛,江青茵,曹志凯,等.基于 Matlab 的精馏稳态模拟.厦门大学学报(自然科学版),2006,**45**(1),85～89

[20]张建侯,许锡恩.化工过程分析与计算机模拟.北京:化学工业出版社,1989

[21]高为辉.精馏计算的现状与发展.北京,高等教育出版社,1990

[22]陈洪钫,刘家祺.化工分离过程.北京:化学工业出版社,1995

[23]郁浩然.化工分离工程.北京:中国石化出版社,1992

[24]郭天民.多元气液平衡和精馏.北京,化学工业出版社,1983

[25]丁惠华.化工原理的教学与实践.北京:化学工业出版社,1992

[26]马庆春.软测量技术在FCCU主分馏塔中的应用和研究.石油大学学位论文,2001

[27]丛松波.FCCU主分馏塔动态数学模型与先进控制.石油大学学位论文,1996

[28]Benallou A, Seborg D E, Mellichamp D A. Dynamic Compartmental Models for Separation Processes. *AIChE J*, 1986, **32**(7):1067～1078

[29]Espana M, Landau I D. Reduced-order bilinear models for distillation columns. *Automatica*, 1978, **14**:345

[30] Horton R R. Improvements in dynamic compartmental modeling for distillation. *Comp Chem Eng*, 1991, **15**:197～201

[31]黄克谨,钱积新,孙优贤.精馏塔静态仿真—Ⅱ.分段数学模型的应用.石油炼制与化工,1995,**8**:41～44

[32]吴松涛.FCCU主分馏塔全塔仿真系统研究.厦门大学学位论文,2001

[33]寿德清,王华伟,杜寿志.API图、API式和张—李式对国产油蒸馏曲线换算的适用性.炼油设计,1994,**24**(5):66～75

[34]何良知.石油化工工艺计算程序.北京:中国石化出版社,1993

[35]林世雄.石油炼制工程.石油工业出版社,1988

[36]梁文杰.石油化学.石油大学出版社,1995

[37]曹晓荣,谭心舜.石油物性的计算.青岛科技大学学报,2003,**24**:50～52

[38]李鹏.催化裂化主分馏塔数学模型.北京,石油化工科学研究院学位论文,2001

[39]孙昱东,杨朝合.一种计算石油馏分相对分子质量的新方法.石油大学学报(自然科学版),2000,**24**(3):5～7

[40]石油大学炼制系.石油炼制及石油化工计算方法图标集.内部资料,1997

[41]从松波,袁璞,沈复.换热器动态模型的简化.石油炼制与化工,1996,**27**(10):5～9

[42]王惠军,老大中.换热器仿真动态数学模型计算方法比较.计算机仿真,2003,**20**(7):41～44

[43]Jiang Q Y, Cao Z K, Cai J, et al. Optimal control of fluid catalytic cracking unit, *IFAC International Symposium on Advanced Control of Chemical Processes, ADCHEM*, 2003

图书在版编目(CIP)数据

化工分离前沿/李军,卢英华主编. —厦门:厦门大学出版社,2011.2
(南强丛书.第5辑)
ISBN 978-7-5615-3851-7

Ⅰ.①化… Ⅱ.①李…②卢… Ⅲ.①化工过程-分离 Ⅳ.①TQ028

中国版本图书馆 CIP 数据核字(2011)第 031937 号

厦门大学出版社出版发行
(地址:厦门市软件园二期望海路 39 号 邮编:361008)
http://www.xmupress.com
xmup @ public.xm.fj.cn
厦门集大印刷厂印刷
2011 年 3 月第 1 版 2011 年 3 月第 1 次印刷
开本:787×1092 1/16 印张:24.25 插页:3
字数:410 千字 印数:1～2000 册
定价:59.00 元